2天学会
48 HOURS

电脑入门

一线文化◎编著

中国铁道出版社有限公司
CHINA RAILWAY PUBLISHING HOUSE CO., LTD.

内 容 简 介

本书完全从“读者自学”角度出发，结合课堂教学实录，力求解决“学”和“用”两个关键问题，专门为想在短时间内掌握电脑基本操作与入门应用的读者而编写，确保读者在短时间内快速掌握电脑入门的相关技能知识。

本书系统并全面地介绍了电脑基础知识、电脑入门的基本操作、Windows 7 系统的操作与应用、拼音与五笔打字方法、电脑文件的正确管理、电脑系统的管理与设置、电脑连网及网上冲浪操作、网上通信与交流、网上日常生活与娱乐体验、电脑系统维护与安全防范等内容。

这是一本一看就懂、一学就会的电脑入门自学速成图书，在编写过程中，突出知识的实用性、强调内容的易学性，采用“步骤讲述 + 图解标注”的方式进行编写，非常适合广大电脑新手学习。

本书既适合无基础又想快速掌握电脑入门的读者学习，也可作为电脑培训班的教学用书。

图书在版编目（CIP）数据

2 天学会电脑入门 / 一线文化编著. —北京：中国铁道出版社，2016. 10（2023. 10 重印）

（快 · 易 · 通）

ISBN 978-7-113-21975-8

Ⅰ. ①2… Ⅱ. ①一… Ⅲ. ①电子计算机－基本知识 Ⅳ. ①TP3

中国版本图书馆 CIP 数据核字（2016）第 140995 号

书　　名： 快 · 易 · 通——2 天学会电脑入门

作　　者： 一线文化

策　　划： 巨　凤　　**读者热线电话：**（010）83545974

责任编辑： 苏　茜

责任印制： 赵星辰　　**封面设计：** MXK DESIGN STUDIO

出版发行： 中国铁道出版社有限公司（100054，北京市西城区右安门西街 8 号）

印　　刷： 三河市兴达印务有限公司

版　　次： 2016 年 10 月第 1 版　　2023 年 10 月第 8 次印刷

开　　本： 700 mm×1 000 mm　1/16　**印张：** 19. 5　**字数：** 483 千

书　　号： ISBN 978-7-113-21975-8

定　　价： 49. 00 元

致亲爱的读者

☆ 如果您对电脑一点不懂，而希望通过自学，快速掌握电脑入门的基本技能，建议您选择本书！

☆ 如果您对电脑有一定的了解，或基础不太好，对知识一知半解，现希望系统并全面掌握电脑入门知识，建议您选择本书！

☆ 如果您以前曾经尝试了几次学电脑，都未完全入门或学会，建议您选择本书！

您只需短短的 2 天时间，通过对本书认真、系统地学习，相信您一定能学习成功，这是因为我们为初学电脑的读者，策划了一套完整且合理的“自学速成模式”。

本书阅读说明

本书从零开始，按照“快速掌握、易学易用”的原则，充分考虑初学电脑和自学电脑的实际情况及需求，结合课堂教学实录，系统、科学地安排了本书的学习时间、学习内容及学习方式。力求读者在短时间内快速掌握电脑入门的相关技能，解决用户“学”和“用”两个关键问题。

本书总共分为 10 课。按照一节课学习 1.5 个小时，每天上午两节课、下午两节课，晚上一节课，合计一天 7.5 个小时的学习时间来安排内容，您只需花短短的 2 天时间，就会熟练掌握电脑入门的相关知识与技能。

☆ 知识精讲：结合情景教学课堂实录，通过大量、实用的案例讲解知识的应用。充分考虑用户初学电脑的实用性，为了短时间内快速掌握电脑入门的技能，本书以“只讲实用的、只讲常用的”知识为写作出发点，真正做到读者“学得会，用得上”。

☆ 学习问答：通过课堂知识内容的学习，站在学生的角度，提出学习过程中的疑难问题，然后站在老师角度，解答初学用户在学习过程中所遇到的各种问题。

☆ 过关练习：安排上机操作的过关任务，通过这些习题的实践操作，让读者达到对本课知识的巩固和温习的目的。

知识栏目版块阅读说明：为了避免初学者在学习时走弯路，在文中适当位置穿插了丰富的“小提示、一点通”栏目版块，给初学者适时指出操作的注意事项、技巧及经验说明。

为什么说快·易·通

☆ 快：是指本书内容以实用为原则，只为初学用户讲解常用的、实用的知识。通过 2 天的学习，就能掌握电脑入门的操作技能。

☆ 易：图解教学，步步引导，配以详细的标注和说明，以“浅显易读、通俗易懂”的文字进行讲述，简洁明了。并且，图书还配有与书同步的视频操作文件，读者可按书中的“图解步骤”一步一步地做出效果来。

☆ 通：通过“知识精讲＋学习问答＋过关练习”三环节的学习，可让读者熟练掌握操作的相关技能，并能达到融会贯通、举一反三的学习效果和目的。

本书内容安排

本书总共分 10 课，具体内容安排如下。

第 1 课　从零开始学电脑	第 6 课　电脑连网与网上冲浪
第 2 课　Windows 7 系统快速入门	第 7 课　网上零距离通信与交流
第 3 课　轻松学会电脑打字	第 8 课　一站式体验网上娱乐
第 4 课　学会正确管理电脑中的文件	第 9 课　享受网上的便利生活
第 5 课　电脑系统的管理与常用设置	第 10 课　电脑系统的维护与安全防范

超值教学资源

本书赠送多媒体教学资源，除了包括本书相关资源内容外，还给读者额外赠送了相关书的教学视频。真正让读者花一本书的钱，得到多本书的学习内容。读者可通过扫描右侧二维码或通过网址链接获取：http://www.m.crphdm.com/2021/1029/14396.shtml。

本书由一线文化工作室策划并组织编写。参与本书编写的老师都具有丰富的教学经验和电脑使用经验，在此向他们表示衷心的感谢！

凡购买本书的读者，即可申请加入读者学习交流与服务 QQ 群（群号：363300209），可以为读者答疑解惑，而且还为读者不定期举办免费的计算机技能网络公开课，欢迎读者加群了解详情。

最后感谢您购买本书，您的支持是我们最大的动力。由于计算机技术发展迅速，加之编者水平有限，书中疏漏和不足之处在所难免，敬请广大读者及专家批评指正。

编　者

2016 年 4 月

第 1 课 从零开始学电脑

第 2 课 Windows7 系统快速入门

第3课 轻松学会电脑打字

第4课 学会正确管理电脑中的文件

第5课 电脑系统的管理与常用设置

第 6 课 电脑连网与网上冲浪

第 7 课 网上零距离通信与交流

第8课 一站式体验网上娱乐

第9课 享受网上的便利生活

第10课 电脑系统的维护与安全防范

48 HOURS

第 1 课

从零开始学电脑

在 21 世纪的今天，“电脑”已经不再是高科技和高端的代名词，而是成为我们生活和学习中不可缺少的好帮手，掌握电脑应用已成为每个人的最基本技能。本课主要介绍电脑的入门知识，包括电脑的用途、电脑的组成、开关机操作以及鼠标的操作等知识。

学习建议与计划

时间安排：（8:30 ~ 10:00）

第一天上午

知识精讲（8:30 ~ 9:15）

- ☆ 了解电脑的分类
- ☆ 了解电脑的主要用途
- ☆ 认识电脑的主要组成部分
- ☆ 掌握电脑开、关机的方法
- ☆ 掌握鼠标的操作方法

学习问答（9:15 ~ 9:30）

过关练习（9:30 ~ 10:00）

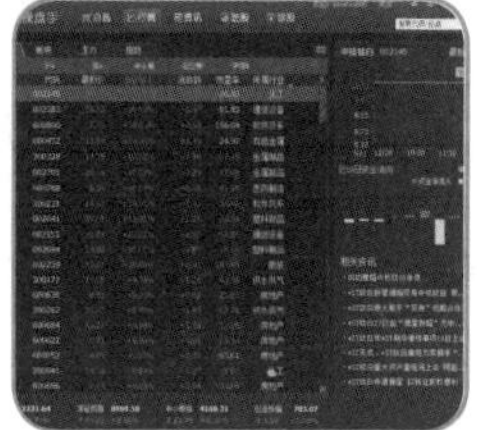

(8:30 ~ 9:15)

1.1 电脑的分类及用途

随着科技的不断发展，我们的生活已经与电脑密不可分，人们大部分的日常工作都是通过电脑完成的，下面来了解一下电脑的概念和用途。

我们日常说的“电脑”其实只是一种俗称，它的英文名为Computer，学名是“电子计算机”，简称计算机，它是一种能够按照程序运行，自动、高速处理海量数据的现代化智能电子设备。由于计算机在实际应用中减轻并部分代替了人的脑力劳动，因此人们经常拿它与人脑相媲美，所以才亲切地将其称为电脑。

电脑一般按外观结构的不同可以分为台式电脑、笔记本电脑、一体机三种。

1.1.1 台式电脑

台式电脑适合在固定场所使用，在办公环境或者家庭中，一般都是以台式电脑为主。

从外观上来看，台式电脑主要由电脑主机、显示器、键盘和鼠标等设备组成，此外，我们还可以根据实际需要增加其他外部设备，例如，音箱、摄像头、打印机、扫描仪等，台式电脑的外观如下图所示。

1.1.2 笔记本电脑

笔记本电脑又称手提电脑，是集电脑主机、显示器、键盘、鼠标等设备于一体的小型便携式电脑。

相对于台式电脑来讲，它体积小、重量轻、方便携带，无论是外出工作还是旅游，携带都十分方便，笔记本电脑的外观如下图所示。

对于经常需要外出携带并随时使用的用户，笔记本电脑是必备的选择，不过随着笔记本电脑的普及，很多家庭或办公用户也选择了笔记本电脑。

1.1.3 一体机

目前，一体机是台式机和笔记本电脑之间的一个新型市场产物，它的外观由一台显示器、一个电脑键盘和一个鼠标组成。

对于一体机来说，芯片、主板、内存等

硬件设备都集成在显示器的背后，显示器就是电脑的主机，因此只需将键盘和鼠标连接到显示器上，电脑就可以直接使用，一体机的外观如下图所示。

一体机与台式电脑不同的是，一体机将台式电脑机箱中的所有硬件都整合到了显示器中，这样就免去了摆放电脑机箱时占据较大空间的麻烦。一体机更适合家庭使用，不但节省空间，而且漂亮的造型也不会影响房间的格调。

一点通

上网本电脑

现在还有一种称为上网本的小巧型笔记本电脑，不但价格便宜，而且更便于外出携带。不过上网本的性能以满足基本上网需求为主，配置相对降低，与笔记本电脑的功能悬殊较大，且由于平板电脑的盛行，上网本的市场已大不如从前。

1.1.4　电脑的用途

“电脑”是一个功能齐全且强大的工具，目前电脑已经应用到我们生活和工作的方方面面，小到收银记账、聊天游戏；大到工程核算、航天发射，随处都可见它的身影。

下面针对电脑对我们工作、生活、休闲娱乐等相关应用做一些简单介绍。

1. 电脑办公

目前，电脑已经成为商务活动和日常办公中必备的工具。熟练掌握电脑应用以及掌握办公软件的使用，也已经成为公司职员必须具备的工作技能。比如，使用 WPS Office 文字编辑的公司员工守则，或者是用 WPS Office 表格制作一份员工考勤表等，分别如下图所示。

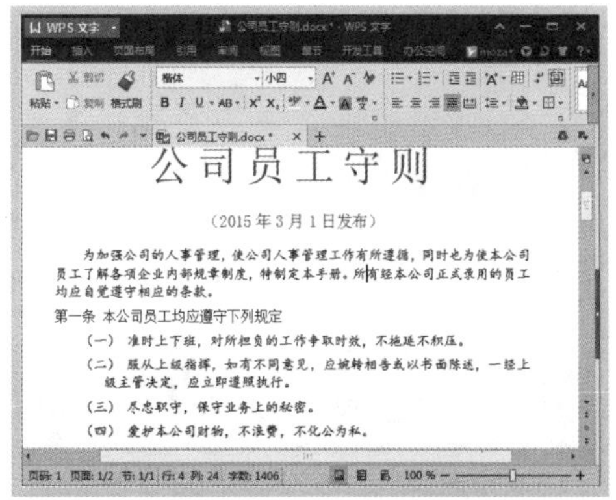

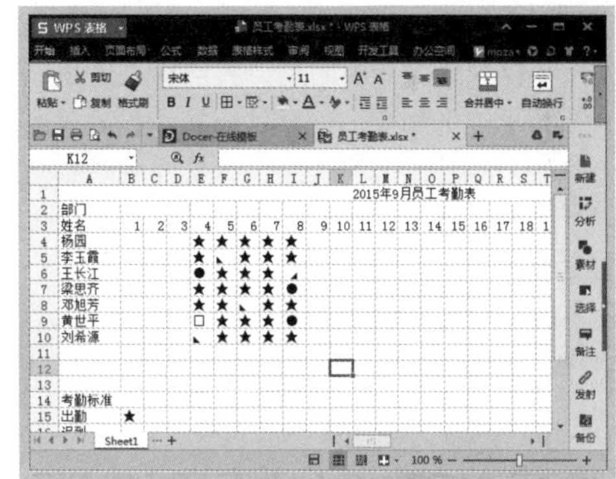

2. 设计与绘图

拥有一台电脑后，我们可以在电脑中安装一些图形图像软件，就可以进行平面设计、三维绘图、建筑设计等各种艺术创作，下图所示分别是进行房地产广告设计与数码产品广告设计。

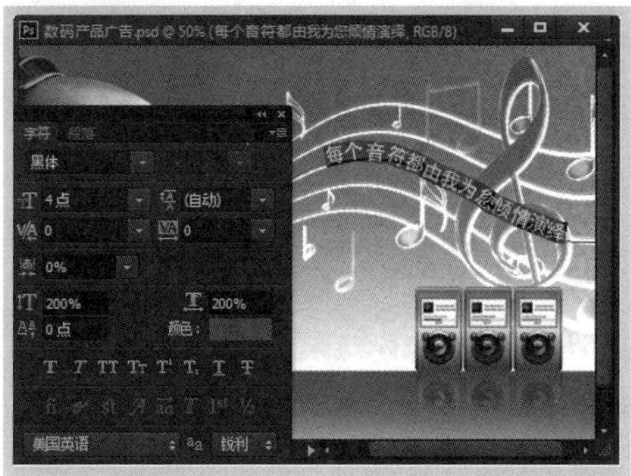

3. 网络通信

将电脑连入互联网后，我们可以使用电脑在网上浏览和查询需要的信息，并通过电子邮件、即时通信等软件，不受地域限制的同亲朋好友进行文字、语音、视频等多元化的交流。

例如，可在网上发送邮件，或通过 QQ 软件与好友在线聊天等，如下图所示。

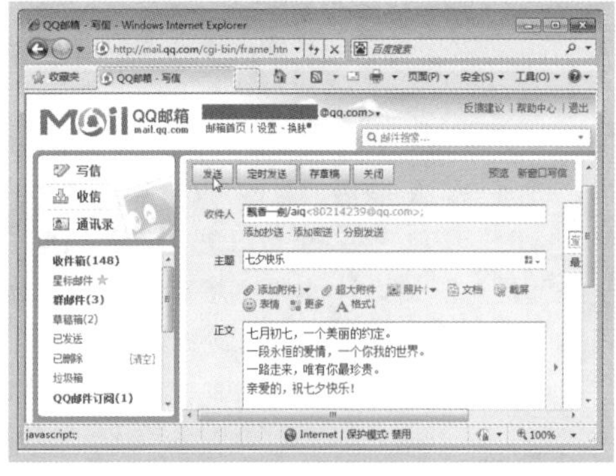

4. 休闲娱乐

电脑除了在我们的工作和学习方面发挥重大作用外，还可以在闲暇之余被用来进行休闲娱乐，让我们体会到劳逸结合的乐趣，从而放松心情，下图所示分别是听音乐、看电影的应用。

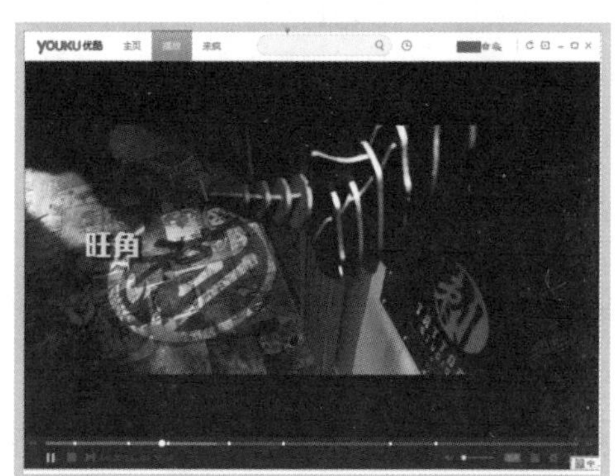

5．网上购物与交易

随着网络技术的发展，越来越多的人选择了在网上管理自己的财产。我们可以在网上银行转账、查询金额；也可以在网上进行交易，如网上购物、网上炒股、网上购买彩票等。

网上交易有很多优点，例如，用户不用辛苦地去银行或证券交易大厅排队，也不需要亲自去商店挑选商品，只要有一台接入互联网的电脑，就可以随心所欲地在网上进行这类交易，既节省时间又免于奔波，同样能享受到购物的乐趣，如下图所示。

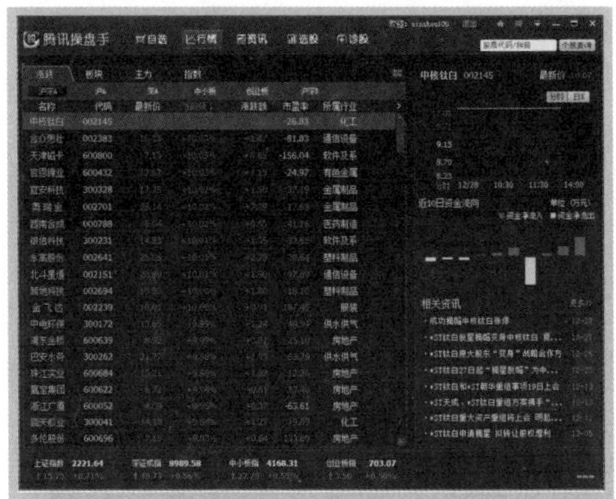

6．数码照片后期处理

随着生活水平的提高，现在很多人都喜欢摄影，我们可以将数码相机拍摄的照片传输到电脑中，然后根据自己的需要使用相应的软件进行图像修饰、美化照片等操作，让我们自己拍摄的照片变得更加漂亮生动。

例如，使用专门的图像处理软件，可以修复人物皮肤上的瑕疵、调整偏色照片、后期合成以及艺术创作等，如下图就是使用Photoshop将照片的色调由正常色调调为黄昏色调的前后对比图。

1.2 电脑的组成

一台完整的电脑，是由若干个部件组合而成的，主要分为硬件系统和软件系统两部分，硬件系统就像电脑的身体，而软件系统则是电脑的灵魂。

1.2.1 认识电脑硬件

电脑的硬件是我们首先需要了解的，与电脑相关的硬件有很多种类，其中电脑必备的硬件主要有主机、显示器及鼠标与键盘，下面我们学习一下基本的硬件知识。

1. 主机

无论是台式电脑还是笔记本电脑，都有主机。从电脑组成结构上来看，主机是电脑组成的重要部分。电脑中的所有文件资料、信息都是由主机来分配管理的。电脑中所需完成的各种工作都是由主机来控制和处理的。

主机机箱的正面有电源开关、复位按钮、指示灯和光驱位等。不同的机箱正面的按钮、指示灯的形状与位置也不相同。

主机的外观样式多种多样，常用的电脑主机外观如下图所示。

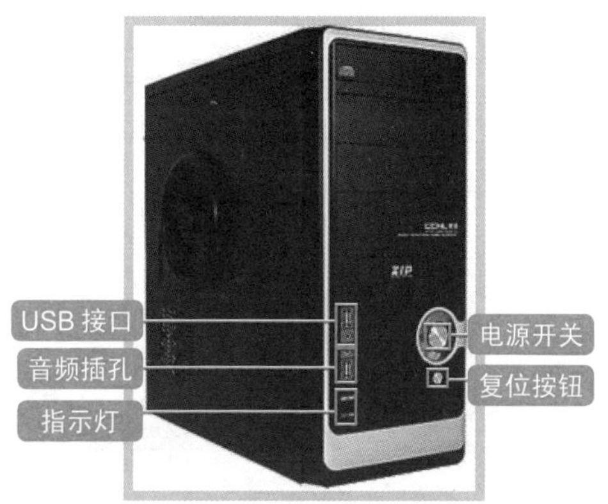

主机机箱正面各按钮的作用如下：

◇ 电源开关：通常都有“⏻”或“Power”标记，而且通常比其他按钮稍大。

◇ 复位按钮：通常位于电源开关的附近，按下该按钮可重新启动电脑。

◇ USB 接口：现在的机箱通常在机箱正面或侧边设计有USB接口，方便用户使用U盘、移动硬盘、MP4、手机等移动设备进行连接。

◇ 音频插孔：在机箱正背两面都有这两个音频插孔，主要是方便用户使用音箱、麦克风等设备。

◇ 指示灯：在电脑开机后通常显示为绿色或蓝色，主要表示电脑主机是否通电。

◇ 光驱位：用于安装光驱，既可以安装只读型光驱，也可以安装刻录机。

电脑主机箱中安装了所有电脑所必备的核心硬件，有主板、CPU、内存条、硬盘、光驱、显卡和电源硬件设备，下面将做详细讲解。

（1）主板：机箱中最大的一块电路板，用于其他设备的安装与固定。主板是各个硬件之间的沟通桥梁，主板的外观样式如下图所示。

（2）CPU：也称中央处理器，它是电脑的“大脑”，主要用于数据运算和命令控制。随着CPU的不断更新，电脑的性能也不断提高，CPU的外观样式如下图所示。

（3）内存条：是用来临时存放当前电脑运行的程序和数据，是电脑的记忆中心。一般而言，内存越大，电脑的运行速度也会越快，内存条的外观样式如下图所示。

（4）硬盘：硬盘用于长期存放有效的数据内容。它的容量越大，能存放的数据就越多。硬盘具有存储容量大、不易损坏、安全性高等特点，硬盘的外观样式如下图所示。

一点通

选购硬盘技巧

硬盘分为三种：机械硬盘（采用磁性碟片进行存储）、固态硬盘（采用闪存颗粒来存储）和混合硬盘（把磁性硬盘和闪存集成到一起）。

2. 显示器

显示器是用于将电脑中输入的内容、系统提示、程序运行状态和结果等信息显示给我们的输出设备。

现在市面上常见的显示器是体积较小的液晶显示器，如下图所示。

3. 鼠标和键盘

键盘和鼠标是电脑最常用的重要输入设备，是人机“对话”的重要工具，用户通过按键盘上的键输入命令和数据，或者用鼠标选择指令来“告诉”电脑要进行什么操作。

（1）键盘：键盘的种类比较多，外观形状也不尽相同，但都是由一系列按键组成的。各个数据都可以通过键盘来输入到电脑中，如输入文字、数字信息等，键盘的外观样式下图所示。

（2）鼠标：鼠标是电脑应用中一种常用的输入设备，在使用电脑的过程中，通过鼠标可以方便快速、准确地进行操作，鼠标的外观如下图所示。

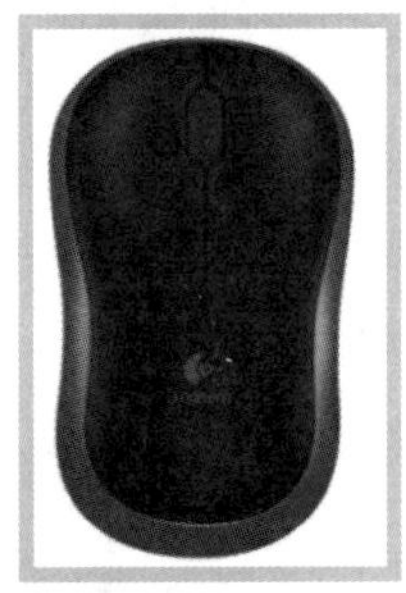

4. 其他外围设备

电脑除了必备的基本硬件以外，还有一些常见的与我们生活息息相关的外部设备，如音箱、打印机、摄像头、扫描仪、手写板等。

（1）音箱：多媒体电脑重要的组成设备。它的作用主要是将电脑中的声音播放出来，有了音箱，我们就可以进行听音乐、看电影等操作，音箱的外观如下图所示。

（2）打印机：一种用于将电脑中的信息打印在纸上的输出设备。打印机一般可分为针式打印机、喷墨打印机和激光打印机三种，三种类型打印机的外观分别如下图所示。

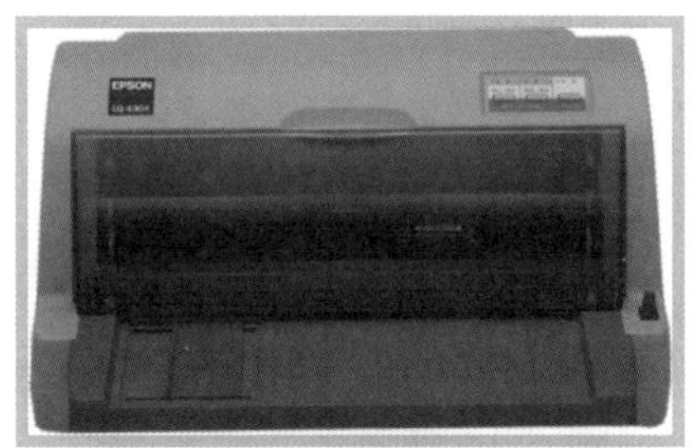

（3）摄像头：又称为“电脑相机”，是一种视频输入设备，被广泛地运用于视频会议，远程医疗及实时监控等方面。除了普通摄像头外，还有高清摄像头和具有夜视功能的摄像头，摄像头的外观如下图所示。

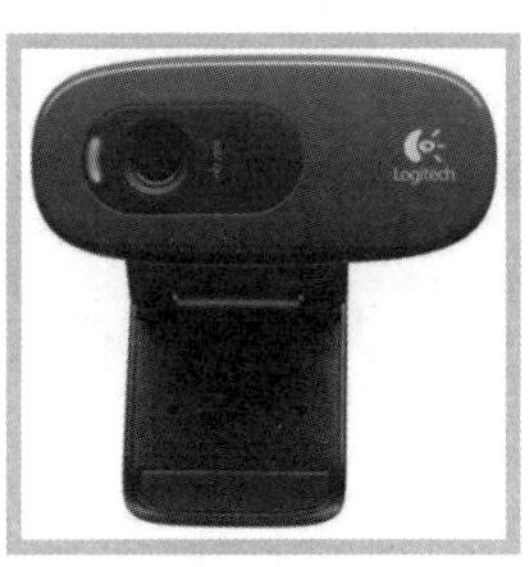

（4）U 盘：是一种使用 USB 接口的无须物理驱动器的微型高容量移动存储产品，通过 USB 接口与电脑连接，实现即插即用。U 盘连接到电脑的 USB 接口后，U 盘的资料可与电脑交换，U 盘外观如下图所示。

1.2.2　认识电脑软件

电脑硬件是构成电脑系统的各种物质的总称，是一些看得见、摸得着的硬件设备，不过一台电脑若只有硬件设备是无法发挥它的功能和作用的，只有在电脑中安装必备的软件后才能发挥它的功能。

电脑软件是指可以运行在电脑硬件基础上的各种程序的总称，其主要作用是发挥和扩大电脑的功能，相当于人的思想和灵魂。购买品牌机最大的好处就是许多软件都预先安装好了，用户只需直接使用即可。

电脑软件一般可以分为系统软件和应用软件两种，下面将做相应的介绍。

1. 系统软件

系统软件是指管理、控制和协调计算机及外部设备，支持应用软件开发和运行的系统，主要功能是调度、监控和维护计算机系统，以及负责管理计算机系统中各种独立的硬件，使得它们可以协调工作。

目前，常用的计算机系统是微软公司开发的 Windows 系统，常用的版本有 Windows XP、Windows Vista、Windows 7 和 Windows 8 等，系统软件示意图如下图所示。

2. 应用软件

应用软件是专门为用户解决各种实际问题而编制的软件。用户可以根据自己的需要，在电脑中安装相应的软件。

例如，常用的 Photoshop 图形图像处理软件、Office 办公软件、QQ 聊天软件等。如果要使电脑保持健康状态，还需要安装杀毒软件，如 360 杀毒软件、金山毒霸、瑞星杀毒软件或者电脑管家等，如下图为使用电脑管家扫描电脑垃圾的操作界面。

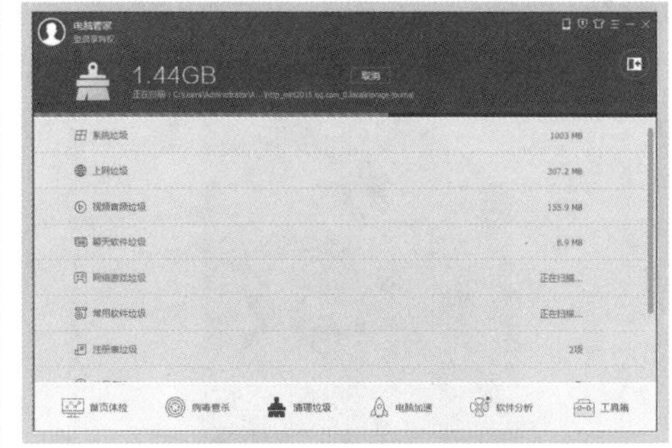

1.3　电脑的启动和关闭

作为电脑初学者，关键是要掌握电脑操作的先后顺序，以免因操作错误而导致电脑发生故障。下面我们就来学习如何正确启动和关闭电脑。

1.3.1 启动电脑

电脑开机就是接通电脑的电源，将电脑启动并登录到 Windows 桌面。

开机是非常简单的操作，但是电脑开机与家电的打开方法是不一样的，必须严格地按照正确顺序操作，操作方法如下。

Step01 连接好电脑外部设备并接通电源，按下显示上的“电源”按钮，如下图所示。

Step02 按下主机上的电源按钮，主机上的绿色电源指示灯亮，同时红色的硬盘灯也开始闪烁，表示主机开始启动，如下图所示。

Step03 电脑开始进行自我检测，包括检测电脑中的硬盘、内存、主板等硬件，如下图所示。

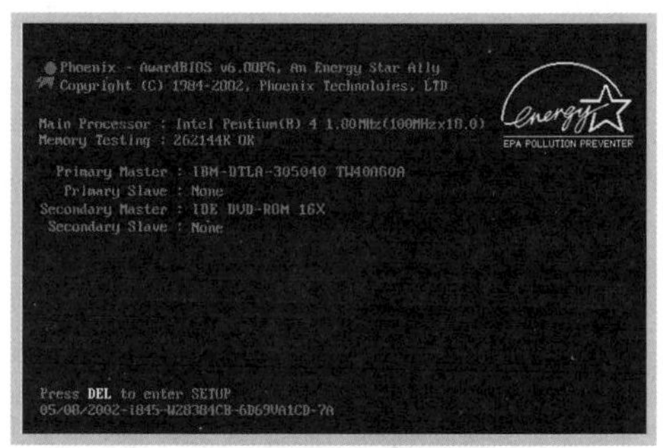

Step04 自检完成后，显示启动界面，电脑开始启动并登录 Windows 7，如下图所示。

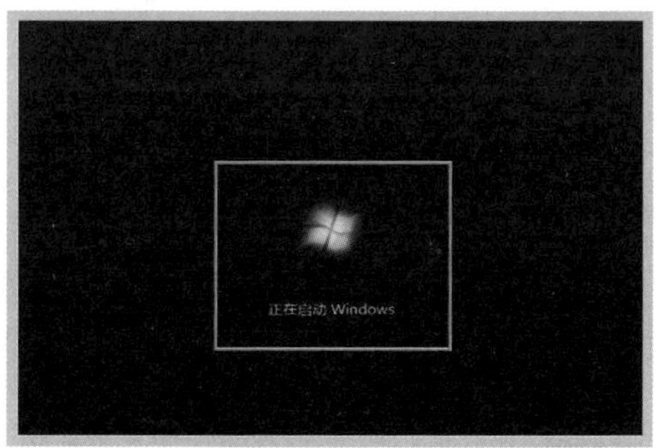

1.3.2 关闭电脑

用完电脑后应将其关闭，关机顺序与开机顺序相反，应先关主机电源，然后依次关闭外部设备电源。关机操作方法如下。

Step01 ❶ 单击“开始”按钮，❷ 在弹出的开始菜单中单击“关机”按钮，如下图所示。

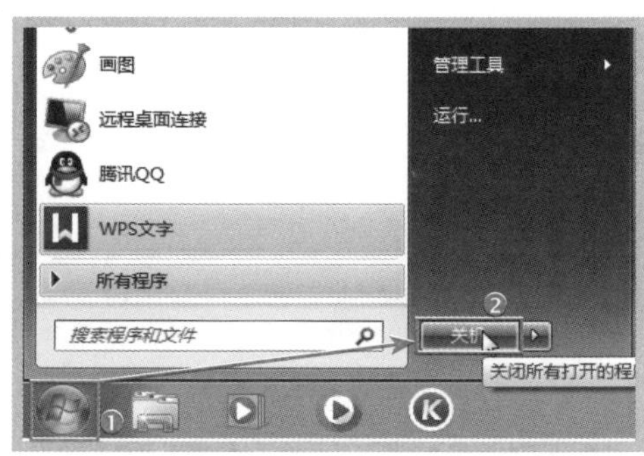

Step02 电脑关闭后，显示器的电源指示灯会由绿色或蓝色变为黄色，此时应按下显示器的电源按钮，并切断电源，如下图所示。

1.3.3　重启电脑

当安装了与系统联系比较紧密的新软件或者完成系统更新后，往往需要重新启动系统，某些操作才能生效。

如果遇到死机或者其他故障，也必须要重新启动电脑。

❶ 单击“开始”菜单按钮，❷ 在弹出的菜单中单击“关机”按钮右侧的▸，❸ 在打开的菜单中选择“重新启动”命令，如下图所示。

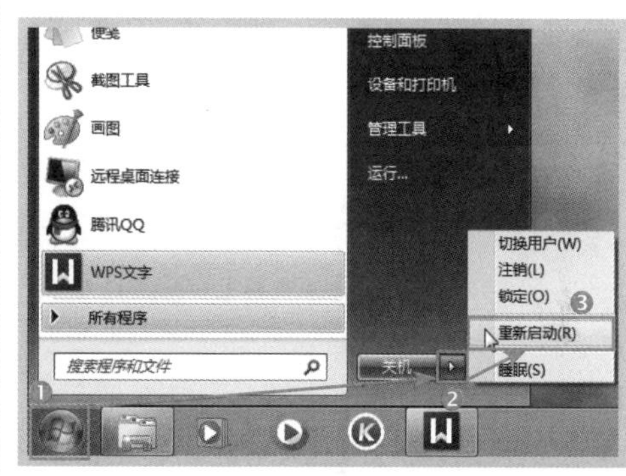

1.4　鼠标的操作

鼠标最是常用的输入设备，是一种手持式定位装置，电脑中许多操作都离不开鼠标。初学者必须掌握鼠标的基本操作方法，并加以练习，才能熟练地驾驭鼠标。

1.4.1　鼠标的结构

鼠标按其按键数可分为两键鼠标和三键鼠标。目前常用的是三键鼠标，由左键、滑轮和右键组成，如下图所示。

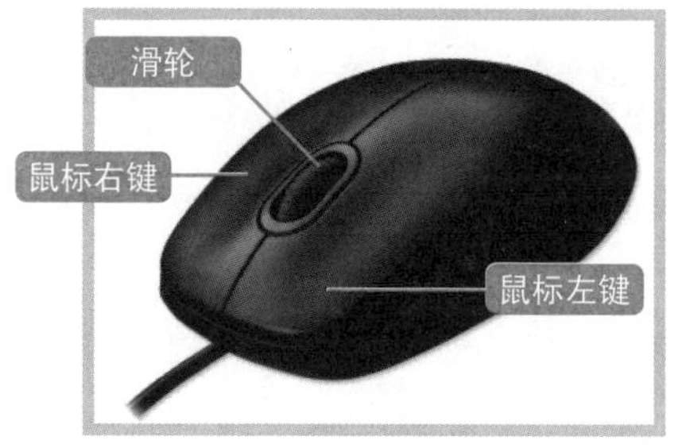

- ◇ 左键：按鼠标左键，可在电脑屏幕上执行定位、选择、打开等操作。有单击和双击两种操作方法。
- ◇ 滑轮：在浏览网页和其他窗口时，可通过滑轮上下滚动页面，还可以用来放大或缩小对象。
- ◇ 右键：按鼠标右键，将弹出快捷菜单。

1.4.2　鼠标的握法

在操作鼠标时，要采用正确的姿势才能灵活的操控鼠标。

通常，我们将鼠标放在显示器的右侧，

操作者用右手握住鼠标。

握鼠标的正确方法为：将鼠标平放到鼠标垫上，手掌心轻贴在鼠标后部，拇指横向放在鼠标左侧，无名指和小指轻放在鼠标右侧。食指和中指自然弯曲，分别轻放于鼠标的左键和右键上。手掌心稍微贴紧鼠标后部，手腕自然垂放在桌面上，如下图所示。

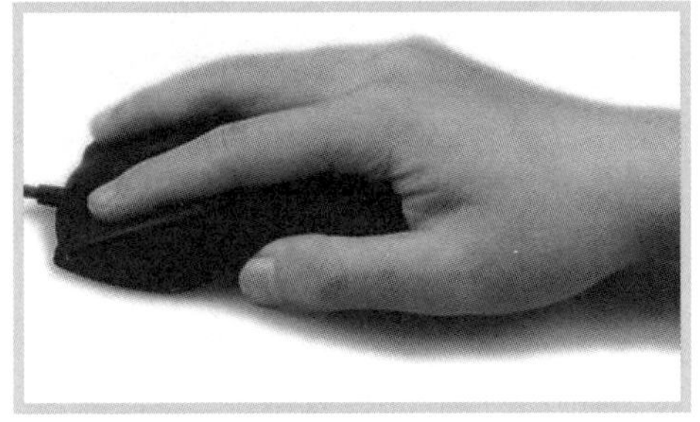

1.4.3 鼠标的基本操作

当启动电脑进入 Windows 桌面以后，在屏幕上就会有一个跟随鼠标移动的箭头，这个对象就叫作鼠标指针。

鼠标的主要作用是对屏幕上指针的控制，从而实现对各种对象或者执行命令的操作，其基本操作有指向、单击、双击、右击、拖动、滚动。

1. 指向

指向操作又称为移动鼠标，一般情况下用右手握住鼠标来回移动，此时鼠标指针也会在屏幕上同步移动。将鼠标指针移动到所需的位置就称为“指向”。

指向操作常用于定位，当要对某一个对象进行操作时，必须先将鼠标定位到相应的对象。例如，将鼠标指针指向桌面上的“回收站”图标，如下图所示。

2. 单击

单击也称为点击，是指将鼠标指针指向目标对象后，用食指按鼠标左键，并快速松开左键的操作过程。

单击是使用频率最高的鼠标操作，常用于选定对象、点击命令按钮、在文本中插入光标等。

（1）选择对象

当鼠标指针指向对象并单击对象时背景颜色会变深，表示已选中该对象，如下图所示。

（2）打开菜单

单击还可以打开要操作的菜单，例如，打开的“开始”菜单操作如下。

Step01 鼠标指向任务栏左下角的“开始”按钮，如下图所示。

Step02 单击即可打开“开始”菜单，如下图所示。

（3）执行命令

单击还具有执行命令的功能。以打开“控制面板”窗口为例。

❶ 单击“开始”菜单按钮打开“开始”菜单，❷ 选择“控制面板”命令，即可打开“控制面板”窗口，如下图所示。

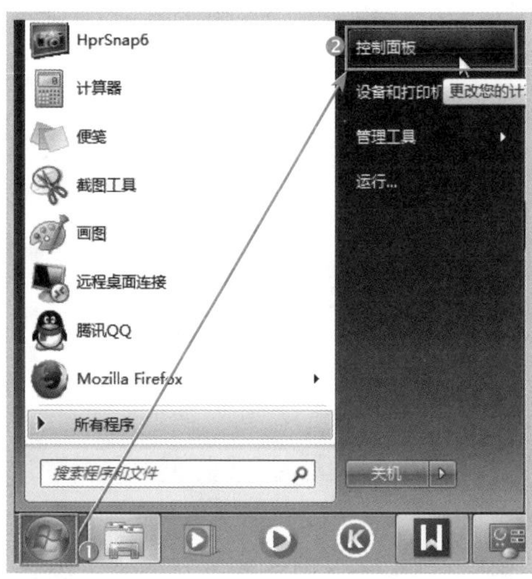

3. 双击

将鼠标指针指向目标对象后，用食指快速、连续地按下和松开鼠标左键两次，就是“双击”操作，该操作常用于启动某个程序、执行任务、打开某个窗口或文件夹，如下图所示。

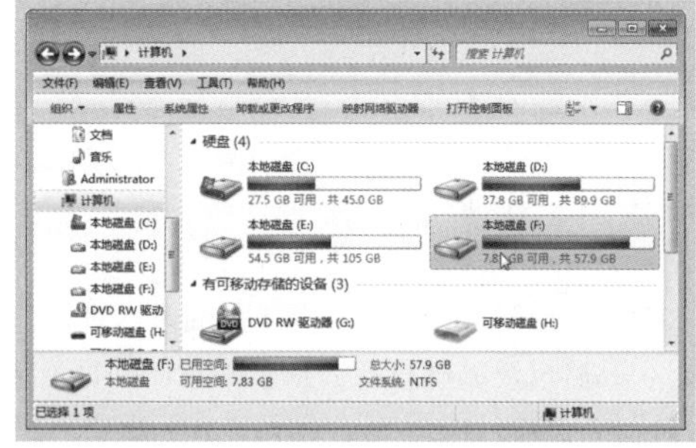

4. 拖动

拖动是将对象从一个位置移动到另一个位置的操作，常用于移动对象。

❶ 将鼠标指针指向目标对象，按住鼠标左键不放，❷ 移动鼠标指针到指定的位置后，再松开鼠标左键的操作，如下图所示。

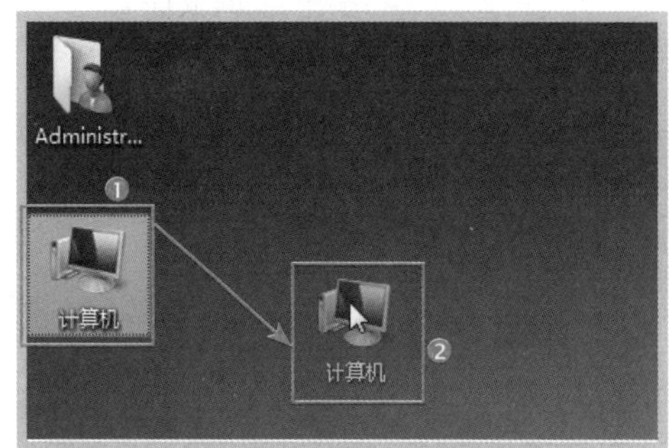

(9:15 ~ 9:30)

疑问 1：如何选购适合自己的电脑？

答：电脑市场上的电脑产品琳琅满目，总的来说可分为品牌机和兼容机两类。

品牌机是品牌厂商批量采购硬件并批量组装出的电脑，其优点是经过兼容性测试，有质量保证和完整的售后服务。例如，我们平常听到的联想电脑、戴尔电脑等就属于品牌机。

兼容机是按自己的需要单独购买各种电脑硬件，再组装完成配置的电脑，性能上可说是整合了各家之长，其缺点是售后服务不如品牌机完善。

与兼容机相比，品牌机的性能更加稳定，售后服务相对也更完善，但价格可能偏贵。

购买兼容机则需要用户有比较丰富的电脑知识，如对电脑的图形处理需求比较高的用户可配置性能较高的独立显卡等。

总体来讲，用户在选购电脑时应该从自身的实际需求出发，并结合购买预算来选择配置品牌机或兼容机。

疑问 2：电脑关不了机怎么办？

答：在使用电脑的过程中，有时候会因为程序异常而造成电脑无法正常关机，不仅程序无法响应，鼠标也不能移动了，此时就不得不进行强行关机。

强行关机的操作方法为：按住主机上的电源按钮，持续几秒后，主机便会强行断开电源，关闭电脑，然后再关闭显示器和其他外部设备的电源即可。

疑问 3：感觉系统默认的指针样式不漂亮，可以更改指针样式吗？

答：Windows 7 系统默认的鼠标指针为空心白色小箭头，如果用户对系统默认的指针形状不满意，可以随时更改，操作方法如下。

Step01 ❶ 在电脑桌面上右击，❷ 在弹出的快捷菜单中选择“个性化”命令，如右图所示。

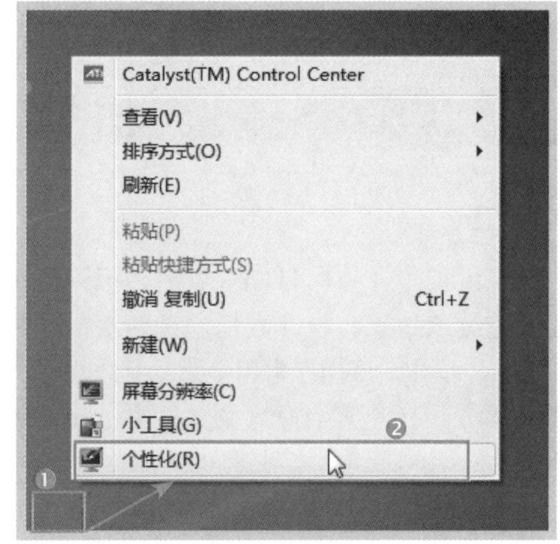

Step02　弹出“个性化”窗口，选择窗口左侧的“更改鼠标指针”命令，如下图所示。

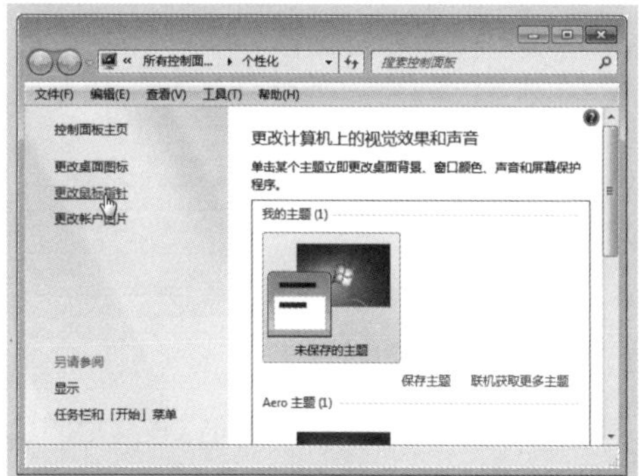

Step03　❶ 弹出“鼠标 属性”对话框，单击“方案”下方的下拉按钮，❷ 在弹出的下拉列表中选择想要更改的鼠标样式，❸ 单击“确定”按钮，如下图所示。

通过前面内容的学习，结合相关知识，请读者亲自动手按要求完成以下过关练习。

练习一：连接电脑的主要设备

用户将电脑买回家后，需要将主机、显示器、键盘、鼠标和电源等按正确的方法连接起来，然后才能进行使用。

1. 连接显示器

以连接液晶显示器为例，连接显示器的操作方法如下。

Step01　❶ 在显示器背部找到视频输出接口，将配套的显示器信号线连接到该接口，❷ 将接口两边的手旋螺钉拧紧，如下图所示。

Step02　在显示器的背部找到电源接口，将配套的电源线连接到该接口，如下图所示。

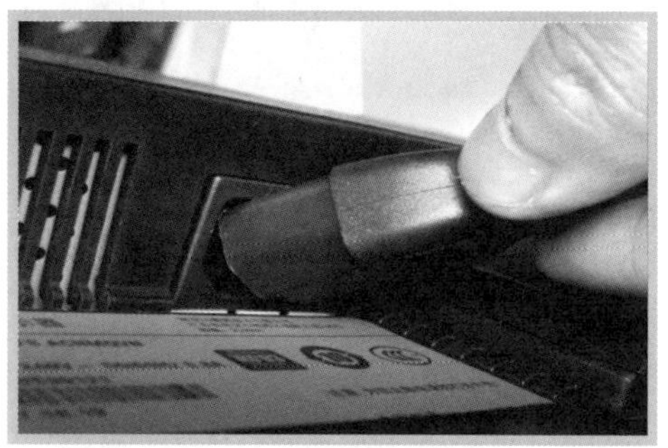

Step03　❶ 将显示器信号线的另一端连到接到机箱背部的显卡接口上，❷ 将接口两边的手旋螺钉拧紧即可，如下图所示。

2. 连接键盘和鼠标

目前鼠标与键盘通常采用 PS/2 接口和 USB 接口，USB 接口的连接方法较简单，直接插入电脑的 USB 接口即可使用。

这里以 PS/2 接口为例，准备好一套 PS/2 接口的键盘和鼠标，可以看到 PS/2 接口的针脚有一个凸起，连接方法如下。

Step01 将键盘线上的接口插入机箱背面的紫色插孔中，连接时应注意接口中针脚的方向，并注意观察接口凸起的地方，对应的插入键盘接口，如下图所示。

Step02 用同样的方法将鼠标插入机箱背面绿色的插孔即可，如下图所示。

小提示

连接鼠标和键盘的注意事项

PS/2 接口不支持热插拔功能，在连接 PS/2 接口的键盘和鼠标前，需要将电脑置于关机状态，切忌强行插入接口，以免折断或扭曲接口中的针脚。

3. 连接电源线

连接好主要设备后，就可以连接电源线了，操作方法很简单。

将主机电源线的输入插头插入主机上的电源输出插孔中，如下图所示。将电源线的另一端（与冰箱、洗衣机等的插头相似）插入插座上的相应插孔中即可。

练习二：注销和切换用户

1. 注销账户

注销功能的作用是结束当前登录账户的所有进程，并退出当前账户的桌面环境。此时将返回到系统登录界面，用户可单击相应的账户图标再次进入系统。注销系统的具体操作方法如下。

Step01 ❶ 单击“开始”菜单按钮，❷ 在弹出的菜单中单击“关机”按钮右侧的▶，❸ 在打开的菜单中选择“注销”命令，如下图所示。

Step02 经过上一步操作，系统会自动关闭当前登录账户中所打开的程序，并注销当前登录账户，退出到系统登录界面。

2. 切换账户

如果一台电脑上有多个账户，当我们需要使用其他账户时，可使用“切换账户”功能来重新使用其他账户名来登录计算机。

切换登录账户的操作与注销账户的方法类似，只需在“关机”菜单中选择“切换账户”命令，即可切换不同的账户登录计算机。

学习小结

本课的重点在于熟悉电脑和电脑的基本操作，主要包括电脑的组成、电脑的作用、电脑的启动与关闭以及鼠标的使用方法等知识点。在本课的学习中，希望大家从学好电脑的基础知识入手，稳扎稳打，为后面的学习打好基础。

第 2 课

Windows 7 系统快速入门

对于电脑初学者来讲，学习电脑主要是学习电脑中各种软件的操作和应用。我们日常接触到的应用软件大多是基于 Windows 操作系统的，而作为当前的主流操作系统，Windows 7 系统不仅外观漂亮，而且操作简单、易学易用，非常适合初学者使用。本课主要介绍 Windows 7 的安装方法，以及桌面、窗口和图标的操作等知识。

学习建议与计划

时间安排：（10:30 ~ 12:00）

第一天 上午

知识精讲（10:30 ~ 11:15）

☆ 了解操作系统的安装流程
☆ 掌握 Windows 7 桌面的设置方法
☆ 掌握窗口的基本操作
☆ 掌握图标的使用方法
☆ 了解菜单和对话框的相关知识

学习问答（11:15 ~ 11:30）

过关练习（11:30 ~ 12:00）

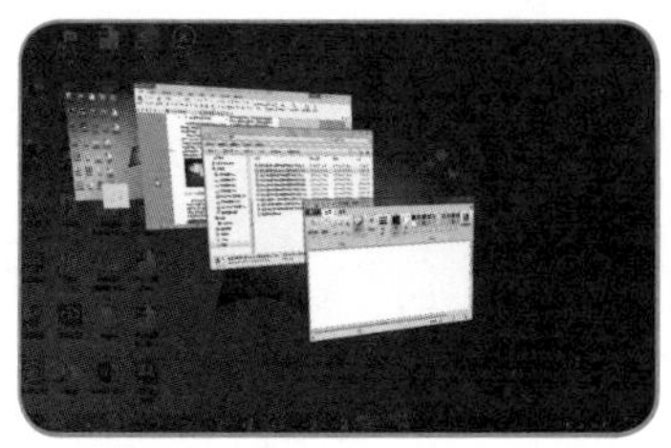

（10:30 ~ 11:15）

2.1 安装 Windows 7

如果购买电脑时没有安装 Windows 7 操作系统，或者系统崩溃无法修复时，可通过本节介绍的方法安装 Windows 7。

2.1.1 系统安装的要求

与 Windows XP 等操作系统相比，虽然 Windows 7 系统拥有更多的功能，但是它对电脑的硬件配置要求并不是很高，非常适合个人电脑安装。下面介绍安装 Windows 7 的硬件要求。

◇ CPU：推荐使用 1GHz 32 位（x86）或 64 位（x64）以上的处理器。

◇ 内存：推荐使用 1GB 以上的内存。

◇ 显示器：支持 VGA 接口的显示器。推荐使用 17 寸以上的液晶显示器或宽屏显示器。

◇ 硬盘：系统分区不低于 8GB 的可用空间，推荐使用 16GB 以上使用空间的分区。

◇ 显卡：全面支持 DirectX 9，至少 128MB 以上显存的显卡，并支持 Pixel Shader 2.0 和 WDDM。

2.1.2 全新安装系统

全新安装 Windows 7 操作系统与安装 Windows XP 操作系统的流程大致相同：设置 BIOS 参数→运行安装盘→接受许可协议→选择安装方式→设置安装分区→复制安装文件→安装完成。

下面以 Windows 7 旗舰版为例，介绍安装 Windows 7 操作系统的方法，操作方法如下。

Step01 启动电脑，将 Windows 7 操作系统的安装光盘放入光驱，进入 BIOS 系统修改 BIOS 设置从光驱启动。

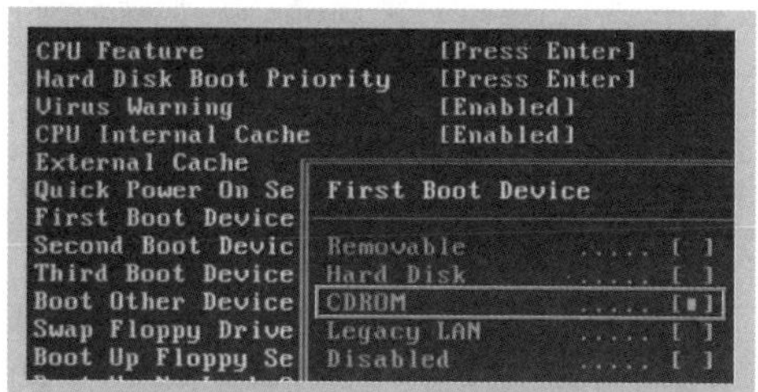

Step02 存盘退出 BIOS 系统，电脑将自动重启，并在光盘的引导下开始加载安装程序所需的执行文件。

Step03 ❶ 在执行文件加载完成后弹出的界面中根据实际情况设置信息，❷ 单击“下一步”按钮，如下图所示。

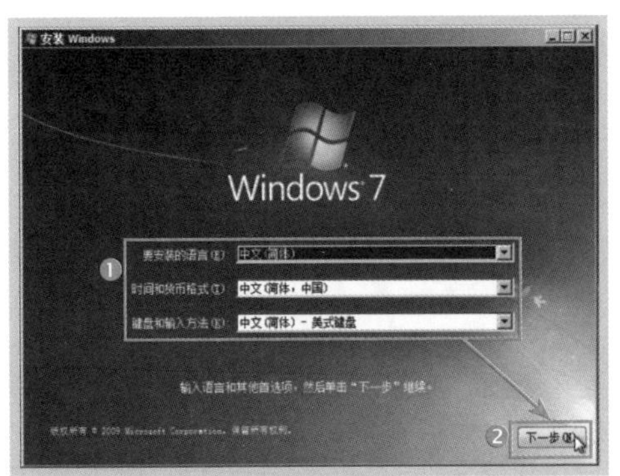

Step04 在弹出的界面中单击“现在安装”按钮，开始安装 Windows 7，如下图所示。

Step05 ❶ 系统开始自动启动安装程序，在接着打开的“请阅读许可协议”界面勾选“我接受许可协议”复选框，❷ 单击“下一步”按钮，如下图所示。

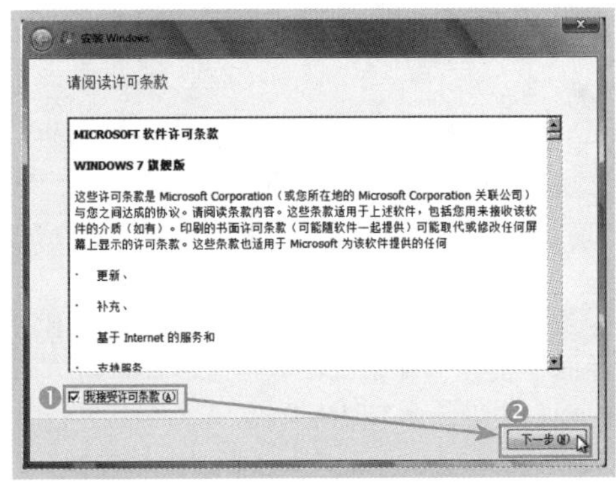

Step06 在打开的界面选择安装类型，本例单击“自定义（高级）（C）”按钮，如下图所示。

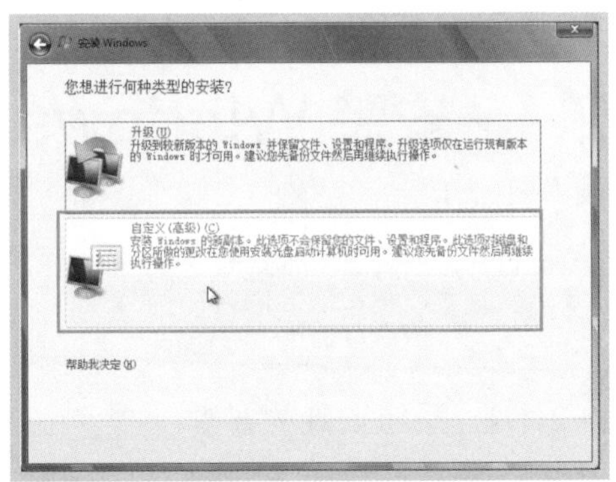

Step07 ❶ 选中要用来安装操作系统的分区，❷ 单击“驱动器”选项组中的“格式化”按钮，如下图所示。

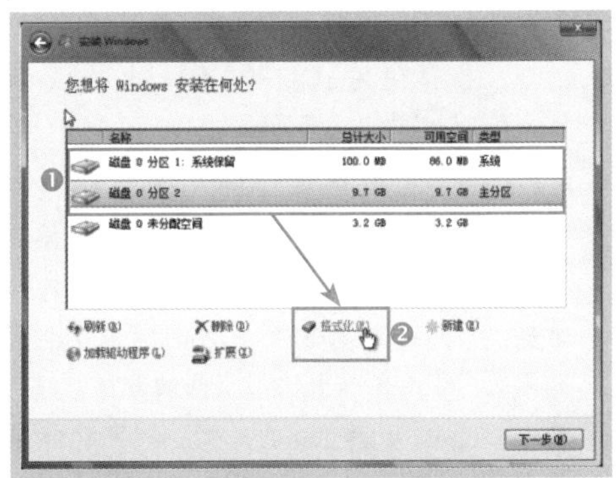

Step08 在弹出的对话框中提示格式化操作将导致数据丢失，这里直接单击“确定”按钮，如下图所示。

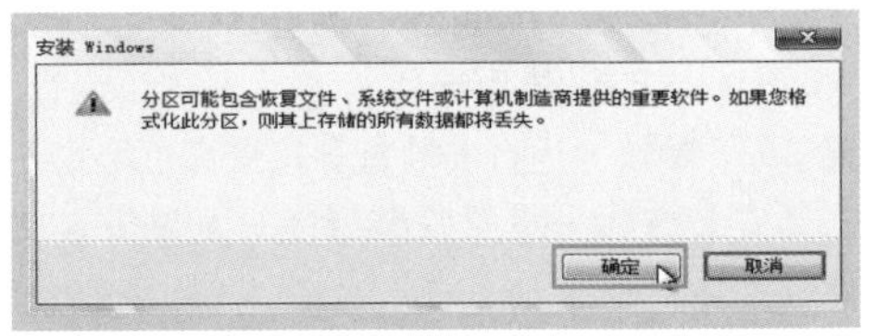

Step09 安装程序开始复制文件、展开文件、安装功能和安装更新，该过程由安装程序自动完成，请耐心等待，如下图所示。

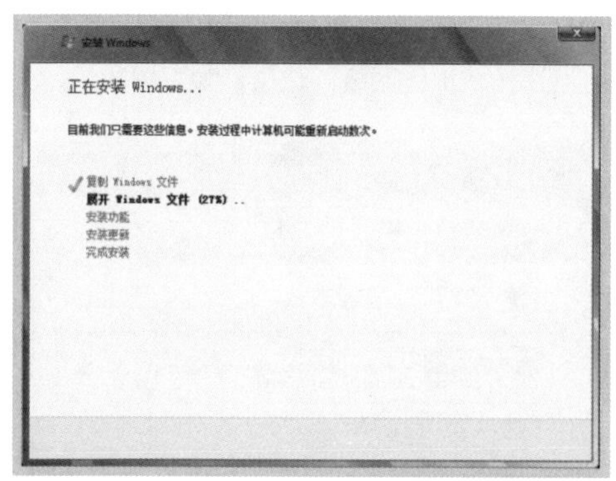

Step10 当提示“Windows 需要重新启动才能继续”时单击“立即重新启动”按钮，如下图所示。

Step11 电脑重启后会返回安装界面，并继续完成安装 Windows 7 系统。此过程结束后，系统将再次重启，至此，Windows 7 的安装过程也就结束了，如下图所示。

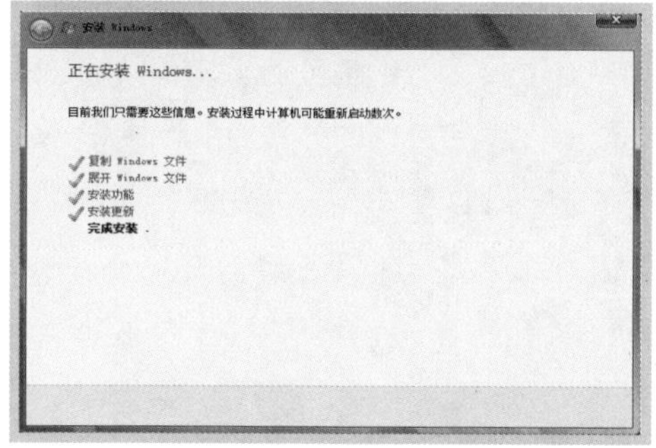

2.1.3 初始设置

初始安装完成后，电脑将自动重启，并首次启动 Windows 7 操作系统，这时还需要完成系统的初始设置才能正常登录系统，操作方法如下。

Step01 ❶ 初始安装完成后，电脑将自动重启，在弹出的“设置 Windows”界面中根据提示输入用户名，❷ 单击“下一步”按钮，如下图所示。

Step02 ❶ 在打开的“为用户设置密码”页面中，设置用户账户密码和密码提示信息等相关信息，❷ 单击“下一步”按钮，如下图所示。

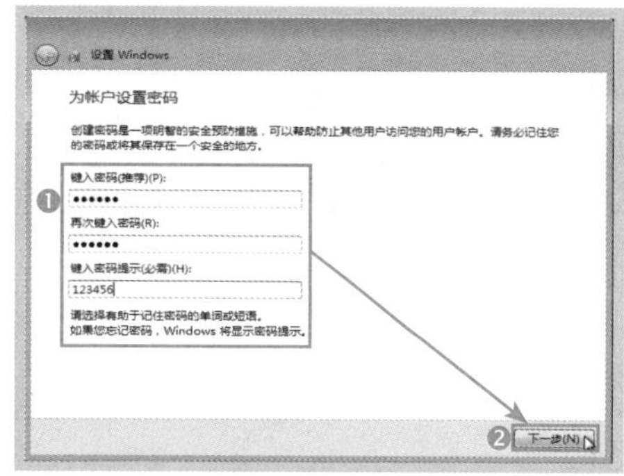

Step03 ❶ 在打开的“键入您的 Windows 产品密钥”页面中输入产品密钥，❷ 勾选“当我联机时自动激活 Windows”复选框，❸ 单击“下一步”按钮，如下图所示。

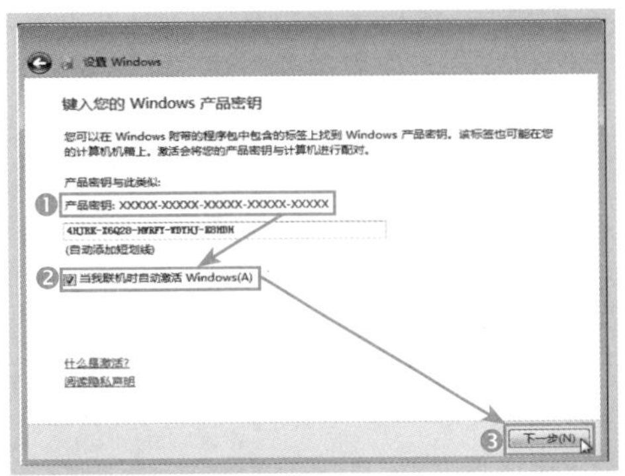

Step04 在打开的“帮助您自动保护计算机以及提高 Windows 的性能”页面中选择使用推荐设置”选项，如下图所示。

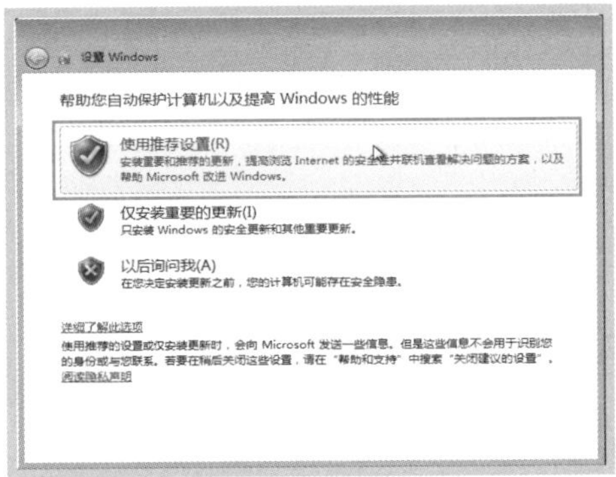

Step05 ❶ 在打开的“查看时间和日期设置”界面中设置系统日期和时间，❷ 单击“下一步”按钮，如下图所示。

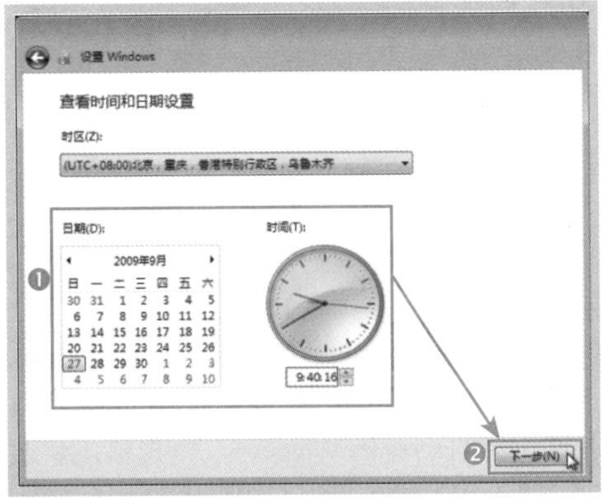

Step06 在弹出的界面中设置网络位置类型，这里选择“工作网络”选项，如下图所示。

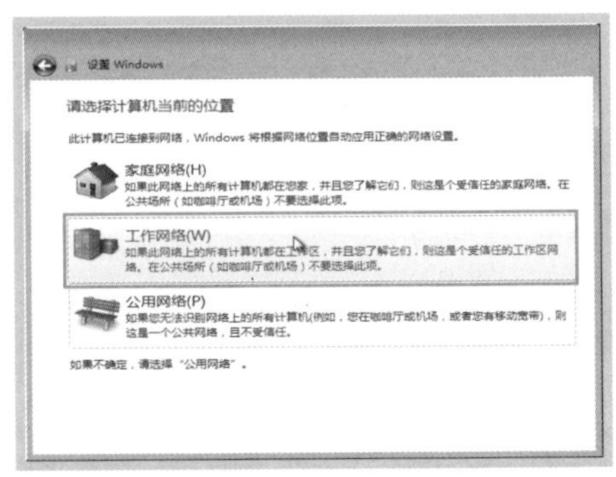

Step07 Windows 7 开始将前面的设置应用到系统中，如下图所示。

Step08 待所有设置应用完成后，Windows 7 便会自动准备系统桌面，如下图所示。

Step09 系统桌面准备完成后，将自动登录 Windows 7 操作系统，其桌面如图所示。

2.1.4 升级安装系统

如果用户想体验 Windows 7 操作系统的全新功能，但又不想丢失现有操作系统中的软件和相关设置时，可以采用升级安装的方式，将现有的操作系统升级到 Windows 7 操作系统。

下面介绍将 Windows XP 升级安装为 Windows 7 的方法，操作方法如下。

Step01 启动电脑，以系统管理员账户登录 Windows XP，接着将 Windows 7 的安装光盘放入光驱，待光盘自动运行后，在弹出的对话框中单击“现在安装”按钮，如下图所示。

Step02 在打开的“获取安装的重要更新”页面中，单击“不获取最新安装更新”按钮，如下图所示。

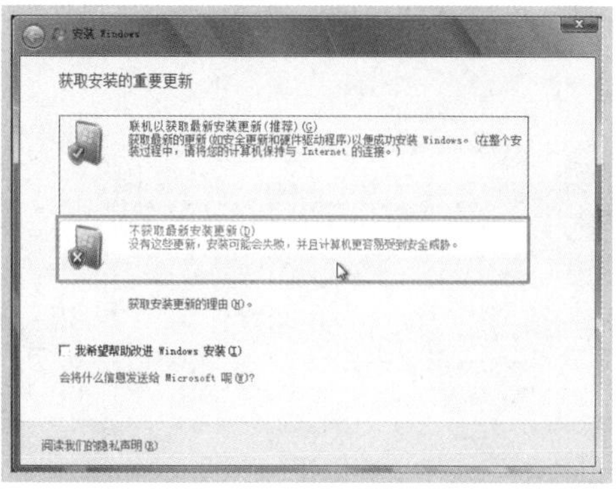

Step03 ❶ 在打开的页面中勾选“我接受许可条款”复选框，❷ 单击“下一步”按钮，如下图所示。

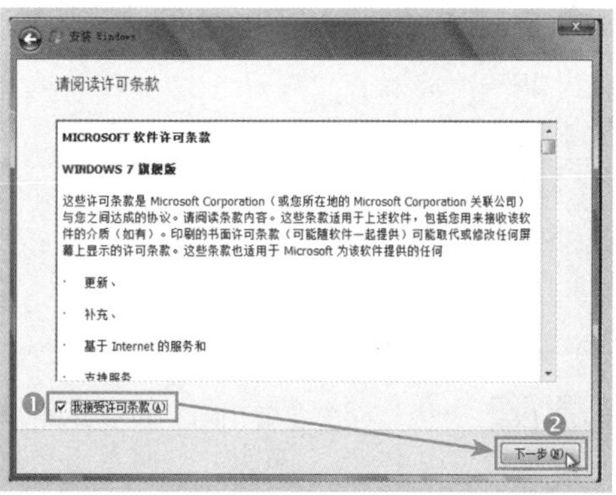

Step04 在打开的页面中选择安装方式，这里选择“升级”选项，如下图所示。

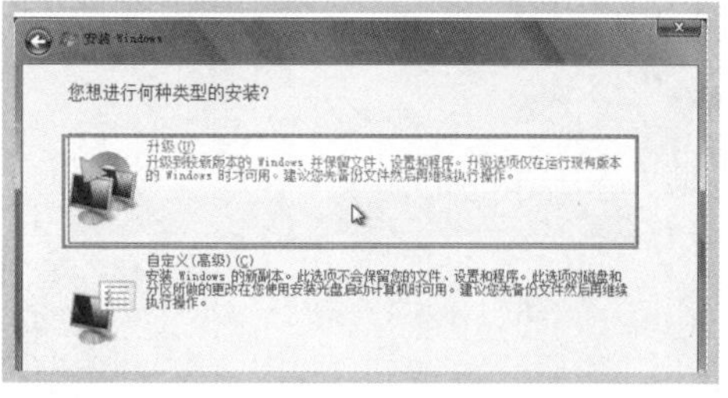

Step05 安装程序开始对电脑性能进行检查，检查完成后，在弹出的“兼容性报告”页面中单击“下一步”按钮，如下图所示。

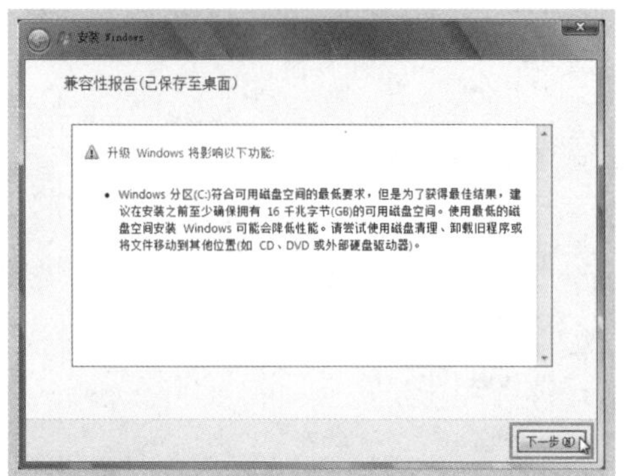

Step06 在打开的“升级 Windows”界面中，将显示安装程序升级安装 Windows 7 的相关信息，如下图所示。

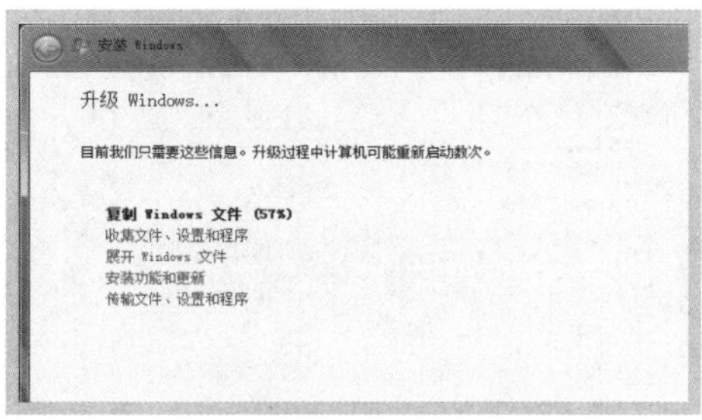

Step07 升级过程中会弹出对话框提示用户需要重新启动才能继续安装，此时单击“立即重新启动”按钮，如下图所示。

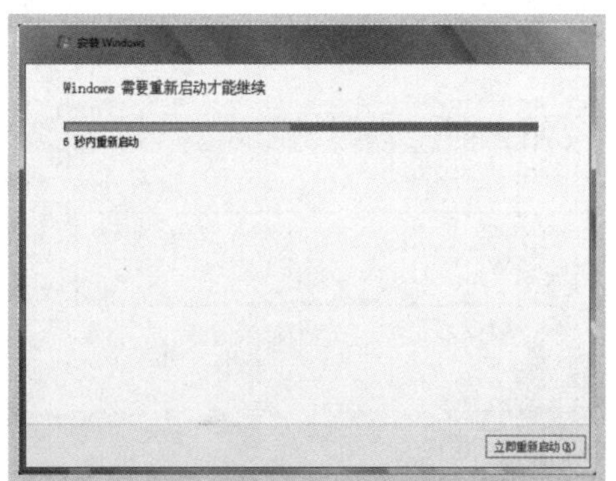

Step08 重启到“Windows 启动管理器”界面时，按“↑”或“↓”键选择“Windows 安装程序”选项，按“Enter”键继续，如下图所示。

Step09 再次返回“升级 Windows”对话框，并继续完成安装更新等任务，任务完成后弹出设置对话框，可修改系统的初始设置，此后的操作同全新安装 Windows 7 的操作完全一样，详细步骤参考 2.1.2 节，如下图所示。

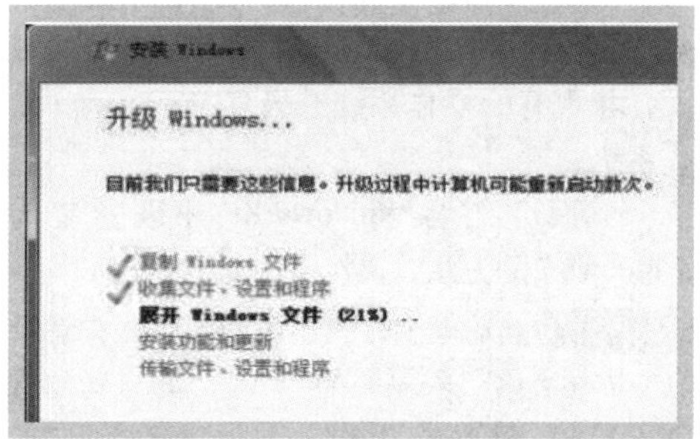

2.2 认识系统桌面

在启动电脑进入系统后，屏幕显示的界面就是 Windows 桌面。

Windows 7 的桌面布局与 Windows XP 基本相同，主要由桌面图标、桌面背景和任务栏组成。不过无论在风格上还是色调上，Windows 7 都更加漂亮美观。

2.2.1 桌面背景

桌面背景即桌面的背景图像，如下图所示，Windows 7 中提供了多种背景图片，用户可随意更换。

如果用户对系统自带的图片背景不满意，还可以将电脑中保存的图片文件或个人照片设置为桌面背景。

2.2.2 桌面图标

桌面图标用于打开对应的窗口或运行相应的程序。当用户第一次登录 Windows 7 时，桌面上仅显示一个回收站图标，我们可以根据需要自定义显示其他图标。

桌面图标分为系统图标、快捷方式图标和文件图标。

◇ 系统图标：系统图标是操作系统定义的，主要用于启动常用程序，包括“计算机”、“用户的文件”、“回收站”和“网络”等。

◇ 快捷方式图标：有些图标左下角带有小箭头，它们表示文件的快捷方式，但是这种快捷方式并不是原文件，而是指向原文件的一个链接，双击快捷方式图标即可打开对应的程序或文件。

◇ 文件图标：桌面和文件夹一样，也是一个保存文件的场所，出于方便考虑，我们可以将临时文件保存在桌面上，以便用户快速浏览或查看，例如，图片、文档等，这些文件在桌面上就会显示为一个图标，如下图所示。

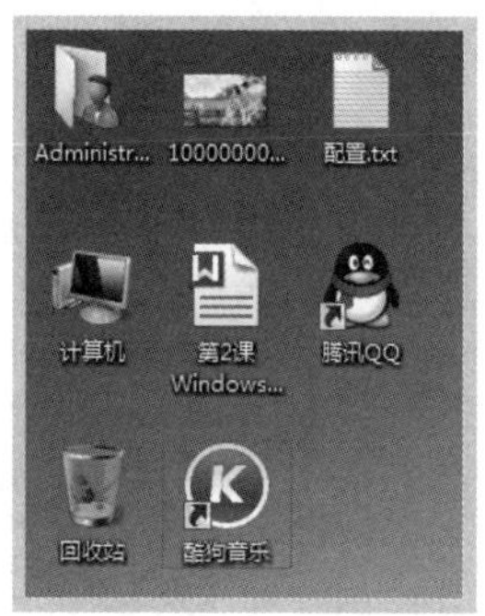

2.2.3 任务栏

任务栏是位于桌面底端的水平长条，由一系列功能组件组成，从左到右依次为“开始”按钮、“程序”按钮区、通知区域和“显示桌面”图标，如下图所示。

1. “开始”按钮

“开始”按钮位于任务栏最左端，单

击该按钮可打开“开始”菜单。

“开始”菜单中包含 Windows 7 操作系统中大部分的程序和功能，几乎电脑中所有的工作都可以通过“开始”菜单进行。

2. 程序按钮区

在 Windows 7 中，所有正在运行的程序窗口都将在任务栏上以按钮的形式显示，单击相应的程序按钮即可查看对应的程序。

默认情况下，系统显示 3 个未启动的程序，包括“Internet Explorer”、“Windows Media Player”和“Windows 资源管理器”，单击这些按钮即可启动相应的程序，如下图所示。用户可以根据实际情况将常用的程序添加到任务栏，或者将其从任务栏中删除。

3. 通知区域

通知区域位于任务栏右侧，主要包括语言栏、当前系统后台运行的部分程序图标（如 QQ）、网络图标、系统音量图标和系统时间。

通过鼠标单击、双击或右击通知区域图标等不同操作，可以对该项目进行管理或设置，如下图为单击系统时间按钮。

4. “显示桌面”按钮

任务栏最右端，即系统时间按钮右侧有一个透明的“显示桌面”按钮，单击该按钮可以将打开的所有窗口最小化，以便用户快速返回桌面进行操作。

2.3 桌面图标的基本操作

上一节中我们对桌面图标有了大致的认识，这里我们将主要介绍桌面图标的基本操作，如添加系统图标和应用程序图标、排列图标以及更改查看方式。

2.3.1 添加系统图标

在 Windows 7 中，系统图标有计算机、网络、用户文件、回收站和控制面板。第一次进入系统时只有“回收站”图标，添加其他系统图标的方法如下。

Step01 ❶ 在桌面的任意空白处右击，❷ 在弹出的菜单中选择“个性化”命令，如右图所示。

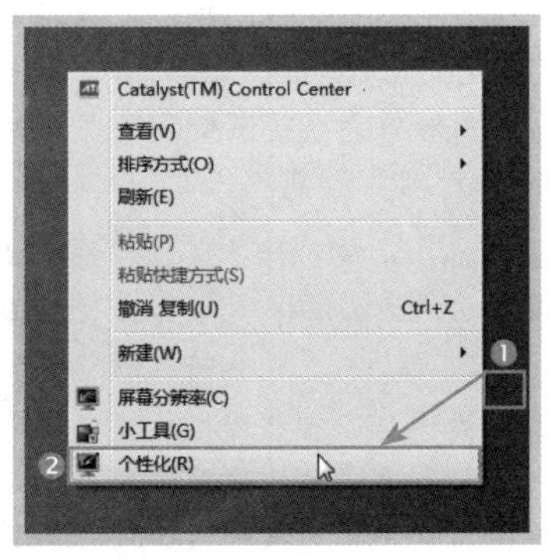

Step02 弹出“个性化”窗口，单击窗口左侧的“更改桌面图标”超链接，如下图所示。

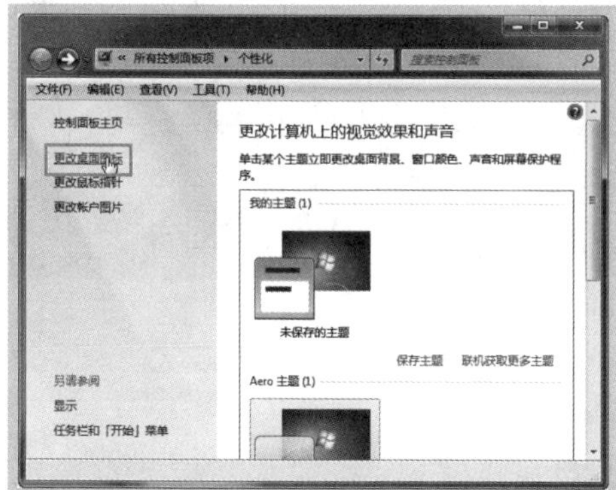

Step03 ❶ 弹出“桌面图标设置”对话框，在“桌面图标”选项卡中勾选需要显示的系统图标选项前的复选框，❷ 单击“确定”按钮，如下图所示。

隐藏系统图标

如果要隐藏某个已显示的系统图标，方法与添加系统图标类似，区别在于隐藏操作是在“桌面图标”对话框中取消勾选系统图标前的复选框。

2.3.2 添加应用程序图标

电脑的使用主要是软件的使用，即应用程序，为了便于操作，我们可以将常用的应用程序图标添加到桌面上。下面以将“酷狗音乐”图标添加到桌面为例，具体操作方法如下。

Step01 ❶ 单击“开始”按钮，❷ 选择“所有程序”命令，如下图所示。

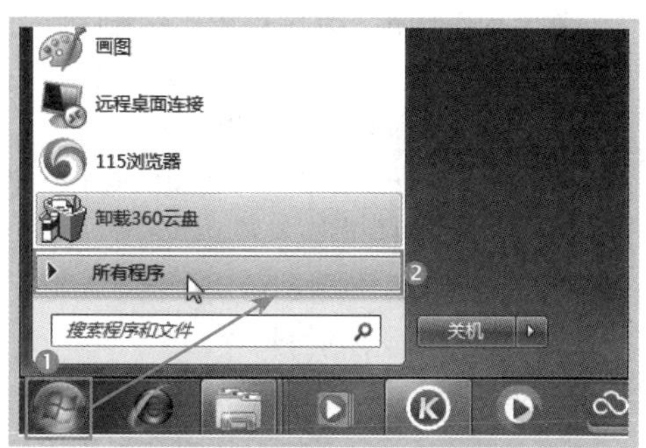

Step02 ❶ 在程序列表中展开“酷狗音乐”文件夹，右击程序图标，❷ 在弹出的快捷菜单中选择“发送到”命令，❸ 在弹出的级联菜单中选择“桌面快捷方式”命令，如下图所示。

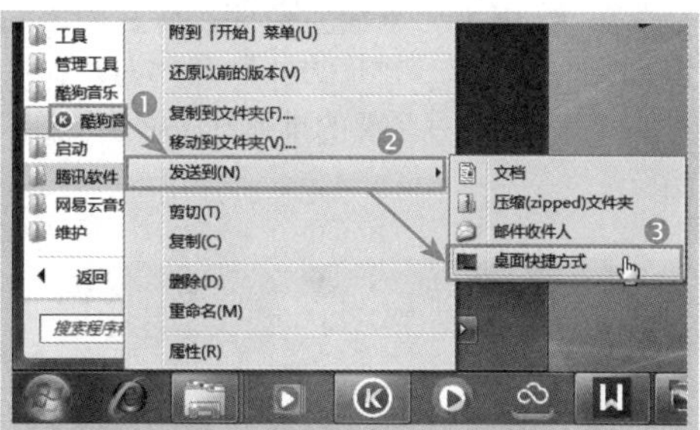

Step03 返回桌面，即可看到添加的程序图标，如下图所示。

2.3.3 更改图标排列方式

在桌面上创建大量图标或是任意摆放图标位置后，桌面上的图标会给人感觉很混乱，此时可以将这些图标按一定的顺序进行排列。

在 Windows 7 中，系统为我们提供了多种排列方式，我们可根据需要调整图标的排列。

◇ “名称”方式：按图标的汉字拼音或英文字母 A~Z 进行先后排列。

◇ “大小”方式：按图标的大小进行先后排列。

◇ “类型”方式：将同一种类型的图标排列在一起。

◇ “修改时间”方式：按图标修改时间的先后顺序进行排列。

在 Windows 7 中更改图标排列方式的方法如下。

Step01 ❶ 右击桌面空白处，❷ 在弹出的快捷菜单中选择“排序方式”命令，❸ 在展开的子菜单中选择需要的排列方式命令，如下图所示。

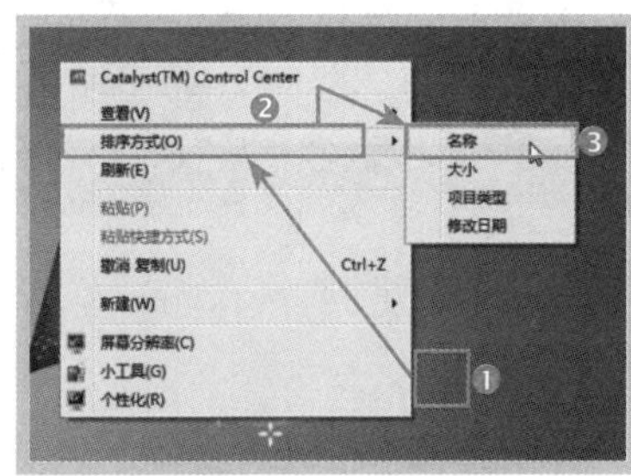

Step02 返回桌面，即可看到更改排列方式后的效果，如下图所示。

2.3.4 更改图标查看方式

为了满足不同用户的需求，Windows 7 提供了小图标、中等图标和大图标三种方式的图标类型供用户选择，其中 Windows 7 默认的图标查看方式为“中等图标”。

更改图标查看方式的具体操作方法如下。

Step01 ❶ 使用右击桌面空白处，❷ 在弹出的快捷菜单中选择“查看”命令，❸ 在展开的子菜单中选择需要的图标类型命令，如下图所示。

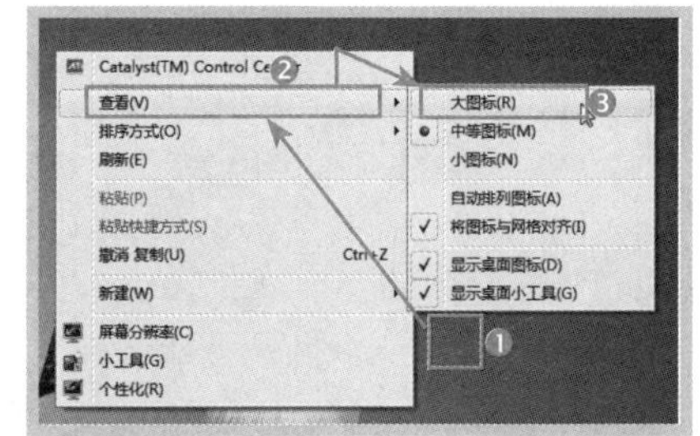

Step02 返回桌面，即可看到更改图标查看方式后的效果，如下图所示。

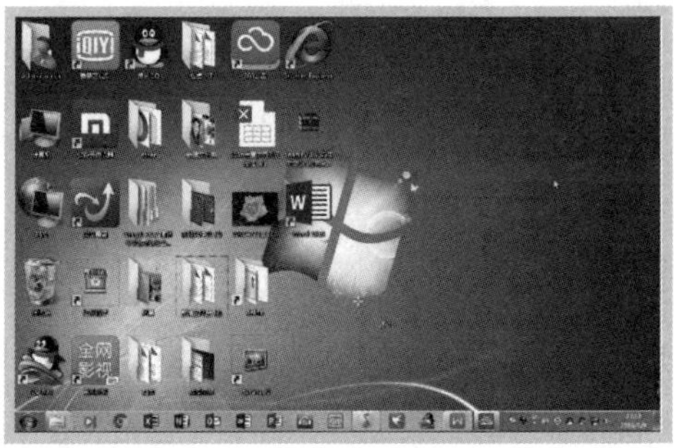

2.4 任务栏的基本操作

任务栏是 Windows 7 的重要操作区，通过任务栏我们可进行切换程序、管理窗口等操作。下面我们就一起来熟悉任务栏的基本操作。

2.4.1 使用“开始”菜单

任务栏最左端的按钮为“开始”按钮，单击该按钮可打开“开始”菜单，如下图所示。

“开始”菜单是 Windows 的主门户，它包含使用 Windows 7时需要的所有操作命令。在这里可以执行程序启动、打开文件、获得帮助和支持以及搜索文件等操作。

使用“开始”菜单通常可以执行如下操作。

◇ 启动程序：在系统中安装的应用程序或 Windows 7 内置的一些常用程序，都可以在这里启动。

◇ 打开常用文件夹：可以通过“开始”菜单打开“计算机”、“网络”等常用文件夹。

◇ 搜索功能：“开始”菜单中提供了强大的搜索功能，可以用于搜索文件、文件夹或程序等。

◇ 设置系统：“开始”菜单中提供了许多系统管理和维护工具。

◇ 帮助和支持：可以获取关于 Windows 7 系统及相关的一些帮助信息。

◇ 电源功能：包括关机、重启、锁定、睡眠和休眠等。

下面以使用“开始”菜单打开 Windows 自带的“画图”工具为例，具体操作方法如下。

Step01 ❶ 单击“开始”按钮，打开“开始”菜单，❷ 将鼠标指针指向“所有程序”命令，如下图所示。

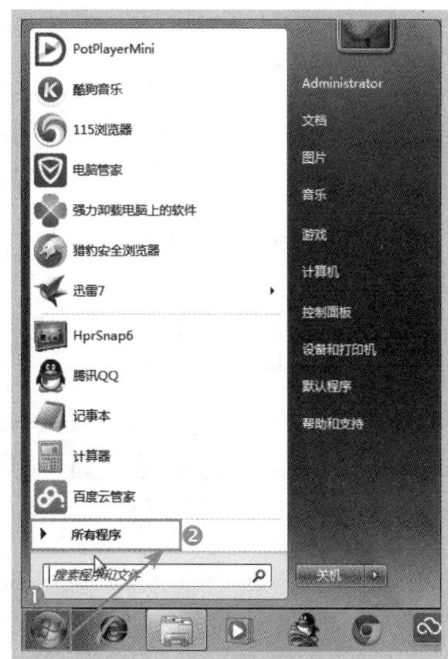

Step02 ❶ 在展开的程序列表中选择“附件”选项，❷ 在展开的列表中选择“画图”命令，如下图所示。

Step03 稍等片刻，即可打开“画图”程序窗口，如下图所示。

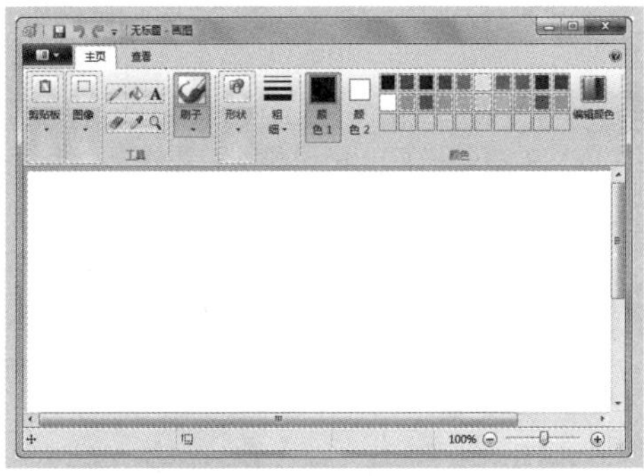

2.4.2 调整程序按钮位置

任务栏最左侧为“开始”按钮，在该按钮的右侧显示了一些常用的程序按钮，如下图所示。不要小瞧这些按钮，单击程序按钮不仅可以快速启动对应的程序，还可以对窗口进行还原到桌面、切换以及关闭等操作，非常实用。

我们还可以根据使用需要来调整程序图标的顺序，在任务栏中选择要调整的图标，按住鼠标左键不放拖动到任务栏的目标位置，松开鼠标即可，如下图所示。

小提示

删除任务栏中的程序按钮

如果某个程序按钮不常用，我们可以将其从任务栏删除，方法为：右击要删除的程序按钮，在弹出的快捷菜单中选择“将此程序从任务栏解锁”命令即可。

2.4.3 调整任务栏位置和大小

任务栏默认位于屏幕最下方的，我们可以根据自己的喜好，调整任务栏的位置和大小。

1. 调整任务栏的位置

将任务栏移动到屏幕的左侧、右侧或者顶部，具体操作方法如下。

Step01 ❶ 右击任务栏空白处，❷ 在弹出的快捷菜单中选择“属性”命令，如下图所示。

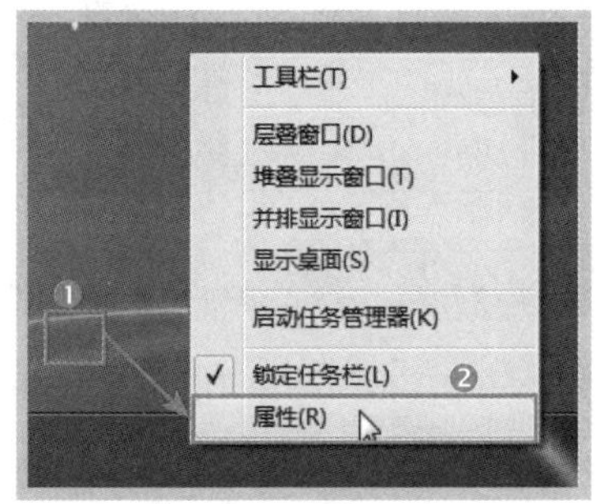

Step02 ❶ 弹出“任务栏和『开始』菜单属性”对话框，单击“屏幕上的任务栏位置”选项右侧的下拉按钮，❷ 在弹出的下拉列表中选择需要显示的位置，❸ 单击“确定”按钮，如下图所示。

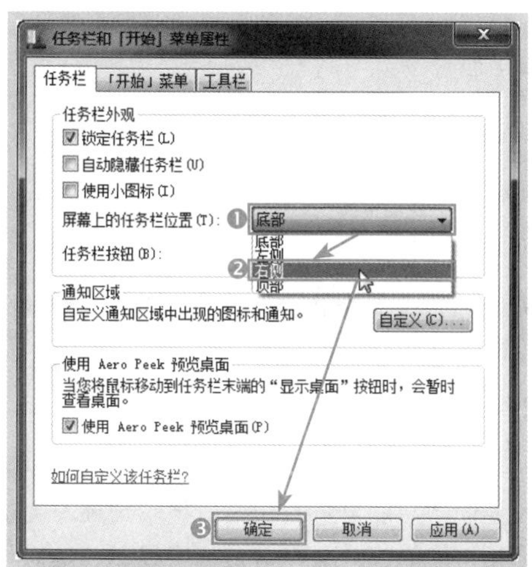

2. 调整任务栏的大小

默认情况下，任务栏以一行图标的位置锁定在平面下方，如果用户觉得任务栏的面积不够用，可以通过拖动的方式将任务栏的面积增大，操作方法如下。

Step01 ❶ 右击任务栏空白处，❷ 在弹出的快捷菜单中选择“锁定任务栏”命令。

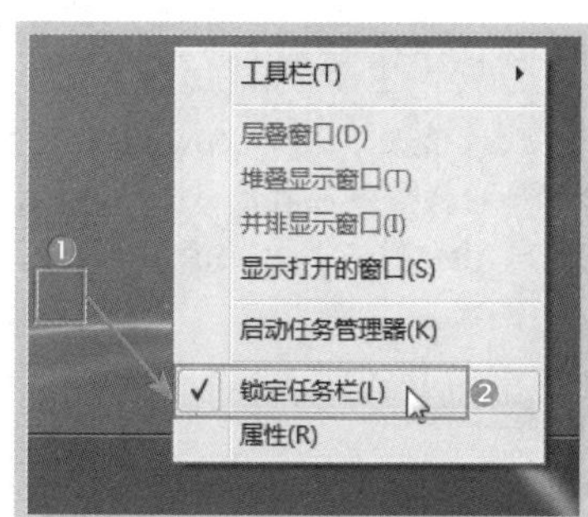

Step02 将鼠标指针放在任务栏上方边缘处，指针将变为双向箭头，此时按下鼠标左键并拖动鼠标，即可调整任务栏的大小。

2.4.4 设置任务栏图标显示方式

为了节省空间，容纳更多的图标，在Windows 7的任务栏中，默认隐藏了程序名称，仅显示“图标”外观。如果希望打开的所有程序和文件的图标都直观地显示在任务栏上，可通过下面的方法实现。

Step01 ❶ 在任务栏空白处右击，❷ 在弹出的快捷菜单中选择“属性”命令，如下图所示。

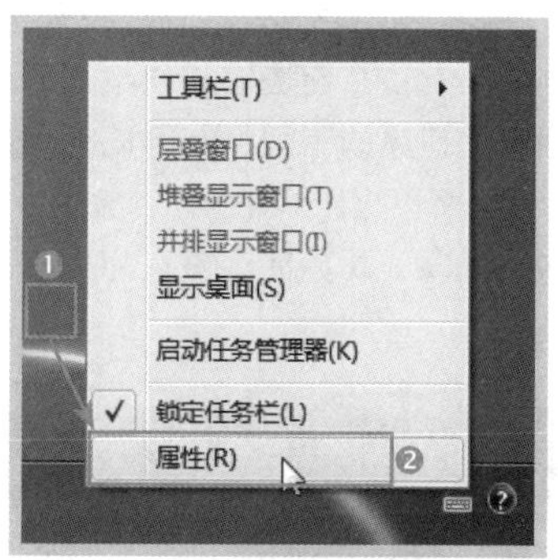

Step02 ❶ 在“任务栏按钮”选项右侧的列表中选择“从不合并”选项，❷ 单击“确定”按钮，如下图所示。

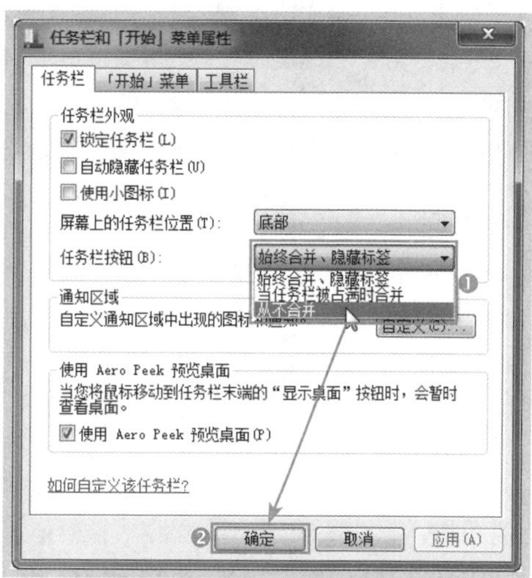

2.5 认识窗口

在 Windows 7 中，每个文件夹和应用程序都是以窗口的形式打开的，用户通过窗口对电脑中的文件或程序进行操作。

2.5.1 窗口的组成

Windows 7 中的窗口分为系统窗口和程序窗口两种类型，其中系统窗口由标题栏、地址栏、工具栏、收藏夹链接面板、文件夹列表、窗口区域以及信息面板等板块组成，而程序窗口则根据程序的不同，其组成结构也有所差别，这里将不再详细介绍。

本节将以“计算机”窗口为例，介绍窗口的组成。

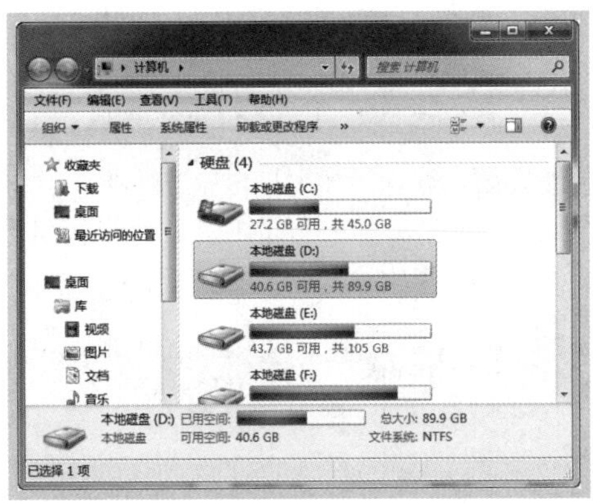

1. 地址栏

在 Windows 7 的地址栏中，用按钮方式代替了传统的纯文本方式，并且在地址栏周围也仅有“前进”按钮和“返回”按钮，找不到传统资源管理器中的“向上”按钮。

这样的设计可方便用户使用不同的按钮来实现目录的跳转。如上图中的当前目录为 ▸ 计算机 ▸ 本地磁盘 (C:) ▸ WINDOWS ▸，此时地址栏中的几个按钮为“计算机”、本地磁盘 (C:) 和 Windows，若要返回 C 盘根目录或“计算机”窗口，只需单击本地磁盘 (C:) 或“计算机”按钮即可。

2. 搜索框

搜索框位于地址栏右侧，在搜索框中输入关键字后即可进行搜索，搜索结果与关键字相匹配的部分会以黄色高亮显示，类似于 Web 搜索结果，能让用户更加容易找到需要的结果。

3. 菜单栏

菜单栏位于地址栏的下方，通常由“文件”、“编辑”、“查看”、“工具”和“帮助”等菜单项组成。

> **小提示**
>
> **显示菜单栏**
>
> 默认情况下，Windows 7 中大多数程序的操作界面都隐藏了菜单栏，按下“Alt”键可临时显示菜单栏。

4. 工具栏

Windows 7 操作系统的工具栏位于地址栏下方，当打开不同类型的窗口，或者选中不同类型的文件时，工具栏中的按钮会发生变化，但“组织”按钮、“视图”按钮以及“显示预览窗格”按钮是始终不会改变的。

5. 导航窗格

在 Windows 7 中，“资源管理器”窗口左侧的导航窗格提供了“收藏夹”、“库”、

“家庭组”、“计算机”和“网络”等选项，选择任意选项可快速跳转到相应的目录。

6. 详细信息栏

对于 Windows 7 资源管理器的详细信息栏，我们可以将其看作是传统 Windows 系统“状态栏”的升级版，它能为用户提供更加丰富的文件信息，并可直接在此修改文件的信息并添加标记。

2.5.2　窗口的基本操作

了解窗口的组成后，接下来学习窗口的相关操作，主要包括最小化、最大化和还原窗口，以及调整窗口大小。

1. 最小化、最大化和还原窗口

在窗口的右上角有三个控制按钮，分别是“最小化”按钮、“最大化”按钮以及“关闭”按钮。通过单击“最小化”、“最大化”或“还原”按钮，可以改变窗口的大小。

◇ “最小化”按钮：单击该按钮可将当前窗口最小化到任务栏中。最小化窗口后，如果要恢复在屏幕中显示，只要单击任务栏中对应的按钮即可。

◇ “最大化”按钮：单击该按钮可将当前窗口全屏幕最大化显示，然后按钮变为“还原”按钮；单击“还原”按钮，可将窗口还原到最大化前的大小。

◇ “关闭”按钮：顾名思义，单击“关闭”按钮，可直接关闭当前窗口。

2. 调整窗口大小

将鼠标指针移动到窗口的边框或对角上时，指针形状会变为双向箭头，此时按鼠标左键向内侧或外侧拖动鼠标，即可调整窗口的大小。

小提示

只更改窗口的高度和宽度

将鼠标指针移动到左侧或右侧边框上，按下并拖动鼠标可仅调整窗口宽度；若移动到窗口上方或下方边框上进行拖动，可仅调整窗口宽度；移动到对角上进行拖动，则同时调整窗口宽度和高度。

2.5.3　切换窗口

在 Windows 7 中，用户可同时打开多个窗口或运行多个程序，但一次只能对一个窗口进行操作，当前操作的窗口即为活动窗口，而其他窗口称为非活动窗口。

那么在打开多个窗口时，若要对非活动窗口进行操作，则需要将其选中让其变为活动窗口，这一过程即为切换窗口操作。

1. 单击窗口可见区域进行切换

窗口的可见区域是指屏幕上有多个窗口时，在屏幕上能够看到的窗口部分。

当多个窗口同时出现在屏幕上时，单击某一个窗口可见区域的任意位置，就可以将该窗口变为活动窗口，这种方法是最常用的切换窗口方法。

2. 在任务栏中进行分类切换

当所要切换的窗口处于最小化状态时，我们可以在任务栏上单击该窗口程序按钮，即可将该窗口变为活动窗口，如下图所示。

如果是一个程序打开了多个窗口，可将鼠标指针移动到任务栏的程序按钮上，此时将显示打开的该程序的多个窗口缩略图，单击需要的程序窗口即可进行切换，如下图所示。

3. 使用“Alt+Tab”组合键切换窗口

按“Alt+Tab”组合键可调出切换面板，此时会显示窗口所对应的缩略图，按住“Alt”键不放，重复按下“Tab”键即可在窗口前循环切换。每按一次“Tab”键会选中下一项，选中后松开两个键即可使所选窗口成为活动窗口，如下图所示。

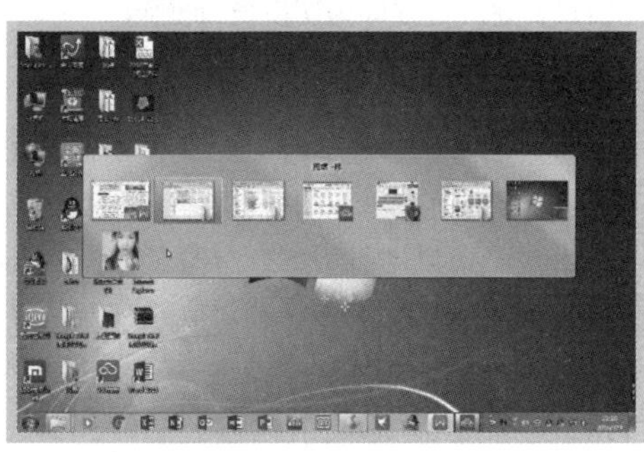

一点通

临时显示窗口内容

按住“Alt+Tab”组合键的同时，可将鼠标指针移动到切换面板中的窗口缩略图标，会显示图标对应的窗口，而其他窗口全部透明（仅保留边框）。

4. 3D效果的窗口切换

3D效果的窗口切换是Windows 7特有的功能，使用该功能可以使窗口切换起来更立体和美观。

使用3D效果进行窗口切换的方法为：按“Win+Tab”组合键进入Windows Flip 3D模式，此时所有窗口将显示斜角度的3D化预览界面，反复按“Tab”键可以让窗口从后向前滚动，当需要切换的窗口显示在最前方时释放“Win+Tab”组合键即可。

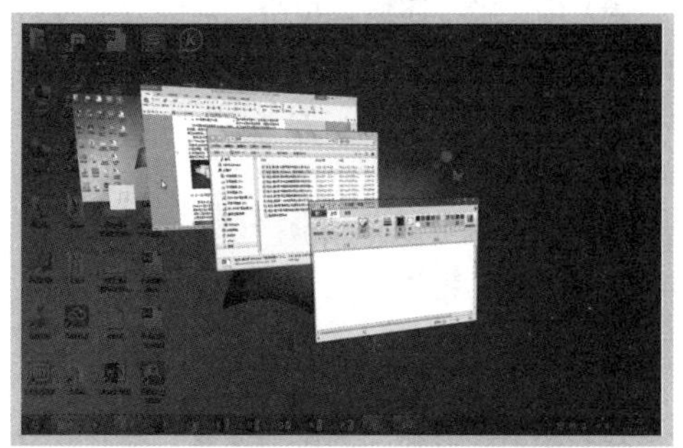

2.6 认识菜单和对话框

菜单和对话框同窗口一样，也是Windows操作系统重要的组件之一，通过菜单可以执行需要的命令，而通过对话框则可以完成相关的设置。下面就来认识什么是菜单和对话框。

2.6.1 认识菜单

菜单是由若干命令和子菜单组成的选项组，用户通过选择命令即可进行相应的操作。菜单

可分为快捷菜单和窗口菜单两种，下面将分别介绍。

1. 快捷菜单

快捷菜单是指右击某个特定的目标或对象时，在单击的位置弹出的针对该对象的功能菜单。快捷菜单通常包含与被单击对象有关的各种操作命令。

打开快捷菜单后，向下移动鼠标，将鼠标指针移动到需要执行的命令上，单击该命令即可实现相应的功能。以右击“计算机”窗口为例，弹出的快捷菜单如下图所示。

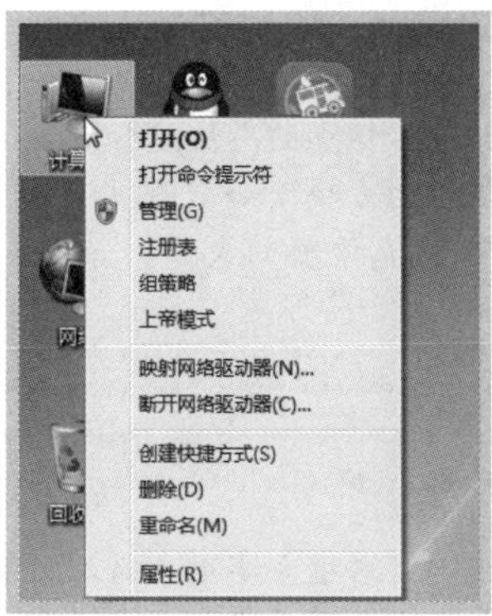

快捷菜单的内容根据操作对象的不同而各不相同，例如，某些快捷菜单中的某些命令后面带有黑色的小箭头“ ▸ ”，表示单击该命令会弹出子菜单。而子菜单的操作方法同主菜单是一样的，将鼠标平移到子菜单上即可进行相应的操作，如下图所示。

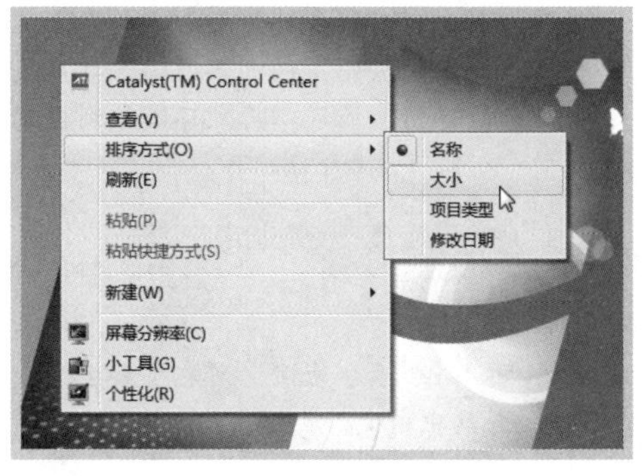

2. 窗口菜单

窗口菜单是许多程序窗口的重要组成部分，一个程序中通常有几十甚至几百个操作命令，这些命令不可能全部显示在程序的界面中，因此通过菜单的形式进行分类放置。

在程序窗口中，单击某个菜单项，便可打开相应的窗口菜单列表，在列表中单击某个命令，即可进行对应的操作。

以“记事本”程序为例，在程序窗口中选择“文件”菜单选项，在打开的下拉列表中选择“保存”命令，即可执行保存操作，如下图所示。

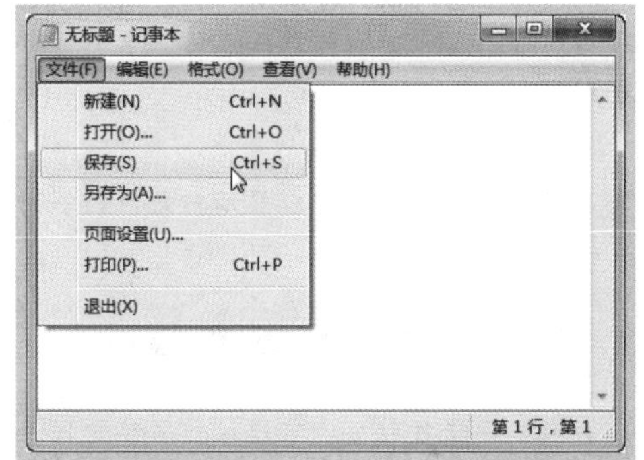

> **小提示**
>
> 为什么有些菜单中的命令不能使用
>
> 菜单中黑色的命令名称表示可以使用，如果命令名称呈灰色显示，则表示该命令目前不能使用。如果命令后面带有“ ”标记，则表示选择它会打开一个对话框。

2.6.2 认识对话框

对话框是用户更改程序设置或提交信息的特殊窗口，其大小通常是固定的，用户不能进行缩放和最大化等操作，如下图所示为“系统属性”对话框。

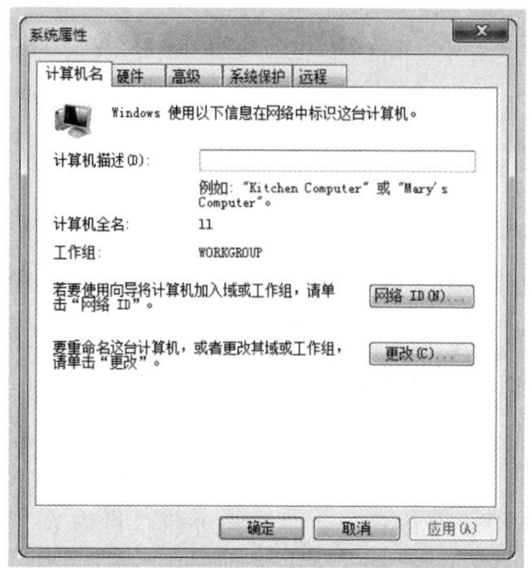

对话框通常包含许多不同的元素，如选项卡、按钮、单选项和复选框等。下面将分别对其进行介绍。

◇ 选项卡：一个对话框中通常有多个选项卡，单击不同的选项卡可以显示对话框的不同页面，如下图所示。

◇ 按钮：单击按钮可以实现按钮名称所代表的功能，如下图所示。若按钮名称后面还带有"…"标识，单击该按钮则会弹出新的对话框。

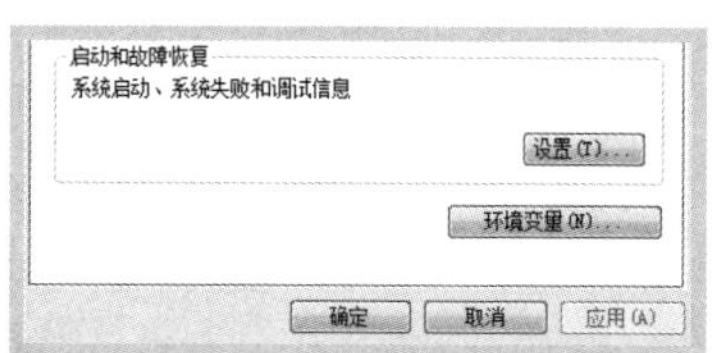

◇ 单选项：单选项由两个或两个以上的选项组成，而用户只能选择其中一项，一旦选择某个单选按钮，即表示选择该项，如下图所示。

让 Windows 选择计算机的最佳设置(L)
调整为最佳外观(B)
调整为最佳性能(P)
自定义(C):

◇ 复选项：复选项由两个或两个以上的选项组成，每一个选项是单独存在的，用户可多选也可全部不选，如下图所示。若勾选某个复选框，则表示选中该项。

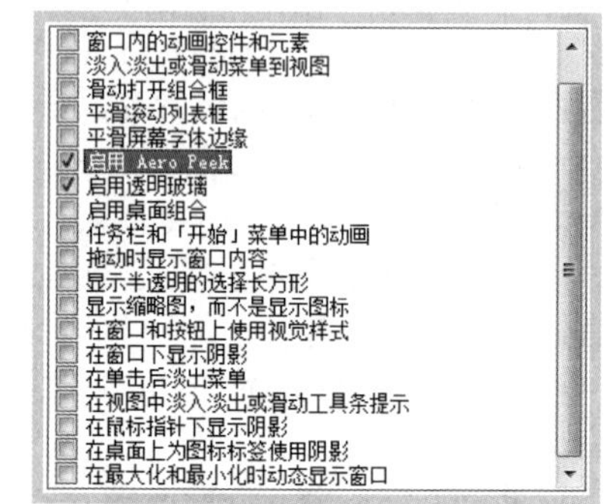

◇ 滑块：对话框中的滑块是标有数值、刻度的可拖动的方块，如下图所示。单击拖动滑块可调节该项的大小、等级、数值等参数。

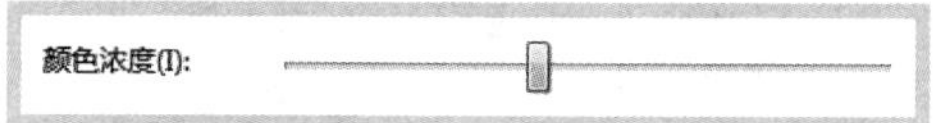

◇ 文本框：文本框主要用来输入文本信息。在文本框中单击，将会出现一个闪烁的光标，此时即可输入所需的文本，如下图所示。

◇ 数值框：数值框的用途是为某项设置提供参数，用户可以单击数值框右方的向上箭头增大框中的数值，也可单击向下箭头减小框中的数值，还可以将光标定位到框中手动输入数值，如下图所示。

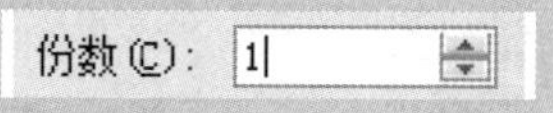

◇ 列表框：列表框分为固定列表框和下拉式列表框。其中固定列表框的大小是固定的，

单击列表项中的某个选项即可选择该选项；而下拉式列表框则是将选项列表隐藏；单击列表项右方的向下箭头按钮则可弹出选项列，如右图所示。

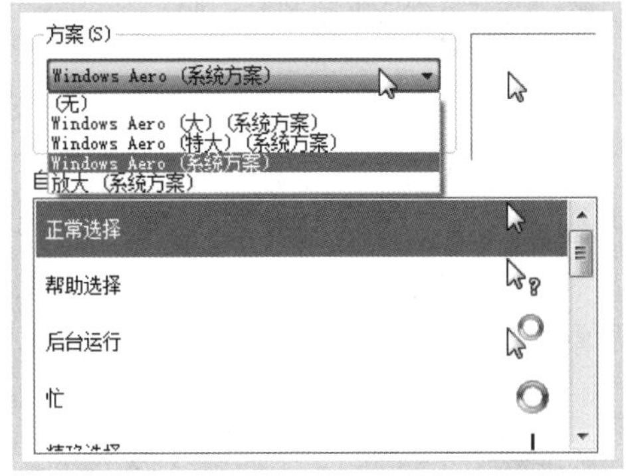

学习问答 (11:15 ~ 11:30)

疑问 1：如何将常用程序图标添加到快速启动栏？

答：默认情况下，任务栏的程序按钮区中有 3 个程序按钮。为了配合自己的操作习惯，方便电脑使用，用户可以将常用的程序添加到任务栏中，以便快速启动，具体操作方法如下。

Step01 ❶ 单击“开始”按钮，❷ 在弹出的“开始”菜单中选择“所有程序”命令，如下图所示。

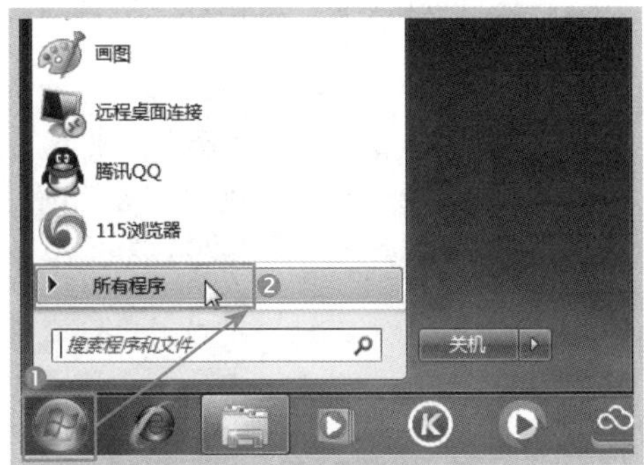

Step02 ❶ 在打开的程序列表中，右击要添加的程序名称，❷ 在弹出的快捷菜单中选择“锁定到任务栏”命令即可，如右图所示。

Step03 返回桌面，即可看到该程序图标被添加到任务栏中，如下图所示。

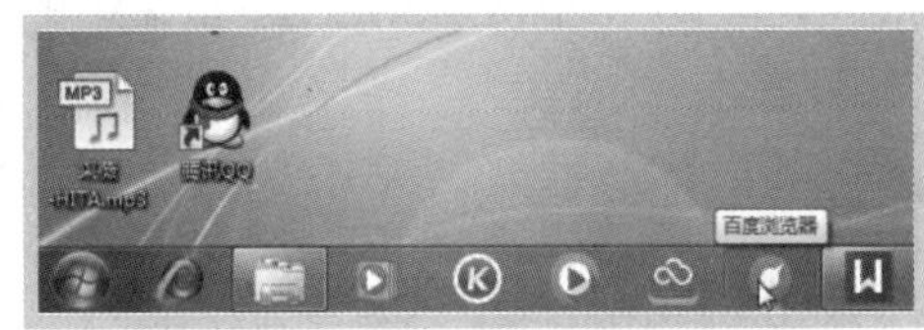

疑问 2：更改“开始”菜单中最近打开的默认程序数目？

答：默认情况下，“开始”菜单中显示 10 个用户最近使用过的程序，如果用户希望增加或减少程序数目，可通过下面的方法实现。

Step01 ❶ 在任务栏空白处右击，❷ 在弹出的快捷菜单中选择“属性”命令，如下图所示。

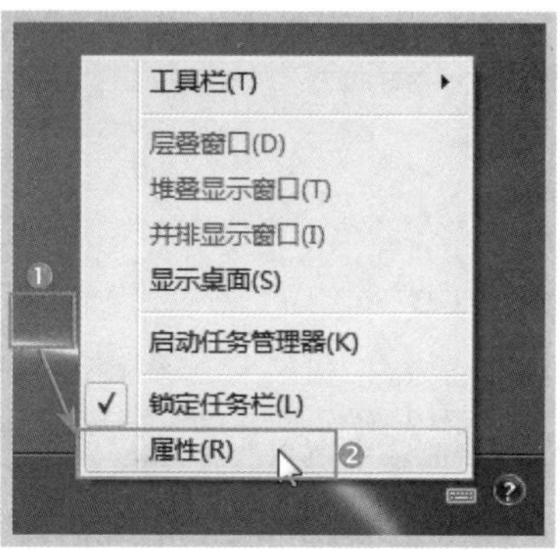

Step02 ❶ 弹出“任务栏和『开始』菜单属性”对话框，切换到『开始』菜单选项卡，❷ 单击“自定义”按钮，如下图所示。

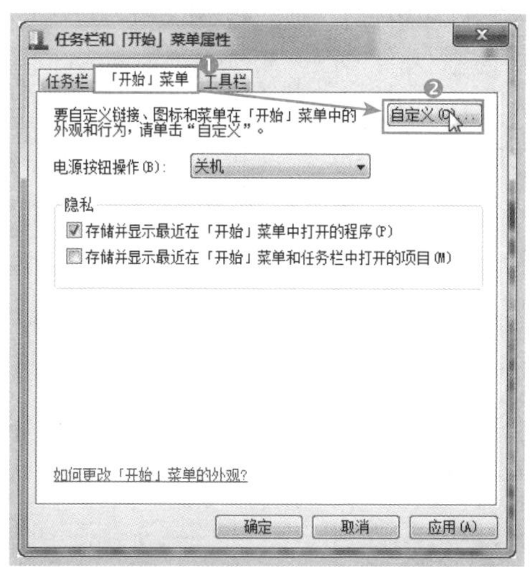

Step03 ❶ 弹出“自定义『开始』菜单”对话框，在“『开始』菜单大小”栏设置需要显示的最近打开过的程序数目，❷ 单击“确定”按钮，如下图所示。

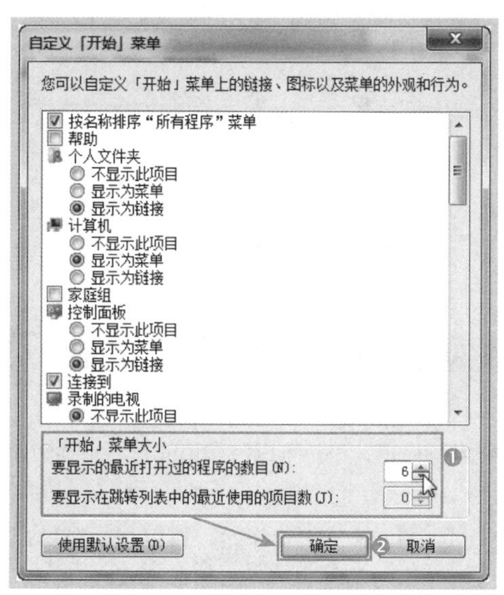

Step04 再次打开“开始”菜单，即可看到更改显示数目后的效果，如下图所示。

疑问 3：怎样将常用程序锁定到“开始”菜单中？

答：虽然通过快速启动栏中的程序图标可以快速启动程序，但毕竟任务栏的位置有限，而且该位置的图标过多还会影响桌面的美观。

我们可以将部分常用的图标锁定到“开始”菜单中，同样也可以方便用户快速启动。下面以将“酷狗音乐”程序图标锁定到“开始”菜单为例，具体操作方法如下。

Step01 ❶ 单击“开始”按钮，❷ 在弹出的“开始”菜单中选择“所有程序”命令，如下图所示。

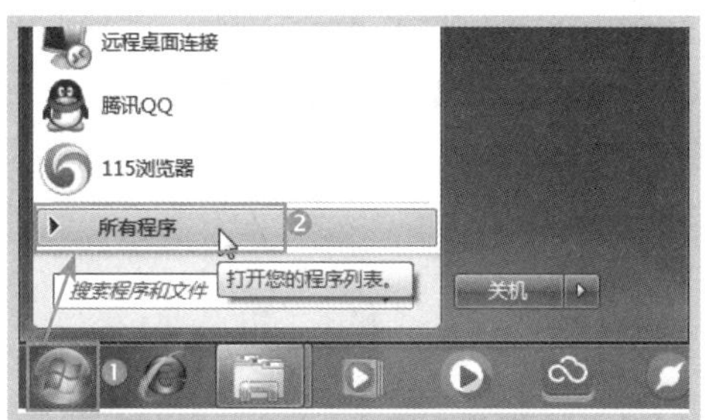

Step02 ❶ 在打开的程序列表中，右击要添加的程序名称，❷ 在弹出的快捷菜单中选择“附到『开始』菜单”命令，如下图所示。

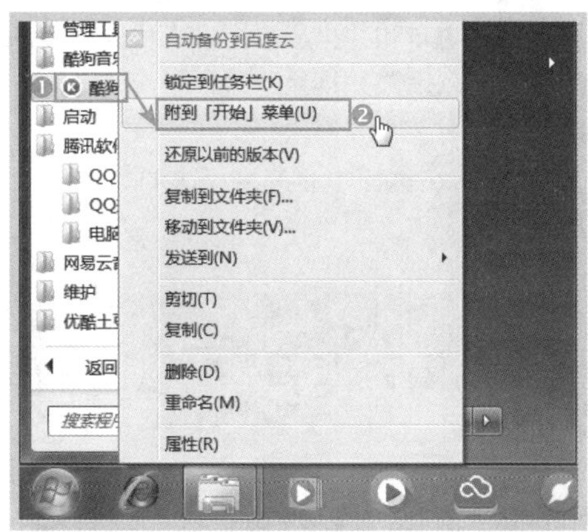

Step03 再次打开“开始”菜单，即可在常用程序列表栏看到刚添加的程序图标，如下图所示。

一点通

将程序图标从“开始”菜单常用列表中移除

“开始”菜单的常用程序列表只能显示十来个，如果不停地添加，之前的图标会逐个移除，若想手动移动图标，方法为：右击程序图标，在弹出的快捷菜单中选择“从『开始』菜单解锁”命令即可。

(11:30 ~ 12:00)

通过前面内容的学习，结合相关知识，请读者亲自动手按要求完成以下过关练习。

练习一：显示或隐藏通知区域中的图标

通知区域位于任务栏的最右侧，除了显示系统时间、连网状态及音量等系统图标，还显示了一些特定的程序图标。

用户可以根据使用需要，来调整通知区域中图标的显示与隐藏，具体操作方法如下。

Step01 ❶ 在任务栏空白处右击，❷ 在弹出的快捷菜单中选择“属性”命令，如下图所示。

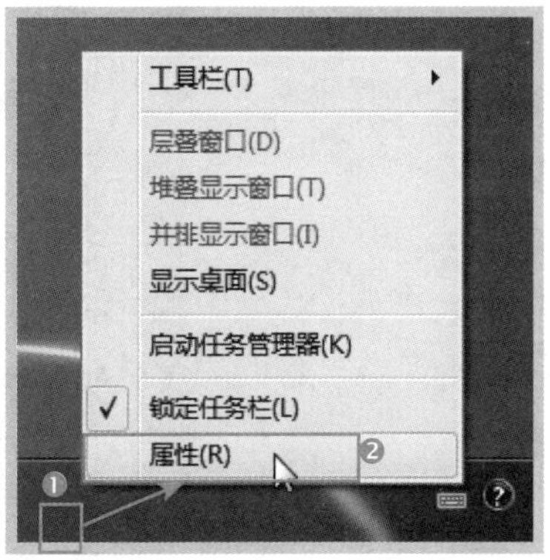

Step02 弹出“任务栏和『开始』菜单属性”对话框，单击“通知区域”右侧的“自定义”按钮，如下图所示。

Step03 ❶ 取消勾选“始终在任务栏上显示所有图标和通知”复选框，❷ 在列表中单击要设置的图标或通知右侧的下拉按钮，根据需要选择命令，❸ 设置完成后单击“确定”按钮，如下图所示。

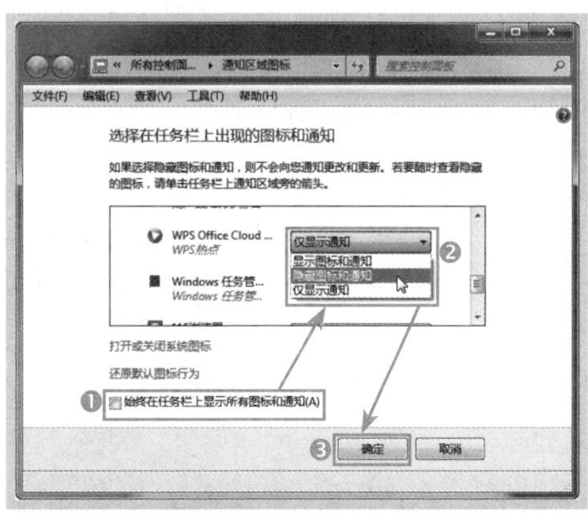

练习二：排列多个窗口

当用户打开多个窗口时，为了方便对窗口中的内容进行对照、查看和管理，可以将窗口按照一定的方式进行排列。

在 Windows 7 中，系统提供了层叠窗口、堆叠显示窗口和并排显示窗口三种排列窗口的方式。以设置并排显示窗口为例，操作方法如下。

Step01 在桌面上打开多个窗口，如下图所示。

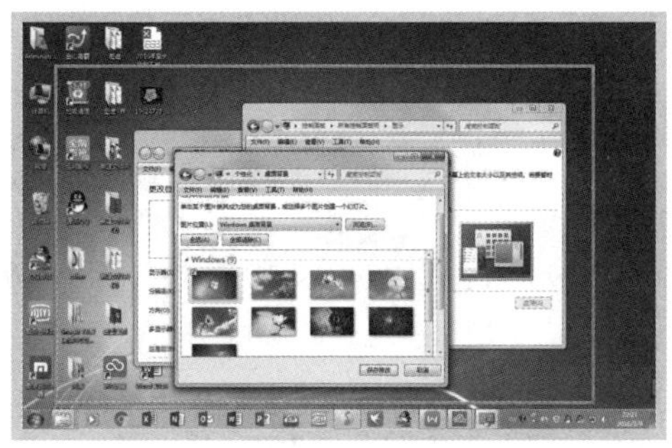

Step02　❶ 右击任务栏空白处，❷ 在弹出的快捷菜单中选择“并排显示窗口”命令，如下图所示。

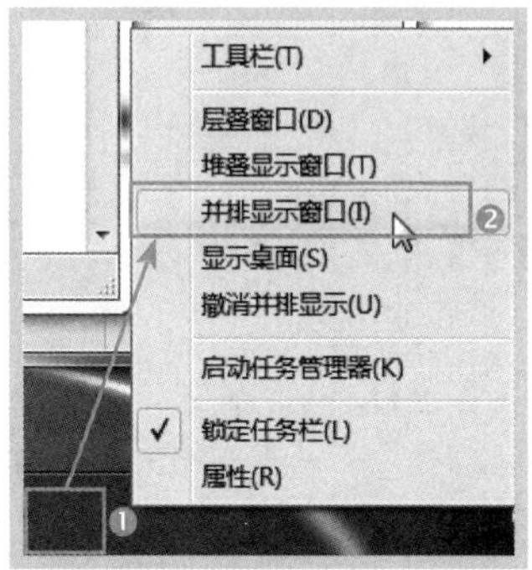

Step03　此时即可看到打开的多个窗口以并列方式显示在桌面上的效果，如下图所示。

学习小结

本课主要介绍了 Windows 7 的安装方法，以及桌面、窗口、图标、菜单和对话框的相关操作。通过本课的学习，初学者可以快速掌握 Windows 7 操作系统的基本操作技能。

第3课

轻松学会电脑打字

无论是上网聊天、发送电子邮件还是编辑文档，都需要进行文字的输入，文字输入已经成为电脑使用者必备的一项基本技能。本课主要介绍键盘与指法的基本操作，以及如何用拼音输入法、五笔字型输入法和手写功能在电脑中输入汉字。

学习建议与计划

时间安排：（13:30 ～ 15:00）

第一天 下午

知识精讲（13:30 ~ 14:15）

- ☆ 了解键盘的使用方法
- ☆ 掌握用拼音输入汉字的方法
- ☆ 了解汉字的结构构成
- ☆ 掌握五笔输入法输入汉字的方法
- ☆ 了解手写输入汉字的方法

学习问答（14:15 ~ 14:30）

过关练习（14:30 ~ 15:00）

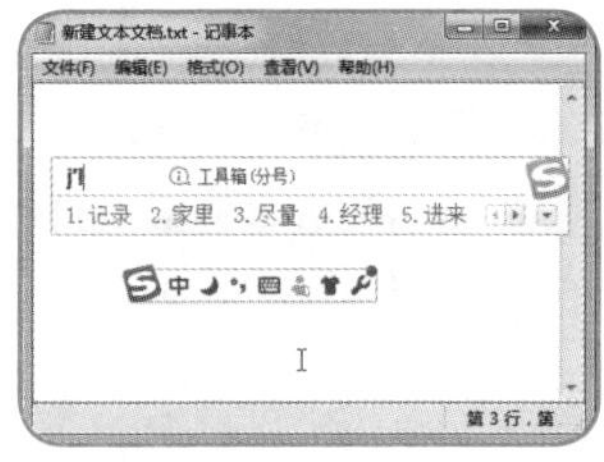

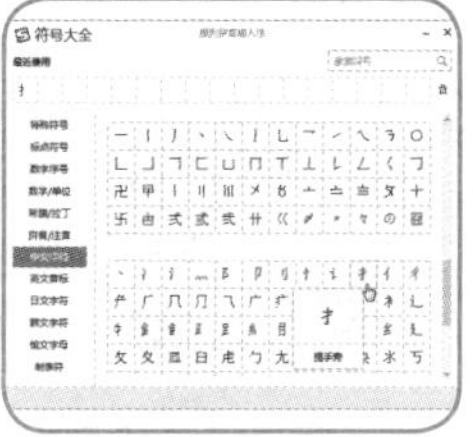

知识精讲 (13:30 ~ 14:15)

3.1　熟悉键盘的操作

键盘是电脑最常用也是最基本的输入设备，要想熟练地在电脑上打字，熟悉并掌握键盘的操作是必需的，下图所示为键盘的外观样式。

3.1.1　认识键盘

键盘上有许多按键，通过这些按键可以将英文字母、数字、标点符号等输入到电脑中，从而向电脑发出命令并输入数据。

一点通

根据按键的数量对键盘进行分类

根据键盘按键数量的不同，可将键盘分为86键、101键、104键和107键键盘等。其中104键的键盘是在101键键盘的基础上为WINDOWS 9.XP平台提供增加了三个快捷键，也被称为WINDOWS 9X键盘，这种键盘是目前最流行的一种键盘。

为了更方便用户熟悉键盘，按照各按键的功能和排列位置，将键盘划分为主键盘区、光标控制键区、数字小键盘区、功能键区和指示键位区5个部分。

1. 主键盘区

主键盘区是键盘的基本区域，也是使用最频繁且最大的一个区域，由数字键0~9、字母键A~Z和符号键，以及一些特殊控制键组成，主要用于输入文字、符号等内容，所以也被称为打字键区，如下图所示。

从上图中我们可以看到，主键盘区的第一行每个键面上有上下两种字符因而又称双字符键。上面的字符称上档字符，输入时需配合“Shift”键的使用；下面的字符称下档字符，可直接输入。

以数字键 为例，直接按下此键可输入下档字符“1”，若按住“Shift”键的同时再按下此键，则输入上档字符“！”。

主键盘区中间最大的一块区域为字母键位区，包括从A~Z的26个字母键。在英文状态下，按下某个键位可输入对应的小写英文字母，例如按下“C”键，可输入小写英文字母“c”。

小提示

如何输入大写字母

英文状态下，按住“Shift”键后再按字母键，可直接输入对应的大写字母；中文状态下，按住“Shift”键再按字母键，可显示对应的大写字母，此时按空格键或回车键即可将其输入到文档中；无论哪种输入法状态，按“Caps Lock”键，指示灯亮后，按字母键可直接输入对应的大写字母，再次按“Caps Lock”键退出大写状态。

特殊控制键主要包括“Tab”键、“Shift”键、“Ctrl”键和空格键等，其作用介绍如下。

◇ “Tab”键：又称制表键，每按一次此键，光标向右移动 8 个字符。

◇ “Caps Lock”键：称为大写字母锁定键，用于大小写字母输入状态的切换。

◇ “Shift”键：称为上档键，在主键盘区的左下边和右下边各有一个，作用相同，用于输入上档字符及大小写字母的临时切换。

◇ “Ctrl”键：称为控制键，在主键盘区的左下角和右下角各有一个，通常与其他键组合使用，是一个供发布指令用的特殊控制键。

◇ “Win”键：又称“开始”菜单键，其键面上标有 Windows 徽标，在 Windows 操作系统中，按此键可弹出“开始”菜单。

◇ “Alt”键：称为转换键，在主键盘区的左右各有一个，通常与其他键组合使用。

◇ 空格键：位于主键盘区的最下方中间位置，是键盘上唯一没有标识且最长的键。按此键会输入一个空格，同时光标向右移动一个字符。

◇ 右键菜单键：该键位于右“Ctrl”键的左侧，按此键后会弹出相应的快捷菜单，其功能相当于右击。

◇ “Enter”键：称为回车键，该键有两个作用，一是确认并执行输入的命令；二是在录入文字时按此键实现换行，即光标移至下一行行首。

◇ “BackSpace”键：称为退格键，按该键可删除光标前一个字符或选中的文本。

2. 光标控制键区

光标控制区键区位于主键盘区的右侧，该键区集合了所有对光标进行操作的键位和一些页面操作功能键，主要用于进行文字处理时控制光标的位置，如下图所示。

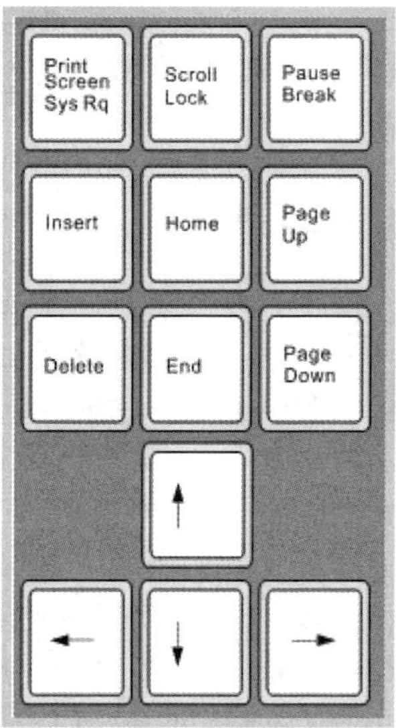

下面依次介绍光标控制键区中各键位的具体功能。

◇ “Print Screen SysRq”：称为屏幕拷贝键，按该键可将当前屏幕内容以图片的形式复制到剪贴板中。

◇ “Scroll Lock”键：称为滚屏锁定键，在某些屏幕自行滚动的软件运行时，按该键可让屏幕停止滚动，再次按该键可让屏幕恢复滚动。

◇ “Pause Break”：称为暂停键，按该键可使屏幕显示暂停，按“Enter”键后屏幕继

续显示。若按“Ctrl+Pause Break”组合键，可强行中止程序的运行。

◇ “Insert”：称为插入键，编辑文档时，按该键可在插入和改写两种状态之间进行切换。

◇ “Home”：称为行首键，在处理文字时按该键，光标会快速移至当前行的行首。若按“Ctrl+Home”组合键，则光标移至整篇文档的首行行首。

◇ “Page Up”：称为向上翻页键，编辑文档时，按该键可将文档向前翻一页。

◇ “Delete”：称为删除键，录入文字时，按该键会删除光标右侧的一个字符。

◇ “End”键：称为末位键，其作用与“Home”键相反，按该键光标会移至当前行的行尾。若按“Ctrl+End”组合键，光标移至整篇文档的最后一行行尾。

◇ “Page Down”：称为向下翻页键，其作用与“Page Up”键相反，按该键可将文档向后翻一页。

◇ “↑”、“↓”、“→”、“←”：方向键。按相应的方向键，光标将向相应的方向进行移动。

小提示

如何区分插入状态和改写状态

编辑文档时，若处于插入状态，输入字符时光标右侧的字符将向右移动一个字符位置；若处于改写状态，输入的字符将会覆盖光标后的字符。

3．数字小键盘区

数字小键盘区位于光标控制键区的右侧，共有 17 个键位，主要包括数字键和运算符号键等，适合银行职员、财会人员等经常接触大量数据信息的专业用户使用，如下图所示。

数字小键盘区中有一个“Num Lock”键，称为数字锁定键。系统默认状态下，按小键盘中的数字键可直接输入对应的数字，此时按“Num Lock”键，将无法再用数字小键盘区输入数字，若再次按该键，则可重新返回数字输入状态。

4．功能键区

功能键区位于主键盘区的上方，由“Esc”键和“F1~F12”键组成，如下图所示，主要用来完成某些特殊的功能。

◇ “Esc”键：称为强行退出键，其功能是取消输入的指令、退出当前环境或返回原菜单。

◇ “F1”~“F12”键：在不同的程序或软件中，“F1”~“F12”键各自的功能有所不同。例如，按“F1”键一般会打开帮助菜单、按“F5”键会刷新当前窗口。

5．指示键位区

指示键位区位于功能键区的右侧，共有 3 个指示灯，如下图所示，主要用于提示键盘的工作状态。

◇ “Num Lock”指示灯：由数字小键盘区的“Num Lock”键控制，灯亮时表示数字小键盘区处于数字输入状态。

◇ “Caps Lock”指示灯：由主键盘区的“Caps Lock”键控制，灯亮时表示字母键处于大写状态。

◇ “Scroll Lock”指示灯：由编辑控制键区的“Scroll Lock”键控制，灯亮时表示屏幕被锁定。

3.1.2 操作键盘的正确姿势

操作键盘时应注意正确的姿势，如果姿势不当，容易影响视力、造成身体疲劳，还会影响击键的速度和正确率，正确的操作姿势如下图所示。

操作键盘时应注意以下几点：

◇ 人体正对键盘，腰背挺直，双脚自然落地，身体距离键盘 25cm 左右。

◇ 椅子高度适当，眼睛稍向下俯视显示器，应在水平视线以下 15° ~ 20° ，请尽量使用标准的电脑桌椅。

◇ 两臂放松自然下垂，两肘轻贴于腋边，与身体保持 5cm~10cm 距离，两肘关节接近垂直弯曲。

◇ 空格键尽量对准身体正中，手指保持弯曲、形成勺状放于键盘的基本键位上，左右手的拇指轻放在空格键上。

◇ 进行文档处理时，将文稿或书籍斜放于电脑桌的左边，使文稿与视线处于平行，打字时眼观即可，身体不要跟着倾斜。

3.1.3 手指的分工

手指的分工是指手指和键位的搭配，即将键盘上的按键合理地分配给十个手指，让每个手指都有明确的分工，以便用户稳、快、准地操作键盘。

1. 认识基准键位

为了规范键盘操作，主键盘区中划分一个区域作为基准键位区。在主键盘区的正中央有 8 个基准键位，包括“A”、“S”、“D”、“F”、“J”、“K”、“L”和“;”，如下图所示。其中，“A”、“S”、“D”、“F”和“J”键为左手的基准键位，“J”、“K”、“L”和“;”为右手的基准键位。

准备操作键盘时，首先应弯曲十指，轻放在基本键位上，正确指法为：先将左手食指轻放在“F”键上，右手食指轻放在“J”键上，然后将左手的小指、无名指和中指依次放在“A”、“S”和“D”键上，右手的中指、无名指和小指依次放在“K”、“L”和“;”键上，最后将双手的大拇指轻放在空格键上，如下图所示。

一点通

如何快速找准基准键位

在所有基准键位中，只有“F”键和“J”键的键面上各有一个突起的小横杠或小圆点，这是两个定位点。用户在不看键盘的情况下，可凭借手指触觉迅速定位左右手食指，从而快速寻找到基准键位。

2. 手指分工

除了已分配的 8 个基本键位外，主键盘区中的其他按键都采用与 8 个基准键位的键位相对应的位置来记忆。

除了拇指只负责空格键外，其余 8 个手指各有一定的活动范围，每个手指负责一定范围的键位，如下图所示。

◇ 左手食指：“4”、“5”、“R”、“T”、“F”、“G”、“V”、“B”。

◇ 左手中指：“3”、“E”、“D”、“C”。

◇ 左手无名指：“2”、“W”、“S”、“X”。

◇ 左手小指：“1”、“Q”、“A”、“Z”及其左边的所有键。

◇ 右手食指：“6”、“7”、“Y”、“U”、“H”、“J”、“N”、“M”。

◇ 右手中指：“8”、“I”、“K”、“,”。

◇ 右手无名指：“9”、“O”、“L”、“.”。

◇ 右手小指：“0”、“P”、“;”、“/”及其右边的所有键。

一点通

数字小键盘区的手指分工

数字小键盘区多由右手操作，手指分工为：大拇指负责“0”键，食指负责“1”、“4”和“7”键，中指负责“2”、“5”和“8”键，无名指负责“3”、“6”和“9”键，而“4”、“5”和“6” 3 个键为基准键位，其中“5”键为定位键。

3.1.4　正确的击键方法

正确的击键方法有助于提高打字速度，尤其是初学者，操作键盘时一定要严格按照手指分工进行操作，逐渐养成“盲打”的习惯（打字时眼睛注视文稿和屏幕而不看键盘），这样才能快速熟悉键盘各键位。

采用正确的击键方法，主要需要做到以下几点。

◇ 击键前，除拇指外的 8 根手指垂放在各自的基准键上。指关节自然弯曲，略微拱起，指头放在按键中部。

◇ 击键时，以指头快速击键，只有击键手指做动作，其他手指放在基准键位不动，不要靠手臂的运动来找键位。

◇ 击键后，手指立刻回到基准键位上，准备下一次击键。

3.2 输入法基础

在Windows 7中，系统默认为英文输入状态，如果要输入中文，就必须借助汉字输入法。在学习打字前，应该先了解汉字输入法的基础知识，为后面的学习打下良好的基础。

3.2.1 汉字输入法的分类

汉字输入法的种类很多，但就其编码方式来说，主要分为音码、形码和音形码3种。

◇ 音码：以汉字的读音为基准对汉字进行编码。这类输入法简单易学，用户直接输入拼音即可输入汉字，缺点是重码率高，难于处理不认识的生字，且输入速度相对较慢。目前常见的有搜狗拼音输入法、Windows操作系统自带的微软拼音输入法等。

◇ 形码：根据汉字的字形对汉字进行编码。这类输入具有重码少、不受方言干扰等优点，即使发音不准或不认识汉字也不会影响汉字的输入。但要求记忆编码规则、拆字方法和原则，因此学习难度较大。目前常见的有五笔字型输入法。

◇ 音形码：将汉字的拼音和字形相结合进行编码。学习音形码输入法不需要专门培训，且打字速度较快，非常适合对打字速度有要求的非专业人士使用。目前常见的有二笔输入法、郑码等。

3.2.2 查看和选择输入法

默认情况下，输入法图标显示在任务栏中的语言栏处，即通知区域的左侧，且显示为英文输入状态，以▬图标显示。

如果要查看可选择的输入法，可以单击输入法图标▬，在弹出的菜单中即可看到可供选择使用的输入法。

如果要切换到其他输入法，单击输入法图标▬，在弹出的菜单中选择需要的输入法即可，如下图所示。

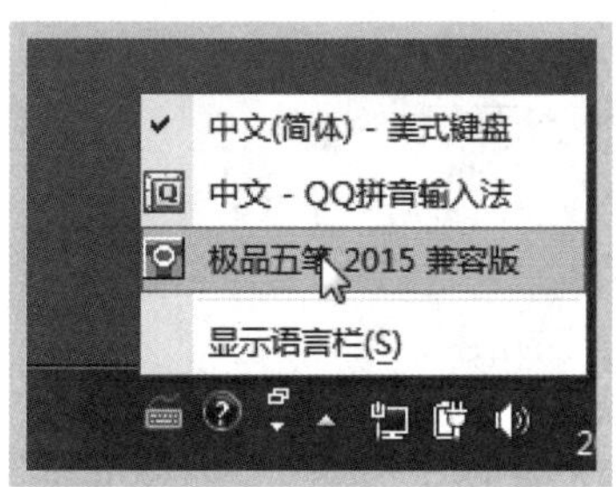

切换输入法后，输入法图标变为所选输入法的图标样式，并显示输入法状态条，再次打开输入法选择菜单，输入法名称前带有“✔”标志的表示为当前使用的输入法。

> **小提示**
>
> **选择输入法的多种方法**
>
> 除了单击选择输入法，还可以按“Shift+Ctrl”组合键，在多个输入法之间轮流切换；选择汉字输入法后，按“Ctrl+空格键”组合键，可切换到英文输入状态，再按“Ctrl+空格键”组合键可返回到此前使用的汉字输入法状态。

3.2.3 认识输入法状态条

切换到汉字输入法后，屏幕上会出现相应的输入法状态条。绝大多数输入法状态条的基本布局和功能大致相同，下面以QQ拼音输入法为例，一起来认识输入法状态条。

◇ “中 / 英文切换”按钮**中**：单击该按钮可在中文输入状态和英文输入状态之间进行切换。默认情况下，该按钮显示为**中**，表示当前处于中文输入状态，可输入中文；单击该按钮可切换到英文输入状态，并显示为**英**，此时可输入英文字母。

◇ “全 / 半角切换”按钮：该按钮默认显示为，表示当前处于半角输入状态，此时输入的字母、数字和符号只占半个汉字的位置。这时单击该按钮可切换到全角输入状态，此时输入的字母、数字和符号占一个汉字的位置。

◇ “中 / 英文标点切换”按钮：该按钮默认显示为，表示当前处于中文标点输入状态，可输入中文标点。单击该按钮将切换到英文标点输入状态，此时可输入英文标点。

◇ “软键盘开 / 关切换”按钮：单击该按钮可打开软键盘，此时单击软键盘上的按键可输入对应的字符，再次单击该按钮可关闭软键盘。

◇ “账户登录”按钮：该按钮为 QQ 输入法独有的功能按钮，单击该按钮将弹出账户登录界面，如下图所示，输入 QQ 账号和密码进行登录，即可将词库和配置“随身”携带了。

◇ “打开工具箱”按钮：单击该按钮，在打开的页面中提供了“符号”、手写、字典、语音、造词和笔画等多种常用工具，如下图所示。此外，单击“属性设置”按钮还可进行高级设置。

3.2.4　添加和删除输入法

Windows 7 操作系统自带了多种输入法，若没有适合自己的输入法，可手动添加，对于不经常使用的输入法还可将其删除。

1. 添加输入法

默认情况下，Windows 7 操作系统中安装的输入法只有“中文（简体）- 微软拼音新体验输入风格”，如果要添加其他系统自带的输入法，可通过下面的方法实现。

Step01 ❶ 使用右击输入法图标，❷ 在弹出的菜单中选择“设置”命令，如下图所示。

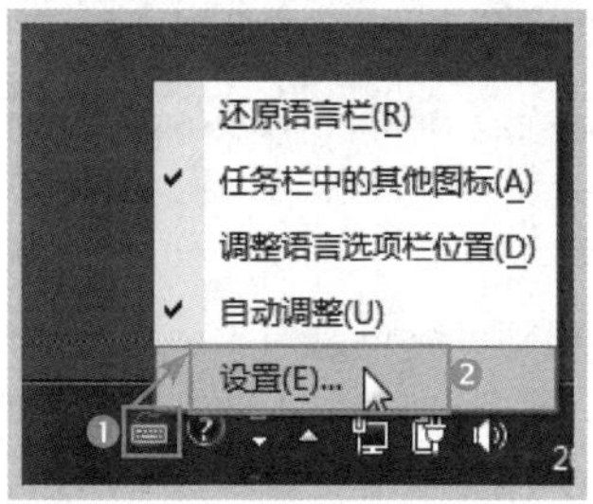

Step02 弹出“文本服务和输入语音”对话框，单击“添加”按钮，如下图所示。

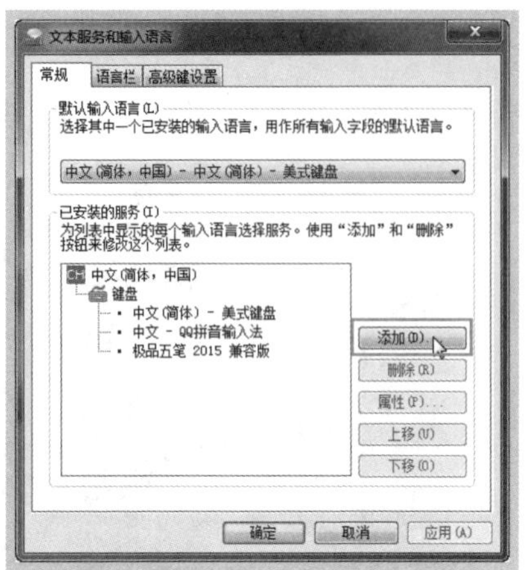

Step03 ❶ 弹出“添加输入语言”对话框，勾选需要添加的输入法复选框，❷ 单击“确定”按钮，❸ 在返回的“文本服务和输入语音”对话框中单击“确定”按钮即可，如下图所示。

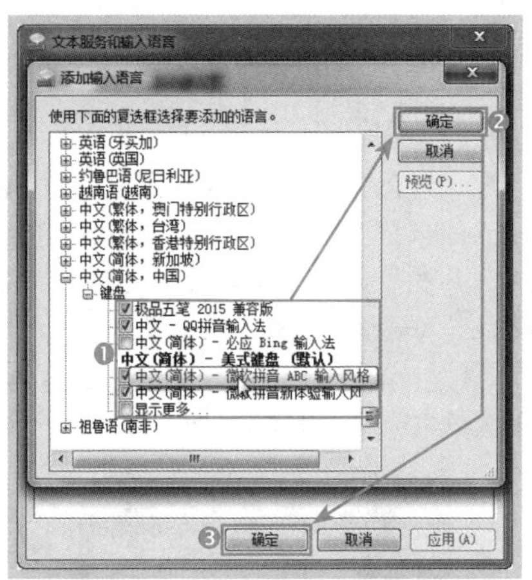

2. 删除输入法

如果添加的输入法过多，要切换到自己常用的输入法会相当烦琐，此时可将一些不经常使用的输入法删除掉，具体操作方法如下。

Step01 ❶ 右击输入法图标，❷ 在弹出的快捷菜单中选择“设置”命令，如下图所示。

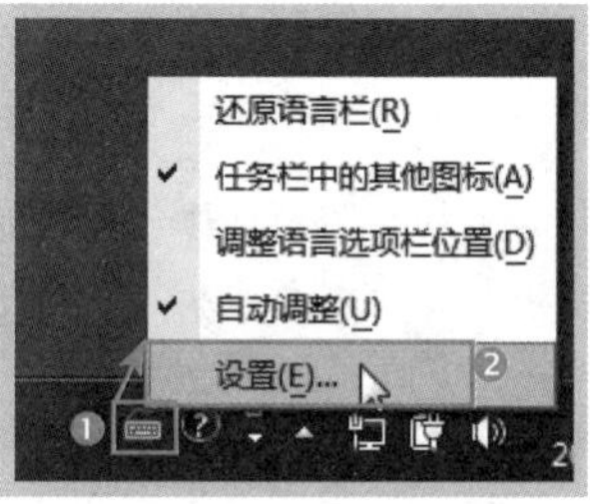

Step02 ❶ 弹出“文本服务和输入语音”对话框，选中要删除的输入法，❷ 单击“删除”按钮，❸ 单击“确定”按钮即可，如下图所示。

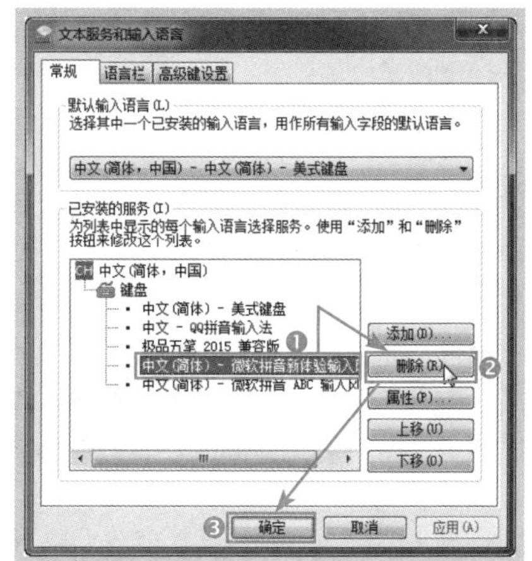

3.2.5 下载并添加第三方输入法

对于不是系统自带的输入法，例如，搜狗拼音输入法、QQ 拼音输入法、极品五笔输入法等，需要先到网上下载安装程序，再运行该程序，才能将其安装到电脑中。

下面以安装搜狗拼音输入法为例，介绍安装第三方输入法的方法。

Step01 双击搜狗拼音输入法的安装文件，在弹出的安装向导中单击“立即安装”按钮，如下图所示。

小提示

更改程序安装路径

在弹出的安装向导中可看到默认的安装路径为 C 盘，若要更改安装位置，可单击“浏览”按钮进行设置。

Step02 程序将自动进行安装，并显示安装进度，如下图所示。

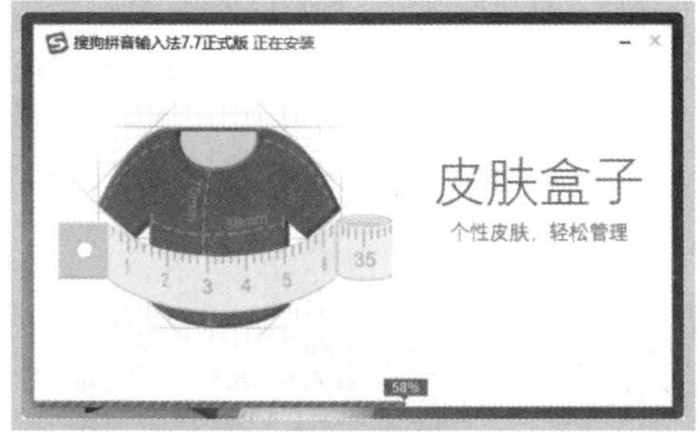

Step03 ❶ 安装过程中会推荐用户安装搜狗浏览器，取消勾选“体验搜狗双核浏览器，上网更快”复选框，❷ 单击“下一步”按钮，如下图所示。

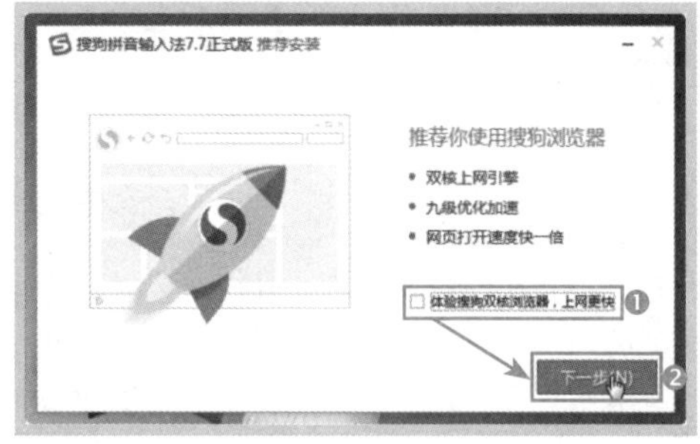

Step04 ❶ 在安装完成向导页面中取消勾选所有复选框，❷ 单击“完成”按钮即可，如下图所示。

安装成功后，再次单击输入法图标，在弹出的输入法选择菜单中即可看到可供选择的搜狗拼音输入法选项，如下图所示。

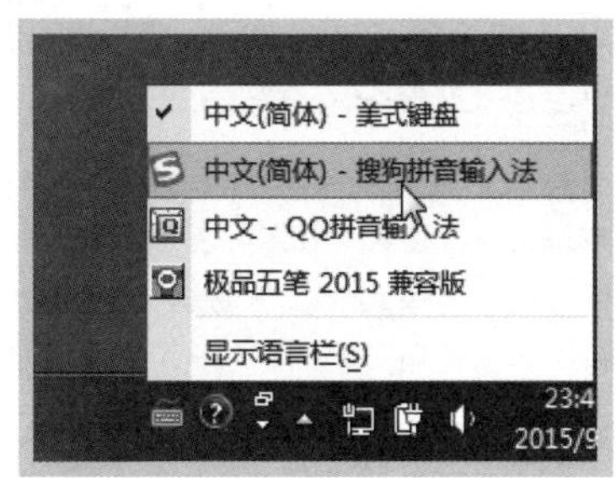

3.3 使用搜狗拼音输入法

拼音输入法采用汉字的拼音作为编码规则，只要知道读音，就可输入相应的汉字，学习起来相当轻松。

搜狗拼音输入法是目前使用较多的拼音输入法，它不仅具有常见拼音输入法的功能，还将网络中出现的新词、热词收入词库中，从而提高了汉字的输入速度。本节将以搜狗拼音输入法为例，介绍拼音输入法的使用方法。

3.3.1 输入单个汉字

使用搜狗拼音输入法输入汉字时，与其他拼音输入法输入汉字的方法相同，可通过全拼和简拼两种方式输入单个汉字。

◇ 全拼输入：依次输入单字的完整拼音即可。例如，输入“榜”字，可输入拼音“bang”，在候选框中可看到该字的编号为“4”，按数字键“4”即可，如下图所示。

◇ 简拼输入：只需输入单字拼音的第一个字母即可。例如，输入“在”字，只需输入“z”，在候选框中可看到“在”的编号为“1”，此时按下数字键“1”或空格键即可，如下图所示。

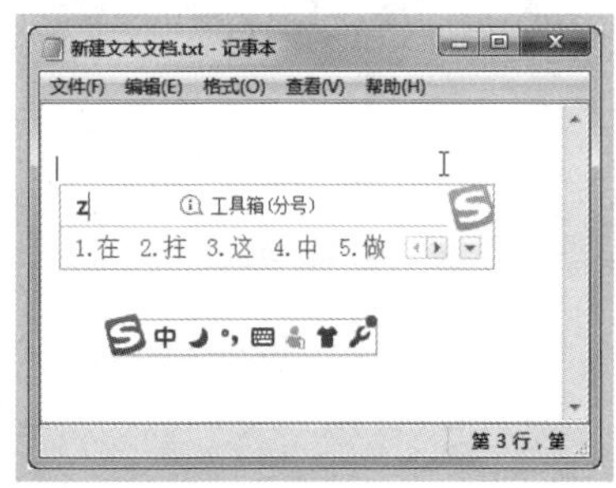

小提示

如何输入字母“ü”

键盘上没有字母键“ü”，若要输入拼音“ü”，可输入字母“v”来替代，例如，输入拼音“lv”可输入“绿”字。

3.3.2 输入词组

要使用搜狗拼音输入法输入词组，可通过全拼、简拼和混拼 3 种方式实现。

◇ 全拼输入：输入词组时，依次输入词组的完整拼音即可。例如，“文件”，输入拼音“wenjian”，在候选框中可看到“文件”的编号为“1”，此时按空格键即可输入，如下图所示。

◇ 简拼输入：输入词组时，只需输入词的拼音的第一个字母即可。例如，输入词组“尽量”，只需输入“jl”，在候选框可看到该

词组的编号为“3，此时按数字键“3”即可，如下图所示。

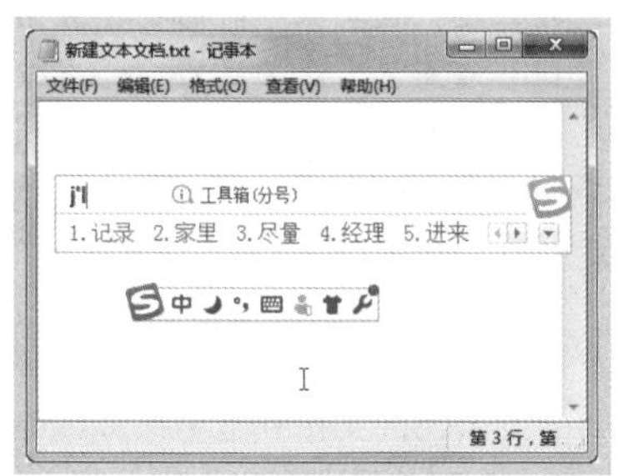

◇ 混拼输入：使用混拼方式输入词组时，部分字用全拼，部分字用简拼。例如，要输入“和解”，可输入拼音“hej”，在出现的候选框中可看见词组“和解”的编号为“5”，此时按数字键“5”即可输入，如下图所示。

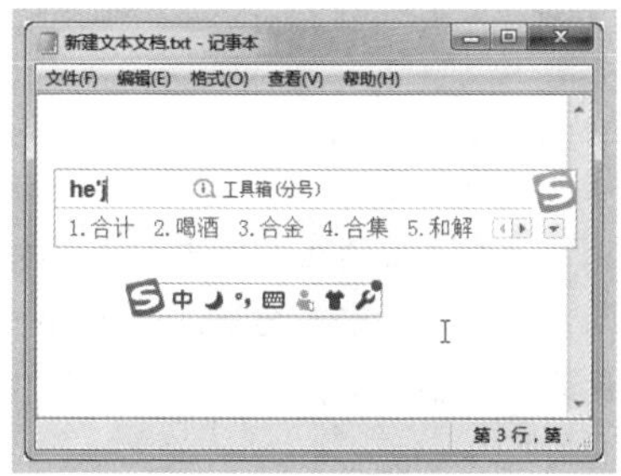

3.3.3 输入特殊字符

在办公应用中，难免会用到特殊字符的时候，使用搜狗拼音输入法输入特殊字符的方法如下。

Step01 ❶ 将光标定位在需要输入特殊字符的位置，右击搜狗拼音输入法状态条，❷ 在弹出的快捷菜单中选择“表情 & 符号”选项，❸ 在展开的子菜单中选择“符号大全”命令，如下图所示。

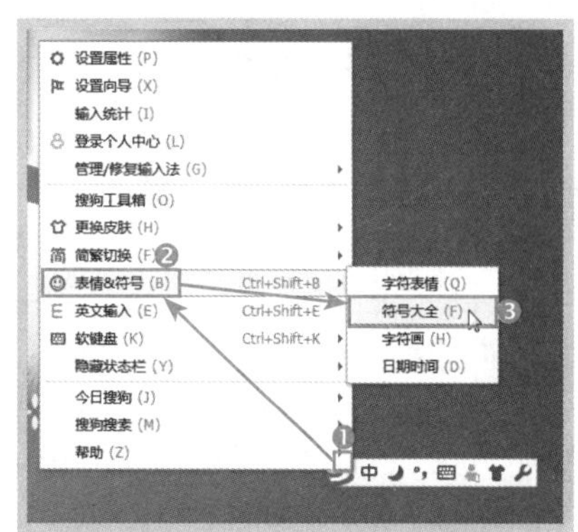

Step02 ❶ 弹出“符号大全”对话框，在左侧列表中选择需要的符号类型，❷ 在右侧列表中单击需要插入的特殊符号即可，如下图所示。

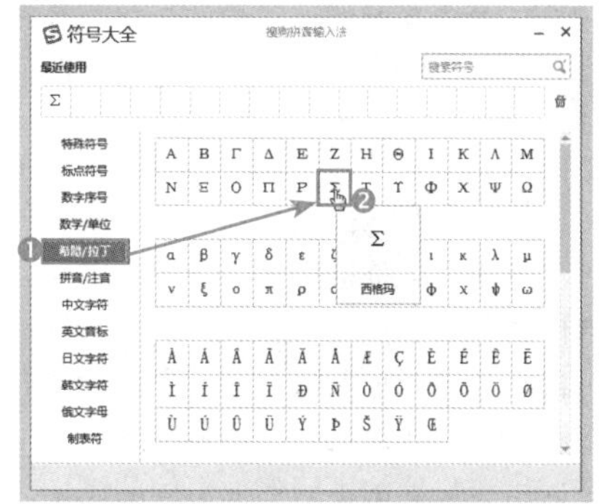

3.4 五笔字型输入法

五笔字型输入法是一种形码输入法，它是根据汉字的字形特征来进行编码的。这种输入法具有普及范围广、不受方言限制、重码少和录入速度快等优点，因此倍受广大用户的青睐。

3.4.1 汉字的构成

五笔字型输入法是一种形码类输入法，与汉字的读音无关，因此使用此类输入法不仅要求用户会书写汉字，还需要了解汉字的结构。

1. 笔画、字根和单字的关系

五笔字型输入法中，无论多复杂的汉字都是由字根组成，而字根又由笔画组成。例如，“扛”字由“扌”和“工”两个字根组成，其中字根“扌”由笔画“一、亅、㇀”组成，字根“工”由笔画“一、丨、一”组成。

◇ 笔画：一次写成的连续不间断的一个线段称为“笔画”。按照汉字书写笔画的方向，笔画分为横（一）、竖（丨）、撇（丿）、捺（㇏）和折（乙）5种。

◇ 字根：由若干笔画交叉复合而构成的相对固定的结构称为“字根”。例如，“保”字由“亻”、“口”和“木”组成，这里的“亻”、“口”和“木”就是字根。

◇ 单字：将字根按照一定的顺序组合起来就形成了汉字。例如，将“木”、“又”和“寸”三个字根组合起来就形成了汉字“树”。

2. 汉字的字形

汉字的字形是指构成汉字的各字根之间的结构关系。

在五笔字型输入法中，一个汉字由一个或多个字根组合而成，即便是同样的字根，也会因组合位置的不同形成不同的汉字。根据字根的组合位置，可以将汉字分为左右型、上下型和杂合型3种字形。

(1) 左右型

左右型汉字的字根在组成位置上属于左右排列的关系，按其排列结构可分标准左右型、左中右型和其他左右型三种。

◇ 标准左右型：汉字可直观地分为左、右两个部分，如“林”、“好”、“功”等。

◇ 左中右型：汉字分为左、中、右3个部分，如“树”、“湖”等。

◇ 其他左右型：这类汉字也可分为左右两部分，但其左半部分或右半部分还可分为上下两部分，如“邵”、“部”等汉字的左半部分为上下两部分，“招”、“枪”等汉字的右半部分为上下两部分。

(2) 上下型

上下型汉字的字根在组成位置上属于上下排列的关系，按其排列结构可分标准上下型、上中下型和其他上下型三种。

◇ 标准上下型：汉字可直观地分为上、下两个部分，如“杏”、“苗”、“背”等。

◇ 上中下型：汉字分为上、中、下3个部分，如“鼻”、“意”等。

◇ 其他上下型：这类汉字也可分为上下两部分，但其上半部分或下半部分还可分为左右两部分，如“贺”、“型”等汉字的上半部分为左右两部分，“花”、“品”等汉字的下半部分为左右两部分。

(3) 杂合型

如果一个汉字的各个组成部分之间没有明确的左右型或上下型关系，那么这个汉字就被称为杂合型汉字，此类型的汉字主要包括以下几种情况。

◇ 全包围型：组成该类型汉字的一个字根完全包围了汉字的其余组成字根，如“回”、“囧”、“困”等。

◇ 半包围型：组成该类型汉字的一个字根并未完全包围汉字的其余组成字根，如“边”、“同”、“区”等。

◇ 连笔型：组成该类型汉字的字根之间是紧密相连的，这类汉字通常由一个基本字根和一个单笔画组成，如“且”、“尺”等。

◇ 孤点型：组成汉字的字根中包含“点”笔画，而该“点”笔画未与其他字根相连，这类汉字称为孤点型汉字，如“术”、“义”字。

◇ 交叉型：组成该类型汉字的字根之间是交叉重叠的关系，如“中”、“申”等。

◇ 独体型：这类汉字由单独的字根组成，如“小”字。

3.4.2　字根在键盘上的分布

五笔输入法将汉字的字根有规律地分配在主键盘区中除“Z”键外的其余 25 个键位上，输入不同的编码即可输入不同的汉字。因此，了解并熟悉字根在键盘种的分布是学习五笔字型输入法的关键。

1．字根的区位号

五笔字型输入法根据每个字根的起笔笔画，将这些字根划分为横、竖、撇、捺和折 5 个“区”，分别用代号 1、2、3、4 和 5 表示区号。

◇ 第 1 区：横起笔区，5 个键位分别为 G、F、D、S、A。

◇ 第 2 区：竖起笔区，5 个键位分别为 H、J、K、L、M。

◇ 第 3 区：撇起笔区，5 个键位分别为 T、R、E、W、Q。

◇ 第 4 区：捺起笔区，5 个键位分别为 Y、U、I、O、P。

◇ 第 5 区：折起笔区，5 个键位分别为 N、B、V、C、X。

每个区包括 5 个键，将每个键称为一个位，分别用代号 1、2、3、4 和 5 表示位号。将每个键所在的区号作为第 1 个数字，位号作为第 2 个数字，两个数字合起来就表示一个键位，即“区位号”，如下图所示。

2．字根的分布

五笔字型输入法将字根在形、音和意等方面进行归类，同时兼顾电脑标准键盘上英文字母的排列方式，将它们合理地分布在 A~Y 共 25 个英文字母键上，构成了五笔字型的字根键盘。

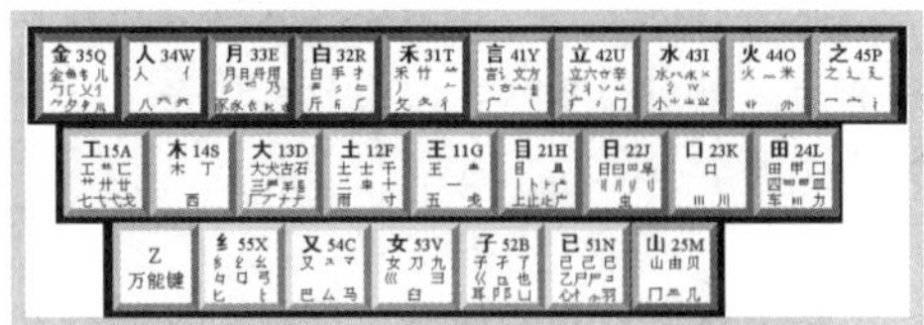

3.4.3　汉字的拆分

在五笔打字过程中，汉字的拆分是非常重要的环节。拆分汉字时需要了解字根间的结构关系，并掌握汉字的拆分原则，否则不能正确拆分汉字。

1．字根间的结构关系

总的来说，字根间的结构关系可分为单、散、连和交 4 种。

◇ “单”结构：“单”结构汉字是指构成汉字的字根只有一个，或者该字根本身就是一个汉字。这类汉字主要包括 24 个键名汉字和成字字根汉字。

◇ “散”结构：若构成汉字的字根有多个，且字根之间既不相交也不相连，则可视为“散”结构汉字。散结构汉字主要包括左右型和上下型两种，是最容易拆分的汉字。

◇ “连”结构：“连”结构汉字分两种情况，一种是汉字由一个单笔画与一个基本字根相连而构成，如“尺、下”等；另一种是汉字由一个孤立的点笔画和一个基本字根构成（无论这个点离字根的距离有多远），如“术、勺”等。

◇ “交”结构：“交”结构汉字是指由几个字根互相交叉相交构成的汉字，其特点是字根与字根之间没有任何距离，且相互交叉套叠，如“毛、中、夫、甩”等。

2. 汉字的拆分原则

在五笔字型编码中，除键名汉字和成字字根汉字外，其余单字都是由多个字根组合构成的合体字。

输入合体字时，必须先将其拆分为基本字根，才能进行输入，而拆分合体字时，应遵循下面6大原则。

（1）字根存在原则

拆分汉字时，必须保证拆分出来的部分都是基本字根，“字根存在”原则是其他原则的基础。

例如，“拆”字不能拆分为“扌”和“斥”，应拆分为“扌”、“斤”和“丶”。

（2）书写顺序原则

拆分汉字应按照从左到右、从上到下或从外到内的书写顺序进行拆分，且拆分出的字根应为键面上的基本字根。

例如，“全”字拆分为“人”和“王”两个字根；“好”字拆分为“女”和“子”两个字根。

（3）取大优先原则

拆分出来的字根应尽量“大”，拆分出来的字根的数量应尽量少。

例如，“世”字可拆分为“廿、乙（折）”或“一、凵、乙”，根据“取大优先”原则，第一种拆分方法是正确的。

（4）能散不连原则

拆分汉字时，能够拆分为“散”结构的字根就不要拆分成“连”结构的字根。

以“主”字为例，若看成“散”结构汉字，可拆分成“丶”和“王”两个字根；若看成“连”结构汉字，可拆分为“亠”和“土”两个字根。根据“能散不连”原则，第一种拆分方法是正确的。

（5）能连不交原则

拆分汉字时，能拆分为互相连接的字根时，就不要拆分为互相交叉的字根。

以“天”字为例，用“相连”的方法可拆分为“一”和“大”两个字根，用“相交”的方法可拆分为“二”和“人”两个字根。此时根据“能连不交”原则，第一种拆分方法是正确的。

（6）兼顾直观原则

拆分汉字时，为了照顾汉字的直观性和字根的完整，有时需要暂时牺牲书写顺序和取大优先原则，这就形成了个别例外的情况。

以“困”字为例，按书写顺序原则应拆分为“冂”、“木”和“一”3个字根，但这样拆分破坏了汉字构造的直观性，因此应拆分为“口”和“木”两个字根。

3.4.4 输入字根汉字

所谓字根汉字，就是在五笔字根键盘上能够找到的汉字，包括键名汉字和成字字根。

1. 输入键名汉字

在五笔字根键盘中，除了“X”键，其余每个键的左上角都有一个完整的汉字字根，这是该组字根中最具代表性且使用最频繁的成字字根，我们将其称为键名汉字。

键名汉字的输入方法为：连续按键名汉字所在键位4次即可。以“王”字为例，连续按“G”键4次即可。

2. 输入成字字根

在各键位的键面上，除了键名汉字，其他完整的汉字都是成字字根。例如，“L”键上，“田”是键名汉字，而“甲”、“口”、“四”、“车”和“力”则为成字字根。

成字字根汉字的输入方法：先按该字根所在的键位（俗称“报户口”），然后按书写顺序依次按下第1笔、第2笔和最后一笔

所在的键位，即编码为“字根所在键位 + 首笔代码 + 次笔代码 + 末笔代码”。若不足 4 码时，就按空格键补全。

以“石”字为例，其所在键位是“D”，首笔画为“一”（G），次笔画为“丿”（T），末笔画为“一”（G），即成字字根“石”的编码为“DGTG”。

再比如，“刀”字，其所在键位是“V”，首笔画为“乙”（N），次笔画为“丿”（T），最后按空格键，即成字字根“刀”的编码为“VNT+ 空格”。

3.4.5　输入键外汉字

除了键名汉字和成字字根汉字，其他汉字都可称为键外汉字。键外汉字都是由多个字根组合而成的，其输入方法分为以下 3 种情况。

1. 输入刚好 4 码的汉字

如果一个汉字刚好能拆分为 4 个字根，按书写顺序依次按下 4 个字根所在的键位即可输入该字。

以“规”字为例，可拆分为“二、人、冂、儿”4 个字根，依次按这 4 个字根对应的键位便可输入，即五笔编码为“FWMQ”。

2. 输入超过 4 码的汉字

对于超过 4 码的汉字，输入方法是：按书写顺序将汉字拆分为字根，依次按汉字的第 1 个字根、第 2 个字根、第 3 个字根和最后一个字根所在的键位，即“第 1 个字根 + 第 2 个字根 + 第 3 个字根 + 末字根”。

以“熊”字为例，可拆分为“厶、月、匕、匕、灬”5 个字根，根据取码规则，取其第 1、2、3 个字根和末字根“厶、月、匕、灬”，依次按其对应的键位，即五笔编码为“CEXO”。

3. 输入不足 4 码的汉字

对于不够拆分为 4 个字根的汉字，依次按各字根所在键位后，可能会输入需要的汉字，也有可能无法输入，这时可通过“末笔字形识别码”解决。

末笔字形识别码简称为“识别码”，是由末笔代号加字形代号构成的一个附加码，详情如下表所示。

末笔 \ 字形	左右	上下	杂合
横（1 区）	11（G）	12（F）	13(D)
竖（2 区）	21（H）	22（J）	23(K)
撇（3 区）	31（T）	32（R）	33(E)
捺（4 区）	41（Y）	42（U）	43（I）
折（5 区）	51（N）	52（B）	53(V)

例如，“号”字只能拆分为“口、一、乙”3 个字根，此时就需要加上一个末笔字形识别码。“号”字的末笔为“乙”（5），字形为“上下型”（2），因此末笔字型识别码就为 52，对应的键位为“B”，因此“号”字的五笔编码为“KGNB”。

判断末笔字形识别码时，还要遵循以下 3 个特殊约定。

◇ 所有包围形汉字，其末笔为被包围部分的末笔笔画。例如，“廷”字的末笔为“一”，“因”字的末笔为“乀”。

◇ 末字根为“力、九、匕”等时，一律用折笔作为末笔画。

◇ “我、成、浅”等字，遵循“从上到下”原则，取撇（丿）为末笔。

小提示

加上识别码仍不足 4 码的汉字输入

如果汉字使用末笔字形识别码后仍不足 4 码，则需要再输入一个空格，即“第一个字根 + 第二个字根 + 末笔字形识别码 + 空格”。

3.4.6 输入简码

为了减少击键次数，提高打字速度，对于一些使用频率较高的汉字，可只取前1~3个字根，再按空格键进行输入，即只取其最前边的1个、2个或3个字根输入，这就形成了所谓的一、二、三级简码。

1. 一级简码

五笔字型输入法根据每一个键位上的字根形态特征，在25个键位上分别安排了一个使用频率较高的汉字，这些汉字称为一级简码，如下图所示。

一级简码的输入方法：按该字所在的键位，再按空格键即可。以“地”字为例，输入键位“F”，然后按空格键即可。

一级简码的分布规律基本是按第1笔画来进行分类的，为了帮助记忆，下面提供了5句口诀。

1区：一地在要工；

2区：上是中国同；

3区：和的有人我；

4区：主产不为这；

5区：民了发以经。

2. 二级简码

五笔字型输入法将一些常用汉字编码简化为用两个字根来编码，便形成了二级简码。二级简码大约有600多个汉字。

二级简码的输入方法：按照取码的先后顺序，取汉字全码中的前两个字根的代码，再按下空格键即可。

以“晴”为例，其全码应为“HGEE”，键入编码“HG”后，“晴”字就会出现在候选框的第1位，此时按空格键可立即输入。

3. 三级简码

三级简码是用单字全码中的前3码来作为该字的编码，这类汉字大约有4000多个。

三级简码的输入方法：依次输入汉字的前3个字根对应的编码，再输入空格键即可。

以“喷”为例，其全码应为“KFAM”，简码为“KFA”。

输入三级简码时，虽然加上空格后也要敲4下，由于不用判断识别码，而且空格键比其他键更容易击中，所有在无形之中提高了汉字的输入速度。

3.4.7 输入词组

词组是指由两个及两个以上的汉字构成的比较固定和常用的汉字串，不管多长的词组，一律只需击键4次便可输入，因而极大地提高了汉字的输入速度。

1. 二字词组

二字词组的取码规则为：第1个字的第1个字根+第1个字的第2个字根+第2个字的第1个字根+第2个字的第2个字根，从而组合成4码。

以词组“树枝”为例，取“树”字的第1个字根“木”和第2个字根“又”，“枝”字的第1个字根“木”和第2个字根“十”，即五笔编码为“SCSF”。

2. 三字词组

三字词组的取码规则为：第1个字的第1个字根+第2个字的第1个字根+第3个字的第1个字根+第3个字的第2个字根，从而组合成4码。

以词组“办公楼”为例，取“办”字的第1个字根“力”，“公”字的1个字根“八”，“楼”字的第1个字根“木”和第2个字根“米”，即五笔编码为“LWSO”。

3. 四字词组

四字词组多为成语，其取码规则为：第 1 个字的第 1 个字根 + 第 2 个字的第 1 个字根 + 第 3 个字的第 1 个字根 + 第 4 个字的第 1 个字根，从而组合成 4 码。

以成语“海枯石烂”为例，取“海”字的第 1 个字根“氵”，“枯”字的第 1 个字根“木”，“石”字为成字字根无须拆分，直接输入键位“D”，“烂”字的第 1 个字根“火”，即五笔编码为“ISDO”。

4. 多字词组

构成词组的汉字个数超过 4 个就属于多字词组，其取码规则为：第 1 个字的第 1 个字根 + 第 2 个字的第 1 个字根 + 第 3 个字的第 1 个字根 + 最后一个字的第 1 个字根。

以词组“中华人民共和国”为例，取“中”字的第 1 个字根“口”，“华”字的第 1 个字根“亻”，“人”字为键名汉字，直接输入键位“W”，以及“国”字的第 1 个字根“口”，即五笔编码为“KWWL”。

3.5 使用手写输入汉字

如果用户既觉得使用键盘麻烦，又不愿意背字根，那么还可以采用一些非键盘录入技术来输入汉字，如手写板和输入法的手写功能。

3.5.1 使用手写板输入汉字

用一支专门的笔在特定的区域内书写文字，手写板将会把笔走过的轨迹记录下来，然后识别为文字。

手写板一般都由两部分组成，一部分是与电脑相连的写字板，另一部分是在写字板上写字的笔，外观如下图所示。

要使用手写板在电脑中输入汉字，可通过下面的步骤来进行操作。

Step01 连接手写板：将手写板的连接线一端连接到电脑主机的 USB 接口上。

Step02 安装驱动程序：启动电脑，写字板配套的驱动程序光盘放入光驱中，根据提示正确安装好该写字板的驱动程序（如果是无驱手写板，则不用安装驱动程序）。

Step03 用写字板写字：启动手写识别系统，并打开文字处理程序，接着将输入法切换到手写状态，即可使用手写笔在写字板上写字了。

由于使用手写板不需要学习输入法，因此对于不喜欢使用键盘，或者不习惯使用中文输入法的朋友来说是非常有用的。

3.5.2 使用鼠标手写输入汉字

某些输入法内置了手写功能，通过该功能，我们使用鼠标就可以轻轻松松输入汉字。

下面以使用搜狗拼音输入法的手写功能手动书写汉字为例，具体操作方法如下。

Step01 ❶ 单击输入法状态条中的“工具箱” 按钮，打开搜狗工具箱，❷ 选择“手写输入”命令，如下图所示。

Step02 搜狗输入法将自动快速安装“手写输入”功能插件，完成后将打开手写区域，在区域中用鼠标书写汉字，如下图所示。

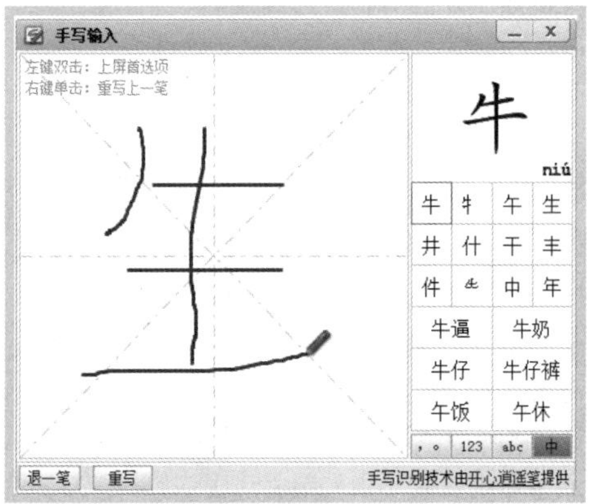

Step03 单击右侧窗格相应的文字按钮，即可输入该字如下图所示。

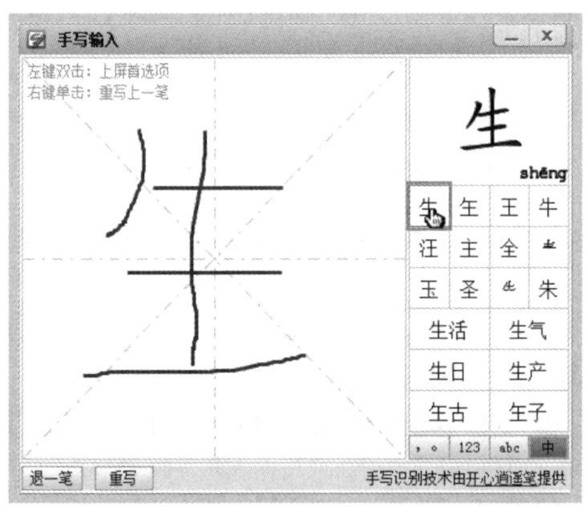

Step04 输入一个汉字后，识别软件会自动提示与该字相关的词组，单击需要输入的文字按钮，如下图所示。

Step05 如果需要用写字板输入标点符号，可单击手写窗口下方的符号按钮，如下图所示。

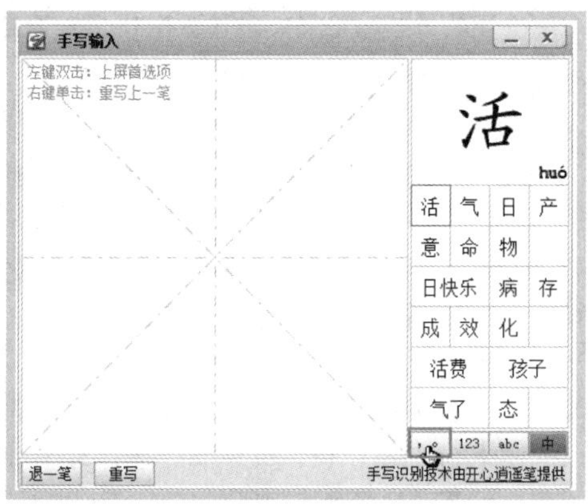

Step06 在显示的标点符号栏中单击要输入的符号，如下图所示。

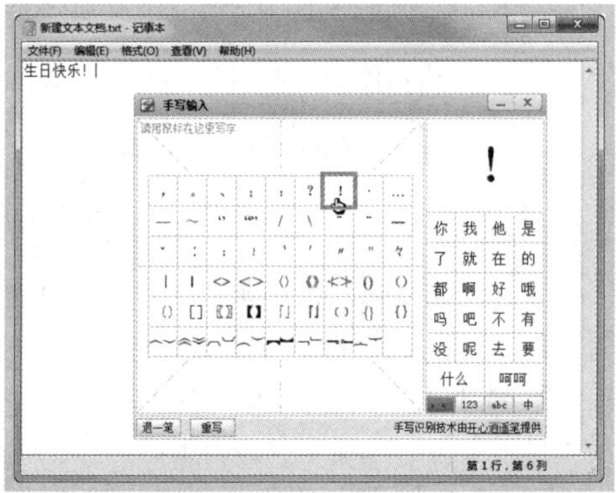

Step07 输入所有需要手写的文字后，单击手写窗口右上角的“关闭”按钮，关闭手写功能即可，如右图所示。

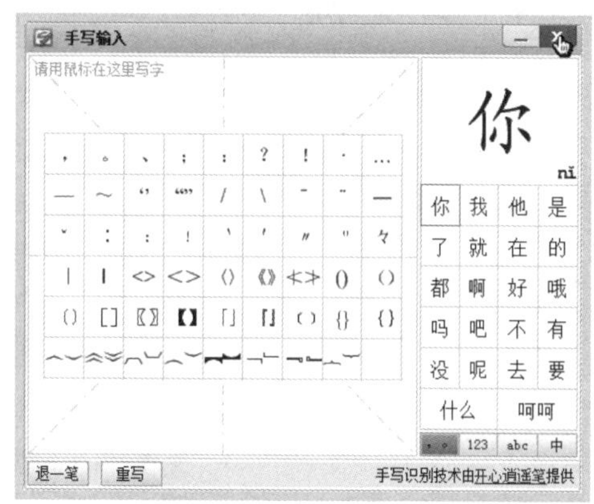

(14:15 ~ 14:30)

疑问 1：在五笔输入法中，键盘上的“Z”键有何作用？

答：在五笔字根键盘中，我们可看到字根合理的分布在 A~Y 共 25 个英文字母键上，而 Z 键上并未分配字根，这是什么原因呢。

在五笔字型输入法中，Z 键称为“万能键”或“帮助键”，如果不记得字根对应的键位，或者对字根的拆分不清楚，便可以使用“Z”键来代替。此时电脑会自动检索出那些符合已知字根代码的字，并将汉字及正确代码显示在提示框里。

以“器”字为例，可拆分为“口、八、犬、口、口”5 个字根，正确的五笔编码为“KKDK”，如果此时用户不知道第 3 个字根是什么，便可用“Z”来代替，即输入“KKZK”，候选框中将显示符合该编码的汉字，输入对应的数字选择需要的汉字即可，如下图所示。

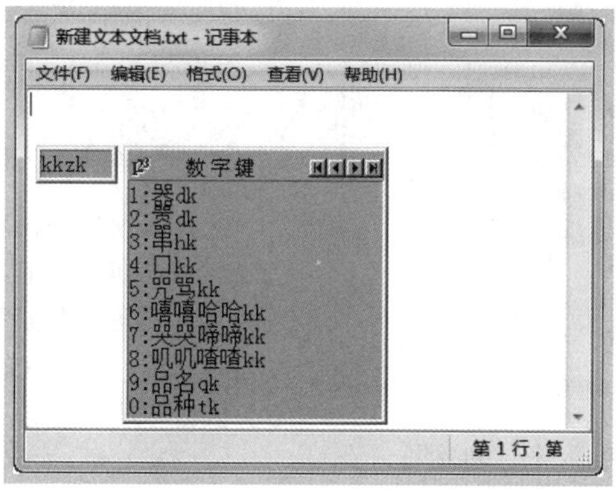

疑问 2：五种基本笔画怎么用五笔字型输入法打出来？

答：5 种基本笔画是构成五笔字根的基础，这 5 种基本笔画的输入方法是：连续按下笔画对应的键位两次，然后连续按下“L”键两次即可。

5 种基本笔画的具体编码如下。

◇ 横（一）：区号为“1”，位号为“1”，对应键位“G”，五笔编码为“GGLL”；

◇ 竖（丨）：区号为“2”，位号为“1”，对应键位“H”，五笔编码为“HHLL”；

◇ 撇（丿）：区号为“3”，位号为“1”，对应键位“T”，五笔编码为“TTLL”；

◇ 捺（㇏）：区号为“4”，位号为“1”，对应键位“Y”，五笔编码为“YYLL”；

◇ 折（乙）：区号为“1”，位号为“1”，对应键位“N”，五笔编码为“NNLL”。

疑问 3：如何输入偏旁部首？

答：在文档中编辑文字时，可能会遇到需要输入偏旁部首的情况，我们不仅可以在使用拼音输入法时进行输入，五笔字型输入法也同样可以输入。

1．使用拼音输入法时输入部首

以搜狗拼音输入法为例，使用搜狗拼音输入法输入汉字时，可通过状态栏中的工具按钮输入部首，方法如下。

Step01 ❶ 切换到搜狗拼音输入法，单击状态条中的“工具箱”按钮，❷ 在弹出的“搜狗工具箱”对话框中单击“符号大全”按钮，如下图所示。

Step02 ❶ 弹出“符号大全”对话框，在左侧列表中选择“中文字符”选项，❷ 在右侧列表框中单击需要的偏旁部首即可，如下图所示。

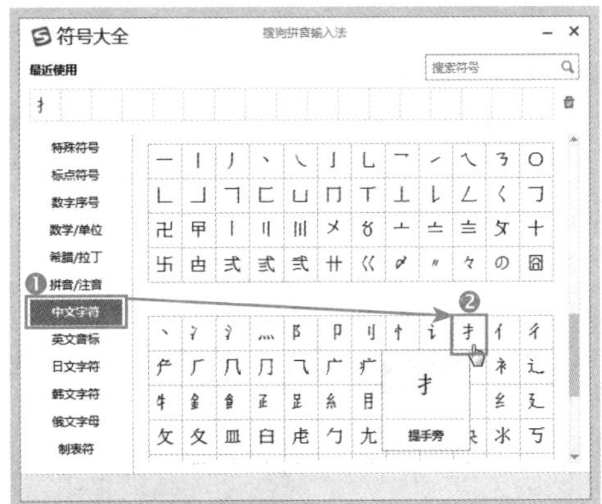

2．使用五笔输入法时输入部首

使用五笔字型输入法同样可以输入偏旁，方法为：将偏旁当作一个成字字根，按笔画将偏旁拆分开，然后按照成字字根的输入方法进行输入。如果偏旁拆分完后不足 4 部分，则需要加末笔识别码。

以“亻”为例，首先取字根位置，其键位为“W”，接着取第 1 个笔画“丿”，键位为“T”，然后取第 2 个笔画“丨”，键位为“H”，即五笔编码为“WTH”，如右图所示。

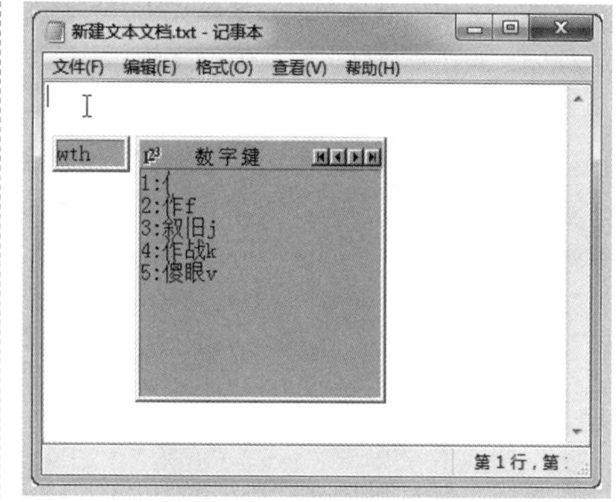

(14:30 ~ 15:00)

通过前面内容的学习，结合相关知识，请读者亲自动手按要求完成以下过关练习。

练习一：使用拼音输入法输入一首唐诗

在使用拼音输入法输入汉字的过程中，应尽量使用简拼和混拼的输入方法，以提高汉字的输入速度。

请读者根据简拼和混拼的输入方法，练习输入下面的一首唐诗。

将　进　酒

作者：李白

君不见，黄河之水天上来，奔流到海不复回。
君不见，高堂明镜悲白发，朝如青丝暮成雪。
人生得意须尽欢，莫使金樽空对月。
天生我材必有用，千金散尽还复来。
烹羊宰牛且为乐，会须一饮三百杯。
岑夫子，丹丘生，将进酒，杯莫停。
与君歌一曲，请君为我倾耳听。
钟鼓馔玉不足贵，但愿长醉不复醒。
古来圣贤皆寂寞，惟有饮者留其名。
陈王昔时宴平乐，斗酒十千恣欢谑。
主人何为言少钱，径须沽取对君酌。
五花马，千金裘，呼儿将出换美酒，与尔同销万古愁。

练习二：用五笔输入法输入一则寻物启事

在使用五笔字型输入法输入汉字的过程中，应尽量使用简码和词组的输入方法，以提高汉字的输入速度。

请读者根据简码和词组的输入方法，练习输入下面的一则寻物启事，在输入过程中，力求准确度，并在此基础上提高输入速度。

寻物启事

本人不慎于2016年2月8日上午10时左右，在365路公交车上遗失棕色钱夹一只，内有身份证、驾驶证、银行卡等重要物品。望好心人拾到后拨打手机158******** 与本人联系，定当面重谢。

2015年2月8日

学习小结

本课主要介绍了键盘的使用，以及如何用拼音输入法和五笔字型输入法输入汉字等知识。通过本课的学习，我们应养成盲打的习惯，这样才能快速熟悉键盘，并提高打字效率。

第 4 课

学会正确管理电脑中的文件

电脑中的信息都是以文件的形式保存在电脑中的，使用电脑时，我们需要将各种文件分门别类地存放到不同的文件夹中，以方便查找。因此，对文件资源进行有效管理是必须要掌握的。本课主要讲解了电脑中文件与文件夹的管理操作，以及回收站的使用等内容。

学习建议与计划

时间安排：（15:30 ～ 17:00）

第一天 下午

知识精讲（15:30 ~ 16:15）

☆ 了解文件和文件夹的概念

☆ 掌握创建文件和文件夹的操作

☆ 掌握复制、移动文件和文件夹的操作

☆ 掌握显示 / 隐藏、更改图标等文件常用设置

☆ 掌握回收站的使用方法

学习问答（16:15 ~ 16:30）

过关练习（16:30 ~ 17:00）

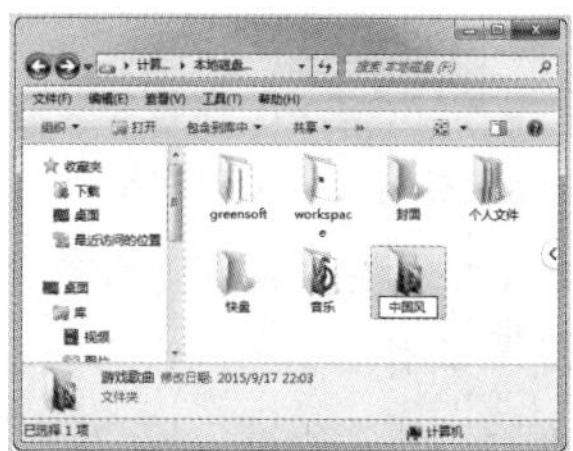

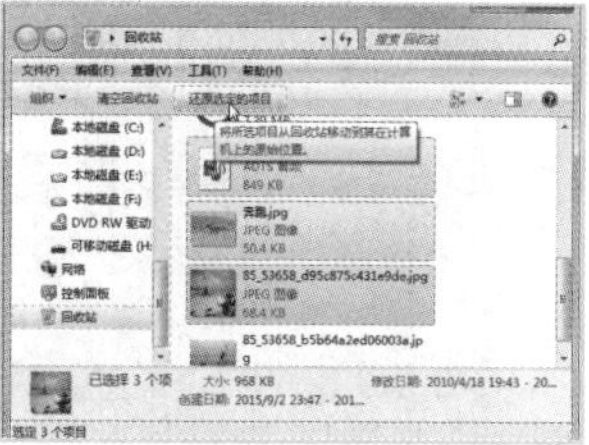

(15:30 ~ 16:15)

4.1 文件管理基础认知

在电脑中，各种数据和程序都是以文件的形式存储的，电脑使用的任何一项操作都离不开文件。下面来系统学习文件资源的基础知识。

4.1.1 什么是文件和文件夹

对电脑中的资源进行管理操作，其实就是对文件及文件夹进行管理操作。

在对文件夹和文件操作前，首先要认识文件和文件夹。

1. 什么是文件

文件是Windows中信息组成的基本单位，是各种程序与信息的集合。电脑中的程序、文本文档、图片和视频等都属于文件。

电脑中每个文件都有各自的文件名，并且不同类型数据所保存的文件类型也不相同。

（1）文件名

在Windows操作系统中，系统是依据文件名对文件进行管理的。

一个完整的文件名由“文件名称+扩展名”组成，其中文件名用于识别文件内容，扩展名则用于定义不同的文件类型，如下图所示。

小提示

文件名的规定

文件名可由1~128个汉字或1~256个大小写英文字符组成，名称中的字符可为汉字、空格和特殊字符，但不能为“\/:*?”<>”等符号。

（2）文件类型

文件的类型是根据扩展名来决定的，不同类型的数据其保存的文件类型也不同，通过扩展名可以大致判断出文件类型及打开文件需应用的程序。

下面介绍部分常见的文件扩展名及其所表示的文件类型。

◇ 扩展名为“EXE”，文件类型为“应用程序文件”。
◇ 扩展名为“TXT”，文件类型为“文本文件”。
◇ 扩展名为“JPG”，文件类型为“JPEG压缩图像文件”。
◇ 扩展名为“HTM”，文件类型为“Web网页文件”。
◇ 扩展名为“DAT”，文件类型为“数据文件”。
◇ 扩展名为“AVI”，文件类型为“视频文件”。
◇ 扩展名为“WAV”，文件类型为“声音文件”。
◇ 扩展名为“INI”，文件类型为“系统配置文件”。

◇ 扩展名为“ZIP”，文件类型为“ZIP 压缩文件”。

◇ 扩展名为“TMP”，文件类型为“临时文件”。

◇ 扩展名为“ICO”，文件类型为“图标文件”。

◇ 扩展名为“BAK”，文件类型为“备份文件”。

2. 什么是文件夹

电脑使用久了，难免会产生很多文件，过多的文件不方便用户查看和选择需要，此时就需要使用文件夹对文件进行分类存放。简单地说，文件夹是用来存放文件的“包”。

在 Windows 中，文件夹的图标为一个黄色的文件夹样式，文件夹与文件一样，都有各自的名称，区别在于文件夹没有扩展名。另外，在 Windows 7 中，空文件夹和存放了文件的文件夹图标样式也是不同的，如下图所示。

4.1.2　文件资源的存放方式

电脑中的文件和文件夹并不是完全胡乱放置的，而是按照一定的结构分类进行存放。用户只有认识了电脑中文件资源的存放规律，才能正确有效地管理电脑中的文件资源。

1. 认识磁盘驱动器

在电脑中，磁盘主要用来存放和管理电脑中的所有资料，若要查看电脑中的磁盘，可双击桌面上“计算机”图标，即可打开该窗口进行查看，如下图所示。

“计算机”窗口中显示了当前电脑中的所有盘符，一台电脑中通常包括下列类型的驱动器。

（1）硬盘

通常从“C：”开始来代表硬盘驱动器，简称 C 盘。如果电脑中安装了不止一个硬盘，或者一个硬盘中包含多个分区，则会分别有 D 盘、E 盘、F 盘等盘符。

（2）光盘驱动器

当电脑中安装有光盘驱动器（简称“光驱”），那么在“我的电脑”窗口中就会有光驱盘符。一般情况下，光驱盘符排在硬盘最后一个盘符的后面。

（3）移动设备

目前，U 盘和移动硬盘是使用较为广泛的移动存储设备。当电脑中连接有这些移动设备时，那么在“我的电脑”窗口就会有相应的盘符。电脑中一般在 U 盘或移动硬盘的盘符中显示有“可移动磁盘”的标识文字。

2. 文件资源的存放结构与规律

在 Windows 中，无论是文件或者文件夹，都是存储在各个磁盘分区中的，并且文件夹可以多层嵌套，即一个文件夹下可以包含若干子文件夹，子文件夹下又可以包含若干下级文件夹等，通过文件夹的嵌套，可以对电脑中的文件进行更细化的分类，如下图所示。

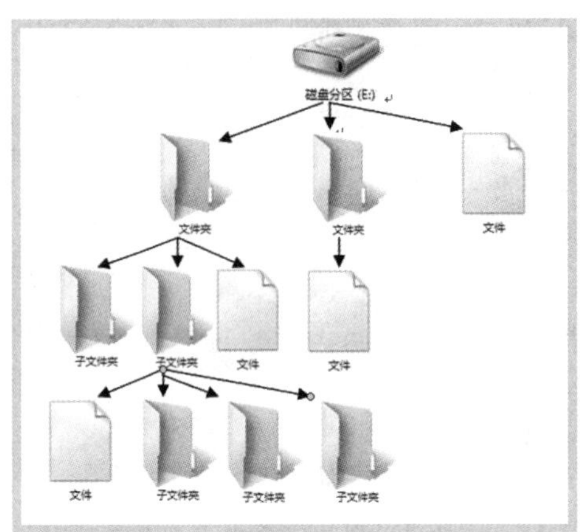

简单地说，电脑中的文件夹就像我们生活中的文件柜，而文件就像存放在文件柜中的相关书籍。

4.1.3 浏览电脑中的文件

电脑中的文件主要存储在硬盘和其他移动存储设备中，浏览文件和文件夹是文件管理的基本操作。

浏览文件和文件夹的主要途径是“计算机”窗口，双击桌面上的“计算机”图标，即可打开“计算机”窗口。

在“计算机”窗口中可看到多个硬盘分区图标，如下图所示，每一个硬盘分区其实就是一个最大的文件夹，里面可以存放若干文件和文件夹，双击硬盘分区图标即可进入该分区。

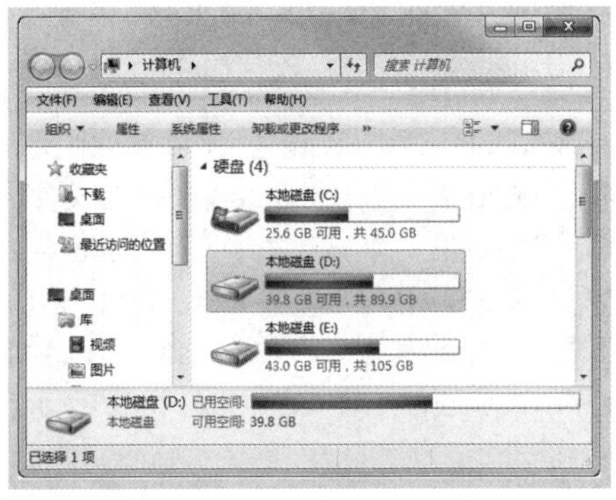

进入硬盘分区的根目录后，若要查看某个文件夹中的文件，双击该文件夹图标即可。若要打开某个文件，则逐级打开文件夹找到文件，然后双击文件图标即可。

4.1.4 改变文件的视图方式

为了方便用户查看文件，Windows 7 操作系统提供了“超大图标”、“大图标”、“中等图标”、“小图标”、“列表”、“详细信息”、“平铺”和“内容”8 种视图方式。

用户可以根据自己的需求更改文件或文件夹的视图方式，操作方法如下。

Step01 打开需要更改视图方式的硬盘分区或者文件夹，单击工具栏中的“更改您的视图”按钮右侧的下拉按钮，在弹出的下拉列表中选择需要的视图方式，如下图所示。

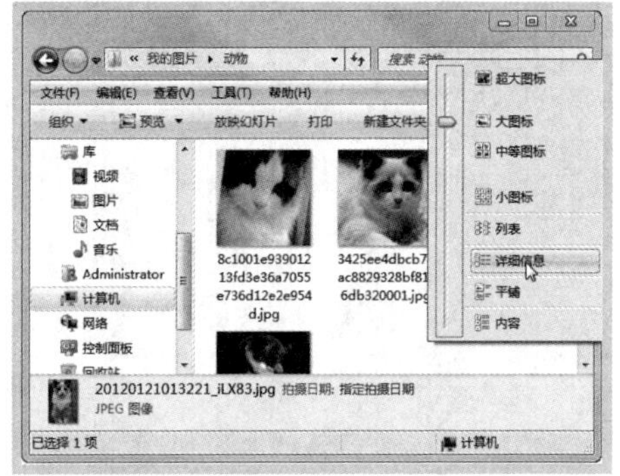

Step02 此时在窗口中即可看到更改视图方式后的效果，如下图所示。

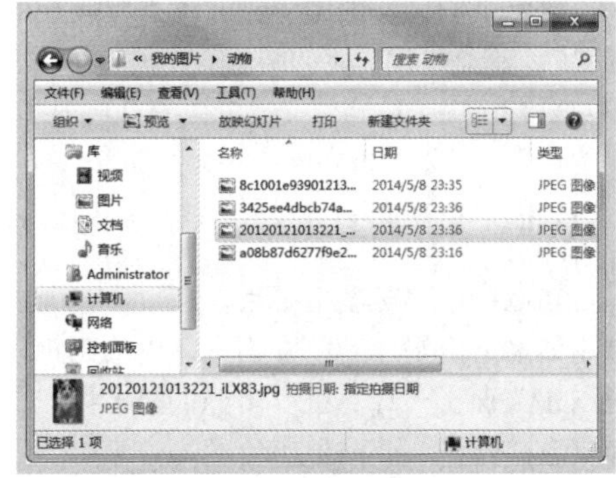

4.1.5　改变文件和文件夹的排序方式

如果电脑中存放的文件和文件夹过多，不便于用户查找需要浏览的文件或文件夹，此时我们可以通过设置排序方式，让文件和文件夹有规律地排列起来，以便查看。

在 Windows 7 中设置文件排序方式的方法很简单，具体操作方法如下。

❶ 进入需要整理的文件目录，在空白处右击，在弹出的菜单中选择“排序方式”命令，❷ 在打开的子菜单中选择需要的排序类型即可，如下图所示。

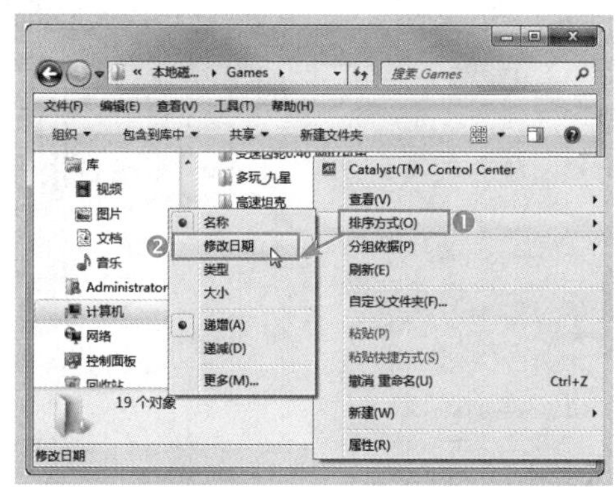

下面简单介绍几种常见排序类型的用途。

◇ 按“名称”排序：根据名称的首个拼音字母的先后进行排列的，当再次执行时，顺序会调转过来。

◇ 按“修改日期”排序：顾名思义，就是根据文件或文件夹的修改日期来排列的。

◇ 按“类型”排序：这种排列方式由文件的扩展名决定，它会根据扩展名整理文件的排列顺序。

◇ 按“大小”排序：按照文件或文件夹的容量从大到小或从小到大进行排列。

◇ 按“递增”或“递减”排序：这种排列类型主要针对包含数值的文件，如文件夹中包含第一章、第二章等文件，就可以使用这种排列方式。

4.2　文件和文件夹常用操作

文件和文件夹的常用操作包括新建、选择、复制、移动和删除等，通过这些操作，可以把电脑中的文件和文件夹整理得井井有条。

4.2.1　新建文件或文件夹

用户可以根据自己的实际需要在电脑中新建文件或文件夹。

1. 新建文件

在电脑中新建文件的操作很简单，只需启动该文件类型的编辑程序，然后将其保存到指定位置即可。

此外，还可以通过右键菜单快速新建一些常用的文件，如文本文档、压缩文件等。下面以在桌面上新建一个名为“日记”的文本文档文件为例，方法如下。

Step01 ❶ 在桌面空白处右击，❷ 在弹出的快捷菜单中选择“新建”选项，❸ 在展开的子菜单中选择“文本文档”命令，如下图所示。

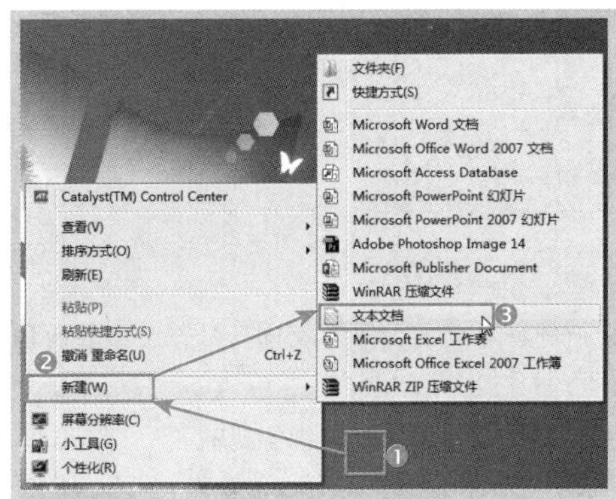

Step02 此时工作区中会出现一个新的文本文档文件，且文件名处于可编辑状态，输入文件名后按下“Enter”键确认即可，如下图所示。

2. 新建文件夹

为了方便管理和查找电脑中的资源，可以将相关联的一个或多个文件存储在一个文件夹中，这时就需要新建文件夹。

下面以在“D”盘根目录下新建一个名为“文件备份”的文件夹为例，具体操作如下。

Step01 双击桌面上的“计算机”图标，打开计算机窗口，双击“本地磁盘（D）”进入磁盘根目录，单击工具栏中的“新建文件夹”按钮，如下图所示。

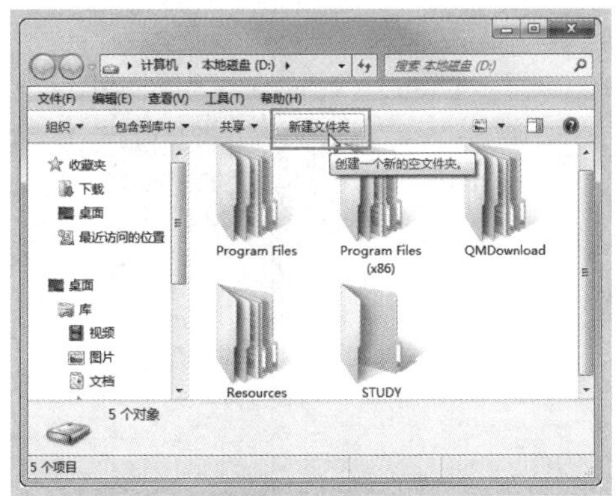

Step02 此时工作区中会出现一个新的文件夹，且名称处于可编辑状态，输入文件夹名称，按“Enter”键确认即可，如下图所示。

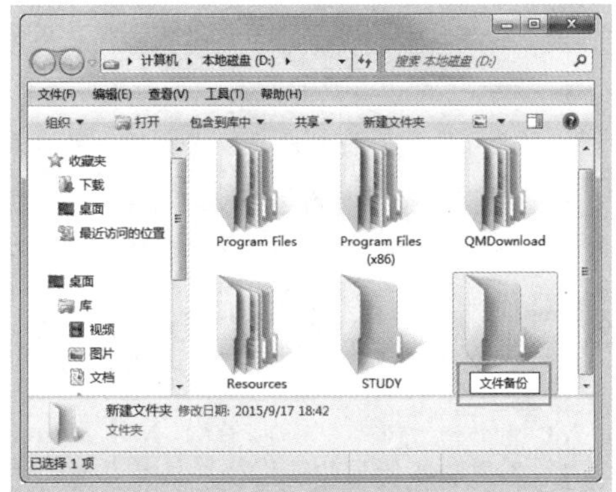

4.2.2 选定文件或文件夹

在对文件或文件夹进行复制、移动或重命名操作前，首先要将其选中作为操作对象。选中单个的文件或文件夹很简单，只需单击该文件或文件夹即可，此时被选中的文

件或文件夹将出现浅蓝色的背景，如下图左侧文件为选中状态，右侧文件为未选中状态。

除了选择单个文件或文件夹，我们经常会需要选择多个文件或文件夹的情况，选择的方法有很多，用户可根据需要灵活运用。

1. 选中全部文件和文件夹

如果需要将某路径下的所有文件和文件夹全部选中，方法如下。

❶ 进入要选择文件和文件夹的路径，单击工具栏中的“组织”按钮，❷ 在弹出的下拉列表中选择“全选”命令，如下图所示。

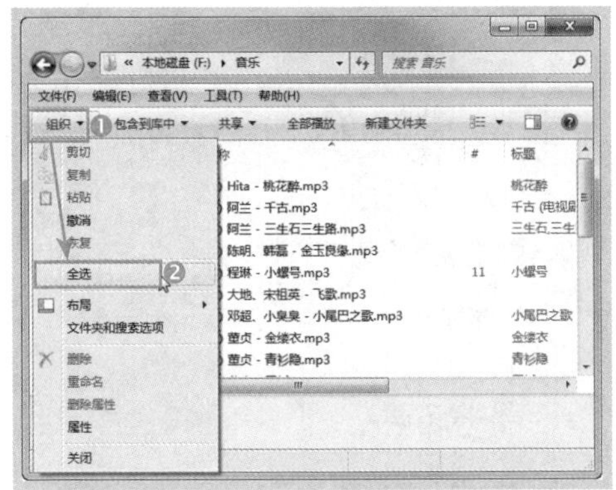

小提示

使用组合键快速选中所有对象

在路径下按“Ctrl+A”组合键，可以快速将路径下的所有文件和文件夹选中。

2. 选中多个连续的文件和文件夹

在 Windows 中可通过下面两种方法选中多个连续的文件和文件夹。

（1）单击首尾对象选择

单击要选中的第一个操作对象，接着按住“Shift”键的同时单击要选中的最后一个操作对象，即可将从第一个到最后一个的所有文件和文件夹选中，如下图所示。

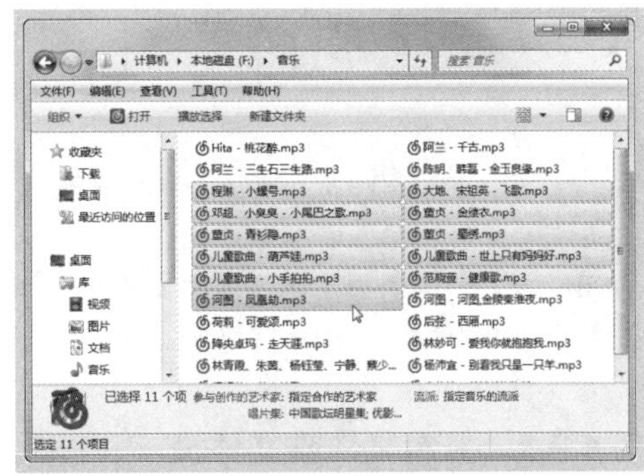

（2）使用鼠标框选

按住鼠标左键拖动鼠标框出一个矩形区域，框住所有要选中的对象后释放鼠标即可，如下图所示。

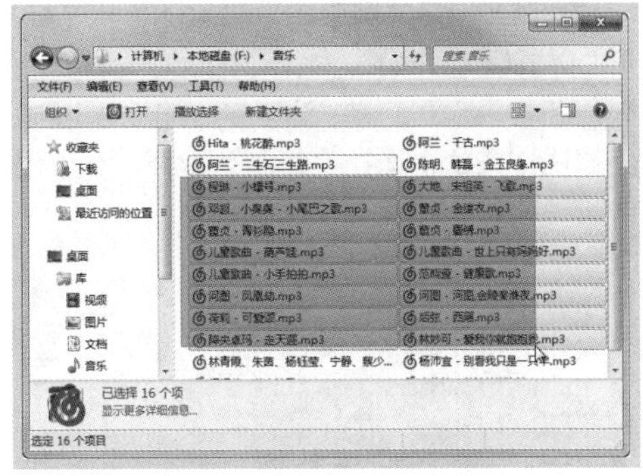

3. 选中多个非连续的文件和文件夹

按住“Ctrl”键不放，接着用鼠标逐个单击要选中的文件或文件夹，选择完后释放“Ctrl”键即可，如下图所示。

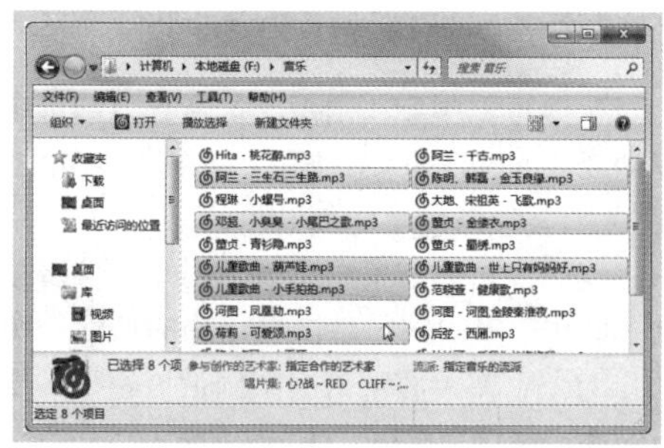

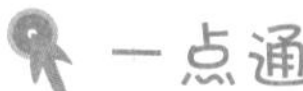

选择非连续对象的其他方法

如果路径下有多个对象且只有少许对象不在选择范围时，可先选中全部对象，然后按住“Ctrl”键不放，再依次单击不需要的对象取消选择，最后释放“Ctrl”键即可。

4.2.3 复制文件或文件夹

通过复制文件或文件夹，可在不改变原文件或文件夹位置和内容的情况下，生成一个完全相同的文件或文件夹，复制操作通常用于备份。

复制文件与复制文件夹的操作是一致的，下面以复制文件为例，具体操作如下。

Step01 ❶ 右击需要复制的文件，❷ 在弹出的快捷菜单中选择“复制”命令，如下图所示。

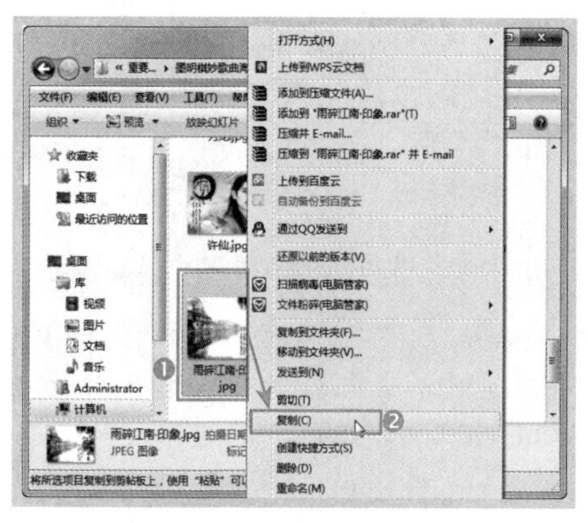

Step02 ❶ 打开目标文件夹所在窗口，右击窗口空白处，❷ 在弹出的快捷菜单中选择“粘贴”命令，如下图所示。

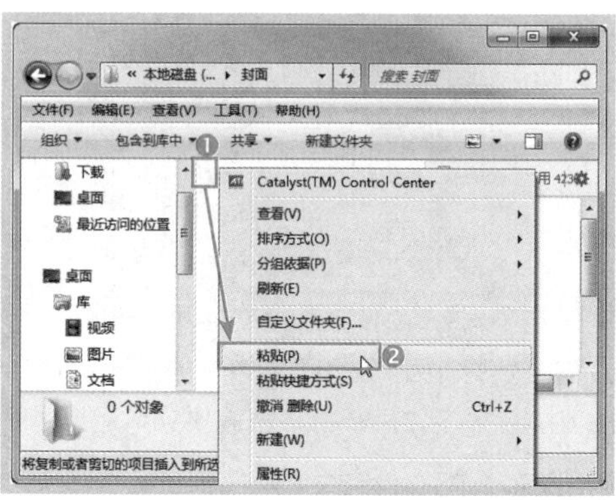

Step03 此时，所选文件即被复制到目标文件夹中了，如下图所示。

一点通

使用组合键复制

选中要复制的文件或文件夹，按“Ctrl+C”组合键进行复制，在目标位置按“Ctrl+V”组合键进行粘贴，也可进行复制操作。

4.2.4　移动文件或文件夹

移动文件或文件夹是指将文件或文件夹从一个位置移动到另外一个位置，虽然存储路径发生了变化，但其大小和内容都未发生改变。移动操作多用于文件存放位置的调整，以移动文件夹为例，操作如下。

Step01　❶ 右击需要移动的文件夹，❷ 在弹出的快捷菜单中选择“剪切”命令，如下图所示。

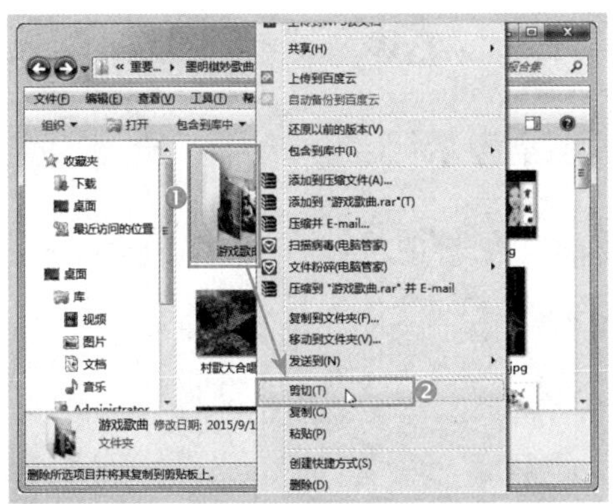

Step02　❶ 打开目标文件夹所在窗口，右击窗口空白处，❷ 在弹出的快捷菜单中选择“粘贴”命令，如下图所示。

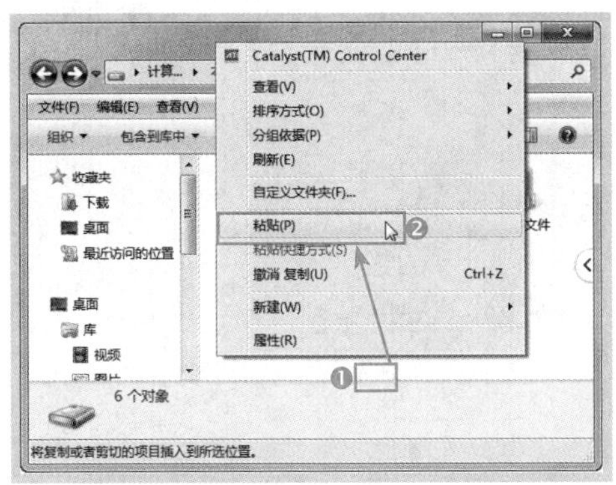

一点通

使用组合键移动

选中要复制的文件或文件夹，按“Ctrl+X”组合键进行剪切，在目标位置按“Ctrl+V”组合键进行粘贴，也可进行移动操作。

Step03　此时，所选文件夹即被移动到目标文件夹中了，如下图所示。

4.2.5　重命名文件或文件夹

在对电脑中的文件或文件夹进行管理时，为了方便识别和管理，可以对已有文件及文件夹的名称进行重新命名，具体操作方法如下。

Step01　❶ 选择要修改名称的文件或文件夹，❷ 单击窗口左侧的“组织”按钮，❸ 在打开的菜单中选择“重命名”命令，如下图所示。

重命名注意事项

更改文件夹名称时，更改的名称不能与当前窗口中其他文件夹的名称相同；更改文件名称时，不能与当前窗口中其他类型相同文件的名称相同。

Step02 此时所选文件或文件夹名称变为可编辑状态，在名称框中输入要修改的名称，单击窗口任意位置修改即可，如下图所示。

4.2.6 删除文件或文件夹

对于无用的文件或文件夹，可以随时将其从电脑中删除，以节省电脑的存储空间。以删除文件夹为例，操作方法如下。

Step01 ❶ 选中要删除的文件或文件夹，❷ 单击“组织”按钮，❸ 在弹出的菜单中选择“删除”命令，如下图所示。

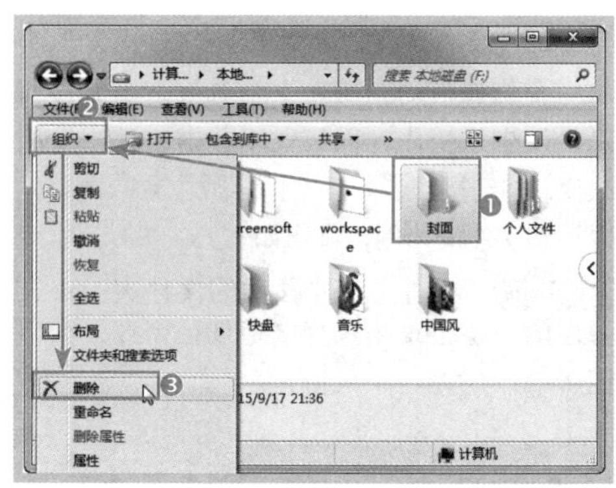

小提示

删除文件或文件夹的其他方法

选中要删除的文件或文件夹后按“Del”键，也可弹出删除对话框；若按“Shift+Del”组合键，则直接将文件或文件夹从电脑中彻底删除。

Step02 弹出“删除文件夹”对话框，单击“是”按钮即可，如下图所示。

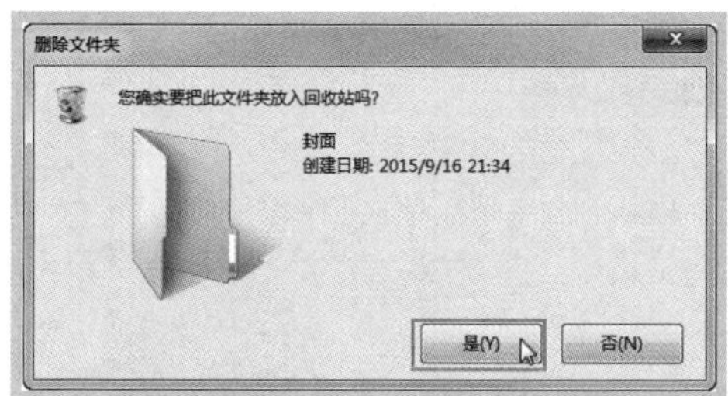

4.3　设置文件和文件夹

文件与文件夹的设置包括查看属性、更改图标、显示扩展名以及隐藏或显示等操作。

4.3.1　查看文件或文件夹的属性

通过查看属性，我们可了解文件和文件夹的大小、创建时间、存储位置以及打开方式等诸多信息。

查看文件或文件夹的属性很简单，具体操作方法如下。

Step01　❶ 右击要查看属性的文件或文件夹，❷ 在弹出的快捷菜单中选择“属性”命令，如下图所示。

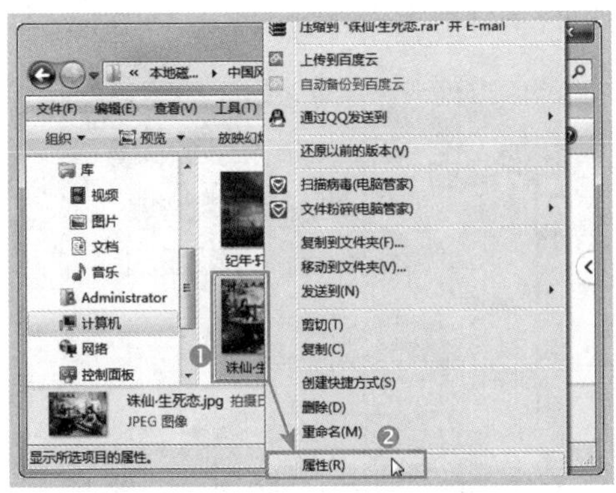

Step02　弹出“诛仙生死恋.jpg 属性”对话框，在其中即可查看文件或文件夹的详细信息，如下图所示。

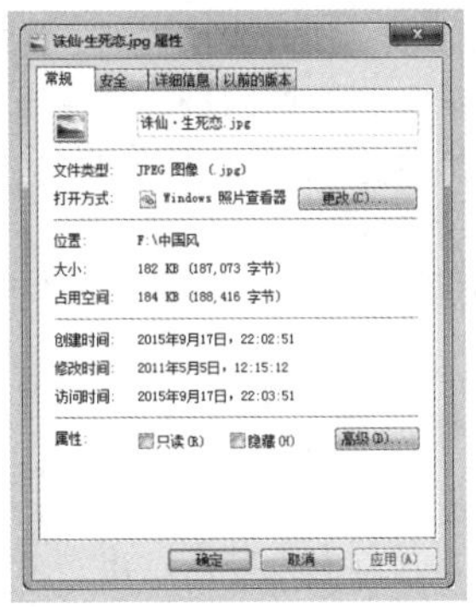

4.3.2　隐藏或显示文件和文件夹

如果用户不希望自己电脑上的重要文件被其他使用者查看和使用，可以将这些文件隐藏起来。当自己需要查看和使用时再将其显示出来。

1. 隐藏文件或文件夹

文件或文件夹被隐藏后，将自动从电脑中“隐身”，只有通过设置才能让其显示出来。隐藏文件和文件夹的方法大致相同，只是隐藏文件夹多一步而已，方法如下。

Step01　❶ 右击需要隐藏的文件或文件夹，❷ 在弹出的快捷菜单中选择“属性”命令，如下图所示。

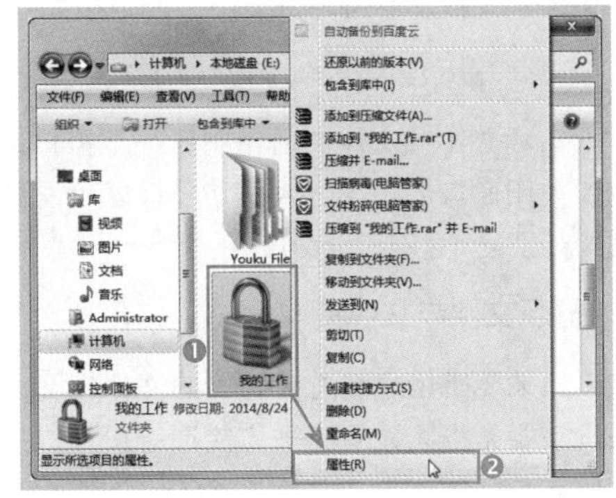

Step02　❶ 弹出“我的工作属性”对话框，勾选“隐藏”复选框，❷ 单击“确定”按钮，如下图所示。

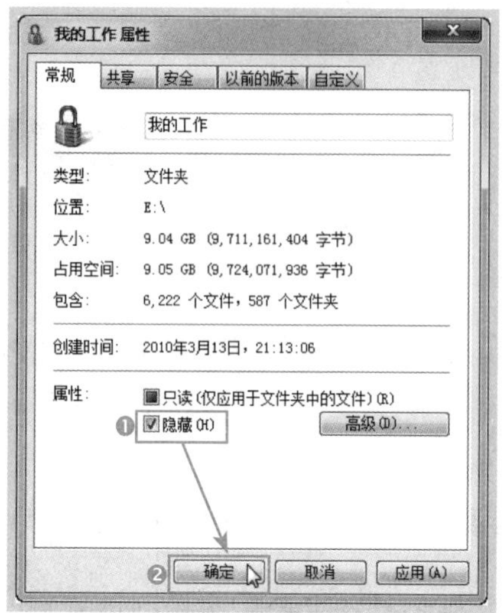

Step03 ❶ 如果是隐藏文件，此时文件将被隐藏，若是隐藏文件夹，将弹出“确认属性更改”对话框，选择“将更改应用于此文件夹、子文件夹和文件”单选按钮，❷ 单击“确定”按钮即可，如下图所示。

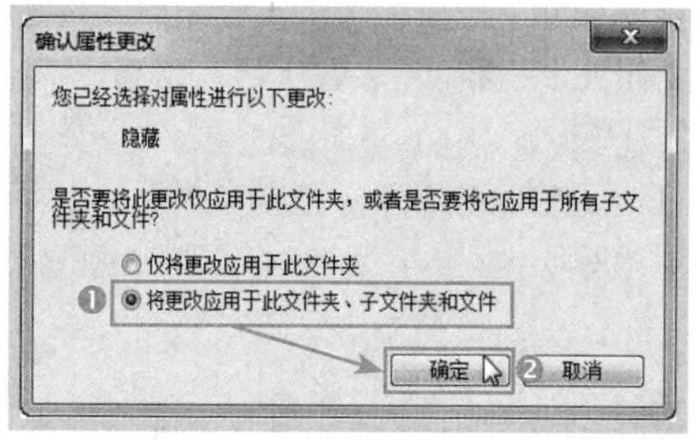

隐藏文件或文件夹后，刷新一下窗口，或者关闭窗口后再次进入该路径，即可看到设置对象被“隐身”了。

2. 显示文件或文件夹

如果要使用或查看被隐藏的文件或文件夹，需要先将其显示出来方能进行操作，方法如下。

Step01 ❶ 打开“计算机”窗口，选择菜单栏中的“工具”选项，❷ 在打开的下拉列表中选择“文件夹选项”命令，如下图所示。

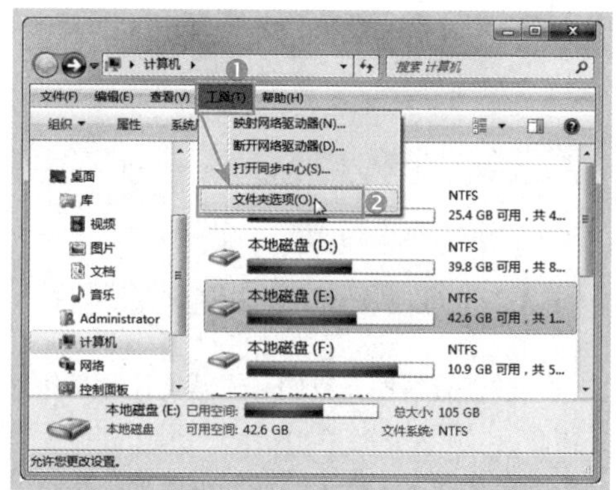

Step02 ❶ 弹出“文件夹选项”对话框，切换到“查看”选项卡，❷ 在“高级设置”下拉列表框中选择“显示隐藏的文件、文件夹和驱动器”单选按钮，❸ 单击“确定”按钮即可，如下图所示。

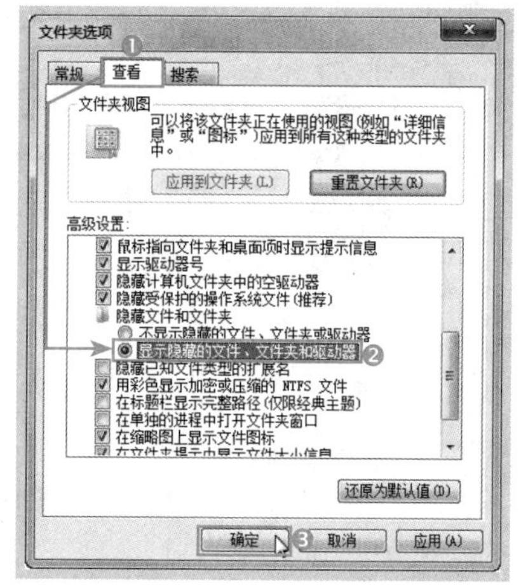

设置显示文件或文件夹后，再次进入需要查看的对象所在的路径，可看到被隐藏的文件和文件夹变为浅色图标了。

取消隐藏操作

要取消隐藏文件或文件夹，首先要将其显示出来，接着右击对象，在弹出的属性对

话框中取消勾选“隐藏”复选框，然后单击“确认”按钮即可。

4.3.3　更改文件夹图标

系统默认的文件夹图标都为黄色的文件夹形状，单调且不易区分，用户可自定义文件夹的图标，具体方法如下。

Step01　❶ 右击要更改图标的文件夹，❷ 在弹出的快捷菜单中选择“属性”命令，如下图所示。

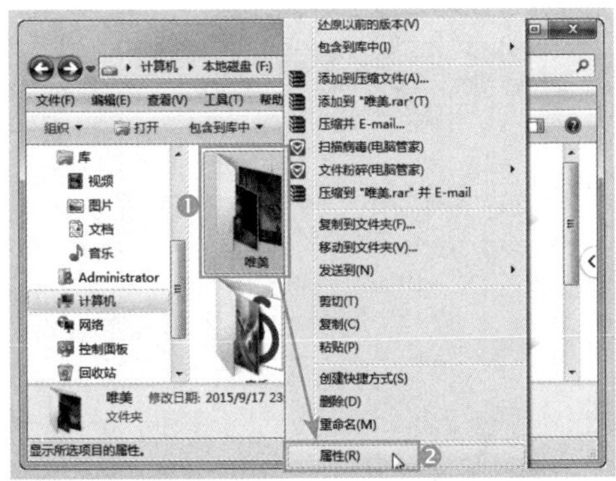

Step02　❶ 弹出“唯美 属性”对话框，切换到“自定义”选项卡，❷ 单击“更改图标”按钮，如下图所示。

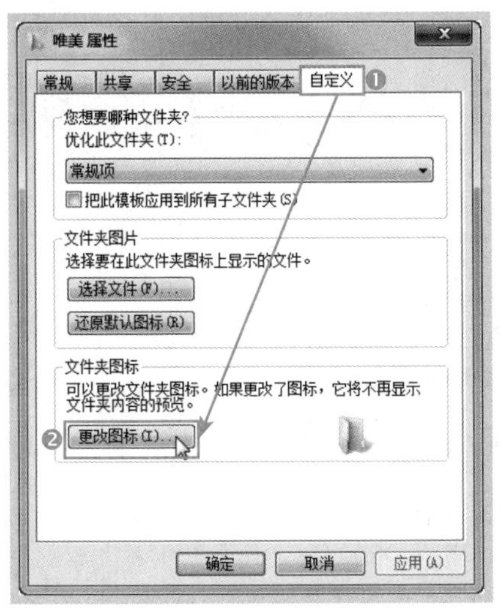

Step03　❶ 弹出“为文件夹 唯美 更改图标”对话框，在列表框中选择喜欢的文件夹图标样式，❷ 单击“确定”按钮，❸ 返回“唯美属性”对话框，单击“确定”按钮，如下图所示。

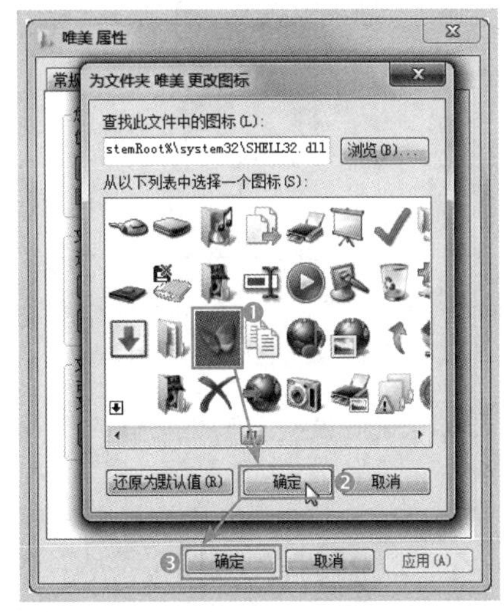

Step04　返回窗口，即可看到文件夹图标的样式更改了，如下图所示。

4.3.4　显示文件的扩展名

通过扩展名可以快速辨识该文件的类型，Windows 7 操作系统中默认是不显示文件扩展名的，如果需要将扩展名显示出来，可通过下面的方法实现。

Step01 ❶打开“计算机”窗口，选择菜单栏中的“工具”选项，❷在打开的下拉列表中选择“文件夹选项”命令，如下图所示。

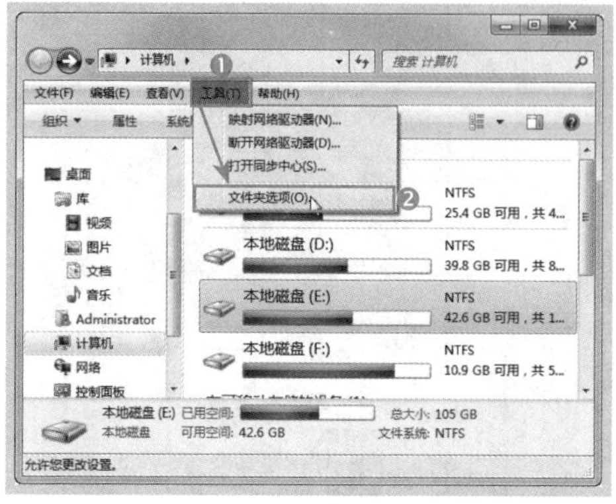

Step02 ❶弹出“文件夹选项”对话框，切换到“查看”选项卡，❷在“高级设置”下拉列表框中取消勾选“隐藏已知文件类型的扩展名”复选框，❸单击“确定”按钮即可，如下图所示。

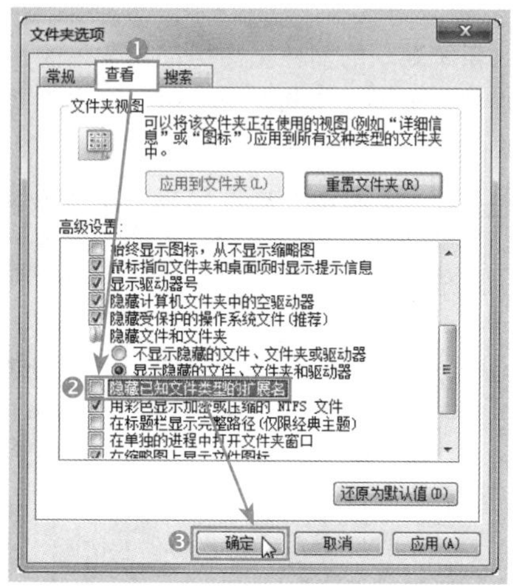

4.4 使用回收站

回收站是一个特殊的文件夹，用户通过前面正文介绍的方法删除文件后，其实只是将文件暂时存放在回收站中，我们还可以在回收站中对其进行还原操作，可以说回收站是为误删文件提供的补救措施。

4.4.1 还原误删除的文件或文件夹

如果用户不小心将某个还有用的文件或文件夹误删了，可以双击桌面上的“回收站”图标打开回收站，然后通过下面的方法将其还原。

选中要还原的一个文件或文件夹，单击工具栏中的“还原此项目”按钮可将其还原，如下图所示。

◇ 选中需要还原的多个文件或文件夹，单击工具栏中的“还原选定的项目”按钮，可将所选对象还原，如下图所示。

◇ 打开回收站，不选择任何对象，单击工具栏中的“还原所有项目”按钮，可将回收站中所有对象还原，如下图所示。

◇ 选中要还原的一个或多个文件和文件夹，右击，选择“还原”命令，可将所选对象还原，如下图所示。

4.4.2　清空回收站

回收站其实就是一个暂时存放文件的文件夹，但仍然占用了磁盘空间，因此应该定期清理回收站，将不再需要的文件或文件夹彻底删除，腾出更多的空间，方法如下。

Step01 打开回收站窗口，单击工具栏中的“清空回收站”按钮，如下图所示。

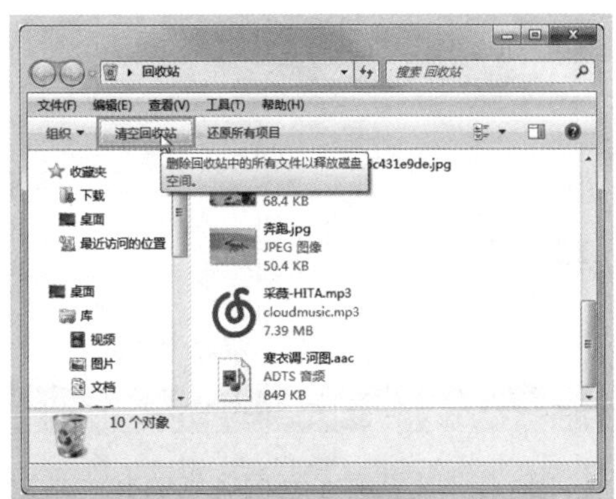

Step02 弹出“删除多个项目”对话框，单击“是”按钮，将永久删除回收站中的所有文件和文件夹，如下图所示。

此外，我们还可以通过下面的方法清空回收站。

◇ 右击桌面上的“回收站”图标，在弹出的快捷菜单中选择“清空回收站”命令，在弹出的删除对话框中单击“是”按钮即可，如下图所示。

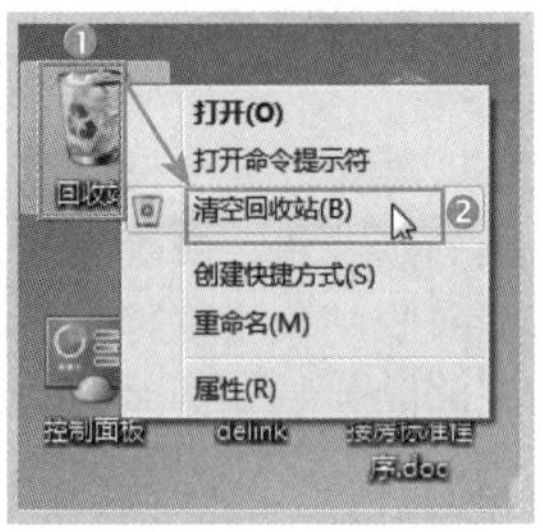

◇ 打开回收站，右击窗口空白处，在弹出的快捷菜单中选择“清空回收站”命令，在弹出的删除对话框中单击“是”按钮即可，如下图所示。

疑问 1：如何同时对多个文件重命名？

答：如果需要对多个同类别的文件或文件夹进行重命名，可以通过下面的方法实现。

Step01 ❶ 选中所有需要重命名的文件或文件夹，右击，❷ 在弹出的快捷菜单中选择“重命名”命令，如下图所示。

Step02 此时被右击的文件或文件夹的名称将处于可编辑状态，输入需要的文件夹，如“古风”，如下图所示。

Step03 按“Enter”键，从输入名称的文件或文件夹开始，便可以“古风（1）、古风（2）、古风（3）……”的形式对选中的对象进行批量重命名，如下图所示。

疑问 2：Windows 7 中的库有何用处？

答：库是用于管理文档、音乐、图片和其他文件的位置，在某些方面类似于文件夹。比如，打开库和文件夹都可看到其中的文件，但不同之处在于库显示的是收集存储在多个位置中的文件。

在库中我们可以快速找到同类型的文件，但前提是需要将这些文件添加到库以后才行。将文件添加到库的操作如下。

Step01　❶ 打开要添加到库的文件夹，单击工具栏中的“包含到库中”按钮，❷ 在弹出的下拉菜单中选择库的类型，如“音乐”命令，如下图所示。

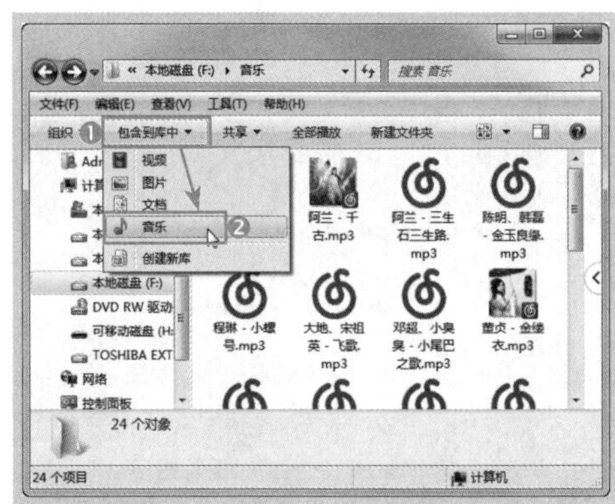

Step02　❶ 在左侧窗口单击对应的库选项，❷ 在右侧窗口中可看到所选文件夹已经添加到指定库，如下图所示。

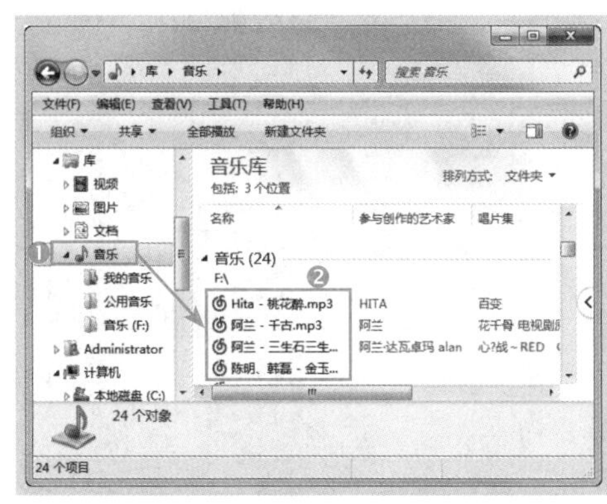

疑问 3：如何对文件和文件夹进行加密保护？

答：在 Windows 7 中，如果盘符为 NTFS 格式，我们可以对其中的文件和文件夹执行加密保护操作。下面以对电脑中的文件夹进行加密保护为例，具体操作如下。

Step01　❶ 右击需要进行加密保护的文件夹，❷ 在弹出的快捷菜单中选择“属性”命令，如下图所示。

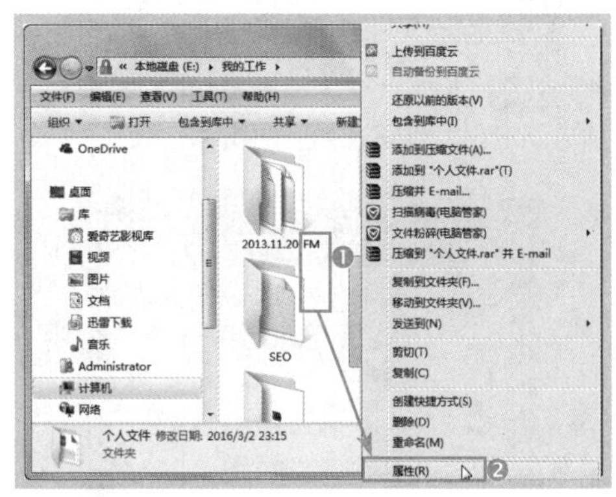

Step02　弹出“个人文件属性”对话框，单击“高级”按钮，如下图所示。

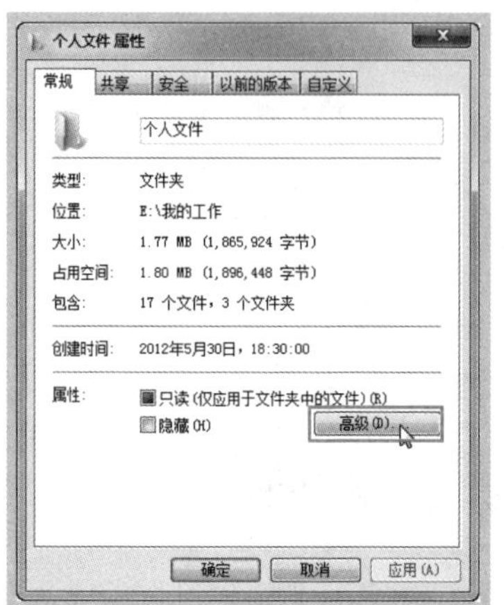

Step03 ❶弹出“高级属性”对话框，勾选“加密内容以便保护数据”复选框，❷单击“确定”按钮，如下图所示。

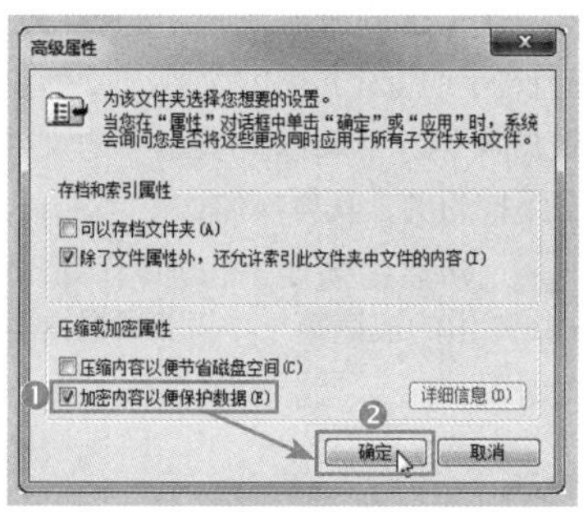

Step04 返回“个人文件 属性”对话框，单击“应用”按钮，如下图所示。

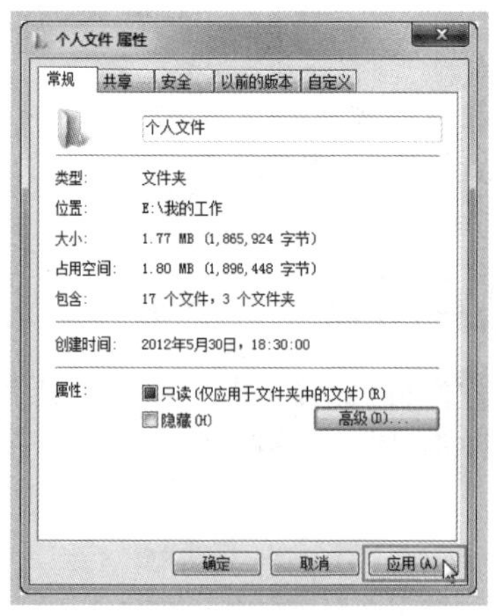

Step05 ❶弹出“确认属性更改”对话框，选择“将更改应用于此文件夹、子文件夹和文件”单选按钮，❷单击“确定”按钮，如下图所示。

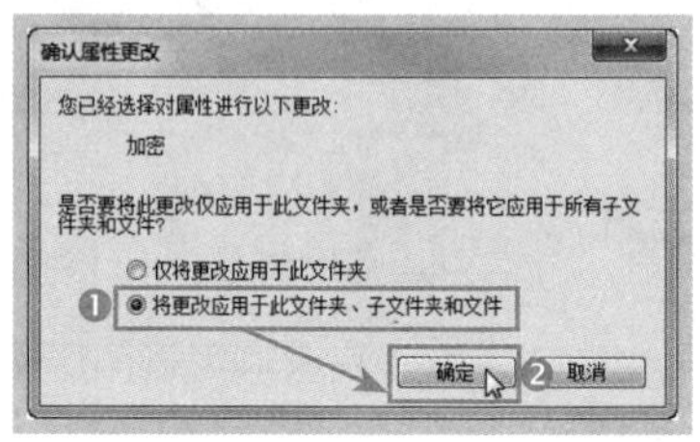

Step06 系统将自动对文件夹中的所有文件和文件夹赋予加密保护功能，进度如下图所示。

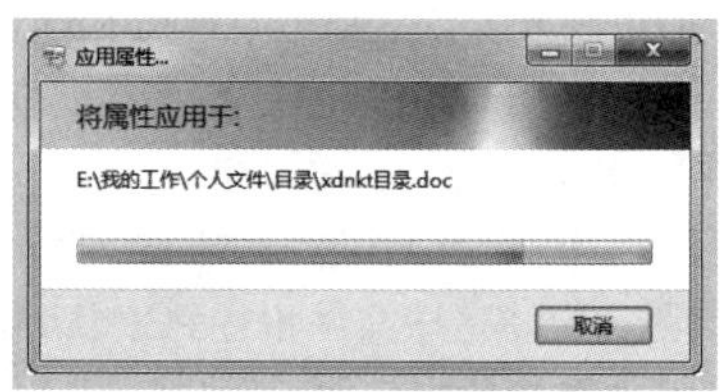

Step07 加密完成后，单击“确定”按钮，如下图所示。

Step08 在返回的路径中可看到被赋予加密保护的文件夹名称呈绿色字体显示，如下图所示。

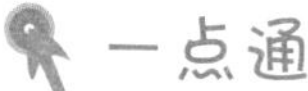

对文件和文件夹加密保护有何好处

加密保护对象后，只有管理员用户和当前账户能打开并编辑文件，其他账户打开文件时，则要求输入设置执行加密保护操作的账户名和密码，否则将无法打开。

(16:30 ~ 17:00)

通过前面内容的学习，结合相关知识，请读者亲自动手按要求完成以下过关练习。

练习一：在电脑中快速搜索需要的文件

电脑的使用时间长了，里面的文件肯定会越积越多，此时通过 Windows 7 提供的搜索功能可以快速搜索需要的文件与文件夹。

Windows 7 资源管理器处处都可看到搜索框的身影，在搜索框中输入关键字，搜索结果与关键字相匹配的部分会以黄色高亮显示，有助于让用户更加容易找到需要的结果，如下图所示。

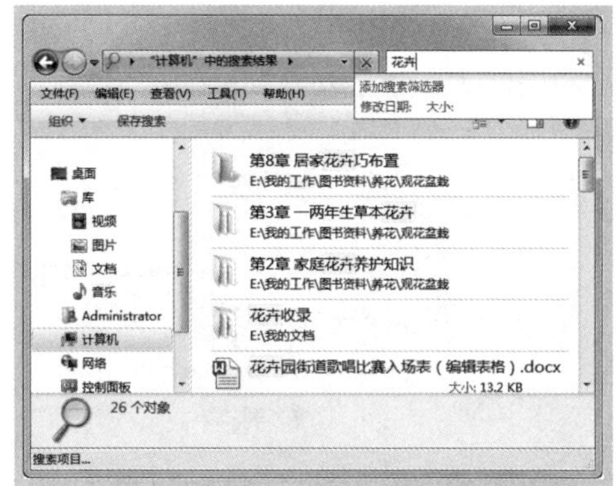

如果要进行更全面细致的搜索，可通过“高级搜索”功能实现。通过“高级搜索”功能可对文件的位置范围、修改日期、大小以及名称等进行设定，细化搜索条件以得到更精确的搜索结果，方法如下。

Step01 ❶单击搜索框输入要搜索的内容，如“花”，❷在在显示出的筛选条件面板中单击要添加的“修改日期”搜索条件，如下图所示。

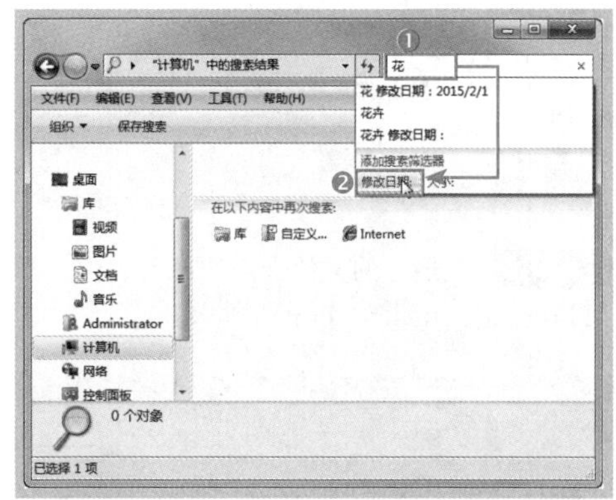

Step02 此时下方将展开显示日期框，在其中拖动鼠标选择要筛选的日期范围，如果不记得具体日期，可选择一个模糊选项，如“很久以前”，如下图所示。

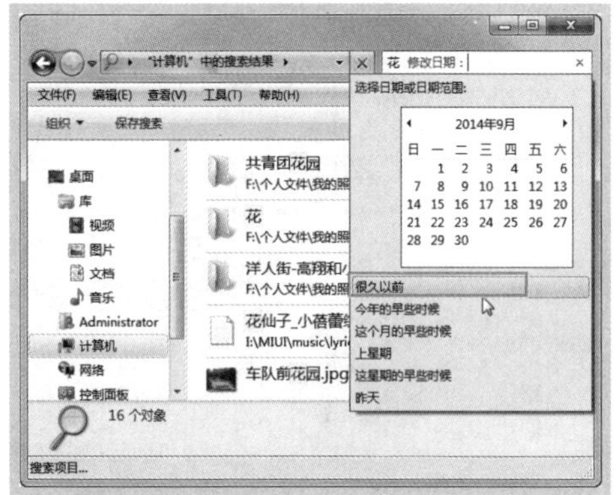

Step03 等待搜索可得到符合条件的文件，若要继续搜索，可再次单击搜索框，选择“大小”选项，如下图所示。

Step04 在展开的文件大小选择列表中选择要筛选的大小范围，如下图所示。

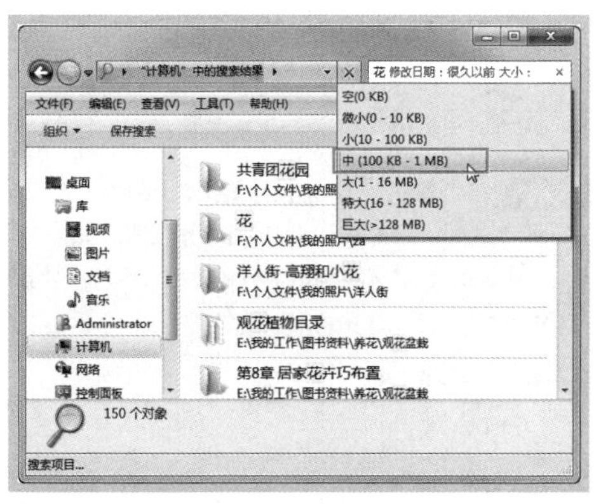

Step05 等待搜索完成后窗口中将根据所设的条件显示筛选结果，如下图所示。

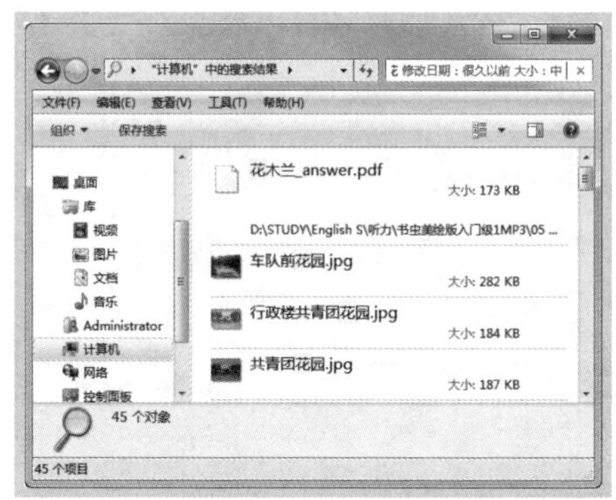

练习二：移动磁盘与电脑间的数据交换

如果需要用到其他电脑上的文件或文件夹，就涉及数据交换的问题。如果在电脑联网的情况下，通过QQ和电子邮件等工具可以快速传输文件，如果电脑未连入网络，就需要用到移动存储设备。

常用的移动存储设备有U盘和移动硬盘，下面以移动硬盘为例进行介绍。

1. 将移动硬盘中的数据转移到电脑

将移动硬盘连接上数据线，插入电脑的USB接口中，电脑会自动识别设备，识别成功后就可以进行数据转移操作了，方法如下。

Step01 打开“计算机”窗口，双击移动硬盘的盘符名称，如下图所示。

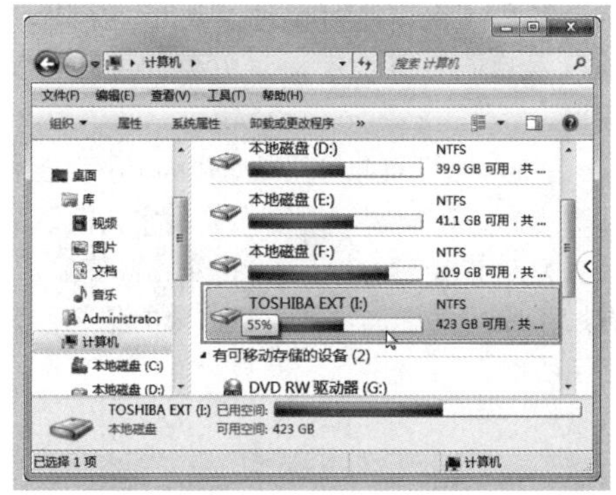

Step02　❶ 选中要移动的文件或文件夹，❷ 单击工具栏中的“组织”按钮，❸ 在弹出的下拉列表中选择“复制”或“剪切”命令，如下图所示。

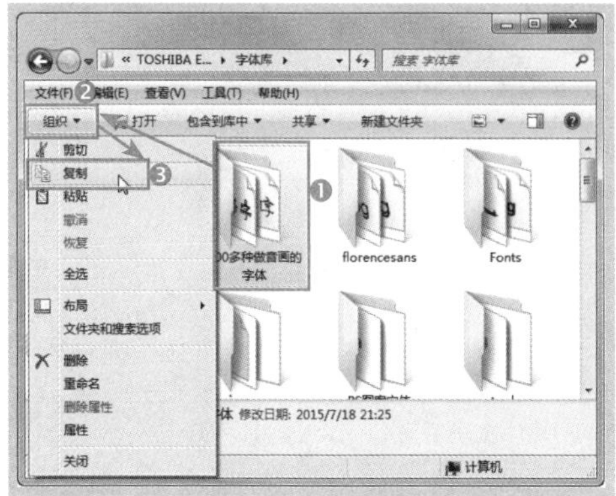

Step03　❶ 打开电脑中的盘符，找到需要保存文件的目标位置，单击工具栏中的“组织”按钮，❷ 在弹出的下拉列表中选择“粘贴”命令，如下图所示。

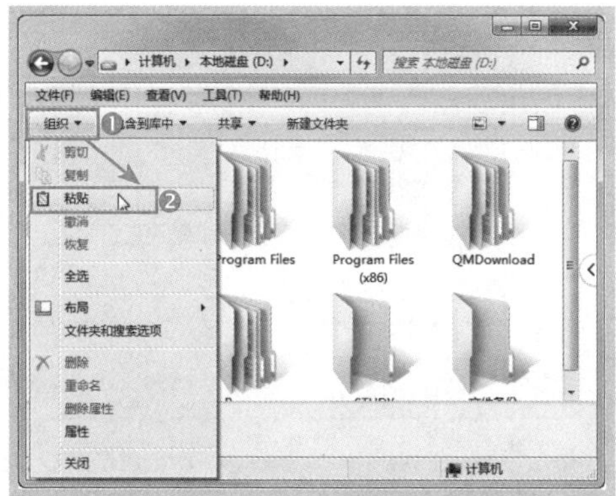

Step04　此时在弹出的对话框中将显示复制进度，完成后即可在目标位置看到转移的数据，如下图所示。

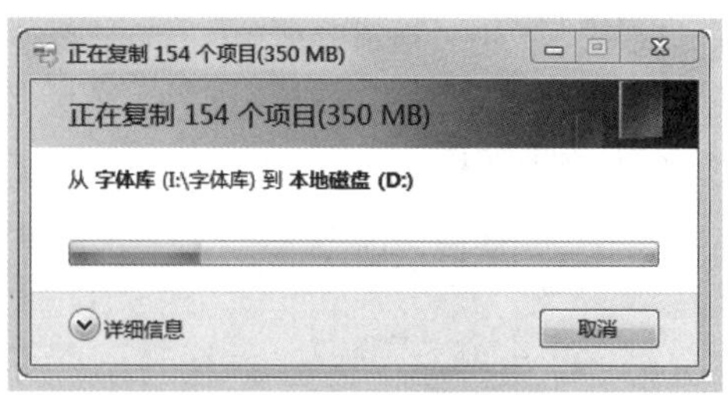

2. 将电脑中的数据转移到移动硬盘

同理，电脑中的数据也可转移到移动硬盘中，下面以将桌面上的文件移动到移动硬盘为例，方法如下。

Step01　❶ 右击桌面上需要移动到移动硬盘的文件，❷ 在弹出的快捷菜单中选择“剪切”命令，如下图所示。

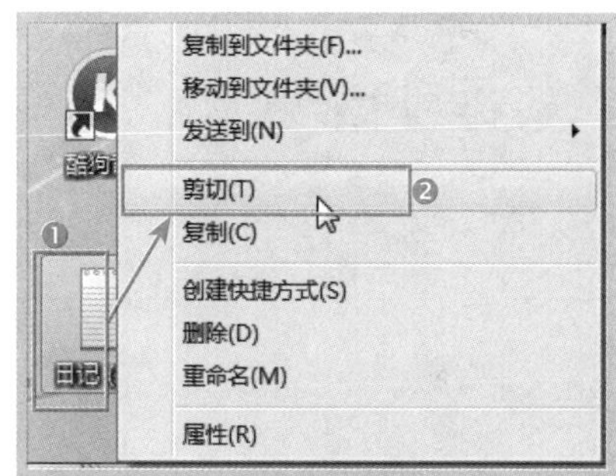

Step02　双击桌面上的“计算机”图标，打开计算机窗口，双击移动硬盘的盘符，如下图所示。

Step03 ❶ 进入移动硬盘，在窗口空白处右击，❷ 在弹出的快捷菜单中选择“粘贴”命令即可，如下图所示。

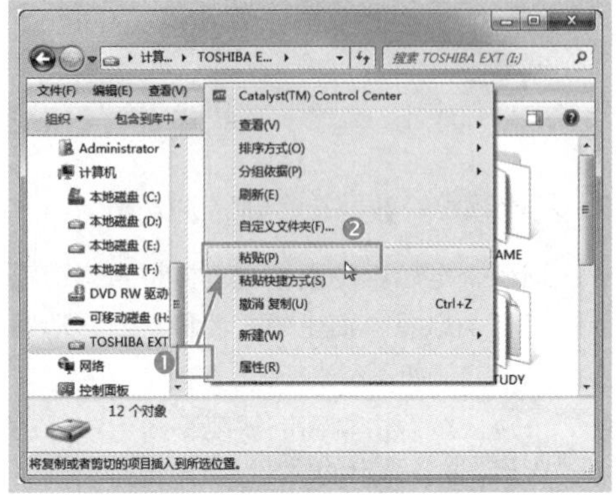

学习小结

本课主要介绍了文件管理基础认知、文件和文件夹的常用操作、文件和文件夹的常用设置以及回收站的使用等知识。通过本课的学习，可以帮助用户快速高效地整理电脑中的文件资源。

学习笔记

第 5 课

电脑系统的管理与常用设置

每个人使用电脑的习惯都会有所不同，掌握 Windows 7 操作系统的一些常用系统设置，可以让用户结合自己的实际情况对系统进行一些必要的修饰，从而更符合自己的使用习惯。本课主要介绍了桌面外观设置、系统账户设置、系统常用工具，以及软件安装和使用等知识。

学习建议与计划

时间安排：（19:30 ～ 21:00）

第一天晚上

知识精讲（19:30 ~ 20:15）

- ☆ 掌握电脑桌面外观的常用设置
- ☆ 掌握系统账户的相关设置
- ☆ 学会常用系统小工具的使用方法
- ☆ 掌握系统组件和外部软件的添加和使用

学习问答（20:15 ~ 20:30）

过关练习（20:30 ~ 21:00）

5.1 桌面外观设置

启动电脑进入系统后，屏幕显示的界面就是 Windows 桌面，对桌面的外观进行设置，是最能彰显个性化特色的。

5.1.1 更改桌面背景图片

Windows 7 操作系统默认的桌面背景是蓝色背景的 Windows 图标，用户可以将其换成自己的照片或者喜欢的图片。

更改桌面背景图片时，不仅可以将背景换成其他系统图片，也可将其换成单调的纯色背景，还可以是电脑上下载或保存的其他图片。

1. 更改为其他系统图片背景

除了电脑默认的 Windows 图标背景，系统还提供了多张背景图标供用户选择。更改为其他系统图片背景的方法如下。

Step01 ❶ 右击桌面空白处，❷ 在弹出的快捷菜单中选择“个性化”命令，如下图所示。

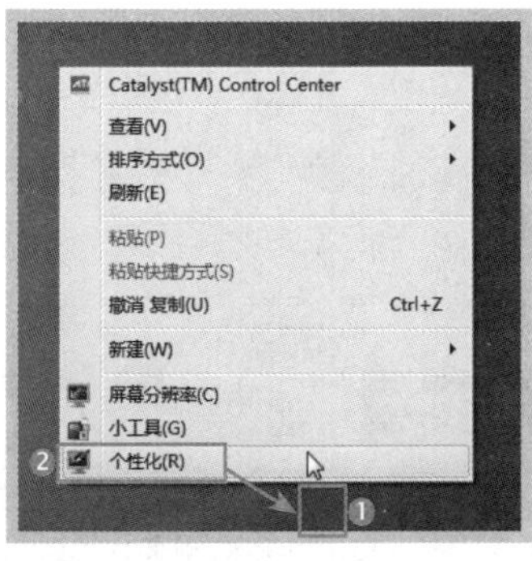

Step02 弹出“个性化”窗口，单击“桌面背景”超链接，如下图所示。

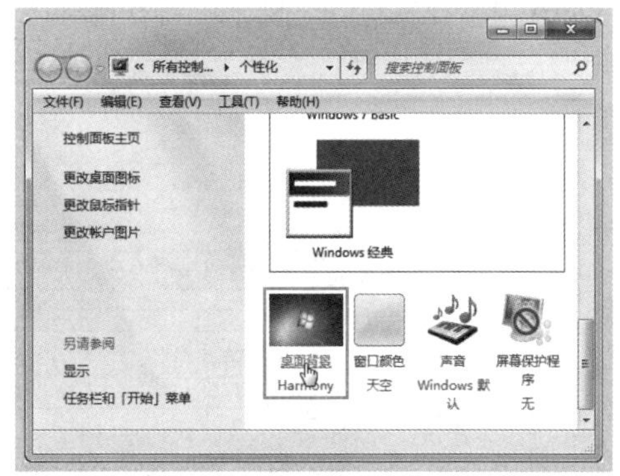

Step03 ❶ 打开“桌面背景”窗口，只勾选需要的背景图片左上角的复选框，❷ 单击“保存修改”按钮，如下图所示。

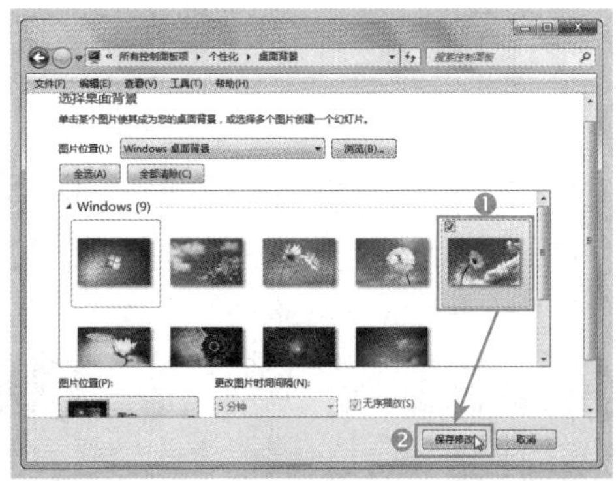

Step04 返回电脑桌面，即可看到更改为其他系统图片背景后的效果，如下图所示。

2. 更改为纯色背景

如果觉得背景图片太花哨，可设置为纯色的桌面背景，具体操作如下。

Step01 打开"个性化"窗口，单击"桌面背景"超链接，如下图所示。

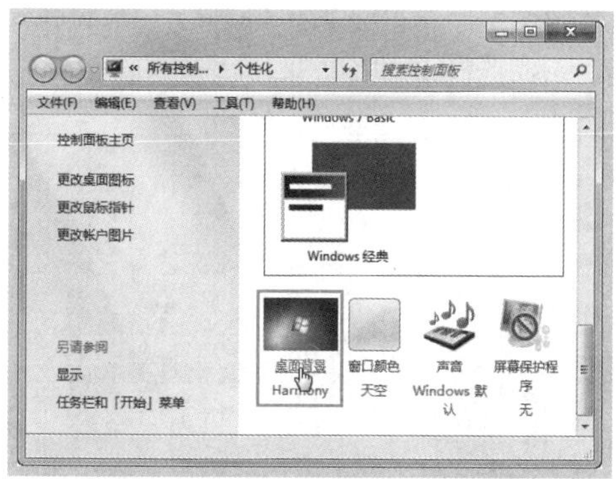

Step02 ❶打开"桌面背景"窗口，单击"图片位置"下拉按钮，❷在弹出的下拉列表中选择"纯色"选项，如下图所示。

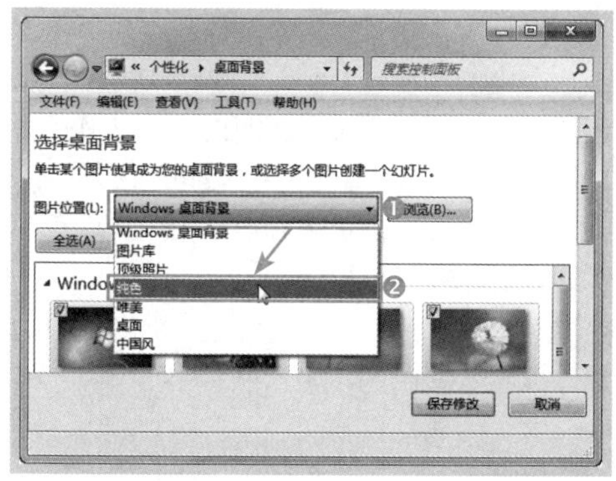

Step03 ❶在下方的列表框中选择需要的背景颜色，❷单击"保存修改"按钮，如下图所示。

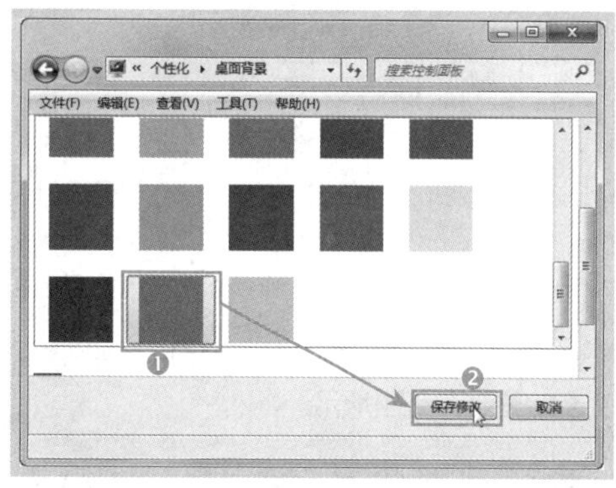

Step04 返回电脑桌面，即可看到更改为纯色背景后的桌面效果，如下图所示。

3. 用外部图片做背景

如果不喜欢系统自带的背景图片，可以将自己的照片或喜欢的图片保存到电脑上，然后将其设置为桌面背景，具体操作如下。

Step01 打开"个性化"窗口，单击"桌面背景"超链接，如下图所示。

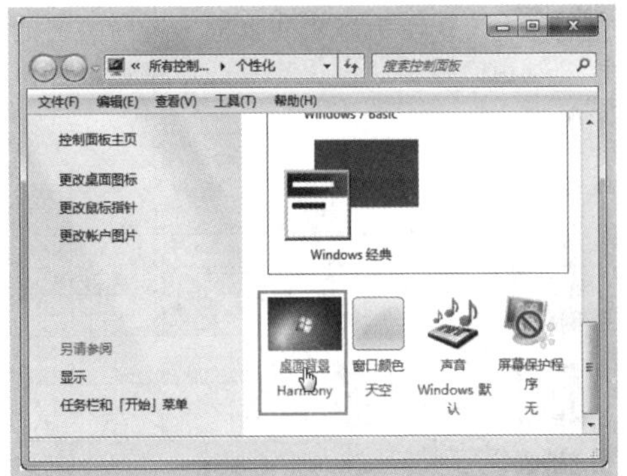

Step02 打开“桌面背景”窗口，单击“浏览”按钮，如下图所示。

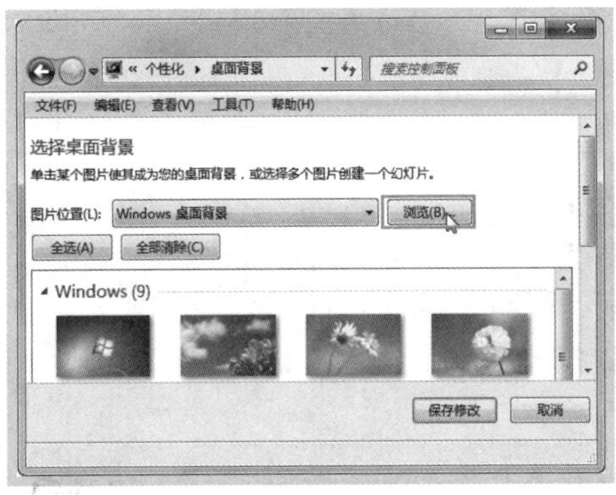

Step03 ❶ 弹出“浏览文件夹”对话框，在列表框中选中图片所在的文件夹，❷ 单击“确定”按钮，如下图所示。

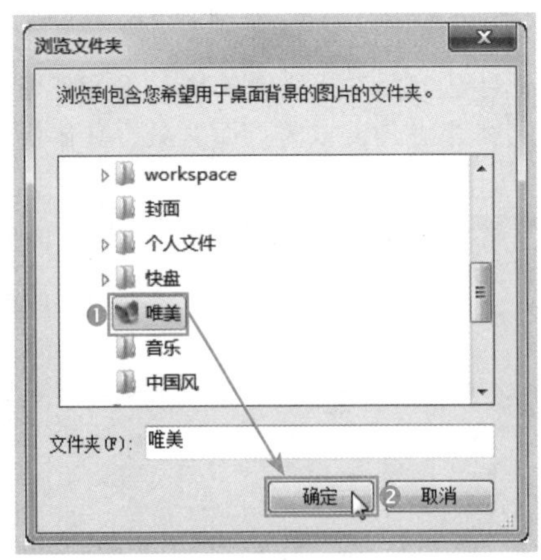

Step04 ❶ 在返回的“桌面背景”窗口中可看到文件夹中的所有图片，勾选要设为背景的图片，❷ 单击“保存修改”按钮，如下图所示。

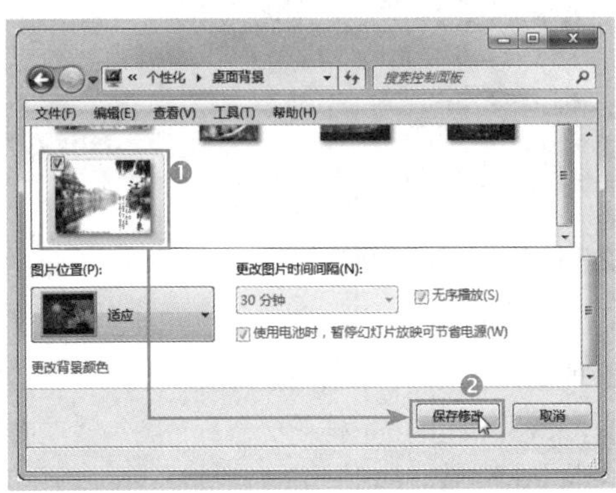

Step05 返回电脑桌面，即可看到更改为外部图片背景后的桌面效果，如下图所示。

5.1.2 更改窗口颜色

窗口颜色主要是指窗口标题栏和边框的颜色，在 Windows 7 中，系统默认的窗口颜色为天蓝色，且启用了透明效果，即通过窗口标题栏和边框可看到背后的内容。

如果想要更改资源管理器的窗口颜色，可通过下面的方法实现。

Step01 ❶ 右击桌面空白处，❷ 在弹出的快捷菜单中选择“个性化”命令，如下图所示。

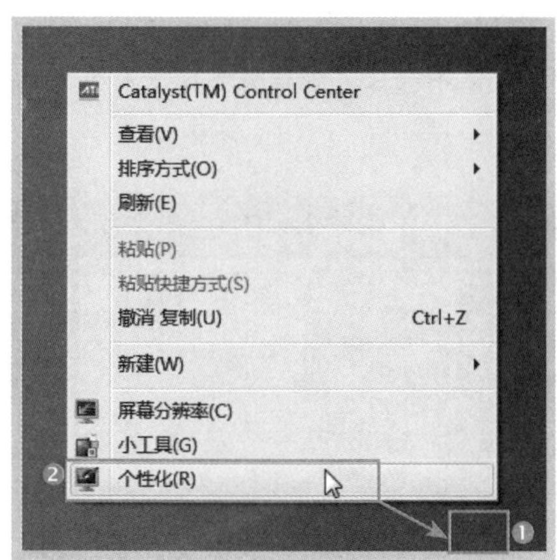

Step02 打开“个性化”窗口，单击“窗口颜色”超链接，如下图所示。

Step03 ❶ 打开“窗口颜色和外观”窗口，选择喜欢的颜色选项，❷ 单击“保存修改”按钮即可，如下图所示。

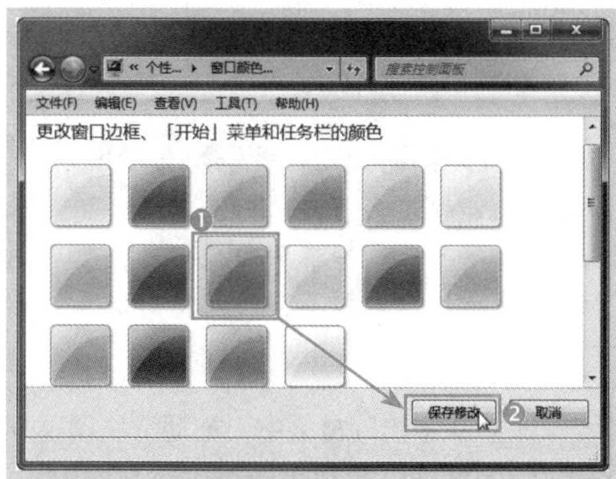

Step04 若要对颜色的浓度和亮度等进行设置，可拖动下方的滑块进行设置，如下图所示。

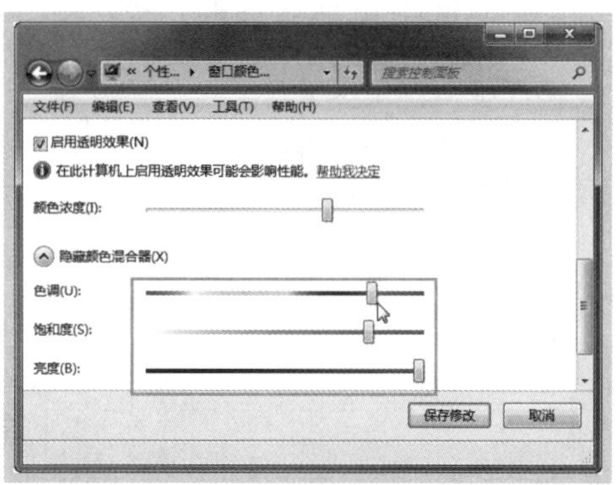

Step05 若要对窗口中的选项进行细化，可单击“高级外观设置”超链接，如下图所示。

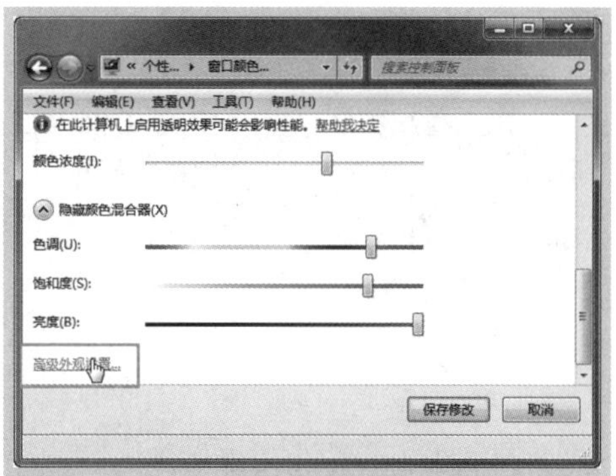

Step06 ❶ 弹出“窗口颜色和外观”对话框，选择要设置的项目，如单击“项目”下拉列表框，选择“菜单”选项，在右侧设置菜单的颜色和大小，❷ 同理对“菜单”中的文字设置字体格式，❸ 完成后单击“确定”按钮，如下图所示。

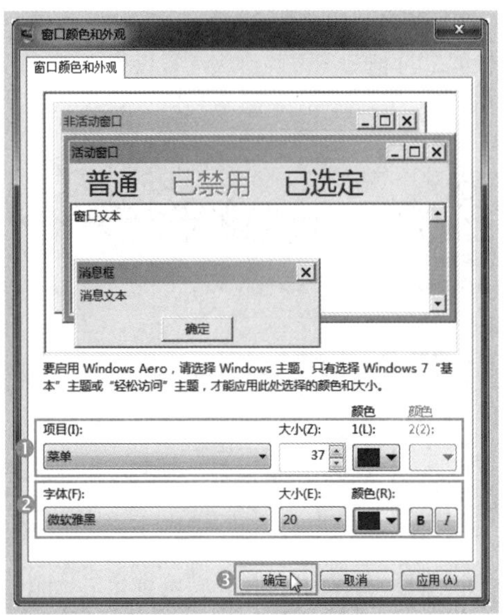

Step07 返回桌面，打开计算机窗口，并打开任意菜单选项，即可看到更改设置后的效果，如下图所示。

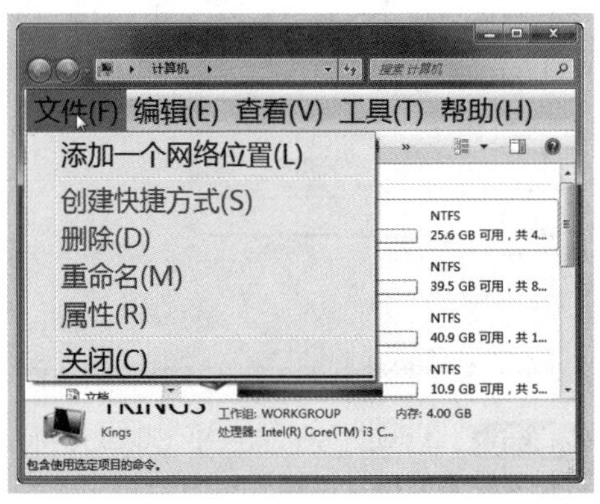

5.1.3 更改显示器分辨率

屏幕分辨率是指屏幕上显示的像素点个数，以“行点数 × 列点数”表示。分辨率越大，屏幕上的像素点越多，显示的内容也越多，反之显示的内容就越少。

若要更改显示器的分辨率，可通过下面的方法实现。

Step01 ❶右击桌面空白处，❷在弹出的快捷菜单中选择“屏幕分辨率”命令，如下图所示。

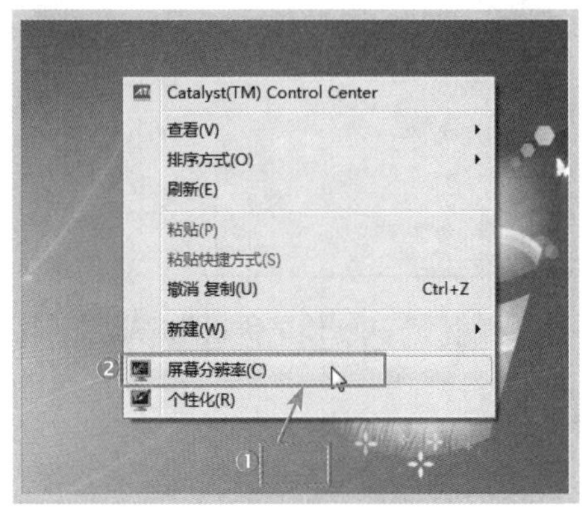

Step02 弹出“屏幕分辨率”窗口，单击“分辨率”选项右侧的下拉列表框，如下图所示。

一点通

多显示器时分别设置屏幕分辨率

如果电脑连接了多台显示器，可单击“显示器”下拉列表，选择不同的显示器，然后调整分辨率滑块分别为不同的显示器设置屏幕分辨率。

Step03 在弹出的窗格中，拖动滑块调整分辨率的大小，如下图所示。

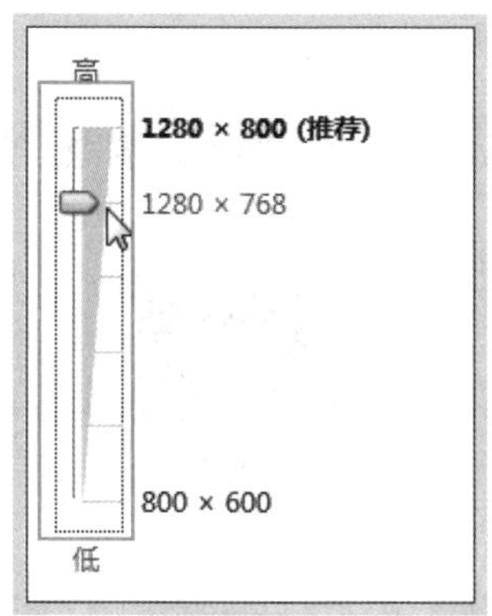

Step04 设置完成后，在“屏幕分辨率”窗口中单击“确定”按钮，如下图所示。

Step05 此时电脑屏幕将黑屏几秒，再次亮屏时显示为更改分辨率后的效果，此时将弹出“显示设置”对话框，单击“保留更改”按钮将确认更改设置，单击“还原”按钮将返回更改分辨率前的效果，如下图所示。

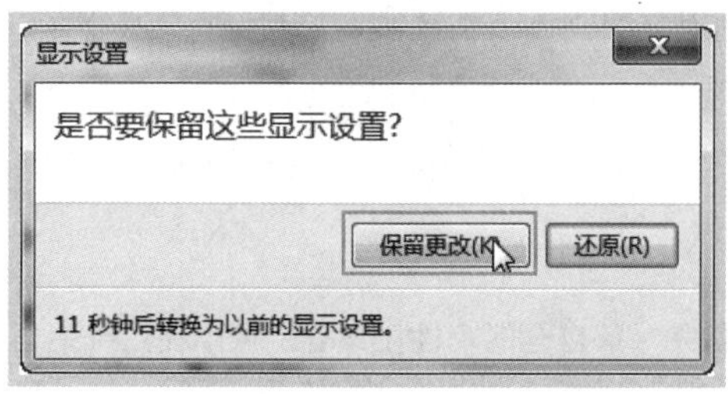

5.1.4 设置屏幕保护程序

当一段时间未对鼠标和键盘进行任何操作时，系统将自动启动屏幕保护程序。屏幕保护程序的作用是通过不断变化的图形显示，避免电子束长期轰击荧光层的相同区域，从而起到保护屏幕的作用。

设置屏幕保护程序的具体操作方法如下。

Step01 ❶ 右击桌面空白处，❷ 在弹出的快捷菜单中选择“个性化”命令，如下图所示。

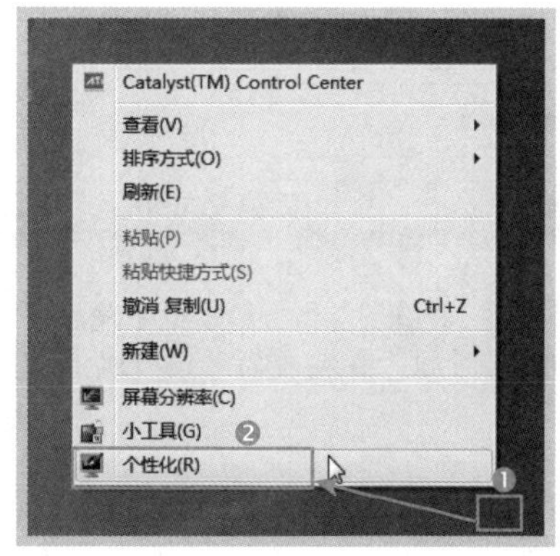

Step02 打开“个性化”窗口，单击“屏幕保护程序”超链接，如下图所示。

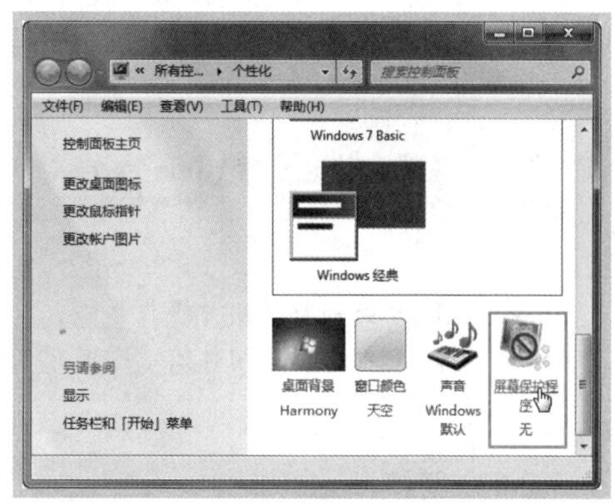

Step03 弹出“屏幕保护程序设置”对话框，单击“屏幕保护程序”下拉列表框，选择需要的屏保选项，如下图所示。

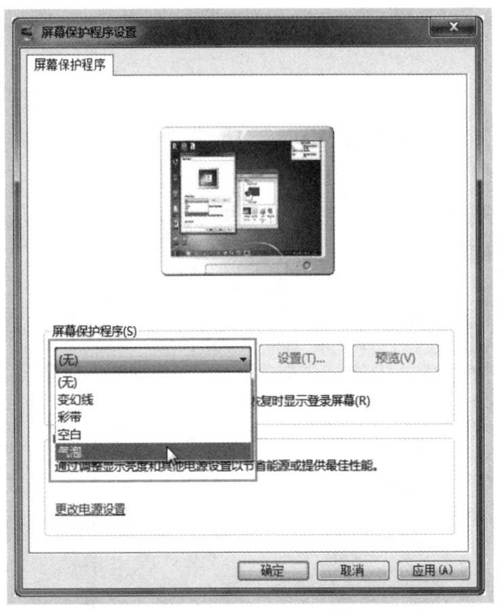

Step04 ❶在“等待”数值框中输入显示屏保的等待时间，❷完成后单击“确定”按钮即可，如下图所示。

小提示

退出屏保时显示登录界面

如果在“屏幕保护程序设置”对话框中勾选了“在恢复时显示登录屏幕”复选框，退出屏保时将显示账户登录界面，此时需输入正确的登录密码方能进入系统，这在一定程度上提高了电脑的使用安全。

5.2 系统账户设置

Windows 7是一个多用户操作系统，我们可以为每个用户创建一个用户账户，这样可以让每个成员都拥有一个相对独立的使用环境。

5.2.1 创建新账户

在多人使用一台电脑时，若想拥有自己的隐私并保留自己的个性化设置，可以在系统中创建一个新账户，具体操作方法如下。

Step01 ❶单击“开始”按钮，❷在弹出的开始菜单中选择“控制面板”选项，如下图所示。

Step02　打开“控制面板”窗口，单击“添加或删除用户账户”超链接，如下图所示。

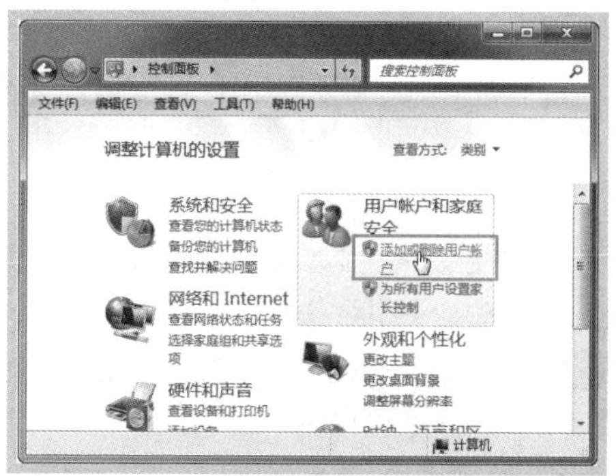

Step03　进入“管理账户”窗口，单击“创建一个新账户”超链接，如下图所示。

Step04　❶ 进入“创建新账户”窗口，在文本框中输入账户名称，❷ 根据需要选择账户类型，❸ 单击“创建账户”按钮，如下图所示。

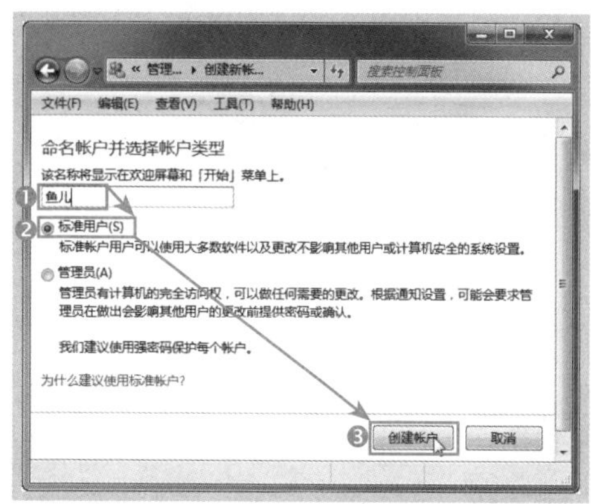

Step05　返回“管理账户”窗口，在列表框中即可看到刚新建的账户选项，如下图所示。

5.2.2　设置账户密码

为了保护自己隐私，用户可以为自己使用的账户设置密码。设置账户密码后，如果未输入正确的密码，将无法登录到系统。

1．设置账户密码

在 Windows 7 中设置账户密码的具体操作方法如下。

Step01　打开“控制面板”窗口，单击“添加或删除用户账户”超链接，如下图所示。

Step02 进入“管理账户”窗口，在列表框中选择要设置密码的账户，如下图所示。

Step03 进入“更改账户”窗口，单击“创建密码”超链接，如下图所示。

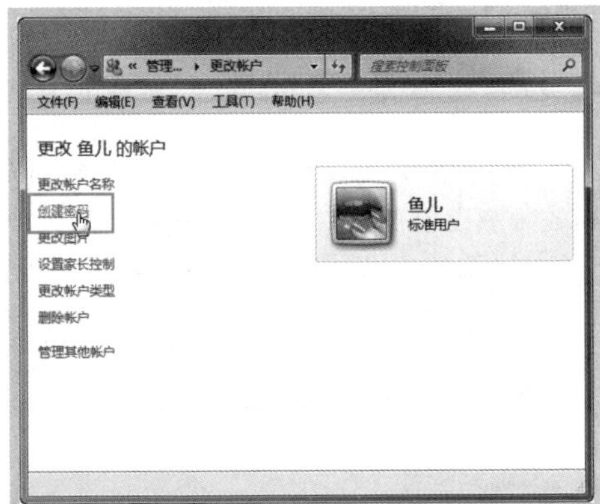

Step04 ❶进入“创建密码”窗口，在第一个文本框中输入新密码，在下方的文本框中再次输入，❷单击“创建密码”按钮即可，如下图所示。

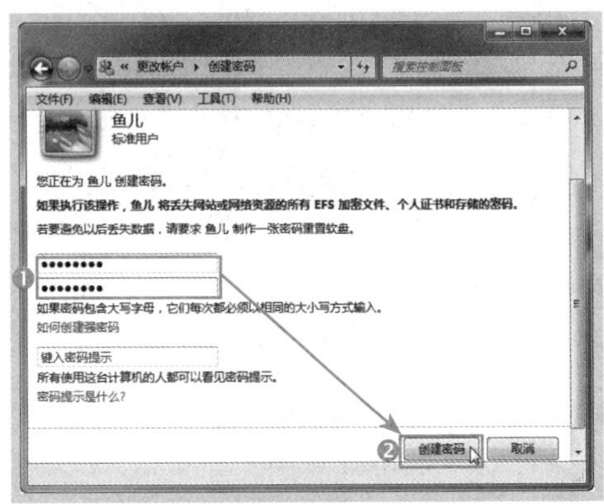

2. 删除账户密码

设置账户密码后，如果觉得麻烦，可以通过下面的方法删除密码。

Step01 进入“管理账户”窗口，在列表框中选择要删除密码的账户，如下图所示。

Step02 进入“更改账户”窗口，单击“删除密码”超链接，如下图所示。

Step03 进入“删除密码”窗口，单击“删除密码”按钮即可，如下图所示。

5.2.3 更换账户头像

Windows 7 的账户头像是一张图片，在多用户登录界面和“开始”菜单中会显示账户头像。根据需要，用户可以个性化设置自己的账户头像。

Step01 进入“管理账户”窗口，在列表框中选择更改头像图片的账户，如下图所示。

Step02 进入“更改账户”窗口，单击“更改图片”超链接，如下图所示。

Step03 ❶ 进入“选择图片”窗口，可看到列表框中显示了多张系统自带的头像图片，选择喜欢的图片选项，❷ 单击“更改图片”按钮，如下图所示。

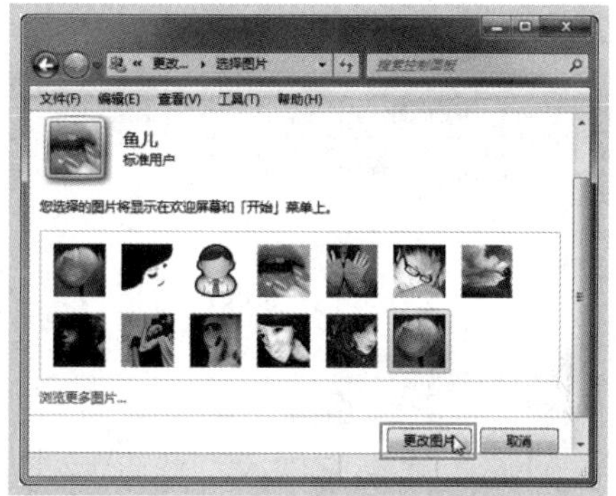

Step04 如果对系统自带的头像图片不满意，可以使用电脑中的其他图片，此时单击“浏览更多图片”超链接，如下图所示。

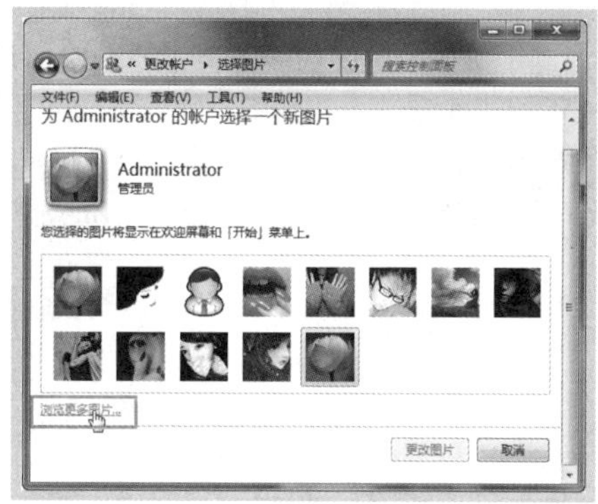

Step05 ❶弹出“打开”对话框，选中电脑中需要用作头像的图片文件，❷单击“打开”按钮，如下图所示。

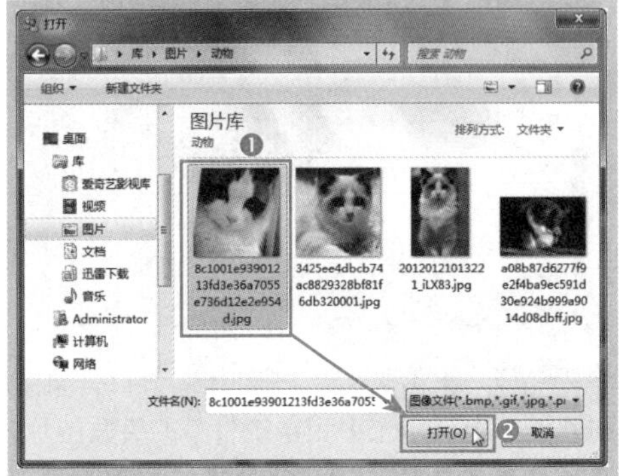

Step06 返回“更改账户”窗口，即可看到更改后的账户头像，如下图所示。

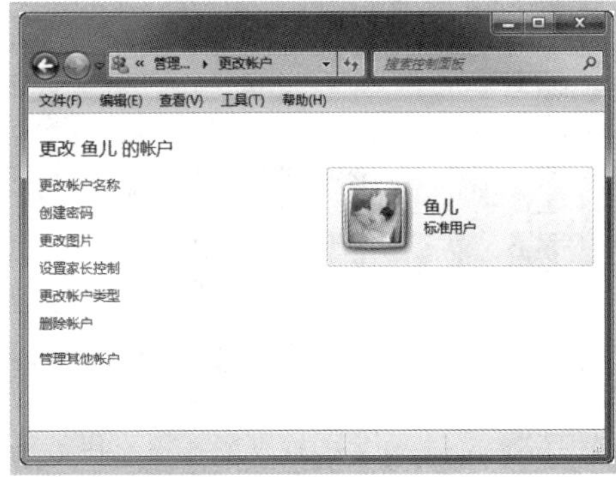

5.2.4 删除账户

当电脑中创建的账户不再被需要时，用户可以将其删除，方法如下。

Step01 进入“管理账户”窗口，在列表框中单击需要删除的账户选项，如下图所示。

Step02 进入“更改账户”窗口，单击“删除账户”超链接，如下图所示。

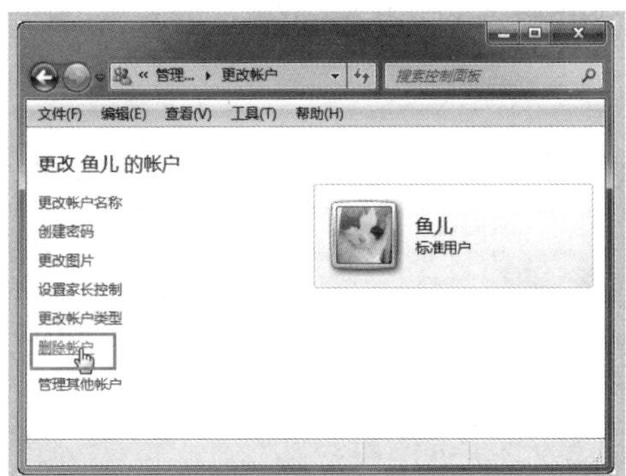

Step03 进入“删除账户”窗口，单击“删除文件”按钮，如下图所示。

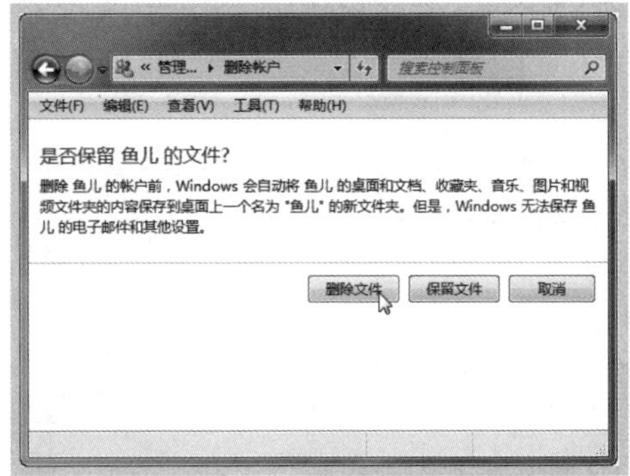

Step04　进入“确认删除”窗口，单击“删除账户”按钮即可，如下图所示。

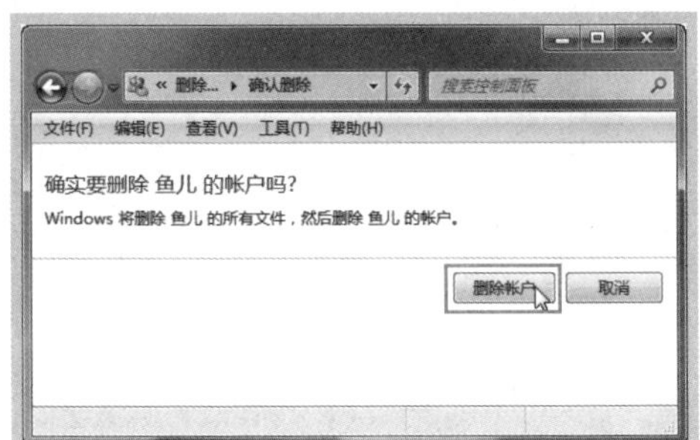

小提示

为什么无法删除账户

如果电脑已登录了正在执行删除操作的账户，删除账户操作将不能成功，此时应登录到该账户执行注销操作，然后再在管理员账户中对该账户进行删除账户操作即可。

5.2.5　使用来宾账户

来宾账户的用途是供没有账户的用户使用电脑，使用来宾账户的用户对文件和系统没有操作权限。

1. 启用来宾账户

默认情况下，为了节约磁盘空间，电脑中没有开启来宾账户，该账户必须启用后方能使用，具体操作如下。

Step01　打开“控制面板”窗口，单击“添加或删除用户账户”超链接，如下图所示。

Step02　进入“管理账户”窗口，在账户列表框中可看到来宾用户“Guest”名称下方显示没有启用的信息，单击“Guest”账户，如下图所示。

Step03　进入“启用来宾账户”窗口，单击“启用”按钮，如下图所示。

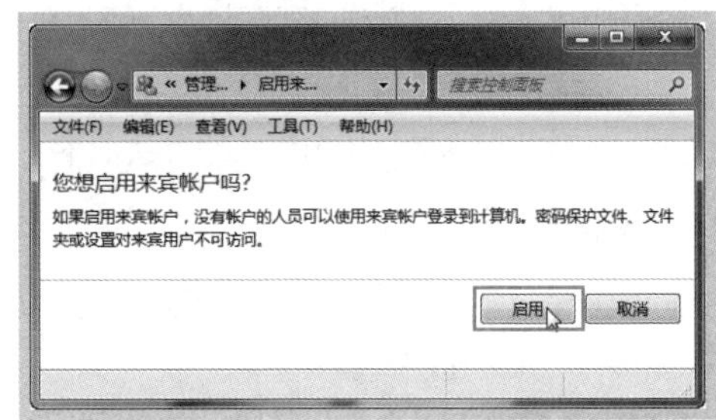

Step04 返回“管理账户”窗口，即可看到来宾账户名称下方的“来宾账户没有启用”的文字信息消失了，如下图所示。

2．禁用来宾账户

来宾账户会占用磁盘空间，为了节约空间，我们可以将启用的来宾账户禁用，方法如下。

Step01 进入“管理账户”窗口，在账户列表框中单击来宾用户，如下图所示。

Step02 进入“更改来宾账户”窗口，单击“关闭来宾账户”超链接即可，如下图所示。

5.3 系统常用小工具

Windows 7操作系统自带了多种小工具，这些工具在实际操作电脑的过程中非常适用，如使用便签可以提醒我们需要完成的事情、使用计算器可以完成复杂的数据计算等。

5.3.1 添加和使用便签

便签的用途是提醒我们不要忘记重要的事情，在Windows 7中使用便签的方法如下。

1．添加便签

默认情况下，Windows 7的电脑桌面并为添加便签工具，添加方法如下。

Step01 ❶单击“开始”按钮，❷单击“所有程序”打开程序列表，如下图所示。

Step02 ❶ 展开“附件”选项，❷ 选择“标签”选项，如下图所示。

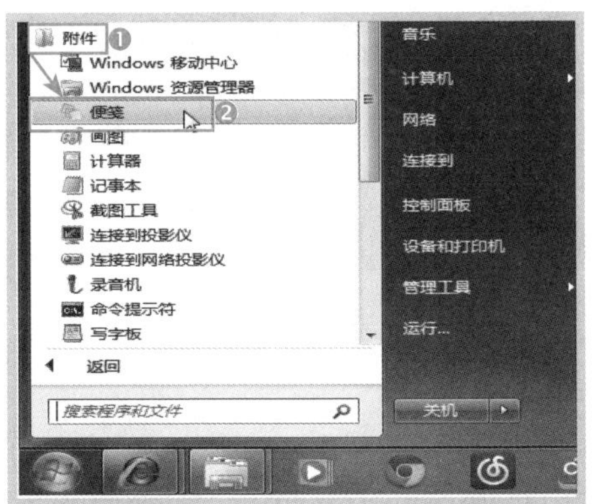

Step03 此时桌面上将出现一个淡黄色的可编辑窗格，如下图所示。

2. 使用便签

添加便签后选中标签，可看到便签处于可编辑状态，在其中输入需要提醒的事件即可，如下图所示。

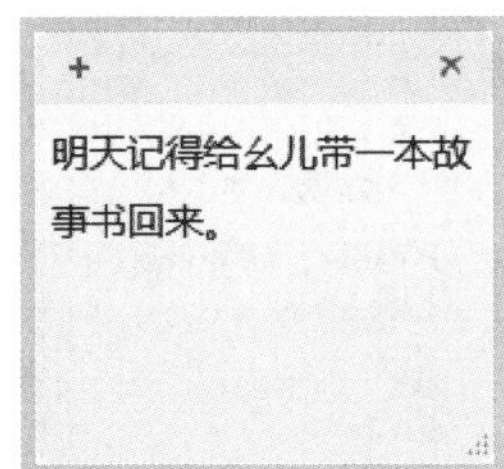

如果觉得默认的淡黄色不美观，可以更改其颜色，方法如下。

Step01 ❶ 右击便签，❷ 在弹出的快捷菜单中选择喜欢的颜色选项，如下图所示。

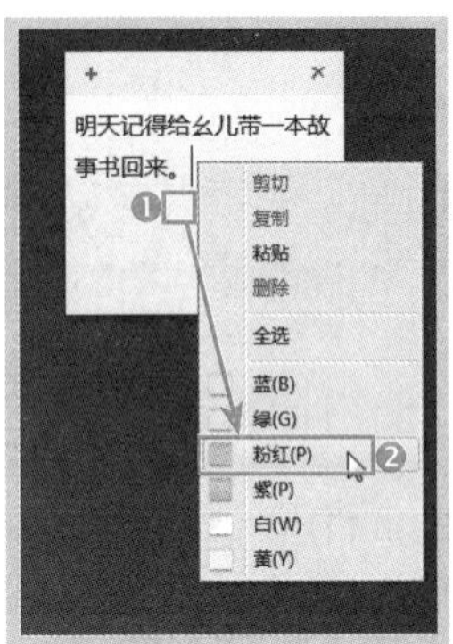

Step02 返回便签，即可看到更改背景颜色后的效果，如下图所示。

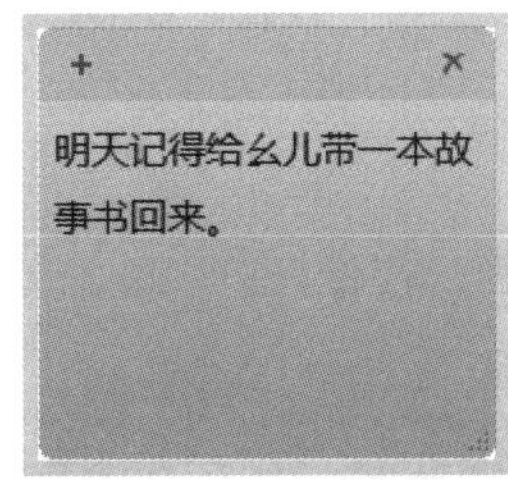

3. 删除便签

如果觉得便签放在桌面上碍事，可以将其删除，方法如下。

Step01 选中便签，单击右上角的“关闭”按钮，如下图所示。

Step02 弹出提示对话框，单击“是”按钮，即可将便签将桌面移除，如下图所示。

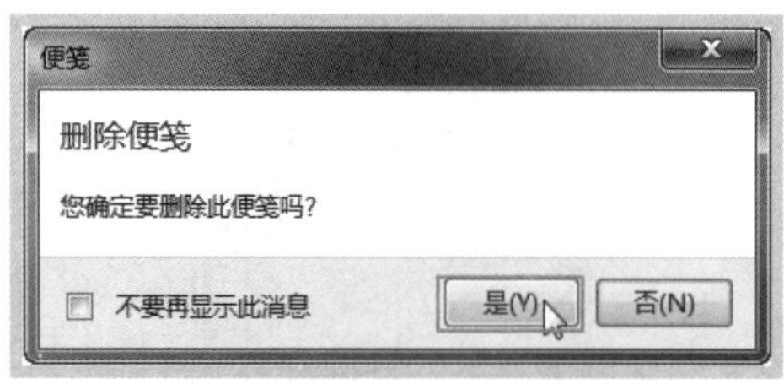

5.3.2 使用计算器

电脑中的“计算器”小工具与我们现实生活中常用的计算器功能是一样的，可以进行基本的算术任务。

1. 启动计算器

在 Windows 7 中启动计算器的方法很简单。

Step01 ❶ 单击“开始”按钮，❷ 在弹出的“开始”菜单中单击“所有程序”，在程序列表中展开“附件”选项，❸ 选择“计算器”命令，如下图所示。

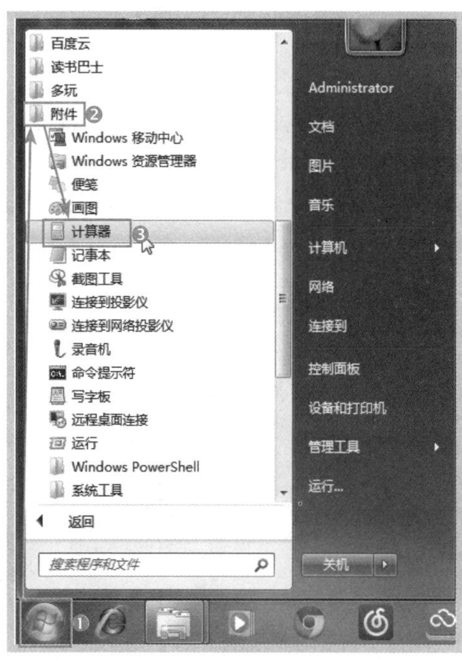

Step02 此时打开的窗口即为计算器的操作窗口，如下图所示。

2. 计算器的多种模式

为了满足不同用户的需求，计算器提供了多种模式供用户选择，默认启动的计算器模式为“标准型”，更改计算器模式的方法如下。

❶ 打开“计算器”窗口，选择“查看”选项，❷ 在弹出的下拉列表中选择命令即可，如下图所示。

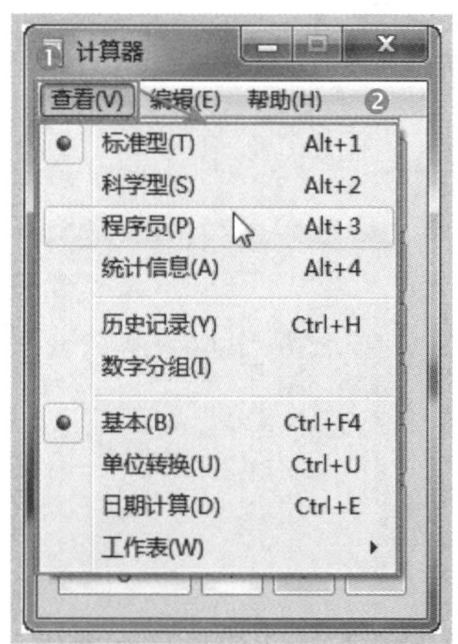

另外还有“科学型”、“程序员”和“统计信息”三种模式。

（1）科学计算器

科学型计算器带有所有普通的函数，可进行乘方、开方、三角函数、指数和对数等方面的运算，其操作界面如下图所示。

（2）程序员计算器

在程序员模式下，用户可使用十进制、八进制、十六进制等不同的进制来表示数据，此外，还可以限定字节的长度，程序员计算器的操作界面如下图所示。

（3）统计计算器

统计计算器是一种完全不同的计算模式，不是像其他计算器那样逐次输入数据和操作符得到结果，而是先输入一系列已知数据，然后按下功能按钮进行计算，其操作界面如下图所示。

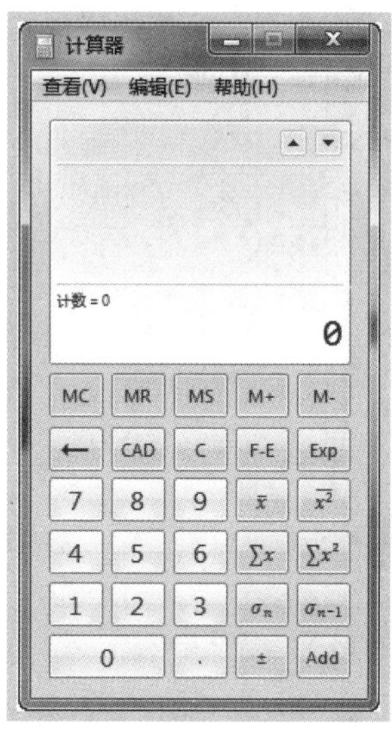

3．使用计算器计算数据

认识了计算器小工具，下面就来学习计算器的使用方法。最常用的是标准型计算器，这里以进行简单的加法和减法为例介绍具体操作。

（1）加法计算

下面以“1+5”为例介绍具体操作。

Step01　启动计算器，单击数据按钮“1”，如下图所示。

Step02　单击加号按钮“+”，如下图所示。

Step03 单击数据按钮“5”，如下图所示。

Step04 单击等号按钮“=”，即可得到计算结果，如下图所示。

（2）减法计算

下面以“9-2”为例，介绍具体操作。

Step01 启动计算器，单击数据按钮“9”，如下图所示。

Step02 单击减号按钮“-”，如下图所示。

Step03 单击数据按钮“2”，如下图所示。

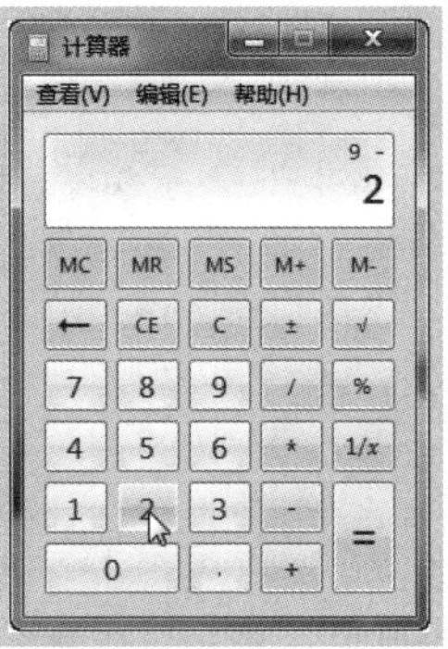

Step04 单击等号按钮“=”，即可得到计算结果，如下图所示。

5.3.3 使用时钟工具

默认情况下，电脑右下角显示了本地日期和时间，如果觉得文字太小不醒目，可在桌面上添加“时钟”工具，并将其放在醒目的位置以便随身查看。

1. 添加时钟小工具

如果需要添加时钟小工具，可在小工具库中进行添加，方法如下。

Step01 ❶ 右击桌面空白处，❷ 在弹出的快捷菜单中选择“小工具”命令，如下图所示。

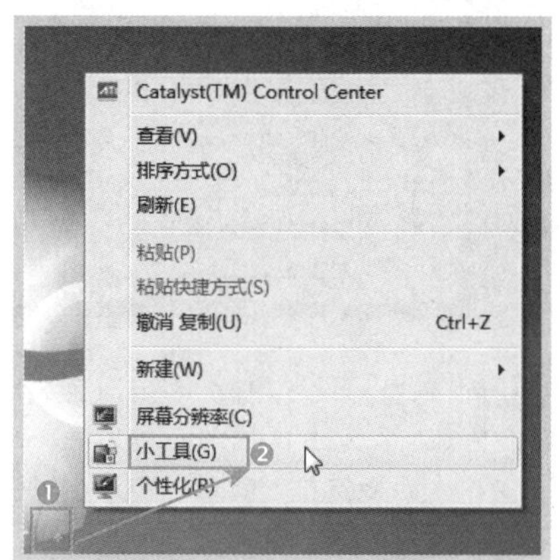

Step02 ❶ 打开“小工具库”窗口，右击“时钟”工具，❷ 在弹出的快捷菜单中选择“添加”命令，如下图所示。

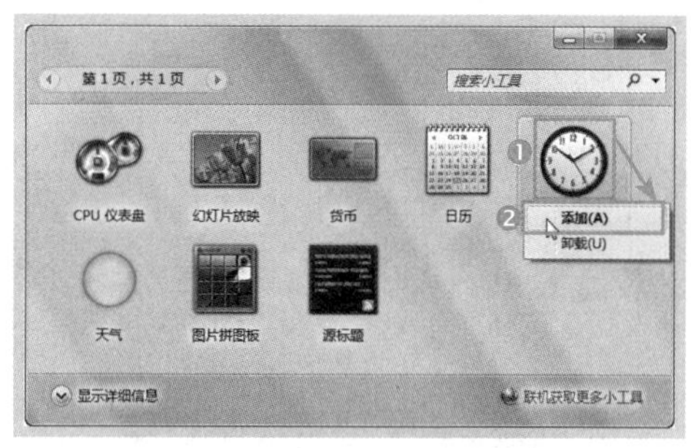

Step03 此时在桌面右上角即会显示时钟面板，如下图所示。

2. 让时钟始终前端显示

默认情况下，添加的时钟工具显示在桌面右上角，但是当打开的其他窗口或程序呈全屏显示时，时钟将会被覆盖。如果需要将时钟显示在程序前端，可通过下面的方法实现。

❶ 右击时钟窗口，❷ 在弹出的快捷菜单中选择“前端显示”命令即可，如下图所示。

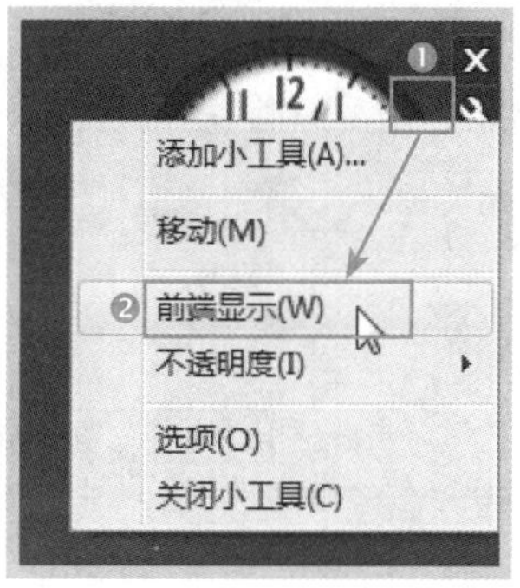

3. 更改时钟样式

为了满足不同用户的审美观，系统中内置了多种时钟样式，更改时钟样式的方法如下。

Step01 ❶ 右击时钟窗口，❷ 在弹出的快捷菜单中选择“选项”命令，如下图所示。

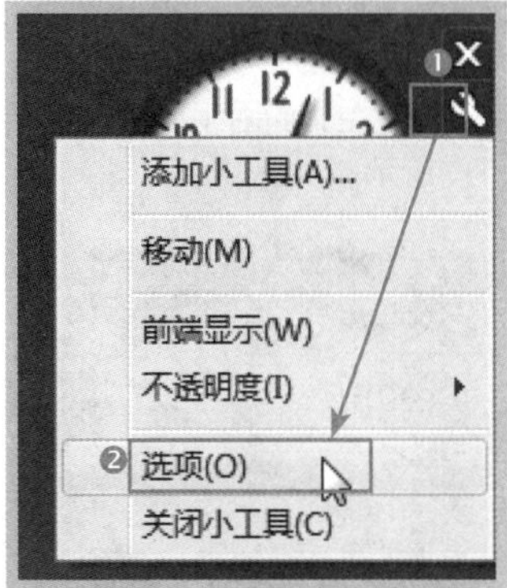

Step02 ❶ 打开设置面板，单击时钟下方的箭头按钮选择喜欢的样式，❷ 单击“确定”按钮，如下图所示。

Step03 此时即可看到默认的时钟外观样式被改变了，如下图所示。

4. 显示时钟名称和秒针

时钟工具默认只显示了时针和分针，为了让时钟更具个性，我们还可以让时钟显示秒针，并显示出文字，设置方法如下。

Step01 ❶ 右击时钟窗口，❷ 在弹出的快捷菜单中选择“选项”命令，如下图所示。

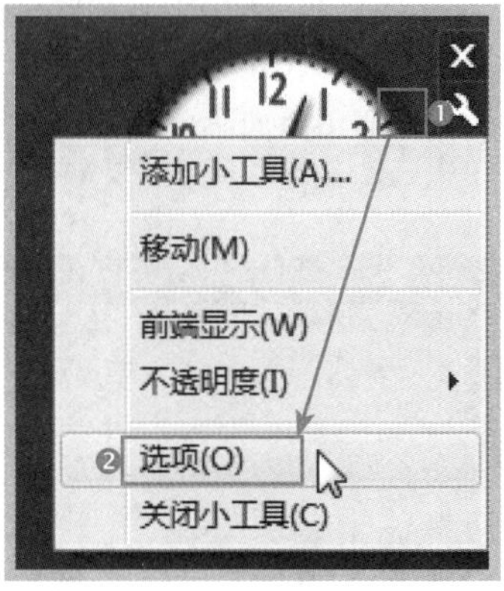

Step02 ❶ 打开设置面板，在“时钟名称”文本框中输入要显示在时钟内的文字，❷ 勾选“显示秒针”复选框，❸ 单击“确定”按钮，如下图所示。

Step03　此时即可看到显示在时钟中的文字内容和秒针，如下图所示。

5．更改时钟显示时区

时钟工具默认显示的是当前计算机所在时区的时间，如果希望将其更改为其他时区的时间，可通过下面的方法实现。

Step01　❶ 右击时钟窗口，❷ 在弹出的快捷菜单中选择“选项”命令，如下图所示。

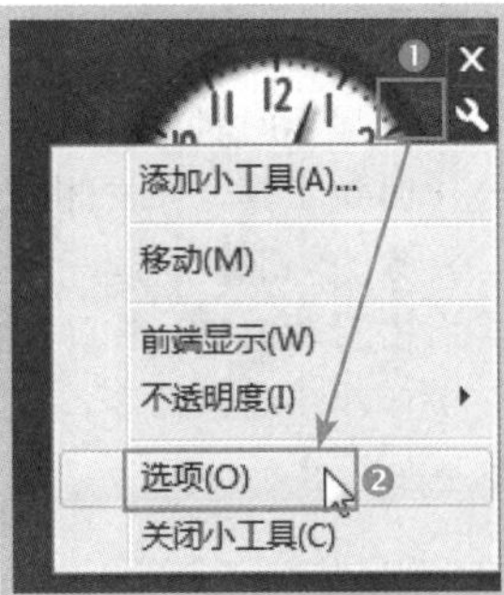

Step02　❶ 打开设置面板，单击“时区”下拉按钮，❷ 在弹出的列表中选择需要显示的时区，如下图所示。

Step03　返回时钟窗口，即可看到更改时区后的时间，如下图所示。

6. 关闭时钟工具

如果不需要显示时钟了，可将其关闭，方法为：选中时钟工具，在右侧显示的操作栏中单击“关闭”按钮×即可。

此外，右击时钟窗口，在弹出的快捷菜单中选择“关闭小工具”命令，也可以将时钟关闭，如下图所示。

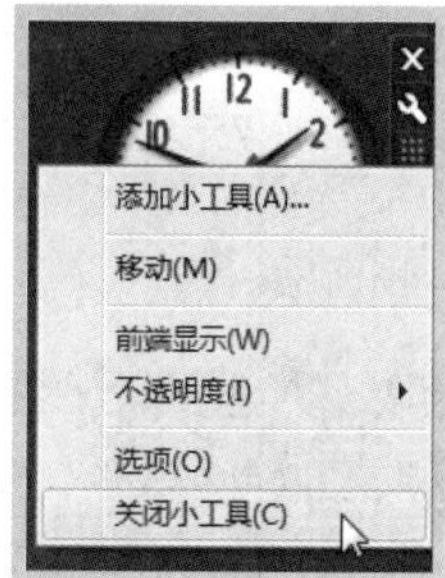

5.3.4 使用日历工具

使用日历工具不仅可以显示日期和星期数，还可以查下以前及以后的日期对应的星期数。

1. 添加日历工具

要使用日历工具，首先需要将其添加到桌面上，方法如下。

Step01 ❶ 右击桌面空白处，❷ 在弹出的快捷菜单中选择“小工具”命令，如下图所示。

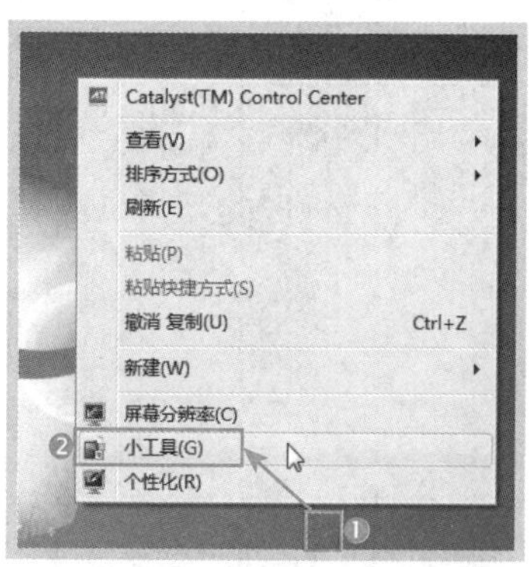

Step02 ❶ 打开“小工具库”窗口，右击“日历”工具，❷ 在弹出的快捷菜单中选择“添加”命令，如下图所示。

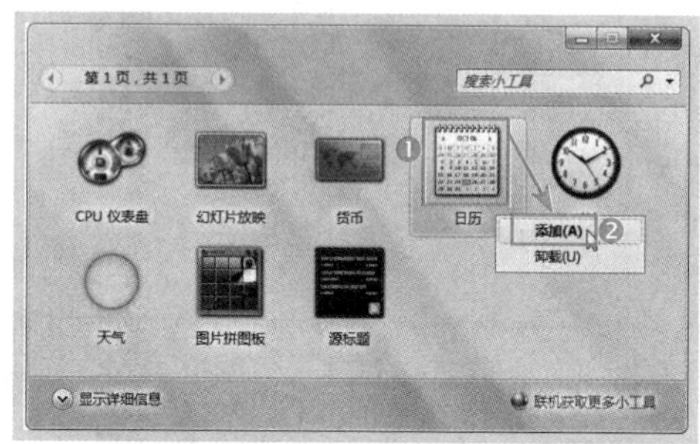

Step03 此时在桌面右上角即会显示日历面板，其中显示了年份、月份、号数和星期数，如下图所示。

Step04 双击日历面板，则显示为详细日历页面，此时可单击功能按钮查询以前或以后某日期对应的星期数，如下图所示。

2. 调整日历面板大小

日历工具提供了大小两个尺寸，默认显示小尺寸模式。

- ◇ 在小尺寸日历面板中只显示了当天的日期和星期数，或者详细的日期。
- ◇ 大尺寸中当天的日历和详细日期都会同时显示。

若要调整日历面板大小，具体操作方法如下。

Step01 右击日历工具，在弹出的快捷菜单中选择“大小”命令，在展开的子菜单中选择“大尺寸”命令，如下图所示。

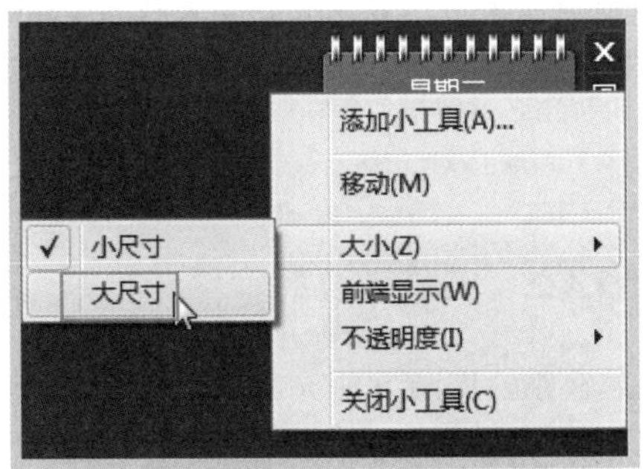

Step02 返回桌面，即可看到调整为大尺寸模式的日历面板效果，如下图所示。

3. 关闭日历工具

关闭日历和关闭其他桌面小工具的操作是一样的，将鼠标指针指向日历面板，在显示的操作栏中单击“关闭”按钮。或者右击日历面板，在快捷菜单中选择“关闭小工具”命令即可，如下图所示。

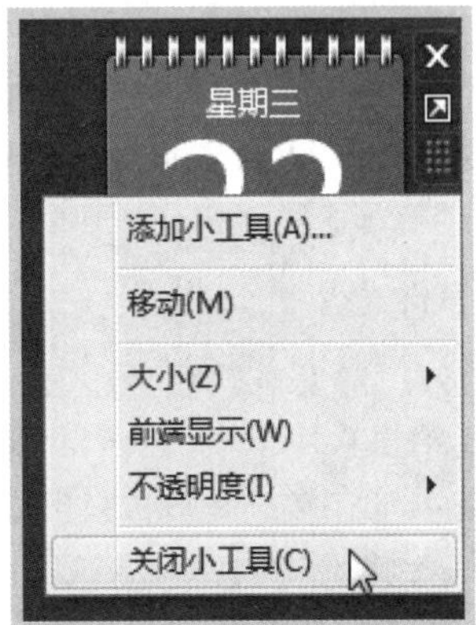

小提示

为什么在微软官网无法下载小工具

Windows 7 操作系统刚面世的时候，在工具库中可直接单击“联机获取更多小工具”超链接，然后到微软官网上下载更多实用的小工具，但由于 Windows 边栏平台具有严重的漏洞，容易被黑客利用，目前微软已在官网上停用了联机下载小工具的功能。

5.4 软件的安装与使用

Windows 操作系统虽然内置了许多实用的辅助工具，但只能满足基本的使用需求，如果用户有较高的使用需求，就需要安装专业的应用软件来解决。

5.4.1 软件的获取途径

要在电脑中安装软件，首先需要获取到软件的安装文件，目前获取软件安装文件的途径主要有以下 3 种。

1. 购买软件光盘

当软件厂商发布软件后，通常会在市面上同步销售软件光盘，我们只要购买到软件光盘，然后放入电脑光驱中进行安装就可以了。

购买软件是获取软件最正规的渠道，但需要支付一定的费用。这种途径的好处在于能够保证获得正版软件，并能够获得软件的相关服务，而且还能保证软件使用的稳定性与安全性（如没有附带病毒、木马等）。

2. 通过网络下载

对于联网的用户来说，通过软件的官方下载站点或者专门的下载网站都能够获得软件的安装文件。

网络下载方式是很多用户最常用的软件获取方式，其好处是不必支付购买费用，缺点在于可能携带病毒或木马等恶意程序，因此软件的安全性与稳定性无法保障。

3. 从其他电脑复制

如果其他用户的电脑中保存有软件的安装文件，那么就可以通过网络或者移动存储设备将其复制到电脑中进行安装。

一点通

常用的软件下载网站

若要在网上下载软件，官网是首选，其次在一些大小搜索引擎的软件中心也可下载，如“百度软件中心”。此外，网上还有一些专门的大小下载网站，如天极网（http://www.yesky.com/）、太平洋软件下载（http://dl.pconline.com.cn）、华军软件园（http://www.onlinedown.net/）等。

5.4.2 安装需要的软件

软件的安装方法大致相同，只是不同软件的操作界面有所差异，下面以安装“腾讯 QQ”为例，介绍安装软件的具体操作方法。

Step01 双击腾讯QQ的安装程序，单击“立即安装”按钮，如下图所示。

Step02 ❶ 程序默认安装在系统盘，如果需要将程序安装到其他位置，选择“自定义”

选项，❷ 单击文件安装路径右侧的“浏览”按钮，如下图所示。

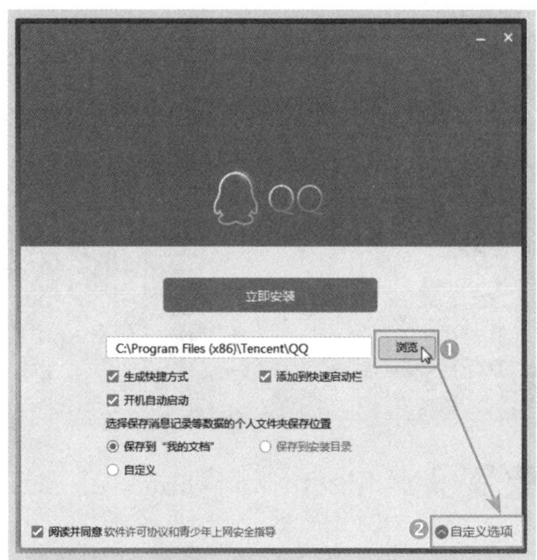

Step03 ❶ 弹出“浏览文件夹”对话框，设置安装位置，❷ 单击“确定”按钮，如下图所示。

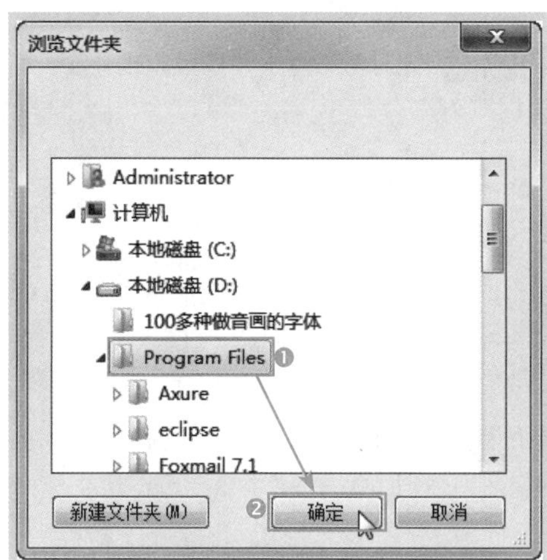

Step04 ❶ 返回安装窗口，根据需要设置是否开机启动及可启动的方式，❷ 单击“立即安装”按钮，如下图所示。

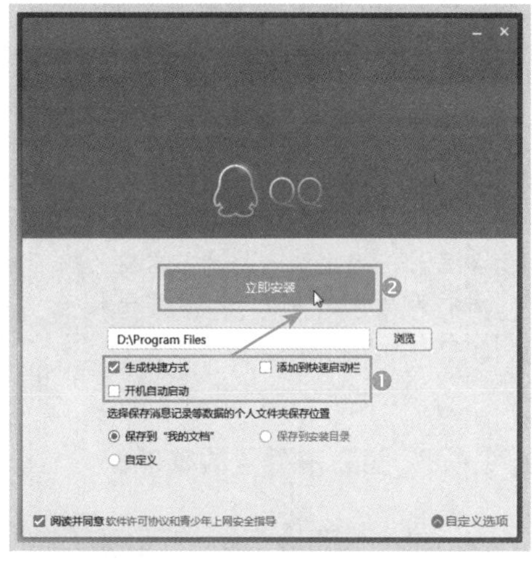

Step05 程序将开始自动安装，并显示安装进度，如下图所示。

Step06 ❶ 在安装完成界面取消勾选不需要的插件，❷ 单击“完成安装”按钮，如下图所示。

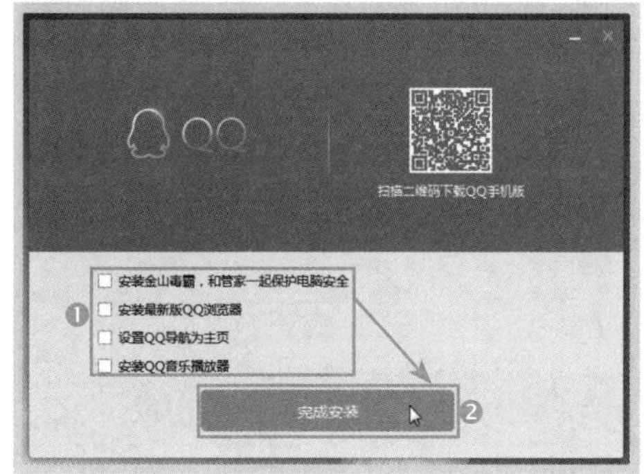

> **小提示**
>
> 注意不要安装不必要的插件
>
> 现在有许多免费软件都捆绑了其他软件或插件，用户在软件安装过程中一定要看清每个安装步骤，操作时一定要取消勾选不需要的软件，否则就会随着一起软件一起安装进电脑中。

5.4.3 卸载不需要的软件

对于不再使用的软件，我们可以将其卸载，以节省更多的磁盘空间。一般来说，卸载软件的方法有以下三种，下面分别进行介绍。

1. 通过自带卸载程序卸载软件

大多数软件在安装完成时，都会在系统中注册相应的卸载程序，以方便用户不再使用时卸载该软件。

下面以卸载腾讯QQ软件为例，介绍通过自带的卸载程序卸载软件的方法。

Step01 ❶单击“开始”按钮，❷在弹出的“开始”菜单中单击“所有程序”，如下图所示。

Step02 ❶在程序列表中展开“腾讯软件”选项，❷接着展开“QQ”选项，❸选择“卸载腾讯QQ”命令，如下图所示。

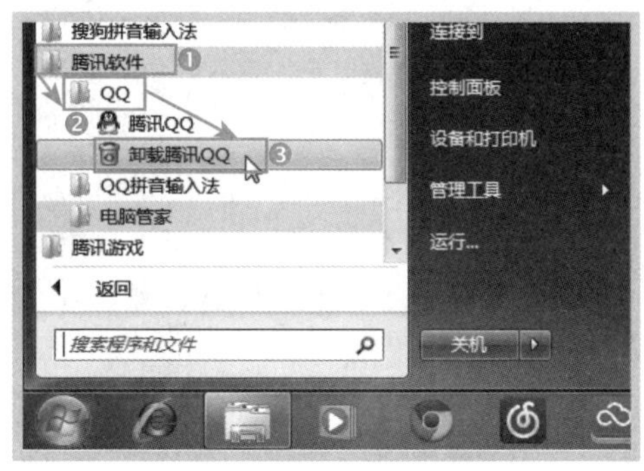

Step03 弹出提示对话框，单击“是”按钮确认卸载，如下图所示。

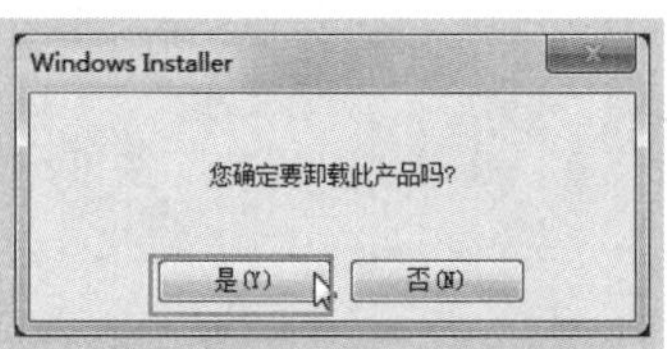

Step04 此时对话框中将显示卸载进度，如下图所示。

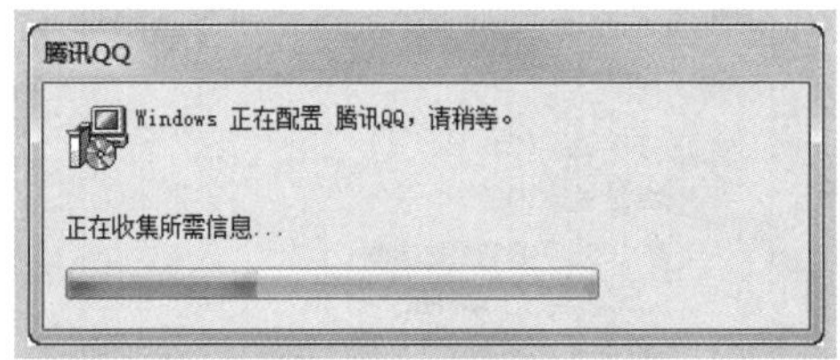

Step05 卸载完成后，单击“确定”按钮即可，如下图所示。

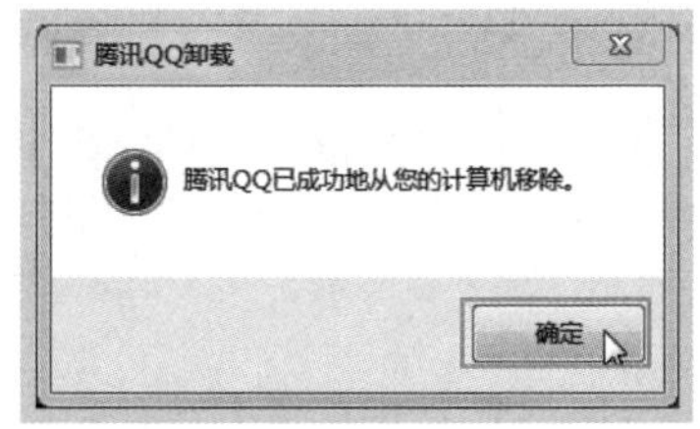

2. 通过控制面板卸载软件

无论软件是否在安装时自带卸载程序，都可以通过控制面板进行卸载，方法如下。

Step01 ❶ 单击“开始”按钮，❷ 在弹出的“开始”菜单中选择“控制面板”选项，如下图所示。

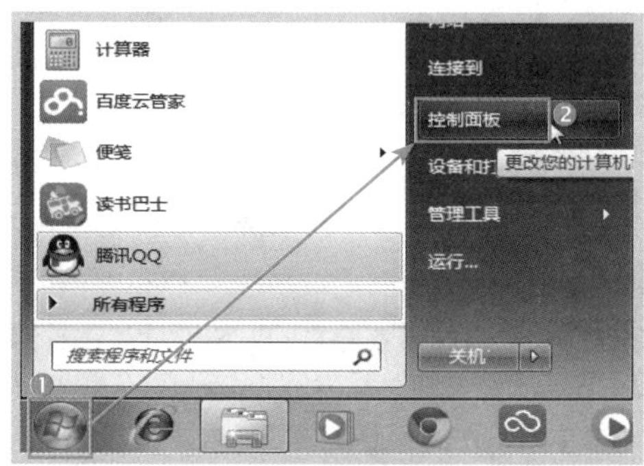

Step02 打开控制面板窗口，单击“卸载程序”超链接，如下图所示。

Step03 ❶ 进入“程序和功能”窗口，在列表框中选中要删除的软件，❷ 单击“卸载/更改”按钮，如下图所示。

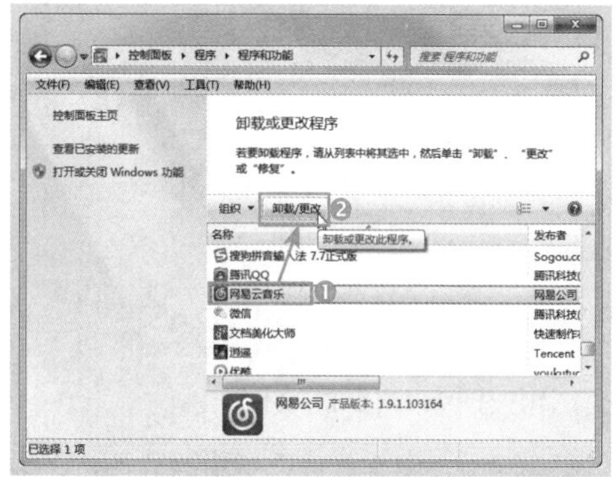

Step04 在弹出的提示对话框中单击“确定”按钮，如下图所示。

Step05 此时对话框中将显示卸载进度，如下图所示。

Step06 卸载成功后，单击“确定”按钮即可，如下图所示。

3. 通过工具软件卸载软件

为了方便用户管理电脑中的软件，许多系统辅助软件提供了软件卸载功能，如电脑管家、金山卫士等。

下面以腾讯的电脑管家为例，介绍通过工具软件卸载软件的方法。

Step01 在电脑中安装电脑管家后，单击任务栏通知区域中的电脑管家图标，在打开的电脑管家操作窗口中单击“工具箱”按钮，如下图所示。

Step02 在进入的常用工具窗口中单击“软件管理”图标，如下图所示。

Step03 ❶ 打开软件管理窗口，选择窗口左侧的“卸载”选项，❷ 在右侧列表框中单击需要卸载的软件右侧的“卸载”按钮，如下图所示。

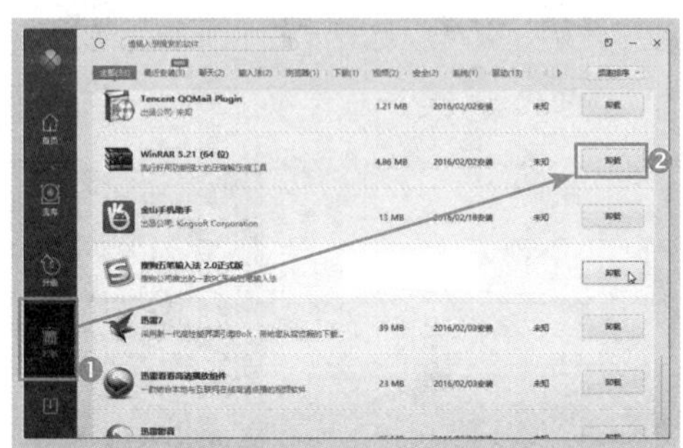

Step04 电脑管家将自动对所选软件进行卸载操作，如果卸载后发现电脑上还有残留信息，单击软件右侧蓝色的“强力清除”文字，如下图所示。

Step05 在打开的对话框中将显示卸载后仍残留在电脑上的信息所在的位置，单击“强力清除”按钮，完成后关闭软件即可，如下图所示。

5.4.4　添加系统组件

安装 Windows 7 时，系统默认自带了一些组件，这些功能可以满足大多数用户的使用需求。

如果认为 Windows 7 只有这些功能，那么就大错特错了。如果在使用电脑时发现某个功能没有，我们可以通过添加系统组件来达到目的。

Step01 双击桌面上的“控制面板”图标，在打开的控制面板中单击“程序”超链接，如下图所示。

Step02 进入“程序”窗口，单击“打开或关闭 Windows 功能”超链接，如下图所示。

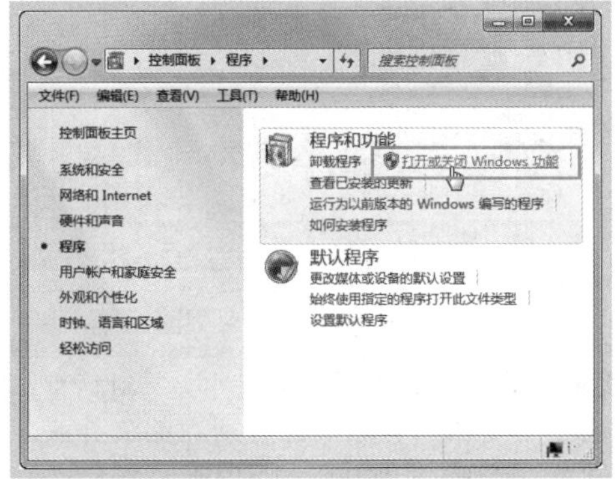

Step03 ❶ 打开“Windows 功能”对话框，在列表框中勾选需要添加的系统组件前的复选框，❷ 单击“确定”按钮，如下图所示。

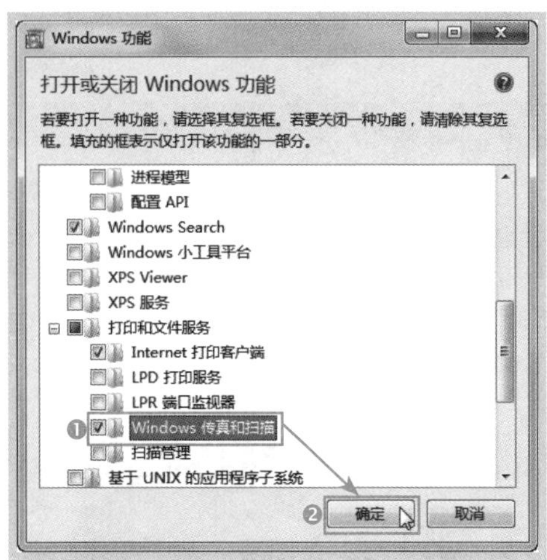

Step04 系统将自动进行更改，并显示操作进度，完成后重启电脑，即可使用刚添加的组件了，如下图所示。

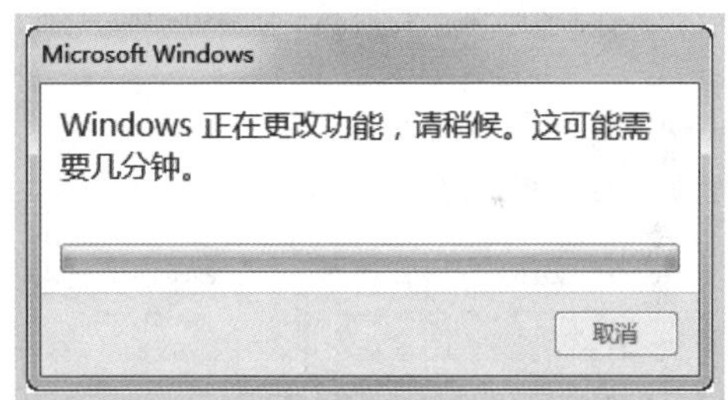

删除系统组件

如果要删除组件，方法与添加系统组件类似，只是在“Windows 功能”对话框中取消勾选组件前的复选框，设置完成后重启电脑即可。

(20:15 ~ 20:30)

疑问 1：一成不变的桌面背景太单调了，能让多张背景图片定时自动更换吗？

答：为了使得系统更人性化，Windows7 中可将多张图片设为背景，并让其定时自动更换。设置方法如下。

Step01 ❶ 右击桌面空白处，❷ 在弹出的快捷菜单中选择“个性化”命令，如下图所示。

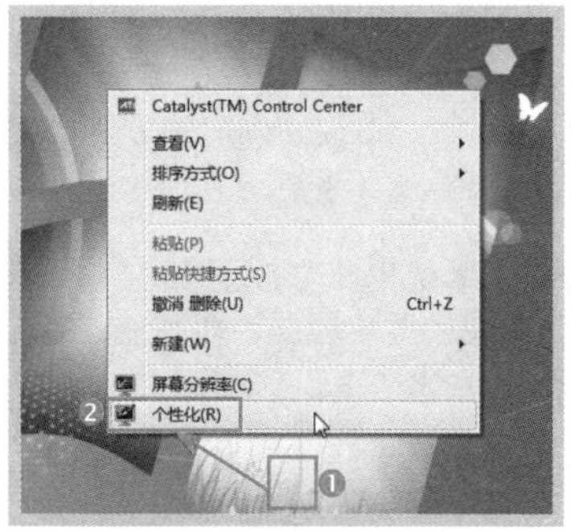

Step02 弹出“个性化”窗口，单击“桌面背景”超链接，如下图所示。

Step03 ❶ 进入“桌面背景”窗口，在列表框中勾选所有需要作为背景的图片左上角的复选框，❷ 单击“保存修改”按钮，如下图所示。

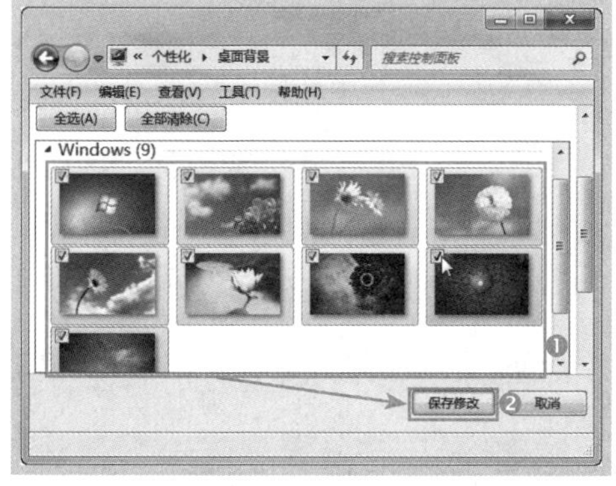

Step04 如果要将电脑中保存的图片作为背景，可单击“图片位置”下拉列表右侧的“浏览”按钮，如下图所示。

Step05 ❶ 弹出“浏览文件夹”对话框，选中需要作为背景的图片所在的文件夹，❷ 单击“确定”按钮，如下图所示。

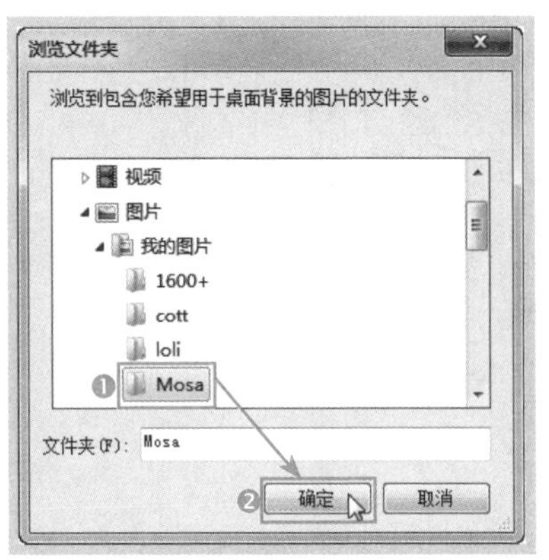

Step06　❶ 此时在返回的桌面背景窗口的列表框中可看到文件夹中的所有图片，在下方设置图片的显示位置，❷ 单击时间下拉列表框，选择每张图片的播放时间，❸ 单击“保存修改”按钮即可，如下图所示。

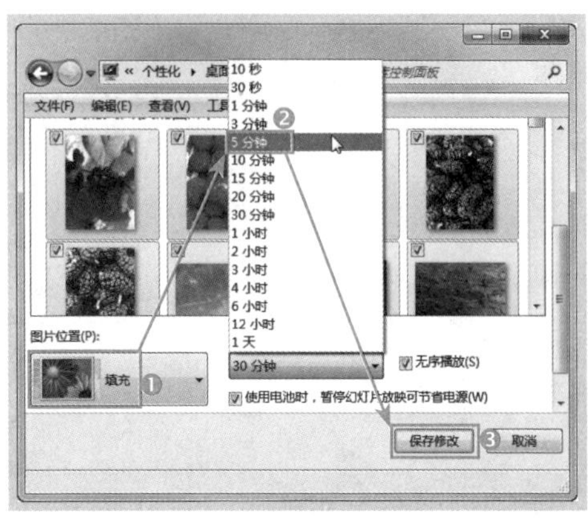

疑问 2：移动鼠标时，如果觉得屏幕上的指针移动速度太快，应如何调节？

答：如果电脑初学者对鼠标控制不太熟悉，移动鼠标时觉得屏幕上的指针移动过快，不易控制。此时，可以通过系统设置将其适当调慢，具体操作方法如下。

Step01　❶ 右击桌面空白处，❷ 在弹出的快捷菜单中选择“个性化”命令，如下图所示。

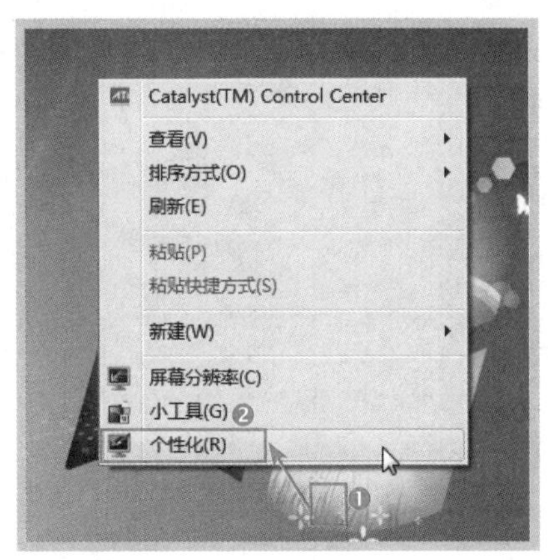

Step02　打开“个性化”窗口，单击“更改鼠标指针”超链接，如下图所示。

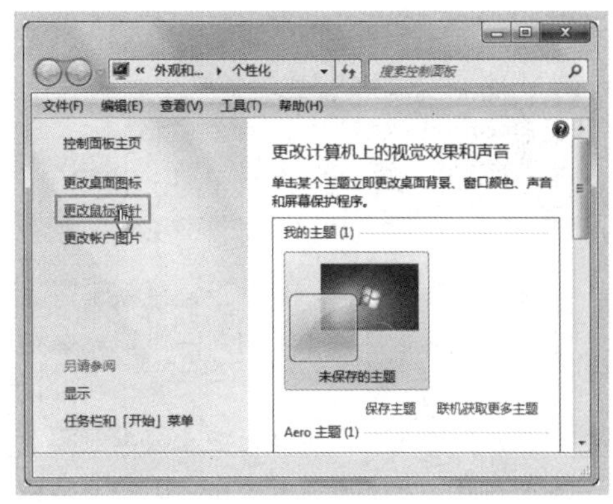

Step03　❶ 弹出“鼠标属性”对话框，切换到“指针选项”选项卡，❷ 在“移动”栏中向左拖动滑块减慢指针移动速度，❸ 单击“确定”按钮，如下图所示。

疑问 3：如果需要为电脑添加一个显示器，或将电脑连接到投影仪，应如何设置？

答：用户在使用电脑过程中，可能会出现需要连接多个显示器或者使用投影仪的情况，此时需要对电脑进行相关设置，才能让其在另外的显示器上显示内容。

Windows 提供了多种显示方式，主要有“仅计算机”、“复制”、“扩展”和“仅投影仪”4 种。

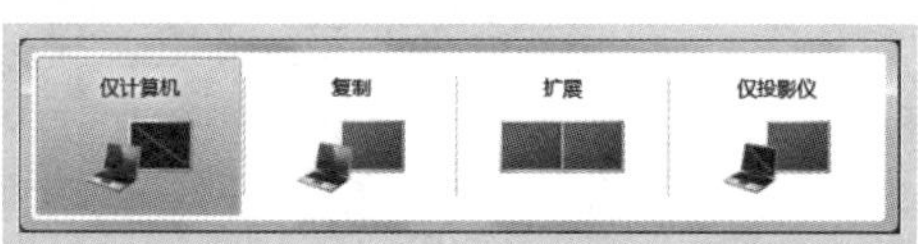

◇ “仅计算机”方式：这是电脑默认的显示方式，只显示主机连接的第一个显示器的内容。

◇ “复制”方式：同时显示显示器和投影仪上的内容，或者同时显示两个显示器上的内容，且显示的内容完全一致。

◇ “扩展”方式：同时显示显示器和投影仪的内容，或同时显示两个显示器上的内容，但第二个显示器或投影仪只用作扩展显示。

◇ “仅投影仪”方式：此方式只显示第二个显示器或投影仪上的内容，与“仅计算机”方式相反。

若要让电脑多屏幕显示，可通过下面的方式更改设置。

Step01 ❶ 右击桌面空白处，❷ 在弹出的快捷菜单中选择“个性化”命令，如下图所示。

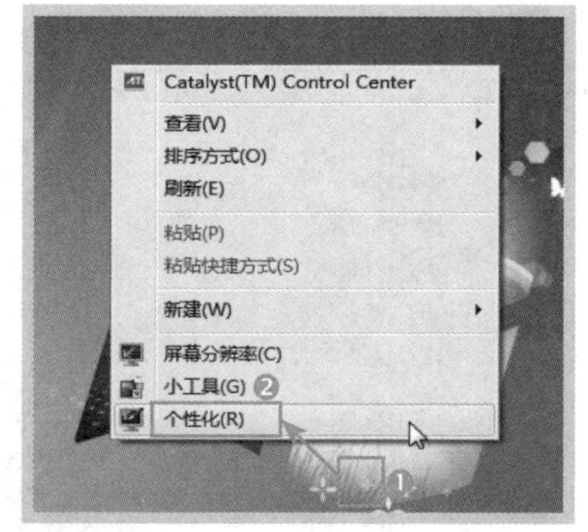

Step02 打开“个性化”窗口，单击“显示”超链接，如下图所示。

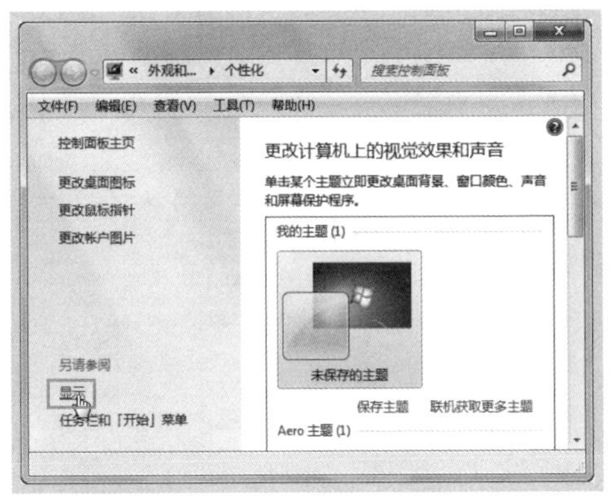

Step03 进入“显示”窗口，单击“连接到投影仪”超链接，如下图所示。

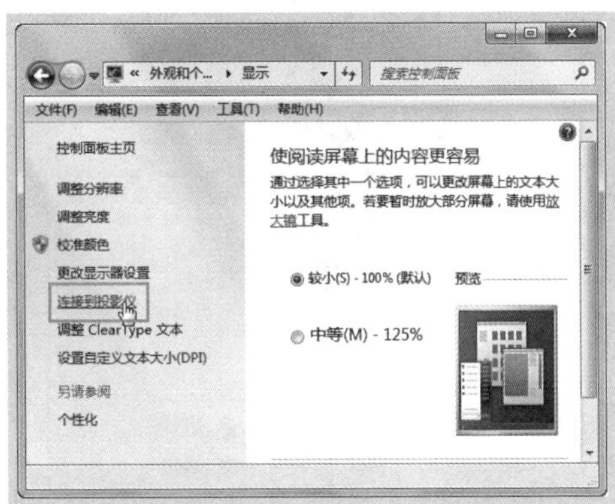

Step04 在打开的界面中单击需要的屏幕显示方式即可，如下图所示。

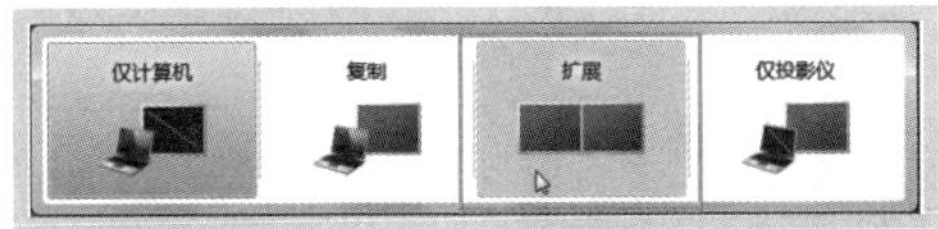

(20:30 ~ 21:00)

通过前面内容的学习，结合相关知识，请读者亲自动手按要求完成以下过关练习。

练习一：自定义背景、颜色等系统主题

在 Windows 操作系统中，一个系统主题的风格决定了大家所看到的 Windows 的样子。系统主题主要包含壁纸、屏幕保护程序、鼠标指针、系统声音、图标外观等。用户不仅可以更改默认的系统主题，还可以自定义对主题的各个项目进行设置。

1. 更改系统主题

要更改电脑默认的系统主题，方法如下。

Step01 ❶ 右击桌面空白处，❷ 在弹出的快捷菜单中选择“个性化”命令，如下图所示。

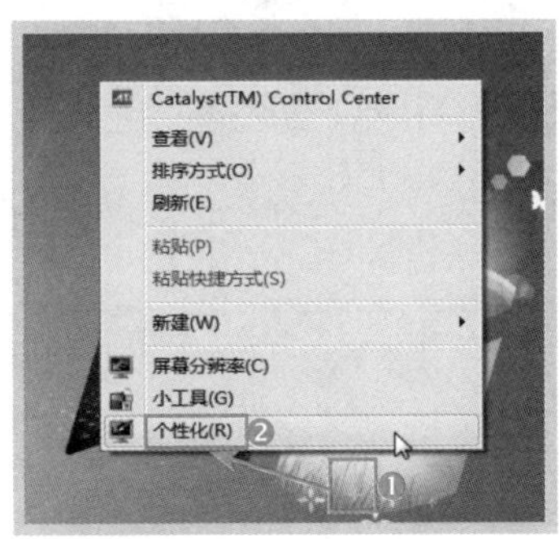

Step02 打开“个性化”窗口，在系统主题列表框中单击需要的主题选项，如下图所示。

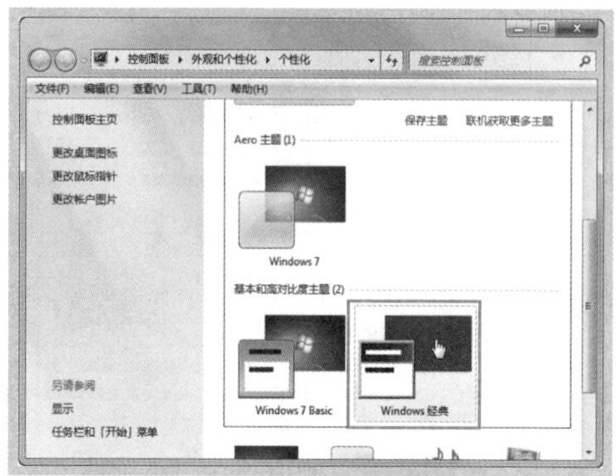

Step03 稍等片刻，电脑桌面即为更改为设置后的主题样式，如下图所示。

2. 自定义系统主题

如果希望自己的电脑更彰显个性，可以对背景、窗口颜色等选项进行自定义设置，然后将其保存为电脑主题，方法如下。

Step01 打开“个性化”窗口，单击“桌面背景”超链接，如下图所示。

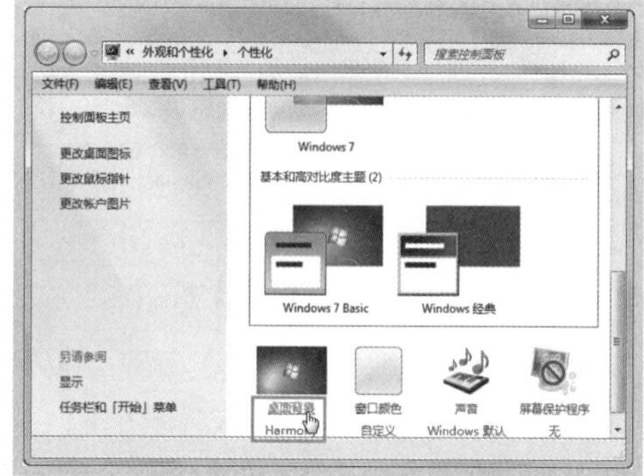

Step02 ❶进入“桌面背景”窗口，在其中自定义设置需要显示的背景图片，❷单击“保存修改”按钮，如下图所示。

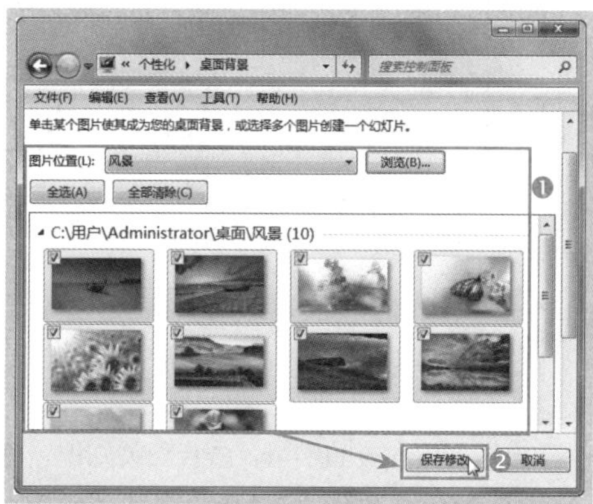

Step03 返回“个性化”窗口，单击“窗口颜色”超链接，如下图所示。

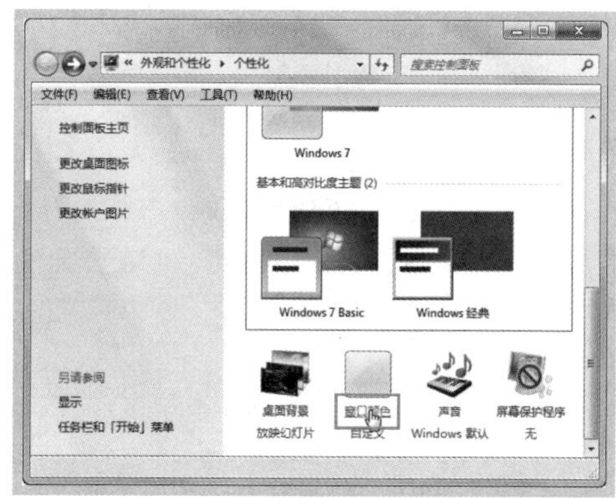

Step04　❶ 进入“窗口颜色和外观”窗口，自定义设置窗口颜色，❷ 单击“保存修改”按钮，如下图所示。

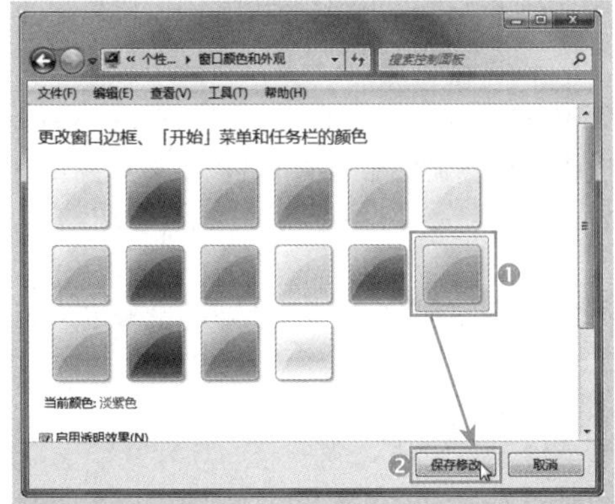

Step05　返回“个性化”窗口，单击“声音”超链接，如下图所示。

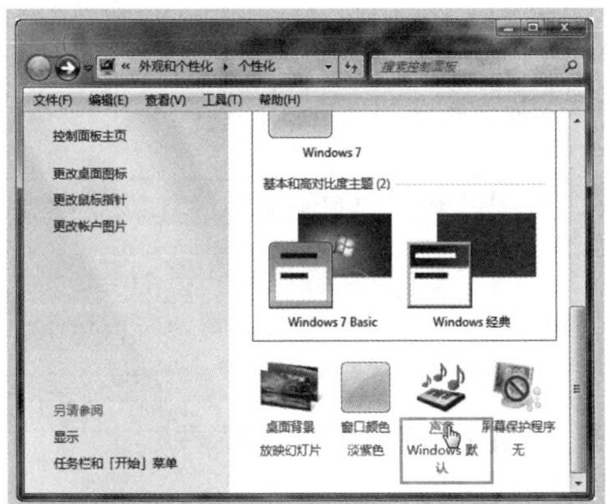

Step06　❶ 弹出“声音”对话框，切换到“声音”选项卡，❷ 选择喜欢的声音方案，并根据需要对程序事件设置不同的声音，❸ 单击“确定”按钮，如下图所示。

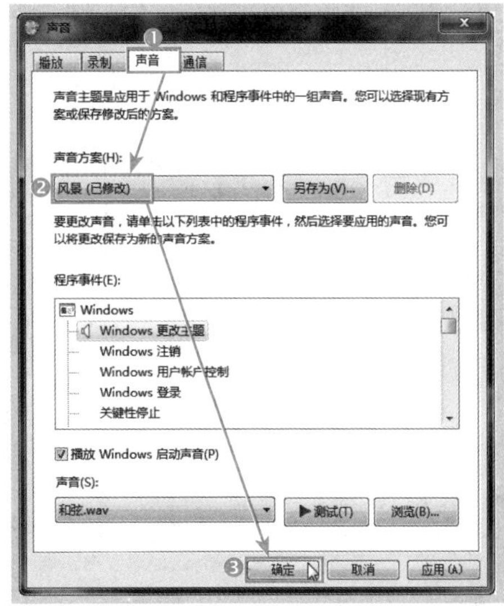

小提示

让系统登录时无声音提示

默认情况下，登录系统时自带了提示声音，如果希望无声登录系统，可在“声音”对话框的“声音”选项卡中，选中“Windows登录”程序事件，单击“声音”下拉列表框，选择“(无)”选项，单击“确定”按钮即可。

Step07　返回“个性化”窗口，单击“屏幕保护程序”超链接，如下图所示。

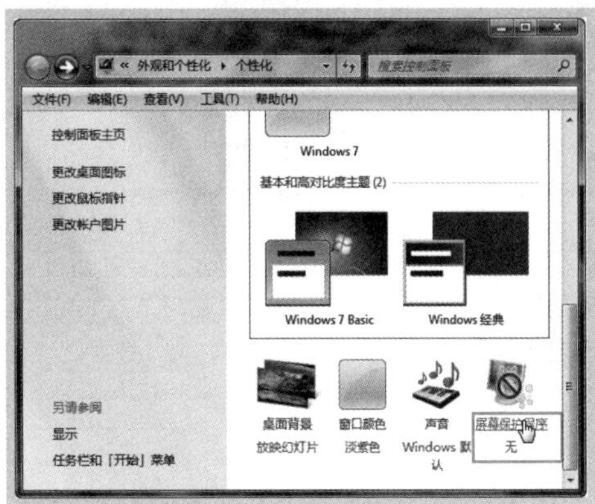

Step08 ❶ 弹出“屏幕保护程序设置”对话框，自定义设置屏幕保护程序样式和等待时间，❷ 单击“确定”按钮，如下图所示。

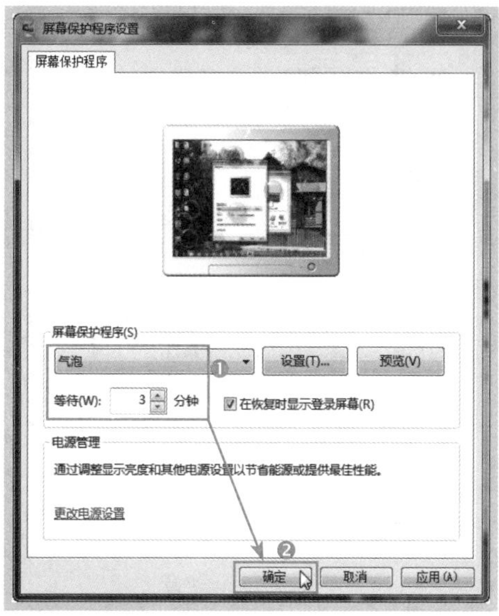

Step09 返回“个性化”窗口，单击“保存主题”超链接，如下图所示。

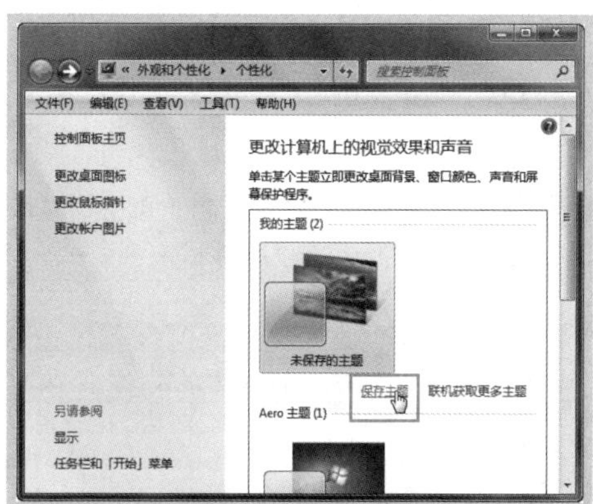

Step10 ❶ 弹出“将主题另存为”对话框，在文本框中输入主题名称，单击“保存”按钮，如下图所示。

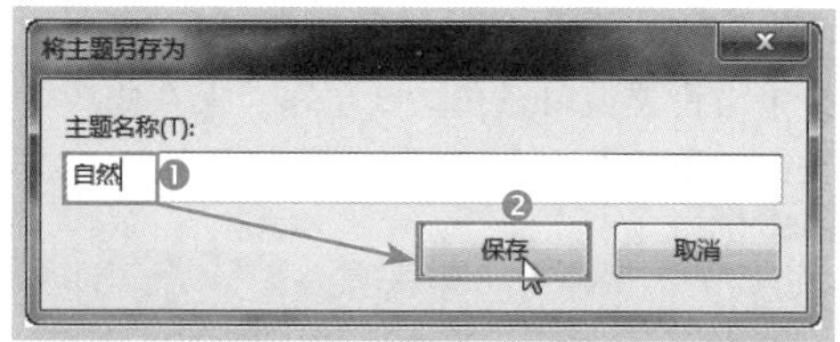

Step11 返回“个性化”窗口，在主题列表框中即可看到新建的主题，以后需要应用时只需在此单击主题即可，如下图所示。

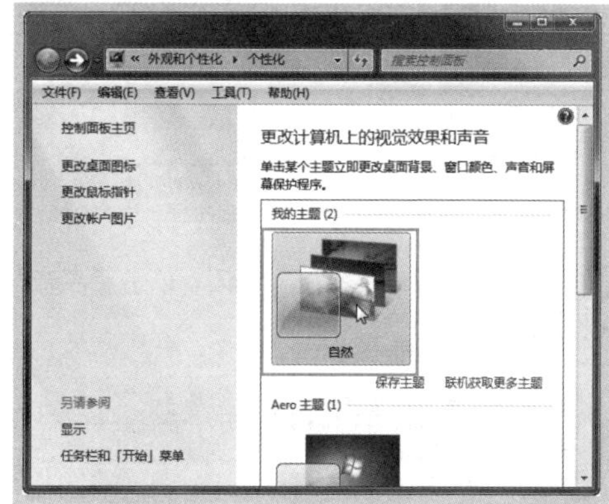

练习二：使用家长控制功能

“家长控制”功能的作用在于，通过对用户账户的权限进行设置，帮助家长对孩子使用电脑的方式进行监督管理和限制。

1. 使用家长控制需满足的条件

为了保证家长控制功能可以正常使用，启用家长控制功能之前，电脑的相关设置需要满足以下条件。

◇ 应用家长控制管理功能的程序和游戏必须安装在 NTFS 格式的分区中。

◇ 家长和孩子必须使用不同的用户账户，其中家长账户必须是管理员账户，孩子账户必须是标准账户。

◇ 系统中的所有管理员账户（包括家长账户）必须设置密码，以免孩子轻易使用管理员账户登录。

2. 启用家长控制功能

确定电脑的相关设置满足家长控制功能的使用条件后，就可以启用家长控制功能了。下面以家长账户是“Administrator”，孩子账户是“宝贝”为例进行介绍。

Step01 ❶ 单击“开始”按钮，❷ 在弹出的“开始”菜单中单击“控制面板”，如下图所示。

Step02 在打开的“控制面板”窗口中单击“用户账户和家庭安全”超链接，如下图所示。

Step03 进入“用户账户和家庭安全”窗口，单击“用户账户”超链接，如下图所示。

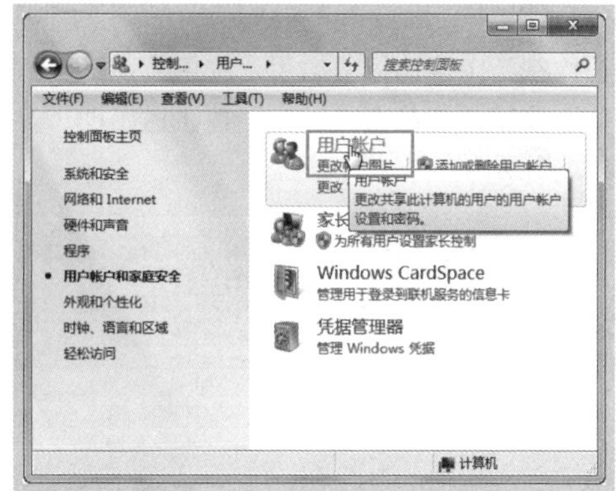

Step04 进入“用户账户”窗口，单击“家长控制”超链接，如下图所示。

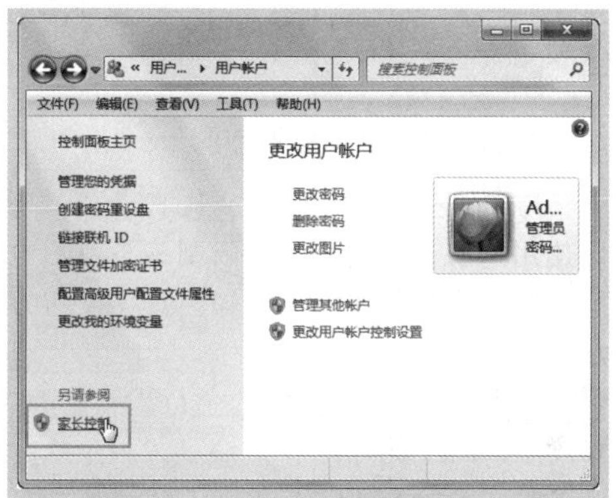

Step05 进入“家长控制”窗口，单击宝贝账户，如下图所示。

Step06 ❶ 进入“用户控制”窗口，在“家长控制”区域选择“启用，应用当前设置”单选按钮，❷ 单击“确定”按钮退出即可，如下图所示。

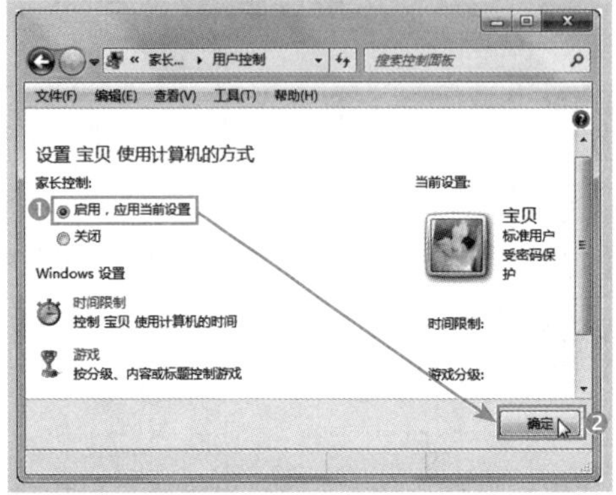

3．控制孩子使用电脑的时间

为了让孩子少玩电脑、认真学习，可以使用“家长控制”功能限制孩子使用电脑的时间段和具体时间长短，具体操作方法如下。

Step01 打开“家长控制”窗口，单击宝贝账户，如下图所示。

Step02 进入“用户控制”窗口，单击“时间限制”超链接，如下图所示。

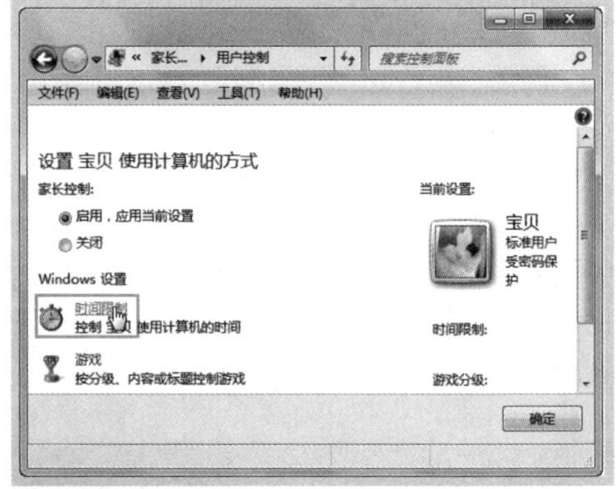

Step03 ❶ 进入“时间限制”窗口，单击表格中的单元格控制“宝贝”账户使用计算机的时间，其中蓝色单元格为阻止状态，白色单元格为允许状态，❷ 单击“确定”按钮，如下图所示。

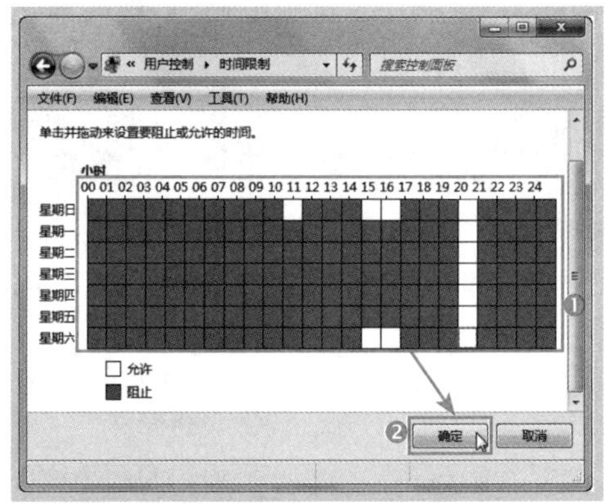

4．限制孩子玩游戏

Windows 7 操作系统自带了很多好玩的小游戏，如果担心孩子玩游戏耽误学习，可以禁止运行部分或全部系统自带的游戏，操作方法如下。

Step01 打开“家长控制”窗口，单击宝贝账户，如下图所示。

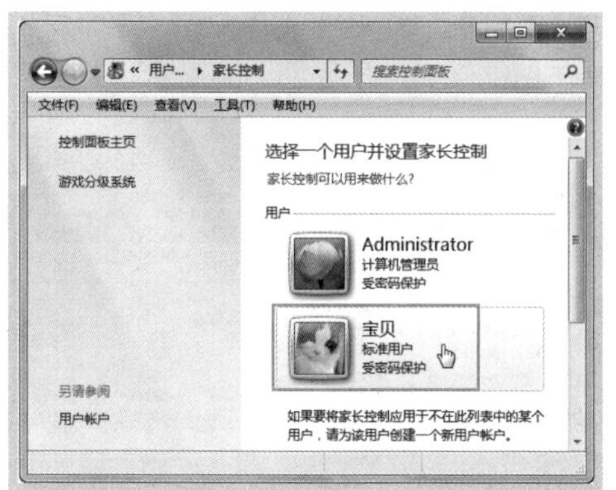

Step02 进入“用户控制”窗口，单击“游戏”超链接，如下图所示。

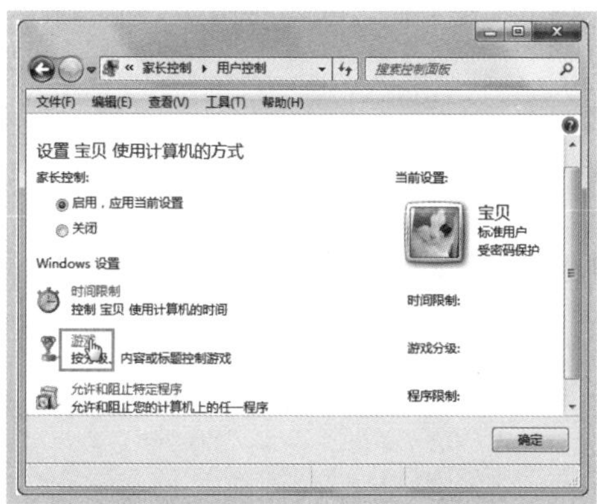

Step03 进入“游戏控制”窗口，单击“阻止或允许特定游戏”超链接，如下图所示。

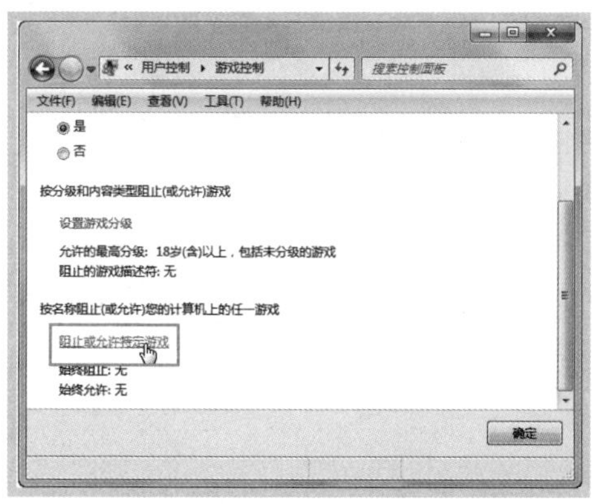

Step04 进入“游戏覆盖”窗口，这里会显示电脑中已安装的游戏列表，❶ 在允许玩的游戏选项组中选择“始终允许”单选按钮，❷ 在要禁止玩的游戏选项组中选择“始终阻止”单选按钮，❸ 单击“确定”按钮，如下图所示。

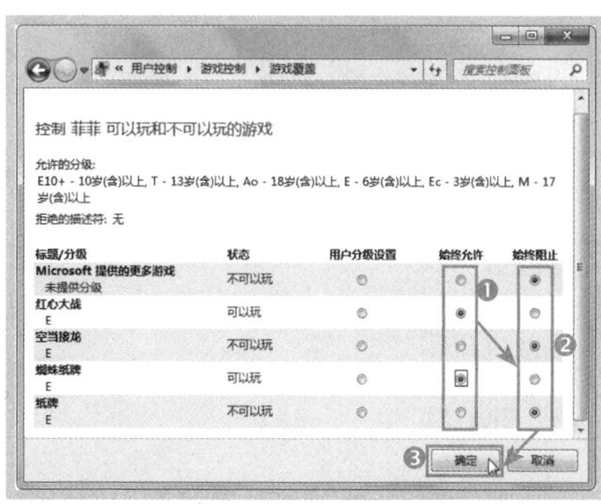

5. 限制孩子可使用的程序

对于电脑中安装的部分娱乐软件，可能并不适宜孩子使用，通过配置可运行和不可运行的程序，可限制孩子账户对这些娱乐程序的使用，操作方法如下。

Step01 打开“家长控制”窗口，单击宝贝账户，如下图所示。

Step02 进入“用户控制”窗口，单击“允许和阻止特定程序”超链接，如下图所示。

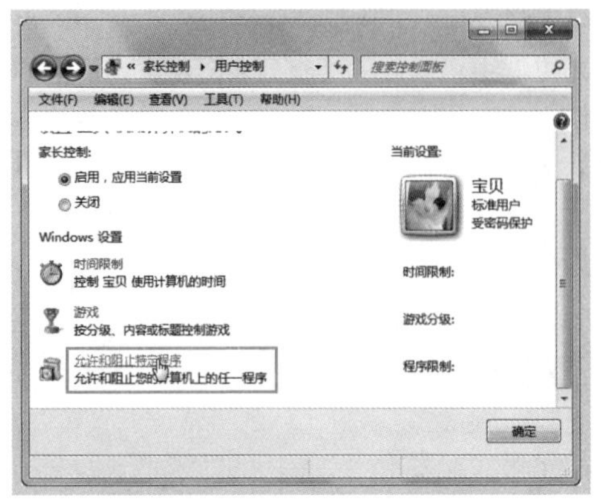

Step03 ❶进入“应用程序控制”窗口，在“选择可以使用程序”列表框中勾选允许使用的程序前的复选框，❷单击“确定”按钮即可，如下图所示。

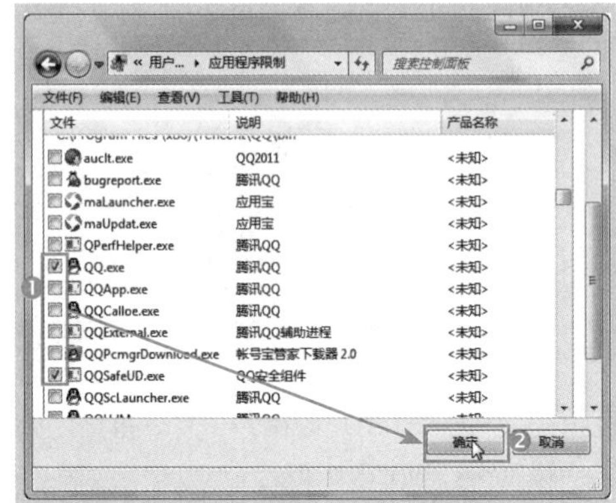

学习小结

本课主要介绍了电脑桌面的外观设置、用户账户设置、常用小工具的使用方法、添加系统组件以及软件的安装和卸载等相关知识。

通过学习，可以帮助用户打造一个个性化的操作系统，并有助于用户更好地在平台上操作。

第 6 课

电脑连网与网上冲浪

互联网上有着丰富的信息资源，如文字、图片、音频、视频等，但要想获取这些资源，首先需要将电脑连接到互联网。本课将主要介绍网络连接、IE 浏览器的使用和下载网络资源等知识。

学习建议与计划

时间安排：（8:30 ～ 10:00）

第二天 上午

知识精讲（8:30 ~ 9:15）

- ☆ 掌握 ADSL 拨号连接上网方式
- ☆ 掌握无线上网的相关操作
- ☆ 掌握使用 IE 浏览网页的方法
- ☆ 掌握搜索网络资源的方法
- ☆ 掌握下载网络资源的多种方法

学习问答（9:15 ~ 9:30）

过关练习（9:30 ~ 10:00）

知识精讲 (8:30 ~ 9:15)

6.1 将电脑接入互联网

网络世界的多姿多彩让我们对其充满了极大的好奇心，但无论是使用电脑在网上娱乐，还是下载资源，首先还是要将电脑连入网络才行。

6.1.1 常见的上网方式

要想使用电脑在网络中肆意冲浪，首先需要将电脑与网络连接起来，目前的上网方式主要有以下几种。

1. ADSL

ADSL 即非对称数字用户线，是目前我国应用最广泛的上网方式。

ADSL 上网方式的原理是：采用频分复用技术将普通电话线分成电话、上行和下行三个相对独立的信道，从而避免了相互之间的干扰。在这种方式下，用户可以边打电话边上网，上网速率不会因此下降，通话质量也不会降低。

要使用 ADSL 上网，首先需要在网络运营商处开通 ADSL 服务，待安装好 ADSL 设备并建立网络连接后就可以上网了。

2. 小区宽带

所谓的小区宽带一般指的是光纤到小区，也就是 LAN 宽带，这是大中城市较普遍的一种宽带接入方式。

小区宽带通常采用光纤接入方式，即“FTTX+LAN”方式，为整幢楼或小区提供共享带宽。

由于整个小区共享光纤，在用的人不多的时候，如工作日的白天，上网速度就非常快，但在晚上和周末，由于使用电脑的人数多，速度就会有一定的影响，特别是在打游戏和下载资源的时候状况特别明显。

3. 无线上网

无线上网是一种采用无线电波作数据传送媒介的互联网接入方式。

虽然无线上网没有 ADSL 和光纤的速度快，但优点在于摆脱了有线的束缚，不受地域和物理设备等条件的限制，因此得到越来越多用户的青睐。目前无线上网已广泛应用在机场、学校和各类商务区，其网络信号覆盖区域还在进一步扩大。

无线上网主要有以下两种方式。

◇ 通过无线网络设备，以传统局域网为基础，以无线网卡和无线 AP 来构建的无线上网方式。

◇ 通过手机开通上网功能，然后让电脑通过无线网卡或手机来实现无线上网，这种方式的网速通常比较慢。

6.1.2 使用 ADSL 上网

ADSL 上网是大多数家庭用户选择的上网方式，在使用 ADSL 上网前，首先需要开通 ADSL 上网服务。用户需要带上有效证件到网络运营商的营业厅进行申请，申请成功后，将获得一台 ADSL Modem 和一组上网账号及密码。

1. 安装 ADSL Modem

开通 ADSL 上网服务并获取 ADSL Modem

后，还需要将其连接到电脑上方能使用，具体操作如下。

Step01　将 ADSL Modem 的电源线插入左侧的接口中，另一端插到电源插座上，如下图所示。

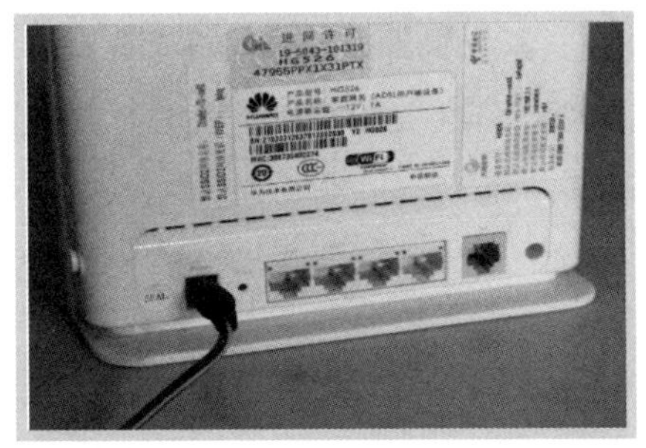

Step02　将室内电话线接入 ADSL Modem 右侧相应的接口中，如下图所示。

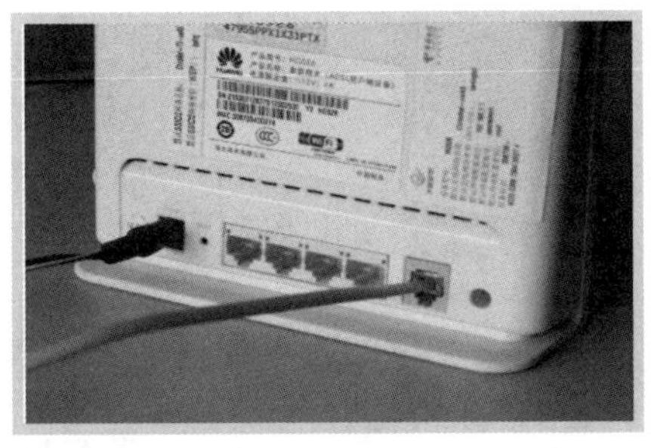

Step03　将网线的一端插入 ADSL Modem 中间的网络接口，其另一端与主机的网卡接口相连，如下图所示。

连接好 ADSL Modem 后，在电源插座通电状态下按下 ADSL Modem 上的电源开关，当开关旁的指示灯亮了以后，就表示 Modem 开始工作了。

2. 创建 ADSL 拨号连接

连接好 ADSL Modem 后，需要建立 ADSL 拨号连接使用运营商提供的用户名和密码连接到其服务器。

在 Windows 7 操作系统中，创建 ADSL 拨号连接的操作方法如下。

Step01　❶ 右击桌面上的“网络”图标，❷ 在弹出的快捷菜单中选择“属性”命令，如下图所示。

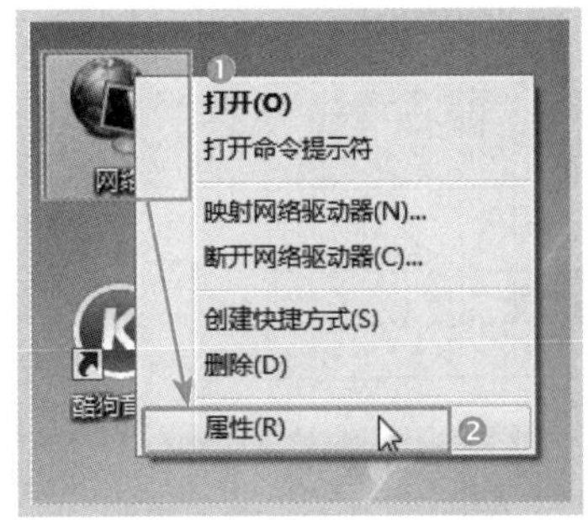

Step02　打开“网络和共享中心”窗口，单击“设置新的连接和网络”超链接，如下图所示。

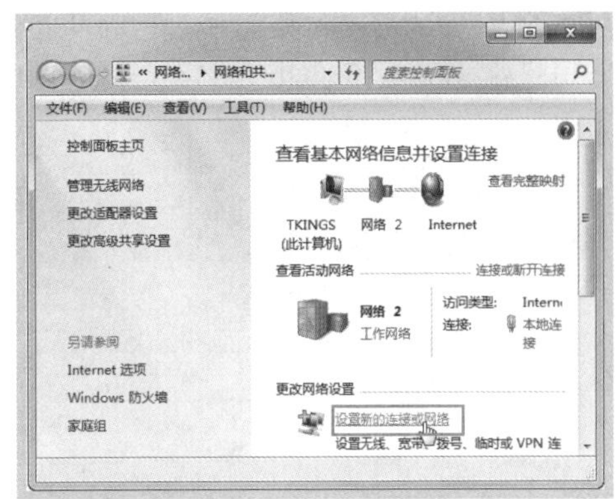

Step03　❶ 弹出“设置连接和网络”对话框，选择“连接到 Internet”选项，❷ 单击“下一步”按钮，如下图所示。

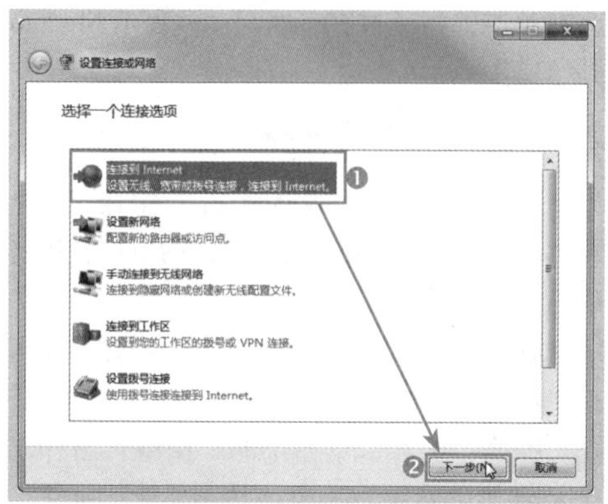

Step04 在页面中选择“宽带（PPPoEXR）”选项，如下图所示。

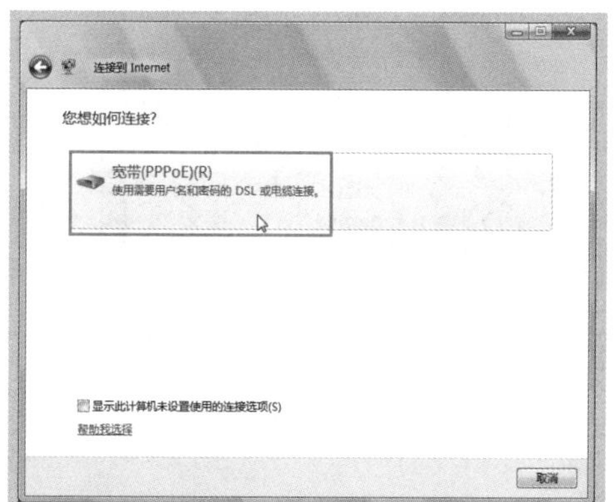

Step05 ❶ 在页面中输入 ISP 运营商提供的用户名和密码，❷ 单击“连接”按钮，如下图所示。

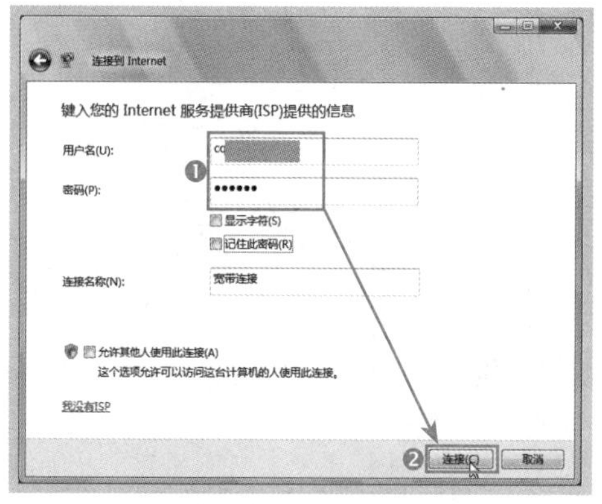

Step06 系统将自动进行拨号连接，待成功验证用户名和密码后，便可连接到网络了，如下图所示。至此，ADSL 拨号连接就创建好了。

3. 连接网络

建立好 ADSL 连接后，电脑还不能正常上网，还需用 ADSL 拨号连接进行虚拟拨号，只有拨号成功后，电脑才能连接到 Internet 中。

成功建立 ADSL 连接后，桌面上会出现一个网络连接图标，双击该图标，在弹出的“连接 宽带连接”对话框中输入上网账号和密码，单击“连接”按钮，即可进行拨号连接。

网络连接成功后，任务栏系统通知区域中将显示网络连接图标，并提示连接成功和显示连接速度。

> **小提示**
>
> 断开网络
>
> 单击任务栏中的“网络”图标，在弹出的对话框中选择“宽带连接”选项，然后单击“断开”按钮，即可断开网络连接。

6.1.3　无线网络上网

与有线上网方式相比，无线上网摆脱了网线的约束，只要电脑配备无线网卡，在信号覆盖范围内都能正常使用，十分方便。

1. 配置无线宽带路由器

在使用无线宽带路由器上网前，需要进行合理地配置，以保证其他无线设备的正常连接和无线网络的安全。下面以配置 TP-Link 无线路由器为例进行介绍。

Step01 打开 IE 浏览器，在地址栏中输入路由器的管理页面地址，按“Enter”键，如下图所示。

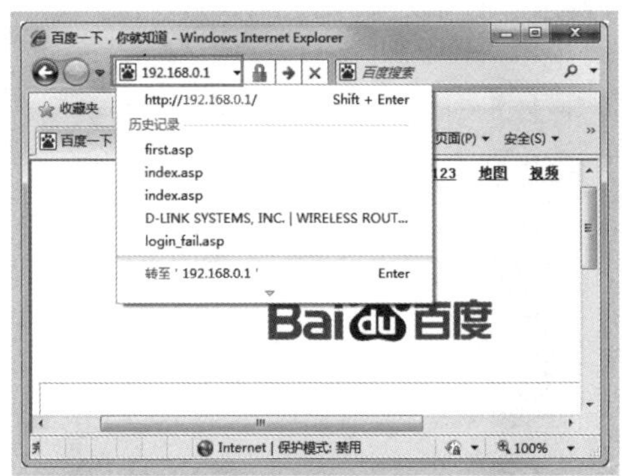

Step02 ❶ 弹出登录对话框，输入路由器的管理账号和密码，❷ 单击“确定”按钮，如下图所示。

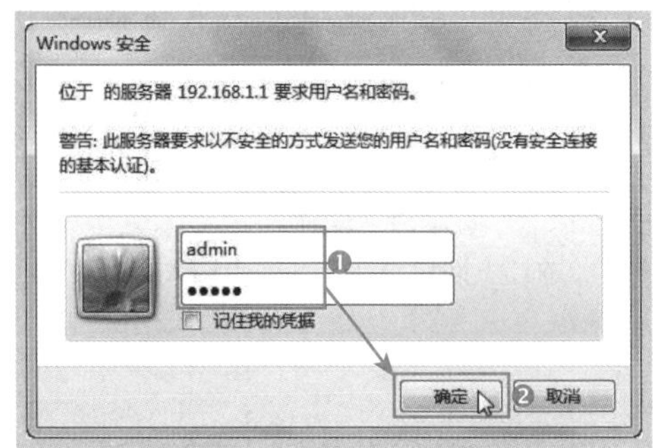

Step03 进入无线路由器的 Web 管理页面，在左侧功能列表中单击“设置向导”超链接，如下图所示。

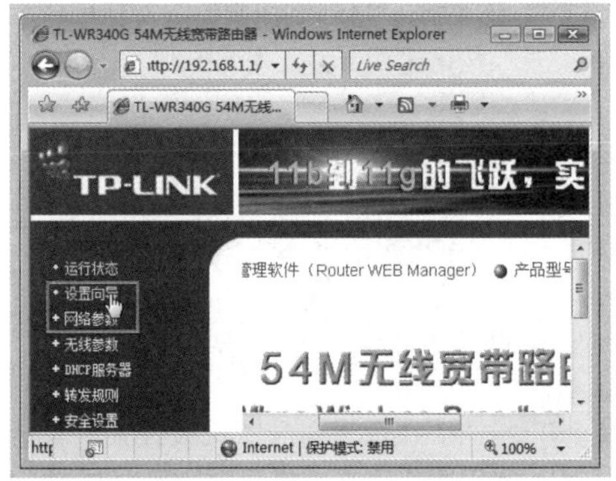

Step04 在“设置向导”界面中单击“下一步”按钮，如下图所示。

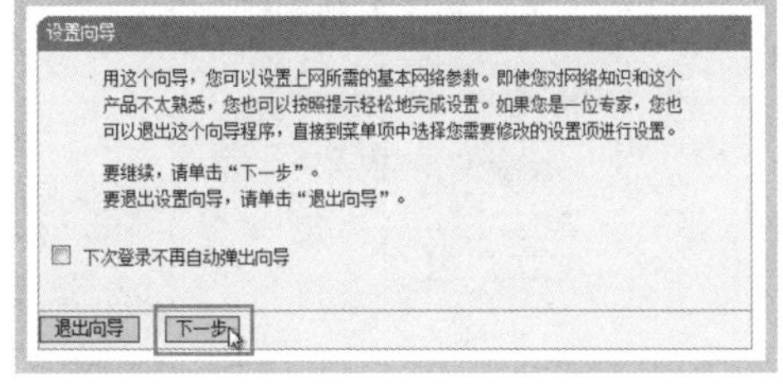

Step05 ❶ 在界面中选择“ADSL 虚拟拨号（PPPoE）”单选按钮，❷ 单击“下一步”按钮，如下图所示。

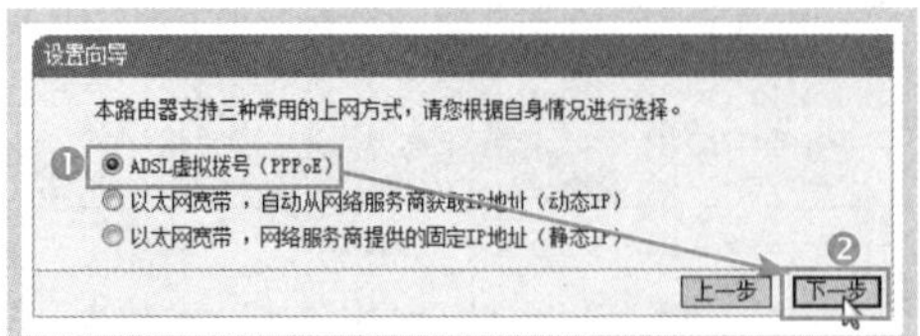

Step06 ❶ 在“上网账号”文本框中输入账号，在“上网口令”文本框中输入账号密码，❷ 单击“下一步”按钮，如下图所示。

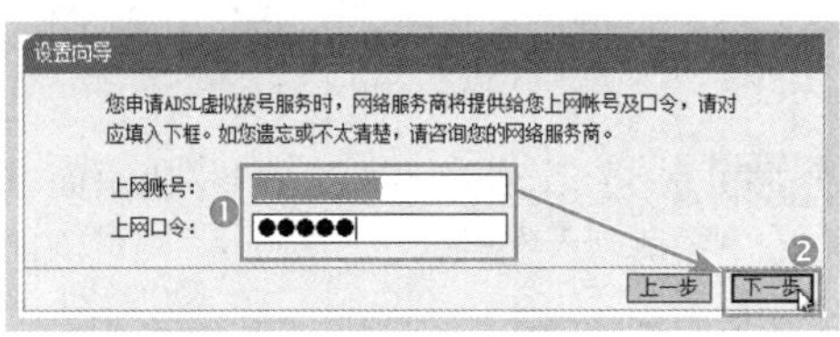

Step07 弹出“自动完成密码”对话框，单击“是”按钮保存密码，如下图所示。

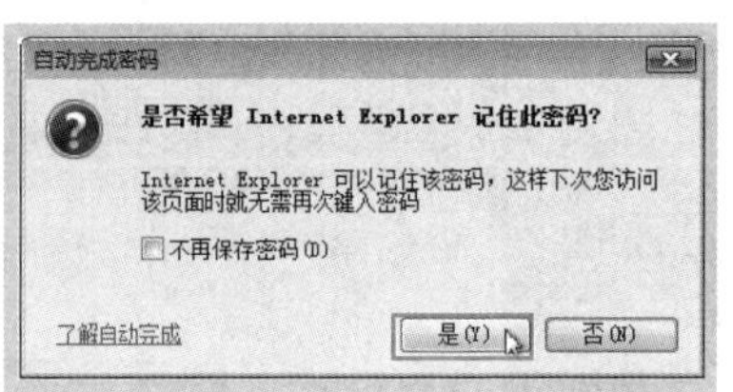

Step08 ❶ 在设置向导“无线设置”对话框中，根据需求设置无线宽带路由器的SSID号、频段和模式等参数，本例采用默认设置，❷ 单击“下一步”按钮，如下图所示。

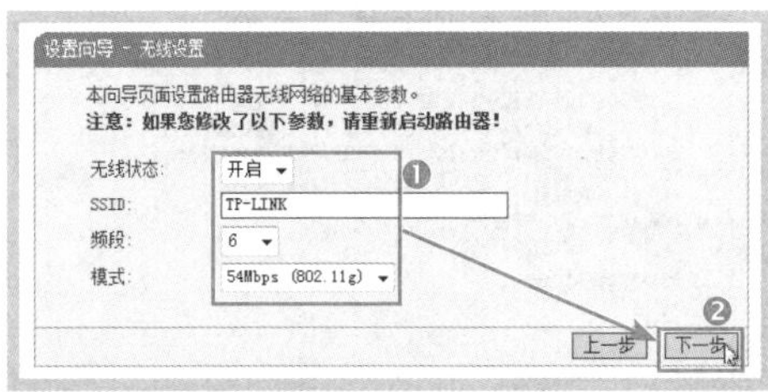

Step09 在界面中可看到网络参数设置完成的提示信息，单击“完成”按钮即可，如下图所示。

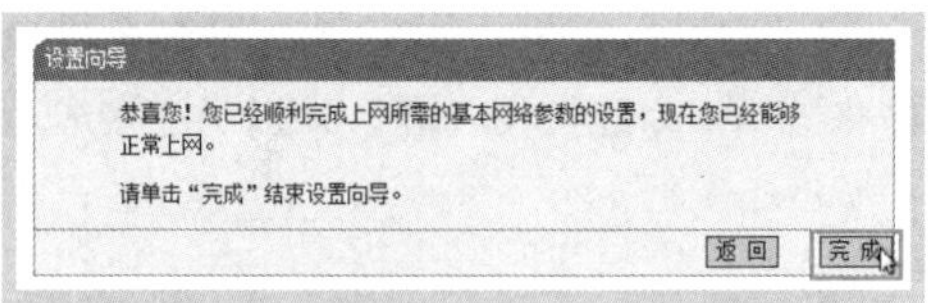

2. 连接无线网络

配置好无线路由器之后，就可以连接到无线网络了，具体操作方法如下。

Step01 ❶ 单击任务栏中的图标，对话框中会显示搜索到的无线信号，❷ 选择想要连接到的无线网络选项，如下图所示。

Step02 展开该项，单击下方的“连接”按钮，如下图所示。

Step03 ❶ 弹出"连接到网络"对话框，在"安全密码"文本框中输入安全密码，❷ 单击"确定"按钮，如下图所示。

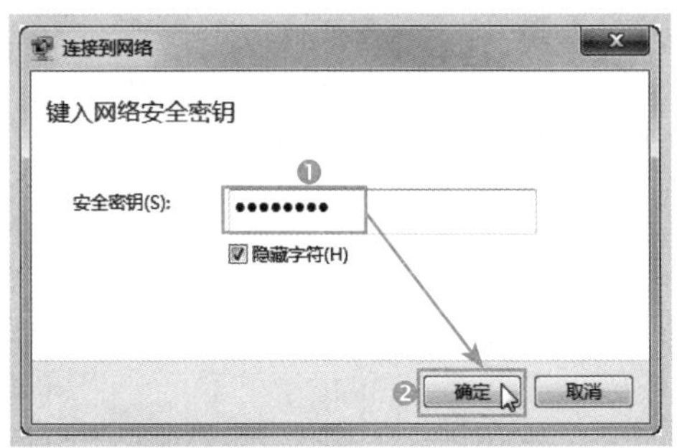

一点通

隐藏字符是什么意思

在"连接到网络"对话框中有个"隐藏字符"复选框，若不勾选此复选框，输入的密码将以明码显示，若勾选此复选框，输入的密码则显示为黑色的圆点，旁人无法看到，相对来说更安全。

Step04 开始连接无线网络，如下图所示。连接成功后，任务栏通知区域中的网络图标将变为"已连接"状态，通过图标可了解无线网络的信号强度。

6.2 使用浏览器浏览网页

网页是一种包括文字、图片、音乐和视频等多媒体信息的页面，浏览网页是上网最常见的操作之一。而要浏览网页，还需要一种叫作"浏览器"的软件，微软操作系统自带的是 IE 浏览器。

6.2.1 认识 IE 浏览器

IE 是 Internet Explorer 的简称，是 Windows 操作系统自带的浏览器。在 Windows 7 中，IE 浏览器默认的版本为 8.0 版。

1. 启动 IE

要使用 IE 浏览网页，首先要启动 IE 浏览器。在 Windows 7 中可通过下面几种方法启动 IE。

◇ 双击桌面上的 IE 快捷图标进行启动。

◇ 单击任务栏中的 IE 按钮启动。

◇ 单击"开始"按钮，在弹出的"开始"菜单中选择"Internet Explorer"命令进行启动。

2. 认识 IE

启动 IE 浏览器后，我们有必要对 IE 浏览器窗口的组成结构进行认识，以便更好地进行网上冲浪，IE 浏览器的窗口如下图所示。

◇ 导航按钮：该组按钮位于程序窗口左上角，功能是控制网页的返回和前进。

◇ 地址栏：该栏位于导航按钮右侧，其功能是用于输入网址。

◇ 搜索栏：该栏位于程序窗口右上角、地址搜索栏的右侧，主要用于搜索信息。在搜索栏中输入关键字，然后按“Enter”键或单击“搜索”按钮，即可使用默认的浏览器在网络中进行搜索。

◇ 菜单栏：该栏位于地址栏下方、工具栏上方，由“文件”、“编辑”、“查看”、“收藏夹”、“工具”和“帮助”共6个菜单项组成。默认情况下，菜单栏不显示，按下“Alt”键可暂时显示菜单栏。

◇ 工具栏：位于地址栏的下方，其中包含IE常用的工具按钮，如“收藏中心”按钮、“添加收藏夹”按钮、“主页”按钮和“打印”按钮等，该栏还包含页面选项卡。

◇ 工作区：该区域位于工具栏下方、状态栏的上方，是IE窗口最重要的组成部分，主要用于显示当前打开的网页信息，包括文字、图像等。

◇ 状态栏：该栏位于IE窗口的最底端，用于显示浏览器当前操作的状态信息。

3. 退出IE

若不需要浏览网页了，可以将浏览器关闭，以避免占用内存。要关闭IE窗口，可通过下面的方法实现。

(1) 单击“关闭”按钮：单击IE窗口右上角的“关闭”按钮，可关闭当前网页，如下图所示。

(2) 选择“退出”命令：在IE窗口中按下“Alt”键，在显示的菜单栏中选择“文件”命令，然后在弹出的快捷菜单中选择“退出”命令，可关闭所有打开的网页，如下图所示。

(3) 选择“关闭”命令：右击IE标题栏空白处，在弹出的快捷菜单中选择“关闭”命令，可关闭当前网页，如下图所示。

6.2.2　使用 IE 浏览器浏览网页

打开浏览器以后，就可以在浏览器中输入网址或单击网页中的超链接来打开相应的网页。

下面以打开新浪网（www.sina.com.cn）首页为例，具体操作方法如下。

Step01　❶ 启动 IE 浏览器，在地址栏中输入新浪网网址“www.sina.com.cn”，❷ 按“Enter”键确认或单击“转至”按钮→，如下图所示。

Step02　登录到网站后，通过拖动滚动条可以浏览网站内容。

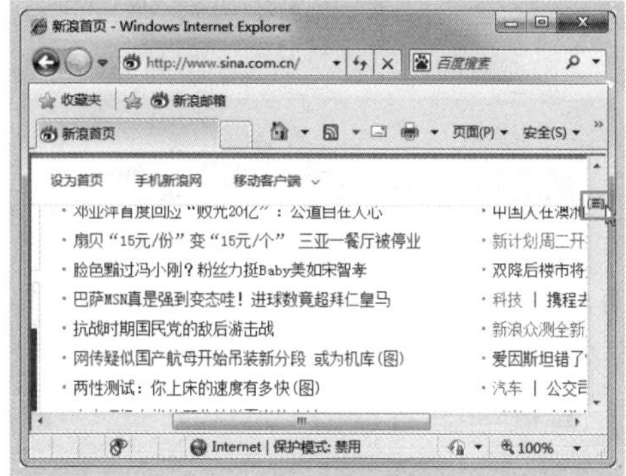

Step03　单击网页中的超链接，如下图所示，可以转到进入网页中的另一位置或该链接指向的其他网页。

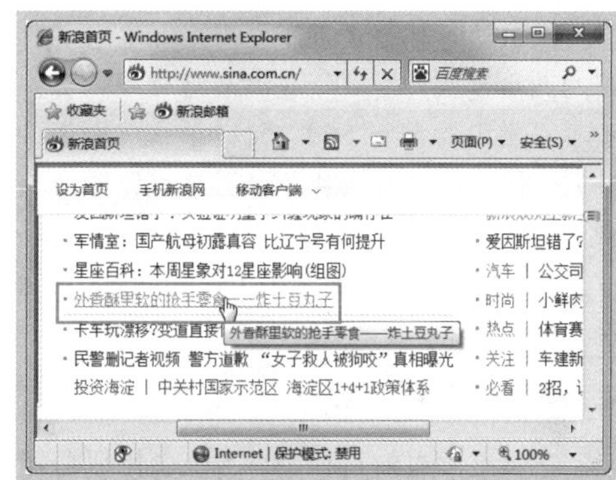

什么是超链接

超链接是指从一个网页指向一个目标的连接关系。打开网页后，当鼠标指针指向网页中的某一段文字或某一幅图片上时，鼠标指针变成“”形状时，表示此处文字或图片具有超链接功能。

6.2.3　切换、刷新与停止网页

浏览网页时经常需要在当前网页和上一个网页间进行切换，或者停止打开当前网页、刷新网页等。这些操作都很简单，用户只需要单击相应的命令按钮即可。下面分别进行介绍。

1. 后退到上一个网页

当用户在一个IE窗口中访问了不同的网页后，单击“后退”按钮可返回前一个访问过的网页。

2. 前进到后一个网页

使用“后退”功能后，“前进”按钮才会处于可用状态，其作用与“后退”按钮相反，单击该按钮可打开后一个网页。

3. 刷新当前网页

网页随时都处于更新状态，如果当前打开的网页过久需要更新或因网络故障网页显示不正常需要重新下载，可以单击“刷新”按钮，浏览器将再次从服务器站点读取当前网页的信息。

此外，在当前页面状态下，按“F5”功能键，也可立即刷新网页。

4. 停止打开当前网页

在浏览网页的过程中，可能会因服务器忙等原因，长时间无法完全显示网页，或打开了错误网页，这里可单击“停止”按钮停止对当前网页的加载，以避免无法开启的网页占用系统资源。

6.2.4 使用 InPrivate 浏览

IE 8.0新增了一个“InPrivate浏览”功能，使用该功能可让用户在网上冲浪时不在IE中留下任何隐私信息痕迹，有助于防止他人查看自己曾访问过的网站地址和网页内容。

下面以使用InPrivate功能打开中国工商银行的网上银行为例，介绍具体的使用方法。

Step01 ❶ 启动IE浏览器，在窗口中单击工具栏中的“安全”下拉按钮，❷ 在弹出的下拉菜单中选择“InPrivate浏览”命令，如下图所示。

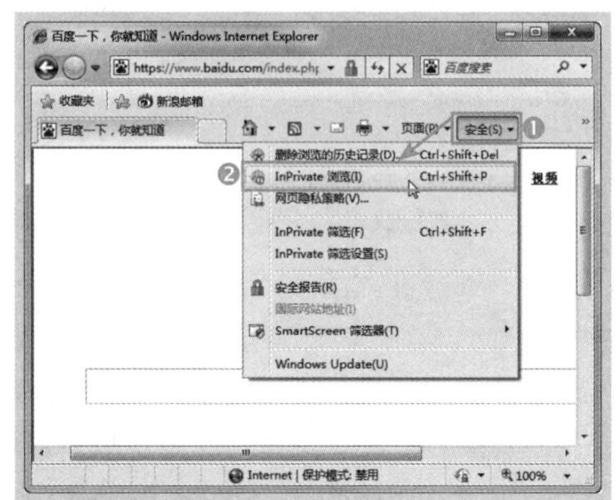

Step02 打开“InPrivate”窗口，在地址栏输入中国工商银行网上银行的网址“www.icbc.com.cn”，按“Enter”键即可访问，如下图所示。

小提示

InPrivate功能适合浏览哪些网站

IE浏览器的“InPrivate浏览”功能特别适合用来浏览网上银行、个人博客等涉及个人财产和隐私的网站。

启动“InPrivate浏览”后，IE将打开一个新窗口，“InPrivate浏览”功能提供的保护仅在此窗口中有效。在此窗口中，即使用户打开了多个选项卡，该功能也同样能保护到。

6.3　管理收藏夹

为了避免记忆和输入常用网站的网址，可以将其添加到 IE 收藏夹或收藏栏中，以后使用时可直接调用。当收藏的网址太多时，需要对其进行整理。

6.3.1　收藏经常访问的网页

通过 IE 浏览器提供的“收藏夹”，可以随时将自己常用的网站或页面收藏起来，以方便以后访问，而不必每次重复输入复杂的网址，具体操作如下。

Step01　❶ 打开要添加到收藏夹的网页，单击“收藏夹”按钮，❷ 单击“添加到收藏夹”按钮，如下图所示。

Step02　❶ 弹出“添加收藏”对话框，设置网页名称和保存位置，❷ 单击“添加”按钮，如下图所示。

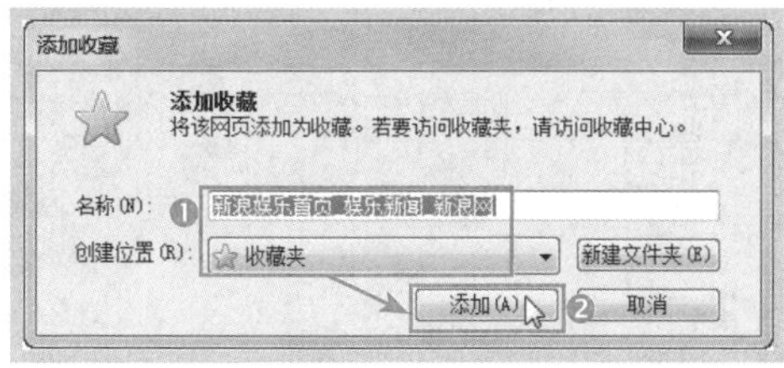

6.3.2　浏览收藏夹中的网页

将网页收藏后，以后需要打开这些网页时，通过收藏夹栏就可以快速打开了，具体操作方法如下。

Step01　❶ 启动浏览器，单击“收藏夹”按钮，❷ 在显示的收藏夹列表中单击收藏的网页超链接，如下图所示。

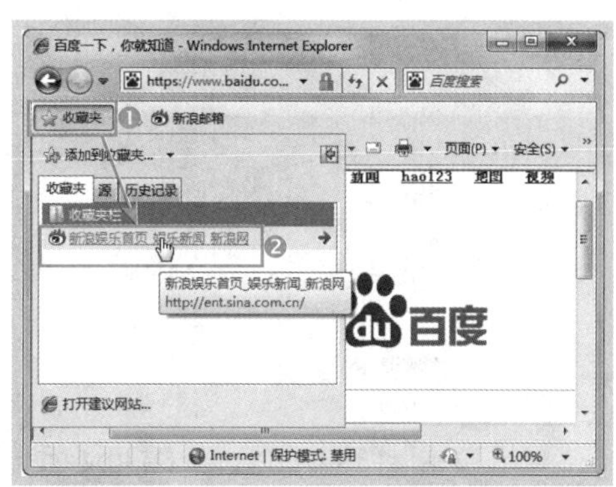

Step02　此时即打开了收藏夹中的网页，如下图所示。

6.3.3 删除收藏夹中的网站

如果已经不再需要收藏夹中的网站，也可以进行删除，删除收藏夹中网站的操作方法如下。

❶ 启动浏览器，单击“收藏夹”按钮，❷ 在“收藏夹”列表中右击要删除的网址超链接，❸ 在弹出的快捷菜单中选择“删除”命令即可，如下图所示。

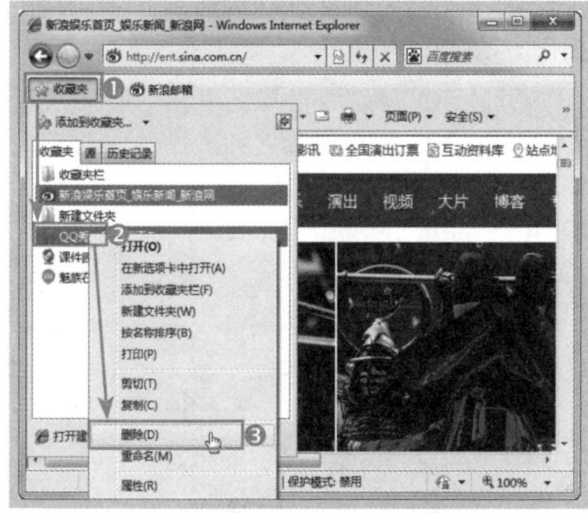

6.3.4 整理收藏夹

使用 IE 的时间越长，收藏的有用网页就越多，过多的网址既不方便用户查看，还会使整个收藏夹显得杂乱无章。

通过将类型相同的网页移动到同一个文件夹中，可使收藏夹看起来井然有序，而且使用起来更加方便。整理收藏夹的具体操作如下。

Step01 ❶ 单击 IE 工具栏中的“收藏夹”按钮，❷ 在打开的“收藏夹”窗格中单击“添加到收藏夹”按钮右侧的下拉按钮，❸ 在弹出的下拉列表中选择“整理收藏夹”命令，如下图所示。

Step02 弹出“整理收藏夹”对话框，单击“新建文件夹”按钮，如下图所示。

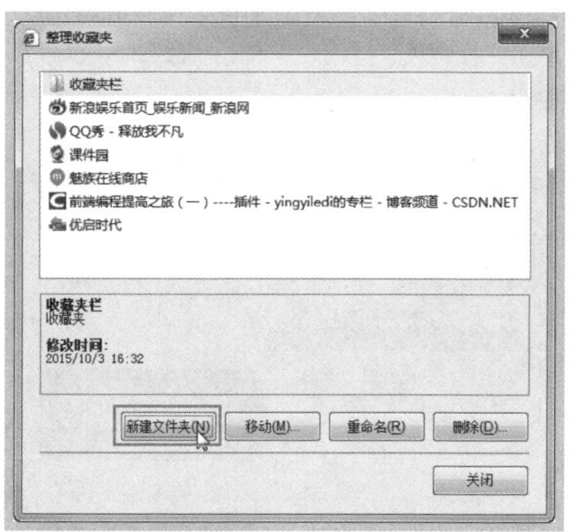

Step03 此时该文件夹的文件名处于可编辑状态，输入需要的文件夹名称并确认，如下图所示。

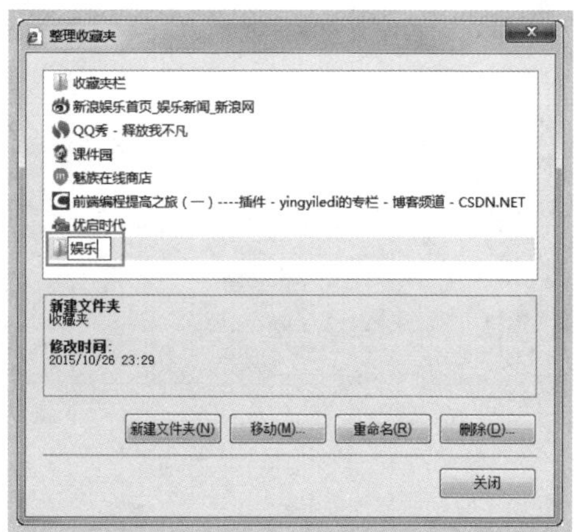

Step04 ❶ 在列表框中选中需要移动的网站或网址，❷ 单击“移动”按钮，如下图所示。

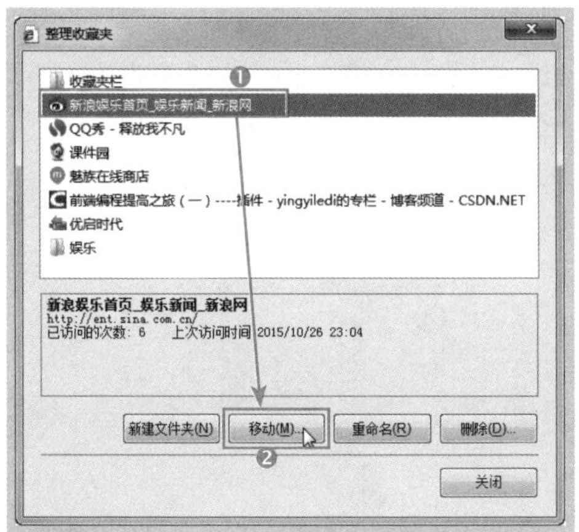

Step05 ❶ 弹出“浏览文件夹”对话框，选中刚才新建的文件夹，❷ 单击“确定”按钮，如下图所示。

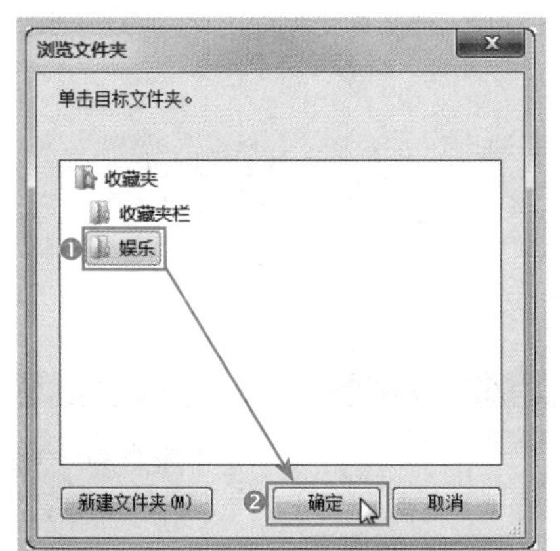

Step06 按照前面的方法继续整理其他网址，整理完成后单击“关闭”按钮关闭对话框即可，如下图所示。

6.3.5　将常用网站设为 IE 首页

浏览器主页是指启动 IE 浏览器后默认打开的网页，用户可以将经常浏览的网页设置为浏览器的主页。

下面以将新浪网设置为浏览器主页为例，具体操作方法如下。

Step01 ❶ 打开需要设为首页的网页，右击页面选项卡右侧的“主页”按钮旁的下拉按钮，❷ 在弹出的下拉列表中选择“添加或更改主页”命令，如下图所示。

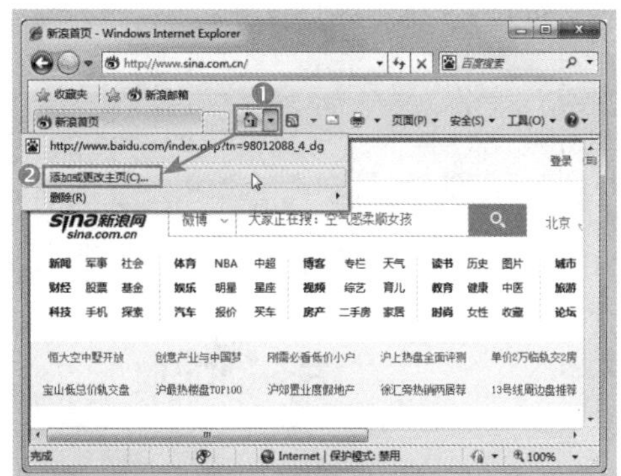

Step02 ❶ 弹出“添加或更改主页”对话框，选择“将此网页用作唯一主页”单选按钮，❷ 单击“是”按钮即可，如下图所示。

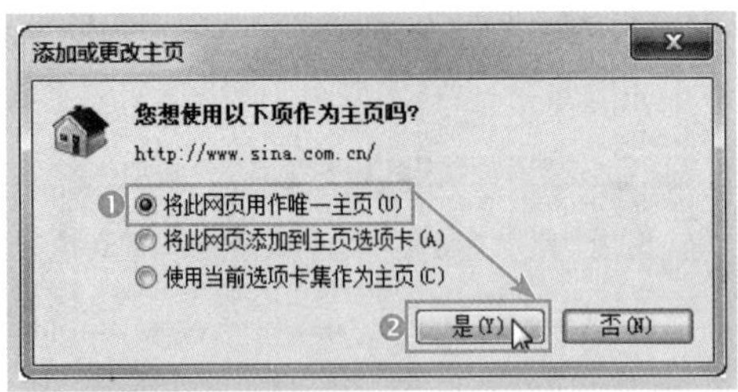

小提示

自动打开多个主页

如果希望启动IE时自动打开多个常浏览的网页，可设置多个主页，方法为：在一个IE窗口中打开要设为主页的多个网页选项卡，再用前面的方法打开“添加或更改主页”对话框，选择“使用当前选项卡集作为主页”单选项，单击“是”按钮即可。

6.4 搜索网络资源

在Internet中有着丰富的信息资源，涵盖了我们生活中的方方面面。要在广阔的信息海洋中快速准确地找到自己需要的信息，就需要掌握网上信息的搜索方法。本节将以百度搜索引擎为例进行相关介绍。

6.4.1 在网上搜索新闻

通过搜索引擎不仅可以搜索最近的新闻，还可以搜索以前的新闻，方法如下。

Step01 打开百度首页，单击页面上方的“新闻”超链接，如下图所示。

Step02 打开百度新闻首页，切换到想要浏览的选项卡，如下图所示。

Step03 在打开的页面中单击希望了解的新闻超链接，如下图所示。

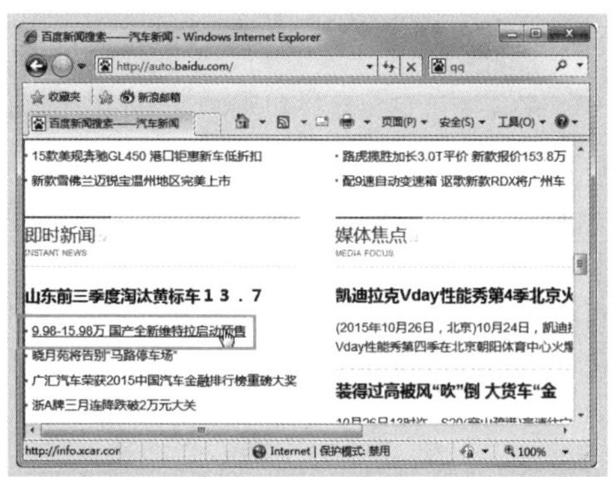

Step04 在打开的页面中可查看新闻的详细内容，如下图所示。

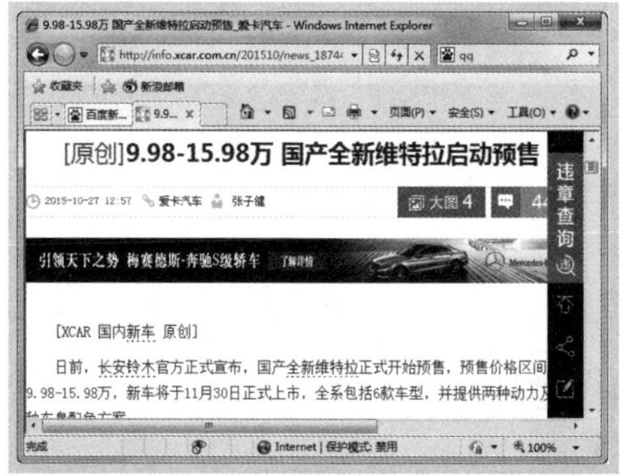

Step05 ❶ 如果页面中没有想要了解的新闻，可在上方的搜索框中输入关键字，❷ 单击“百度一下”按钮，如下图所示。

Step06 在打开的页面中可搜索到相关的所有信息，单击要浏览的新闻超链接，如下图所示。

Step07 在打开的页面中即可查看到新闻的详细内容了，如下图所示。如果窗口中的内容没有显示完全，可拖动滚动条到页面下方继续浏览。

6.4.2　查询天气预报

天气预报是日常生活中很重要的资讯，我们可以通过互联网随时查询当前和未来的天气情况，具体操作方法如下。

Step01 ❶ 打开百度首页，在搜索框中输入关键字，如“三亚天气预报”，❷ 单击“百度一下”按钮，如下图所示。

Step02 在打开的搜索界面页面中可看到三亚最近几天的天气情况，若需了解详情，可单击“中国天气网”超链接，如下图所示。

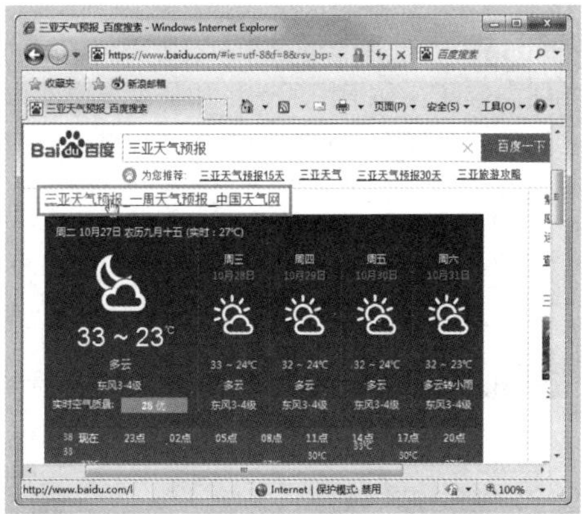

Step03 在打开的网页中，不仅可以查看三亚最近一周的天气情况，如天气、温度、风力等，还可查看最近时段的天气情况和生活指数，如下图所示。

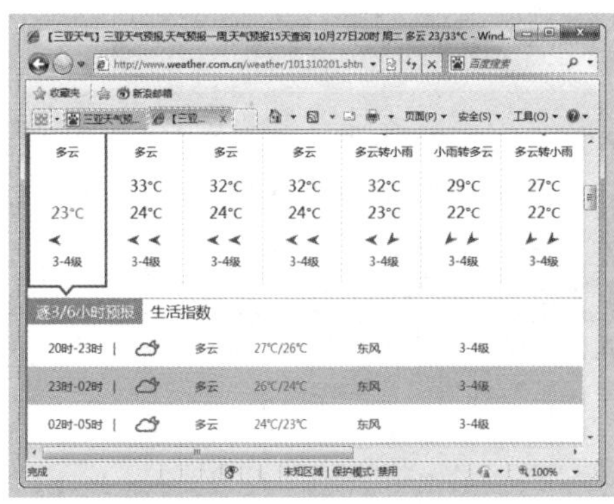

6.4.3 搜索地图信息

生活在大城市中，常常会不知道某个地名的具体位置。使用百度的地图搜索功能，只要输入地名，就可以搜索出该地名所在的详细位置，具体方法如下。

Step01 启动IE浏览器，打开“百度”网站的主页，在窗口中单击“地图”超链接，如下图所示。

Step02 ❶ 打开的百度地图页面，在搜索框中输入关键字，❷ 单击“百度一下”按钮，如下图所示。

Step03 下方页面将自动搜索出关键字在地图上的具体位置，并用红色标志进行标识，如下图所示。

6.4.4　搜索公交信息

大城市中往往公交线路众多，朋友们难免会遇到要去某个地方而不知道坐哪一路公交车的情况，此时只要上网查询一下，就可以知道乘车线路了。

百度网的地图搜索页面中同时提供公交线路查询功能，具体搜索方法如下。

Step01　启动 IE 浏览器，打开“百度”网站的主页，在窗口中单击“地图”超链接，如下图所示。

Step02　进入百度地图首页，选择左侧的“路线”选项，如下图所示。

Step03　❶ 在打开的窗口中默认显示“公交”选项，在第一和第二个文本框中分别输入起点站和终点站的名称，❷ 单击“搜索”按钮，如下图所示。

Step04　搜索框下方将显示搜索到的公交详细站点信息，页面右侧将显示搜索到的公交线路，如下图所示。

6.4.5 搜索图片信息

如果想要在网络上查看漂亮的图片，也可以通过搜索引擎实现。下面以搜索和查看有关“分界洲岛”的图片为例，具体操作如下。

Step01 ❶ 打开百度首页，将鼠标指针指向右上角的“更多产品”超链接，❷ 在展开的下拉选项中选择“图片”选项，如下图所示。

Step02 ❶ 进入百度图片首页，在搜索框中输入图片关键字，如“分界洲岛”，❷ 单击“百度一下”按钮，如下图所示。

Step03 在打开的搜索结果网页中将显示图片的缩略图，单击需要查看的图片，如下图所示。

Step04 在打开的网页左侧将显示图片的预览效果，在页面右侧将显示图片的相关信息，如尺寸、来源等，如下图所示。

6.4.6 使用百度百科

百度百科是一部内容开放、自由的网络百科全书。通过百度百科可快速找到各类需要的信息，使用方法如下。

Step01 ❶ 打开百度首页，将鼠标指针指向右上角的“更多产品”超链接，❷ 在展开的下拉选项中单击“全部产品”超链接，如下图所示。

Step02 进入百度产品大全页面，单击“百科”超链接，如下图所示。

Step03 ❶ 进入百度百科首页，在搜索框中输入要查询的关键字，如“呀诺达”，❷ 单击“百度一下”按钮，如下图所示。

Step04 在打开的页面中即可查看“呀诺达”的详细信息，如下图所示。

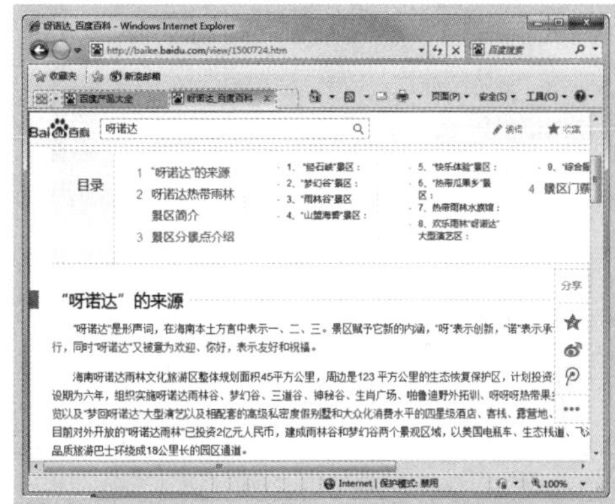

6.5 下载网络资源

在浩瀚无垠的网络世界中，用户除了浏览和搜索丰富多彩的网络信息，还可以将需要的网络资源下载到本地电脑中，以便日后使用。

6.5.1 保存网页信息

如果用户对网页上的文字或图片感兴趣，可以将其保存到电脑上。

1．保存文字

要保存网上的文字资料，需要借助记事本、写字板、Word 等文本编辑软件，其方法就是将网上的文字内容复制到文本编辑软件中进行保存即可，具体操作如下。

Step01 ❶ 打开网页，选择网页中要复制的文字内容，右击选中的文本，❷ 单击“复制”按钮，如下图所示。

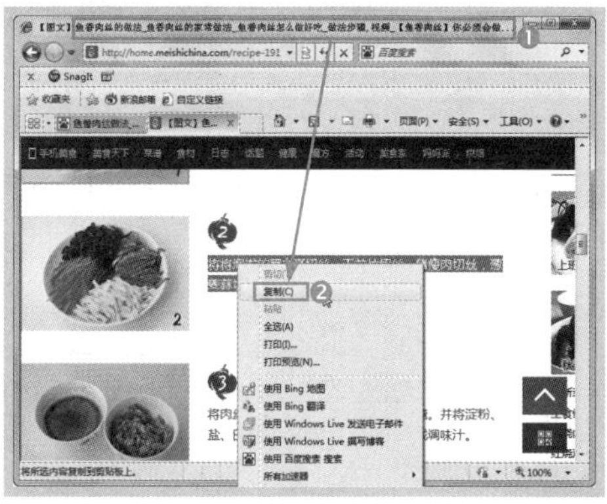

Step02 ❶ 打开“记事本”程序，单击“编辑”菜单，❷ 选择“粘贴”命令，将文字粘贴到记事本中，如下图所示。

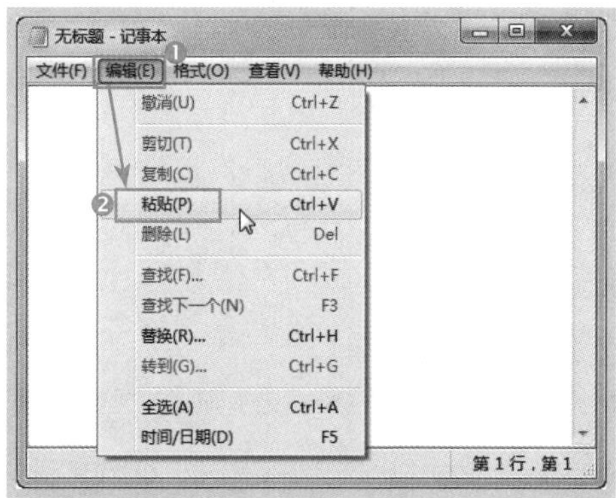

Step03 ❶ 选择“文件”菜单选项，❷ 选择“保存”命令，如下图所示。

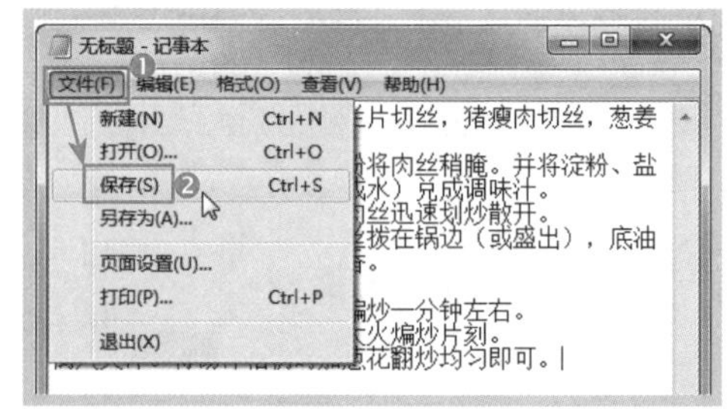

小提示

粘贴文字的其他方法

在网页上复制文字信息后，打开记事本，右击记事本编辑区的空白处，在弹出的快捷菜单中选择“粘贴”命令，也可粘贴文字。

Step04 ❶ 弹出“另存为”对话框，设置好文件的保存位置和名称，❷ 单击“保存”按钮即可，如下图所示。

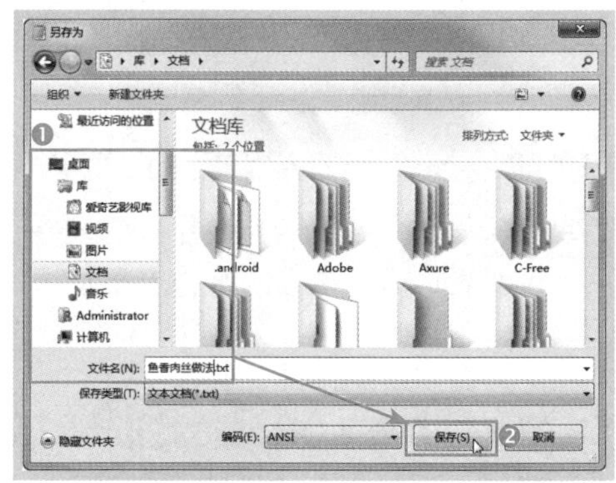

2．保存图片

如果在网上浏览时发现了好看的图片，可接将图片保存到电脑中，具体操作如下。

Step01 ❶ 右击要保存到电脑上的图片，❷ 选择“目标另存为”命令，如下图所示。

Step02　❶ 弹出“保存图片”对话框，设置好图片的保存位置和名称，❷ 单击“保存”按钮即可，如下图所示。

3．保存整个网页信息

在网上浏览网页时，如果对网页中的文字和图片都感兴趣，单独保存文字或图片十分麻烦，此时可以将该网页直接保存在电脑上，需要查看时只需打开保存的网页即可，这样即使电脑没连接上网络也可以对网页进行查看。

Step01　❶ 打开需要保存的网页，按“Alt”键显示菜单栏，单击菜单栏中的“文件”按钮，❷ 在弹出的下拉菜单中选择“另存为”命令，如下图所示。

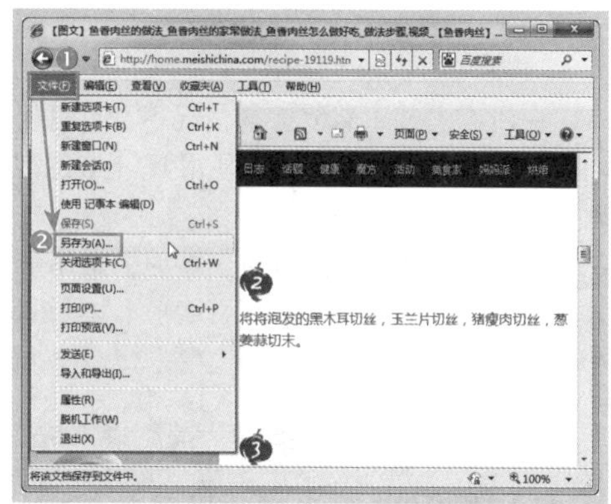

Step02　❶ 打开“保存网页”对话框，设置网页的保存位置，输入网页的保存名称并选择保存类型，❷ 单击“保存”按钮即可，如下图所示。

如何选择网页文件的保存类型

保存网页时，如果选择“网页，全部”保存类型，那么将在目标位置将生成一个网页文件和一个与网页同名的文件夹，与网页同名的文件夹，在文件夹中存放的就是保存网页中的图片内容；若选择“Web 档案，单个文件”类型，则只生成一个单独的网页脱机页面，页面中保护了网页中的所有内容；若选择“文本文件”类型，将生成一个记事本文件，该文件中只有文字，没有图片内容。

6.5.2 下载网络资源

在没有安装下载软件的情况下，可以使用 IE 下载网络资源。下面以使用 IE 下载迅雷软件为例，具体操作如下。

Step01 ❶打开百度首页，在搜索框中输入关键字“迅雷”，❷单击“百度一下”按钮，如下图所示。

Step02 在打开的页面中，单击认为相对安全的下载链接，本例单击“百度软件中心”链接下方的“立即下载”按钮，如下图所示。

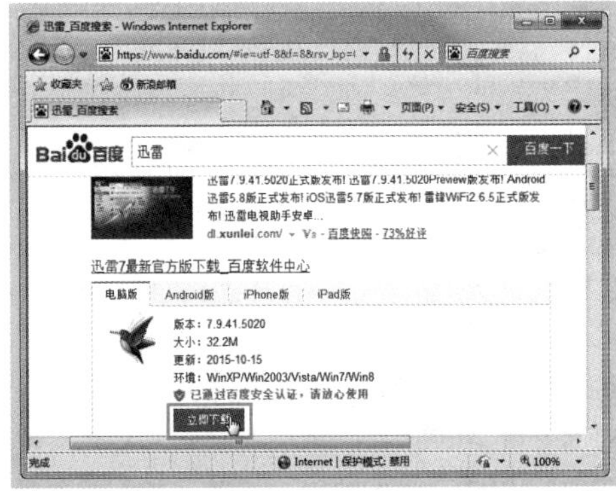

Step03 ❶如果浏览器编辑区上方提示 IE 阻止下载的信息，右击该信息，❷在弹出的快捷菜单中选择“下载文件”命令，如下图所示。

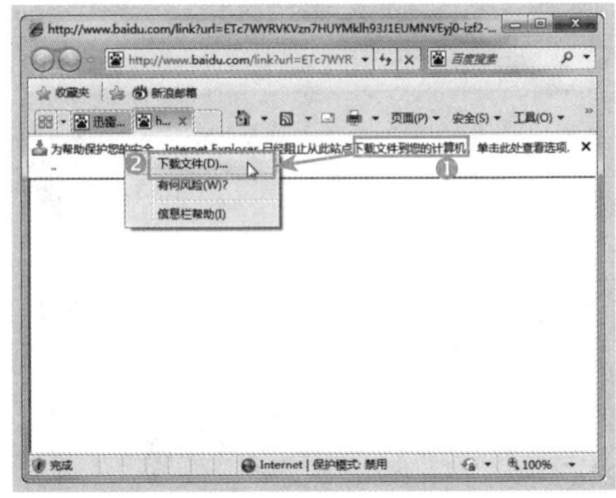

Step04 弹出“文件下载-安全警告”对话框，单击“保存”按钮，如下图所示。

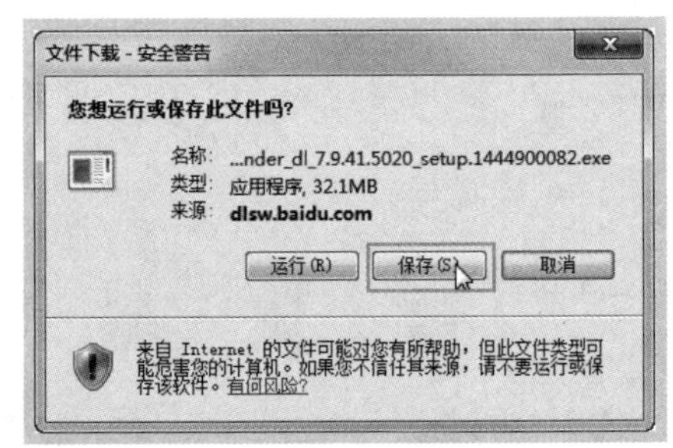

Step05 ❶在弹出的“另存为”对话框中设置软件的保存位置和名称，❷单击“保存”按钮，如下图所示。

Step06 IE 将自动进行下载，下载完成后，单击“关闭”按钮即可，如下图所示。

6.5.3　下载 Flash 文件

在网上看到喜欢的 Flash 动画时，如果网页中没有提供 Flash 文件的下载链接，可以通过查看网页源代码找到 Flash 文件的源地址，然后将其复制到专门的下载软件中进行下载，具体操作方法如下。

Step01 ❶ 在需要下载 Flash 文件的网页中按下“Alt”键，在显示的菜单栏中选择“查看”命令，❷ 在弹出的下拉菜单中选择“源文件”命令，如下图所示。

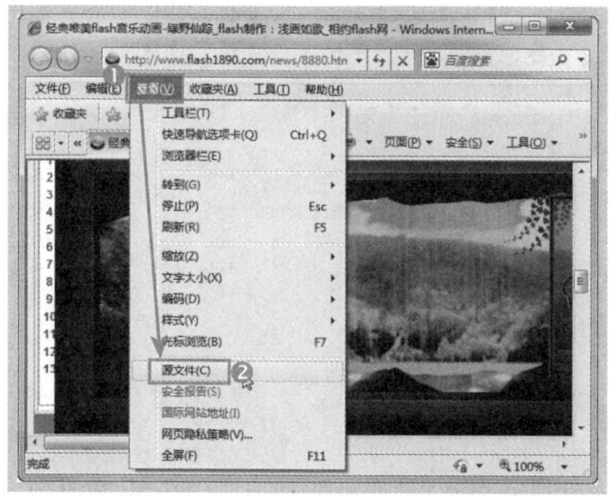

Step02 ❶ 在打开的窗口中选择菜单栏中的“编辑”命令，❷ 在弹出的下拉菜单中选择“查找”命令，如下图所示。

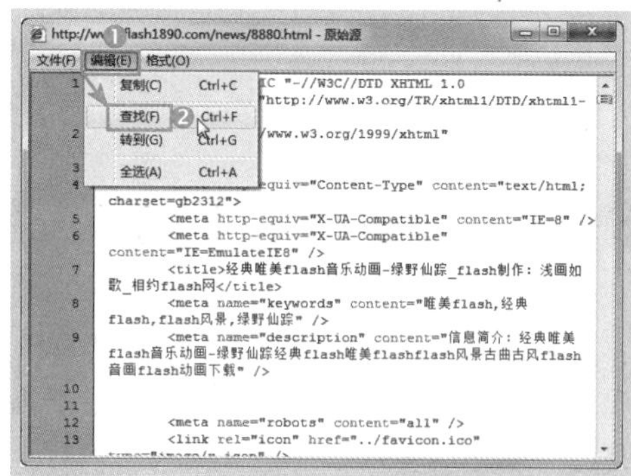

Step03 弹出“查找”对话框，在“查找”文本框中输入 Flash 文件的后缀名“.swf”，光标将定位到查找的关键字所在的语句，如下图所示。如果不符合查找条件的内容，可单击“下一个”按钮继续查找。

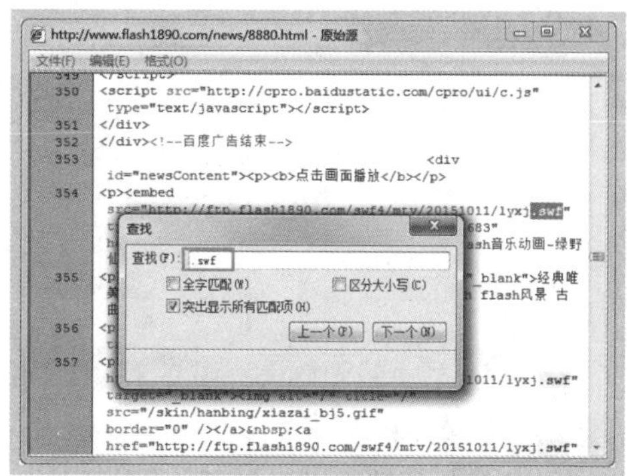

Step04 将光标定位到查找的关键字所在的语句，复制整个地址，然后将其添加到下载软件的下载任务中进行下载即可，如下图所示。

(9:15 ~ 9:30)

疑问 1：如何查看以前访问过的网站？

答：使用 IE 查看网页的时候，浏览器会自动将访问过的网页保存到“历史记录”中，以方便用户再次访问。如果以后忘记想要浏览的网站地址，可以通过历史记录重新打开网页，具体操作方法如下。

Step01 启动 IE 浏览器，单击“收藏夹”按钮，如下图所示。

Step02 ❶ 切换到“历史记录”选项卡，❷ 单击下方的下拉按钮，❸ 在弹出的下拉列表这选择查看方式，本例选择“按日期查看”命令，如下图所示。

Step03 在下方的窗格中单击想要查找的浏览日期，如下图所示。

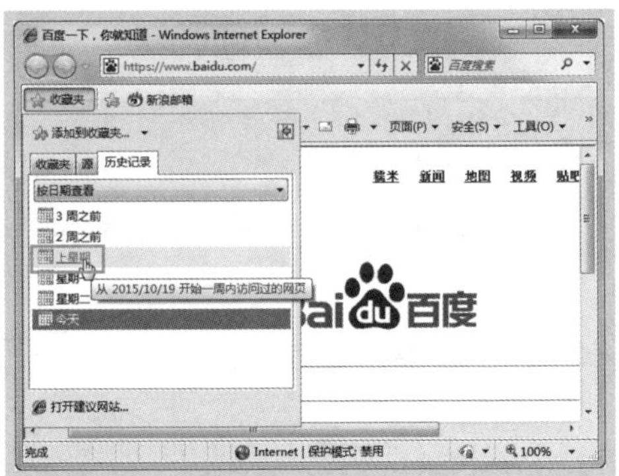

Step04 单击符合条件的网站名称，单击“网页标题”超链接，如下图所示。

Step05 IE 将自动加载历史网页，如下图所示。

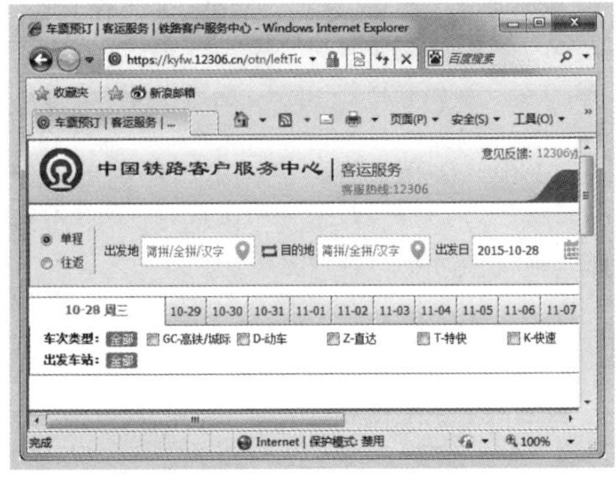

疑问 2：在网页中单击超链接时，每次都是以新窗口的方式打开链接网页，可以在一个窗口中打开多个网页吗？

答：通常情况下，在网页中单击超链接时将以新窗口方式打开链接网页，打开的链接越多，显示的窗口数就越多，切换起来也十分麻烦。

如果使用多选项卡浏览，可以在一个浏览器窗口中打开多个网页，通过单击要查看的选项卡可以快速对这些网页进行切换。

从 IE7.0 开始新增了多选项卡功能，如果要以新选项卡方式在窗口中打开新网页，可右击要访问的超链接，在弹出的快捷菜单中选择“在新选项卡中打开链接”命令即可，如下图所示。

如果用户打开的网页较多，频繁使用上述方法也会显得比较麻烦，此时可通过设置始终以新选项卡方式打开窗口可解决此问题，具体操作方法如下。

Step01　❶ 启动 IE，单击工具栏中的“工具”下拉按钮，❷ 在打开的下拉菜单中选择“Internet 选项”命令，如下图所示。

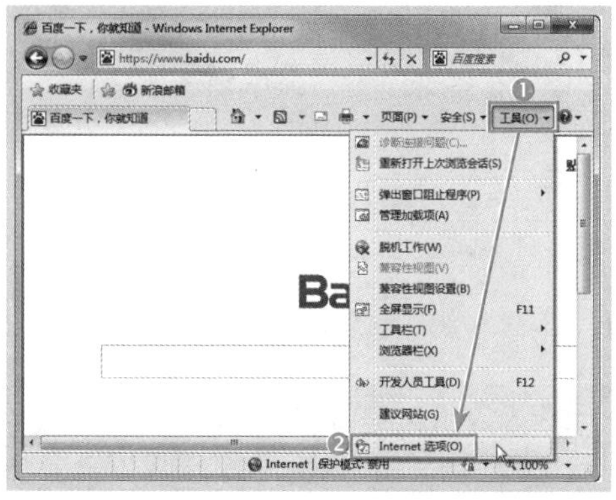

Step02　弹出“Internet 选项”对话框，在“选项卡”栏中单击“设置”按钮，如下图所示。

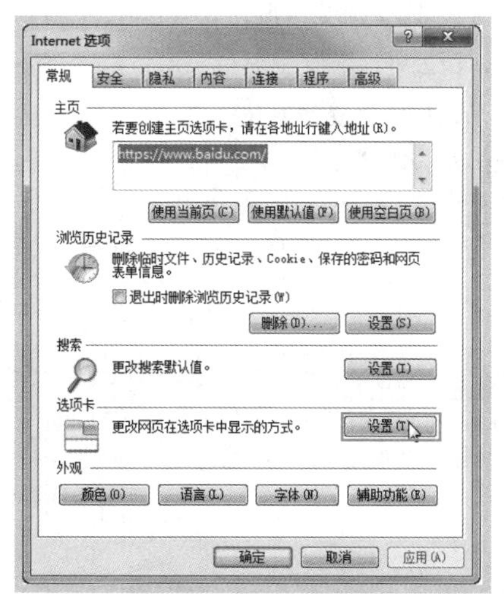

Step03　❶ 弹出“选项卡浏览设置”对话框，在“遇到弹出窗口时”栏中选择“始终在新选项卡中打开弹出窗口”单选按钮，❷ 连续单击“确定”按钮即可，如下图所示。

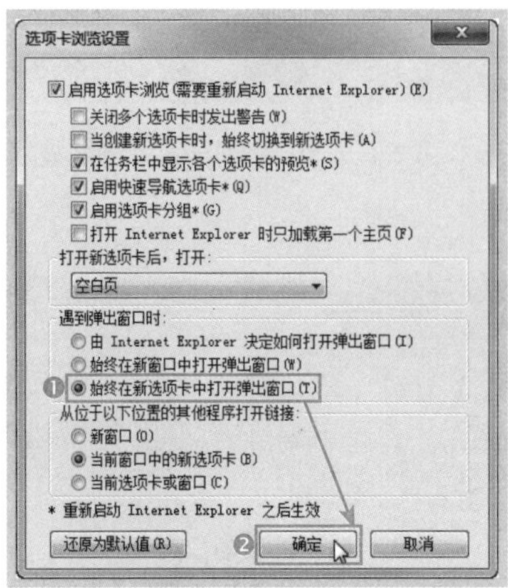

疑问3：如何指定本机可以查看的网页内容？

答：如果想要指定本机可以查看的网页内容，可以使用IE的分级审查功能。

1. 启用分级审查功能

IE在默认情况下并未启用分级审查功能，在Windows 7操作系统中开启此功能的具体操作方法如下。

Step01 ❶启动IE，单击工具栏中的“工具”下拉按钮，❷在打开的下拉菜单中选择“Internet选项”命令，如下图所示。

Step02 ❶弹出“Internet选项”对话框，切换到“内容”选项卡，❷单击“启用”按钮，如下图所示。

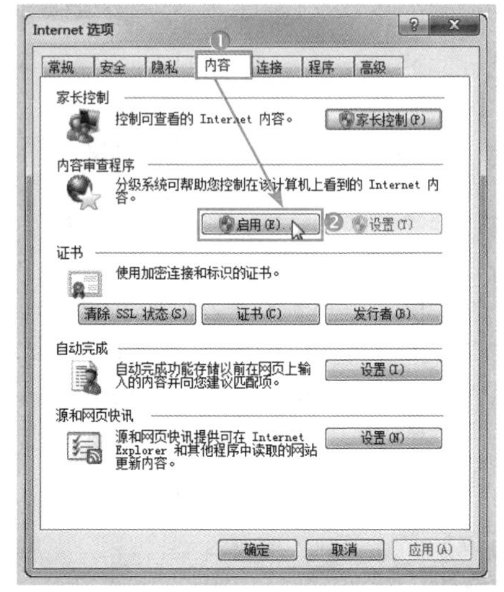

Step03 ❶弹出“内容审查程序”对话框，在列表框中选择需要设置的审查级别，❷拖动下方的滑块指定用户可查看内容的级别，❸单击“确定”按钮，如下图所示。

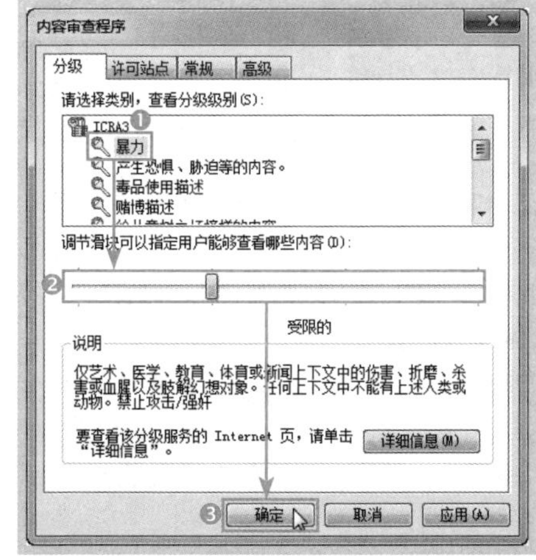

Step04 ❶弹出“创建监护人密码”对话框，输入密码并确认，❷在“提示”文本框中输入密码提示信息，如下图所示。

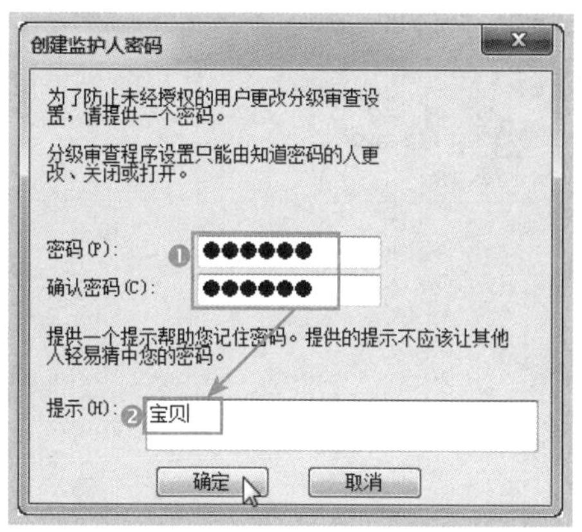

Step05　在弹出的提示对话框中直接单击“确定”按钮，如下图所示。

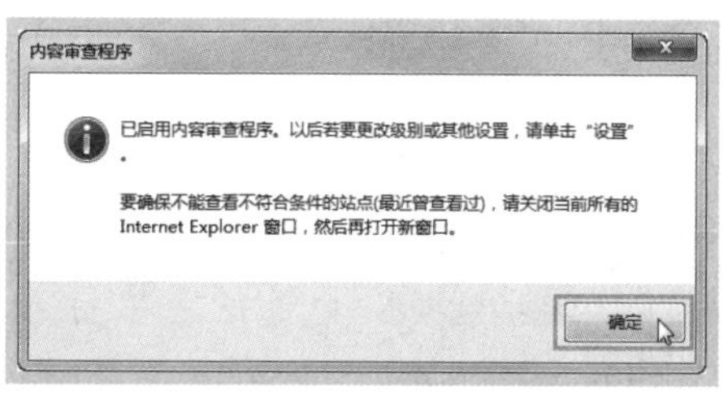

Step06　返回“Internet 选项”对话框，单击“确定”按钮即可，如下图所示。

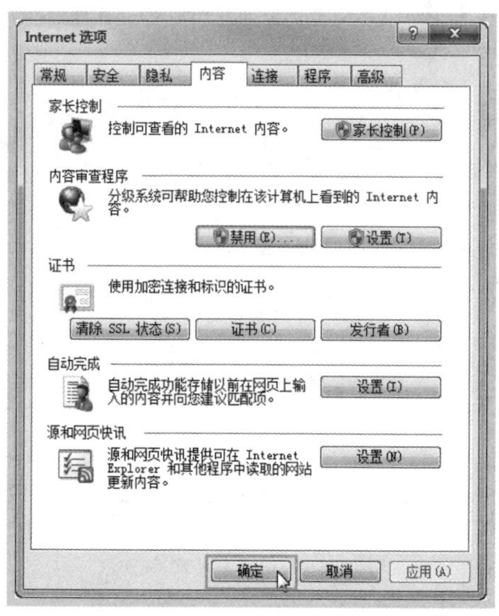

2. 设置允许和不允许查看的网址

启用分级审查功能后，用户可以将具体的某个网站设置为许可网站或者未许可网站，具体操作方法如下。

Step01　❶ 打开“Internet 选项”对话框，切换到“内容”选项卡，❷ 单击“设置”按钮，如下图所示。

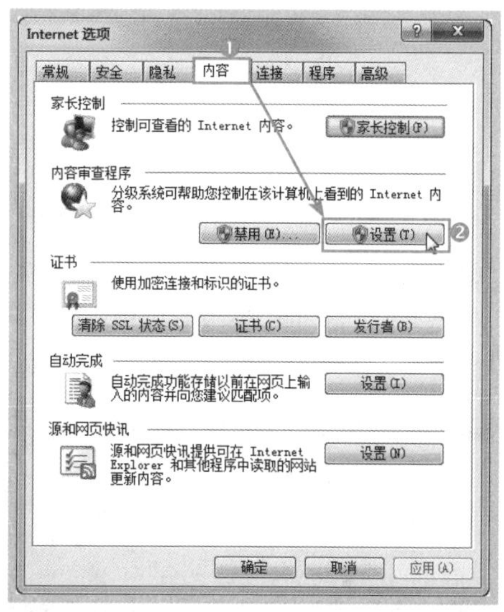

Step02　❶ 弹出“需要输入监护人密码”对话框，在“密码”文本框中输入密码，❷ 单击“确定”按钮，如下图所示。

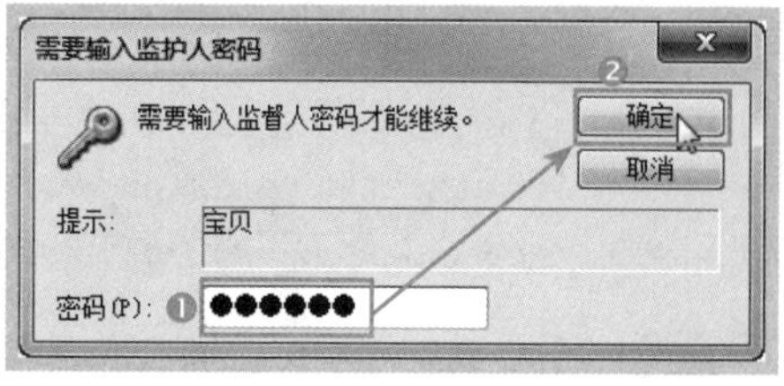

Step03　❶ 弹出“内容审查程序”对话框，切换到“许可站点”选项卡，❷ 在“允许该网站”文本框中输入允许浏览的网站地址，❸ 单击“始终”按钮，如下图所示。

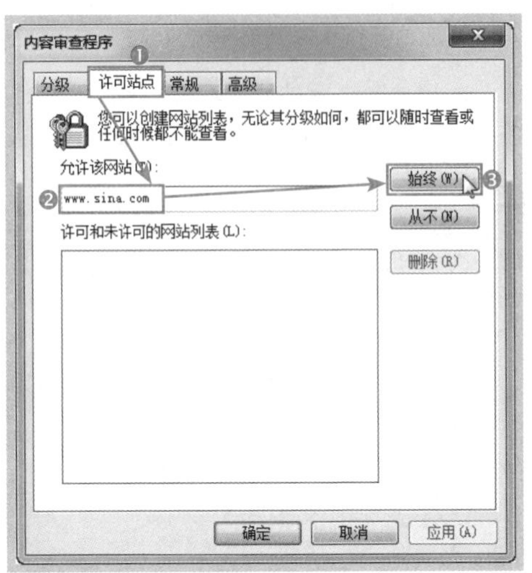

Step04 ❶ 在文本框中输入不需要浏览的网址地址，❷ 单击“从不”按钮，如下图所示。

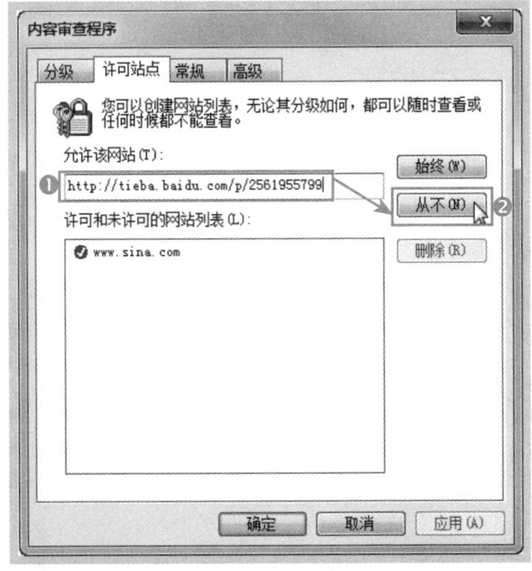

Step05 设置完成后，在下方的列表框中可看到 ✔ 图标表示许可网站，⛔ 图标表示未许可网站，连续单击“确定”按钮保存设置即可，如下图所示。

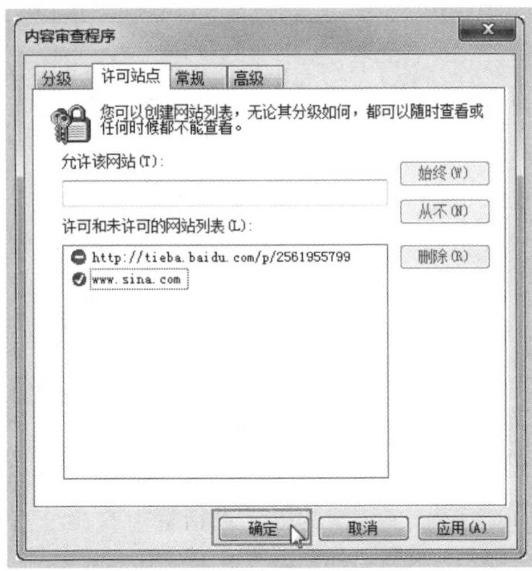

3. 关闭分级审查功能

如果不需要使用内容审查功能了，可将此功能关闭，具体操作方法如下。

Step01 ❶ 打开“Internet 选项”对话框，切换到“内容”选项卡，❷ 单击“禁用”按钮，如下图所示。

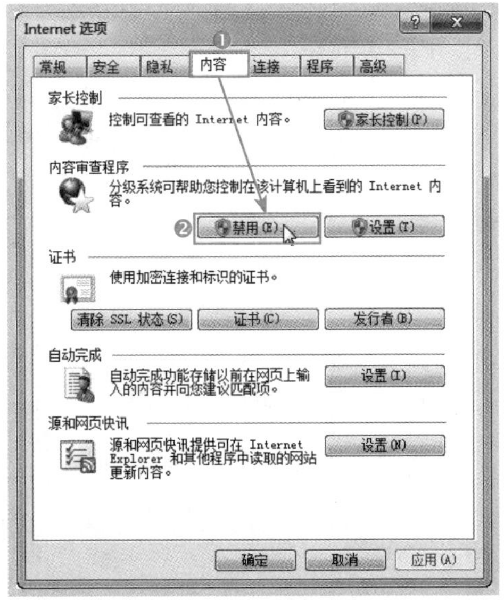

Step02　❶ 在弹出的对话框中输入密码，❷ 单击“确定”按钮，如下图所示。

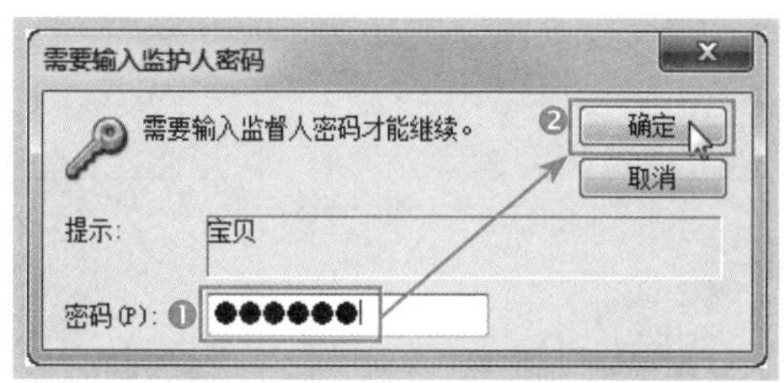

Step03　在弹出的对话框中提示内容审查程序已关闭，单击“确定”按钮，如下图所示。

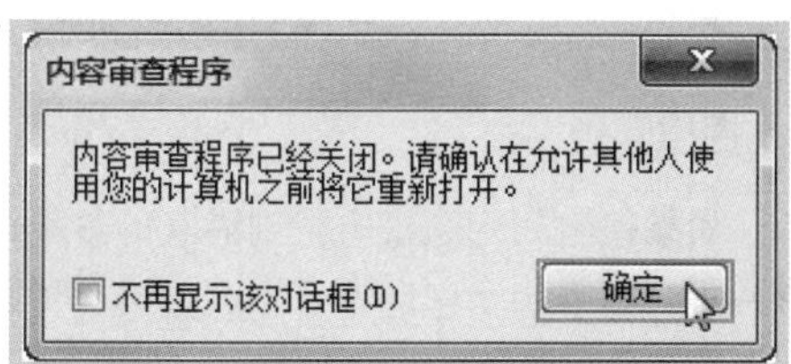

Step04　返回“Internet 选项”对话框，可看到原本的“禁用”按钮变为“启用”了，表示关闭操作成功，单击“确定”按钮保存设置即可，如下图所示。

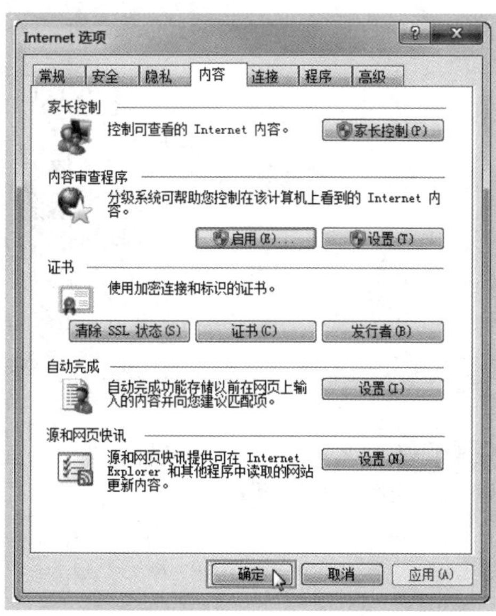

(9:30 ~ 10:00)

通过前面内容的学习，结合相关知识，请读者亲自动手按要求完成以下过关练习。

练习一：使用百度知道

“百度知道”是百度为网友们提供的一个知识问答平台，在“百度知道”中既可以搜索问题，也可以提出问题，还可以对自己感兴趣的问题进行回答。

1. 搜索问题

如果遇到问题，可以通过百度知道对该问题进行搜索，具体操作方法如下。

Step01　❶ 打开百度首页，将鼠标指针指向右上角的“更多产品”超链接，❷ 在展开的下拉选项中单击“全部产品”超链接，如下图所示。

Step02　进入百度产品大全页面，单击“知道”超链接，如下图所示。

Step03 ❶ 进入百度知道首页，在搜索框中输入要查询的问题，❷ 单击“搜索答案”按钮，如下图所示。

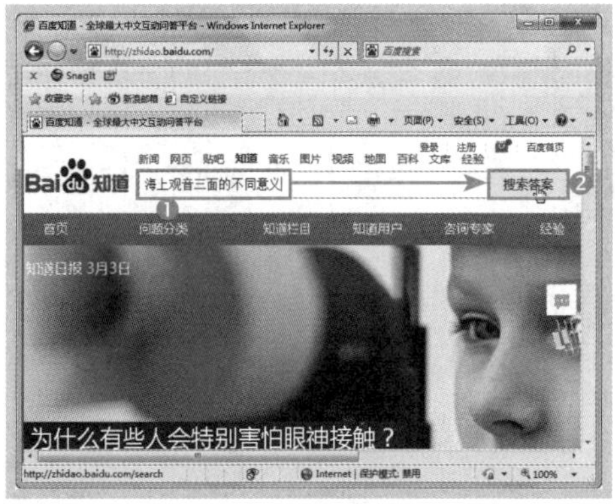

Step04 在打开的页面中可查询到相关的答案，单击要查看的答案超链接，如下图所示。

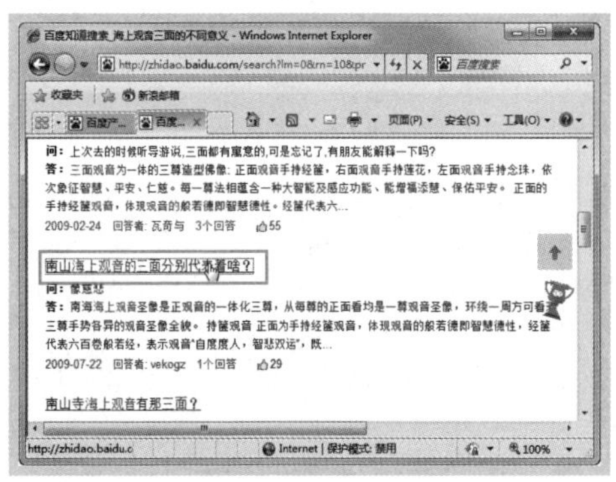

Step05 在打开的页面中即可查看搜索到的答案详细内容，如下图所示。

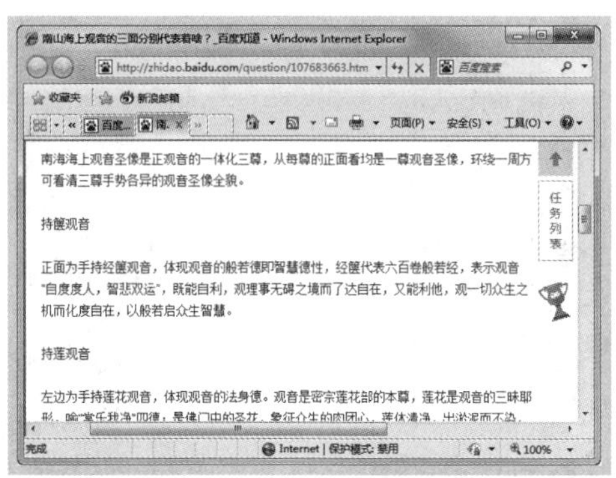

2. 提出问题

如果搜索的问题没有找到满意的答案，我们可将其提出来，以便有了解的网友帮我们解惑。在百度知道中提问的操作如下。

Step01 ❶ 打开百度首页，将鼠标指针指向右上角的“更多产品”超链接，❷ 在展开的下拉选项中单击“全部产品”超链接，如下图所示。

Step02 进入百度产品大全页面，单击“知道”超链接，如下图所示。

Step03 进入百度知道首页，单击“搜索答案”按钮右侧的“我要提问”超链接，如下图所示。

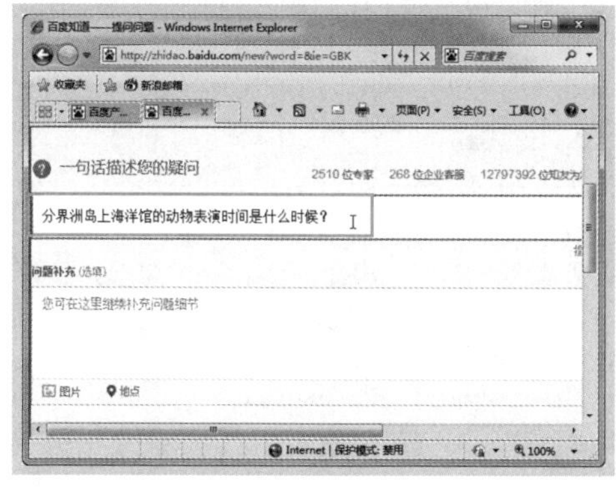

Step04 进入“百度知道 - 提出问题”页面，在文本框中用一句话描述问题，如下图所示。

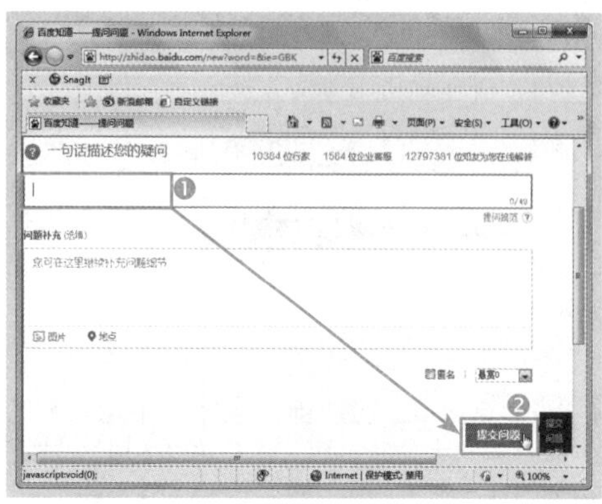

Step05 ❶ 在下面的文本框中对问题进行补充描述，❷ 单击“提交问题”按钮，如下图所示。

Step06 若要在百度知道中提问，需要进行账号登录，在弹出的对话框中输入账号和密码后单击“登录”按钮。若没有百度账号，单击“立即注册”超链接，如下图所示。

Step07 ❶ 进入“注册百度账号”页面，在其中输入手机号码或邮箱，❷ 设置好登录密码，❸ 单击“获取短信验证码”按钮（本例设置百度账号为手机号码），如下图所示。

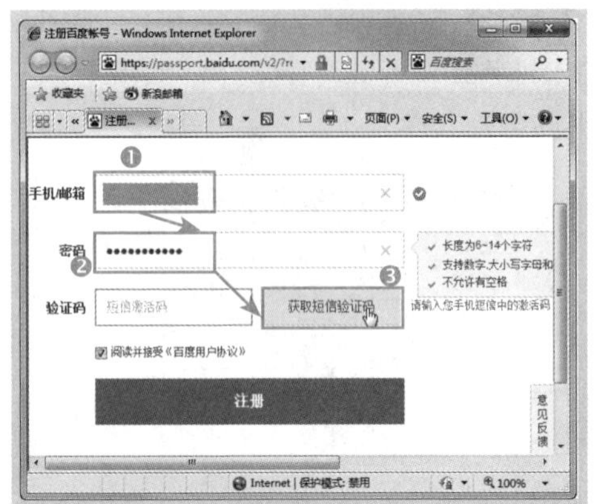

Step08 ❶ 在“验证码”文本框中输入手机上刚收到的短信验证码，❷ 单击“注册”按钮，如下图所示。

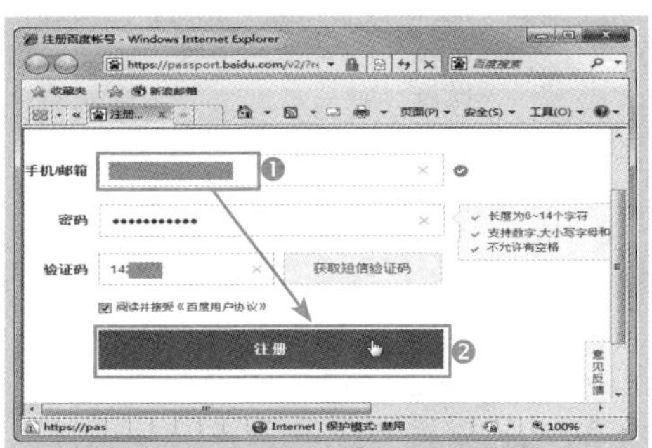

Step09 返回“百度知道 - 提出问题”页面，单击“提交问题”按钮，如下图所示。

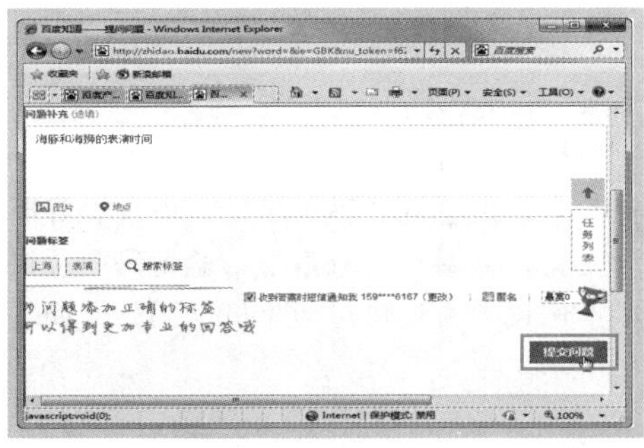

Step10 稍等片刻，即可在网页上看到自己刚提出的问题，如下图所示。

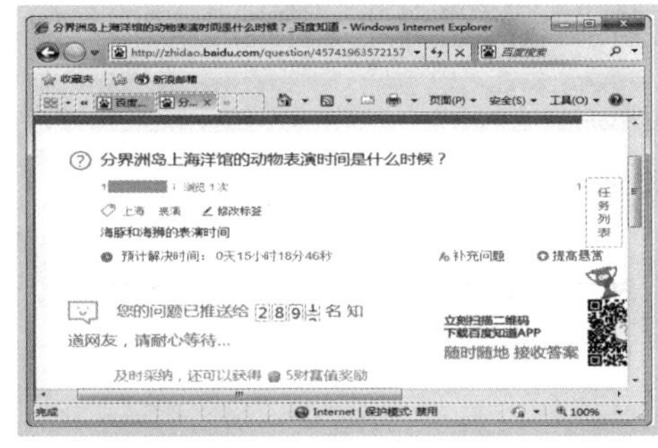

3. 回答问题

除了搜索答案和提问，我们还可以帮助别人回答问题，具体操作方法如下。

Step01 ❶ 打开百度首页，将鼠标指针指向“更多产品”超链接，❷ 在展开的选项中单击“全部产品”超链接，如下图所示。

Step02 进入百度产品大全页面，单击“知道”超链接，如下图所示。

Step03 ❶ 进入百度知道页面，将鼠标指针指向“问题分类”选项，❷ 在展开的下拉列表中单击比较了解的话题超链接，如下图所示。

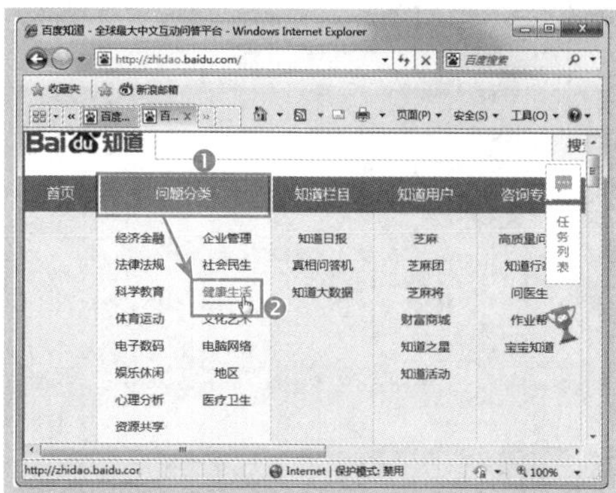

Step04 进入“问题分类”页面，单击感兴趣的问题超链接，如下图所示。

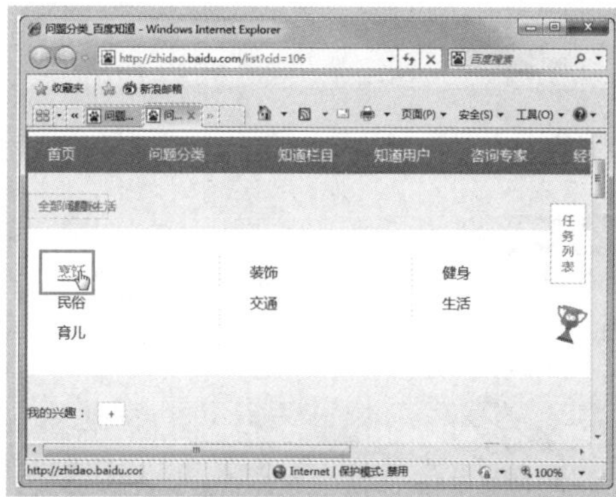

Step05 页面中将显示最新的需要解答的问题，单击想要回答的问题超链接，如下图所示。

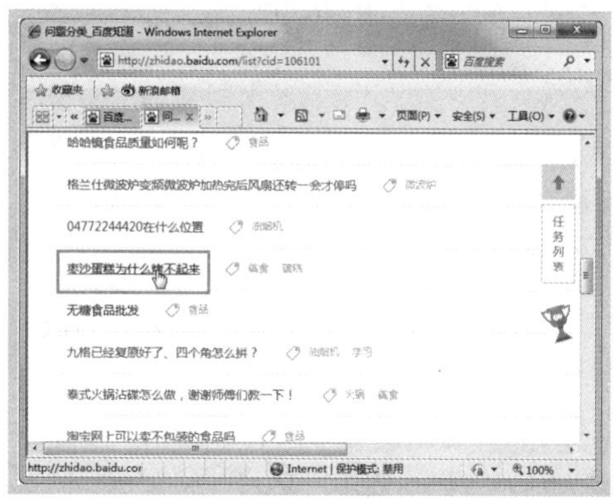

Step06 ❶ 进入问题页面，在文本框中输入回答内容，❷ 单击“提交回答”按钮，如下图所示。

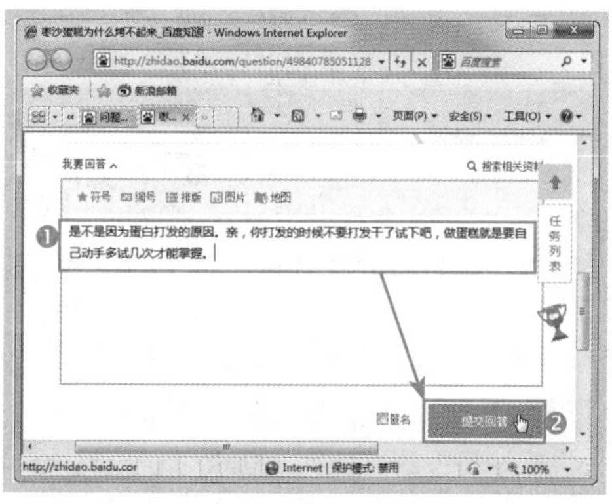

Step07 稍等片刻，答案上传成功后即可看到回答的内容，如下图所示。

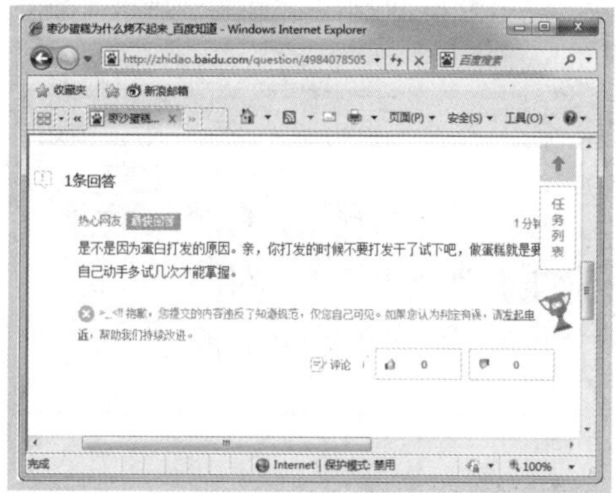

练习二：使用迅雷下载网络资源

迅雷是一款基于多资源超线程基数的下载软件，如果用户觉得IE的下载速度较慢，不妨试试迅雷。

1．下载网络资源

下面以下载QQ应用程序为例，介绍使用迅雷下载网络资源的方法。

Step01 ❶ 打开下载页面，右击“普通下载”按钮，❷ 在弹出的快捷菜单中单击“使用迅雷下载”超链接，如下图所示。

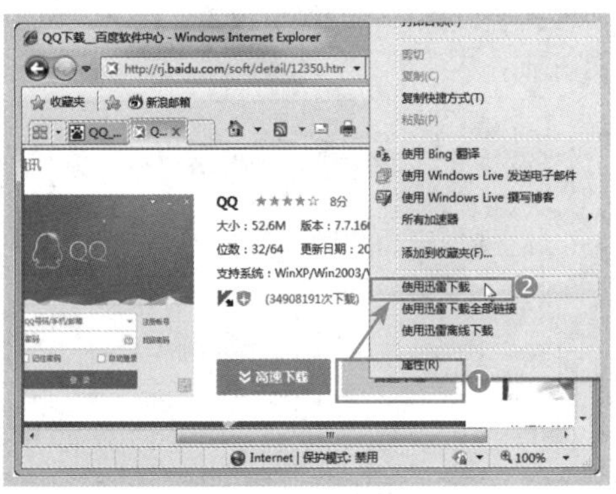

Step02 弹出迅雷“新建任务”对话框，其中将显示任务的默认存放位置，若要更改存放路径，单击右侧的“浏览”按钮，如下图所示。

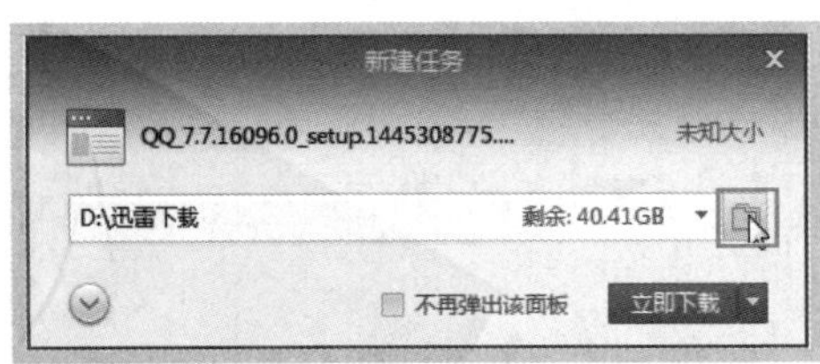

Step03 ❶ 弹出“浏览文件夹”对话框，设置好文件的保存路径，❷ 单击“确定”按钮，如下图所示。

Step04 返回“新建任务”对话框，单击“立即下载”按钮，如下图所示。

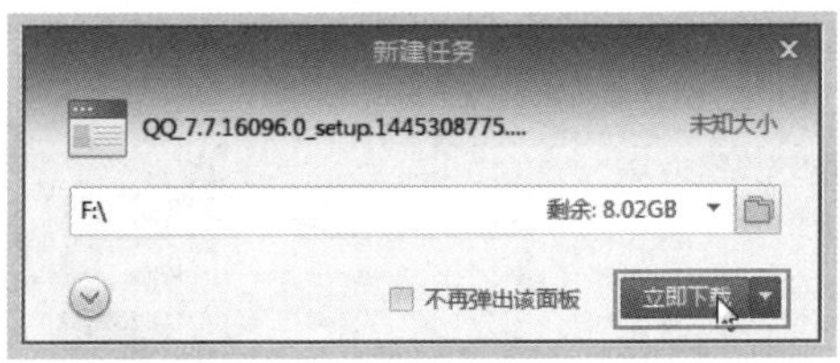

Step05 迅雷开始下载文件，并在主界面中显示下载进度、速度等相关信息，如下图所示。

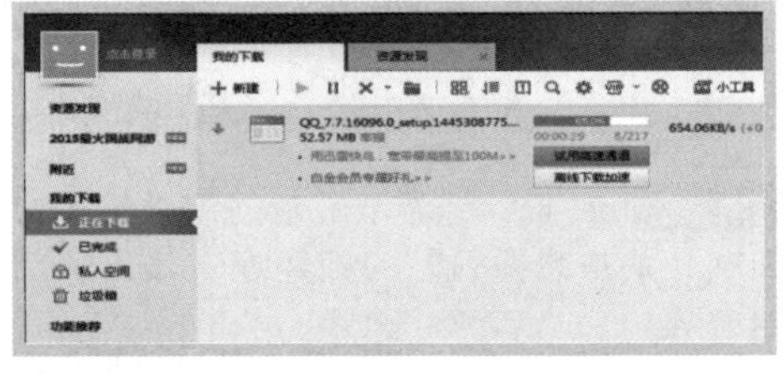

Step06 下载完成后，在迅雷窗口中双击下载的程序，即可运行该程序，如下图所示。

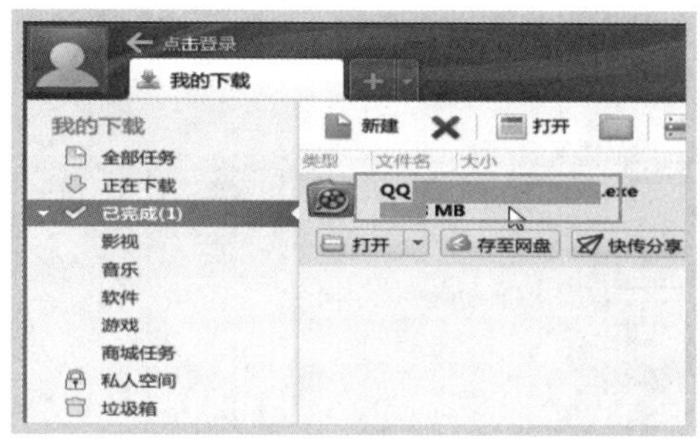

2. 删除下载任务

文件下载完成后，或是正在下载过程中，若我们发现此文件没有必要下载，都可以将其删除。下面以在下载过程中删除下载任务为例，具体操作方法如下。

Step01　❶ 在迅雷下载窗口中，右击要删除的下载任务，❷ 在弹出的快捷菜单中选择“删除任务”命令，如下图所示。

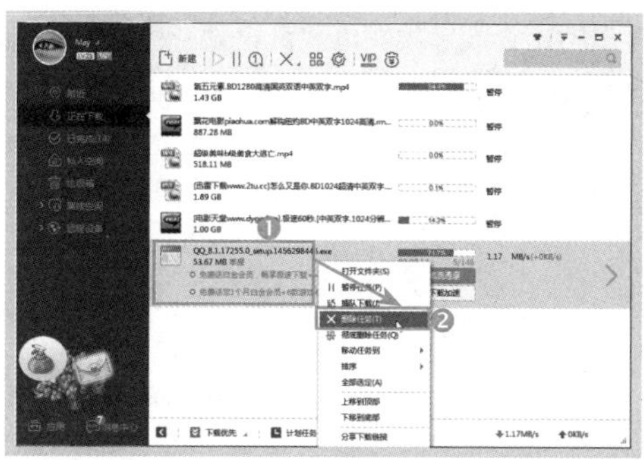

Step02　弹出“删除”对话框，单击“确定”按钮，如下图所示。

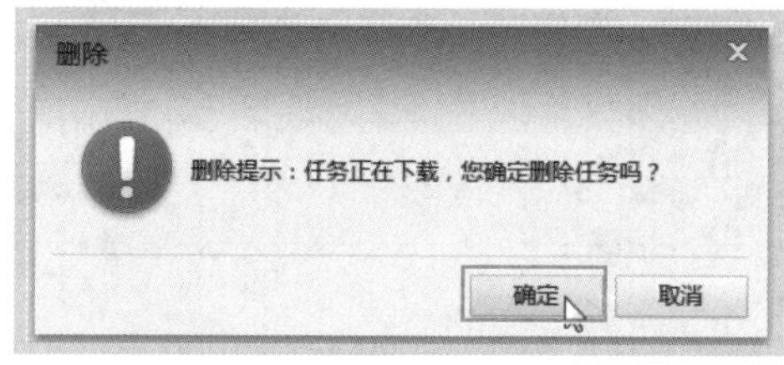

通过上面的方法删除下载任务后，任务其实并没有彻底删除，如果需要重新下载该任务，可通过下面的方法快速实现。

❶ 在迅雷程序窗口的左侧窗格中，切换到“垃圾箱”选项卡，在其中可看到刚删除的下载任务，❷ 右击该任务，❸ 在弹出的快捷菜单中选择“还原”命令，即可将其重新添加到下载列表中，如下图所示。

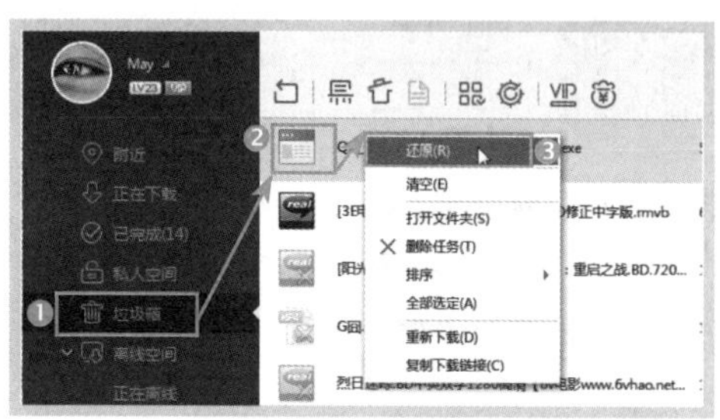

新版迅雷无法设置下载后自动杀毒

现在的杀毒软件几乎都提供了下载保护功能，无论是使用 IE 下载，还是使用专门的下载工具下载网络资源，它们都可以对其进行杀毒检测，所以旧版迅雷中的下载完成后自动杀毒功能可有可无。因此，在迅雷 7.9 版本中没有再提供下载后自动杀毒的功能了。

3. 更改可同时下载的任务数量

迅雷是一款基于多资源超线程基数的下载软件，可同时下载多个网络资源。

迅雷默认的可同时下载的最大任务数为“5”个，如果用户觉得不够，可增加下载任务数量，具体设置如下。

Step01　❶ 右击迅雷程序窗口右上角的“主菜单”按钮，❷ 在弹出的下拉列表中选择“系统设置”命令，如下图所示。

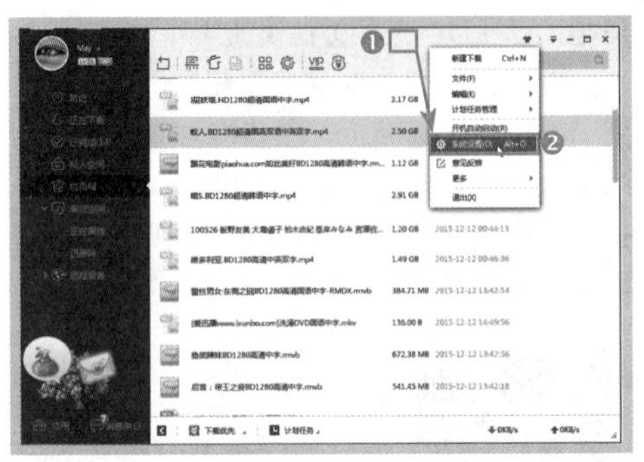

Step02 ❶ 弹出“系统设置”对话框，默认打开“基本设置”界面，切换到“浏览器新建任务”选项卡，❷ 在“同时下载的最大任务数”微调框中将数值设置为需要的数量，❸ 单击对话框右上角的“关闭”按钮关闭设置即可，如下图所示。

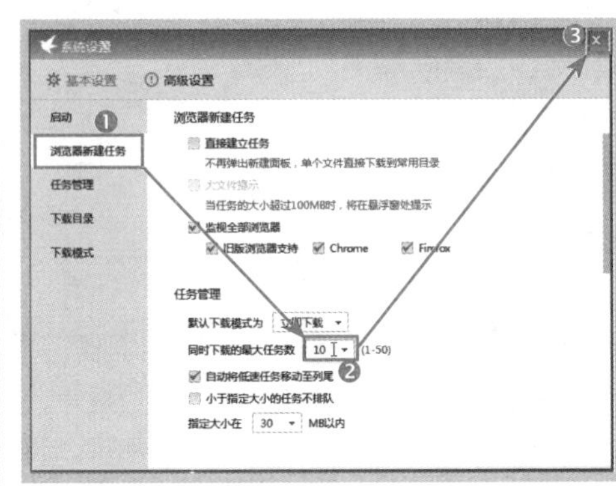

学习小结

本课主要介绍了 ADSL 拨号上网、无线上网、IE 浏览器的基本操作、搜索网络资源和下载网络资源等相关知识。通过本课的学习，我们再也不用天天等候在电视机或收音机前接收信息了，在电脑上轻松地点几下鼠标或打几个字，就可以找到需要的信息和了解最新的资讯了。

第 7 课

网上零距离通信与交流

沟通与交流是人类最基本的需求之一，随着网络技术的飞速发展，网上通讯逐渐成为当今社会主流的交流平台，也是最广泛的网络应用。在互联网上，用户可通过电子邮件和聊天软件与好友交流。本课将详细介绍在线收发邮件的方法以及聊天工具软件 QQ 的使用方法和技巧。

学习建议与计划

时间安排：（10:30 ~ 12:00）

第二天 上午

知识精讲（10:30 ~ 11:15）

- ☆ 了解电子邮件的概念
- ☆ 掌握在线收发邮件的方法
- ☆ 掌握申请 QQ 号码的方法
- ☆ 掌握与好友聊天的多种方法
- ☆ 掌握微博的使用方法

学习问答（11:15 ~ 11:30）

过关练习（11:30 ~ 12:00）

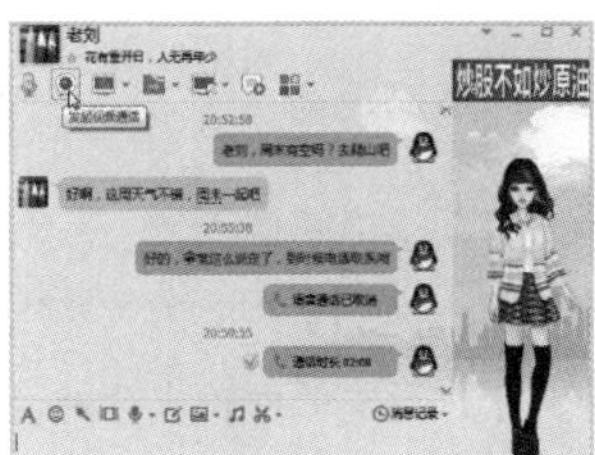

(10:30 ~ 11:15)

7.1 QQ 聊天交友

腾讯 QQ 是一款应用非常广泛的在线通信工具，作为一款优秀的国内软件，它不仅集成了大量的实用功能，也更加贴合中国人的使用习惯，因此备受广大用户的青睐。

使用腾讯 QQ 前，需要在电脑中安装后才能使用，用户可以在腾讯 QQ 的官方网站（http://im.qq.com）中下载安装程序。

7.1.1 申请 QQ 号码

要使用QQ软件，必须要有一个QQ账号，也就是 QQ 号码。用户可以通过 QQ 客户端免费申请 QQ 号码，具体操作方法如下。

Step01 双击桌面上的 QQ 图标，启动腾讯 QQ，如下图所示。

Step02 弹出 QQ 程序登录界面，单击“注册账号”超链接，如下图所示。

Step03 在打开的注册页面中，输入昵称、密码并设置个人信息，如下图所示。

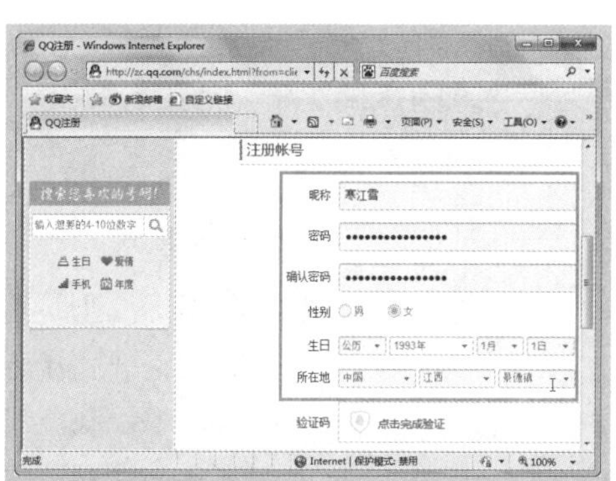

Step04 ❶ 输入手机号码，❷ 单击“获取短信验证码”按钮，如下图所示。

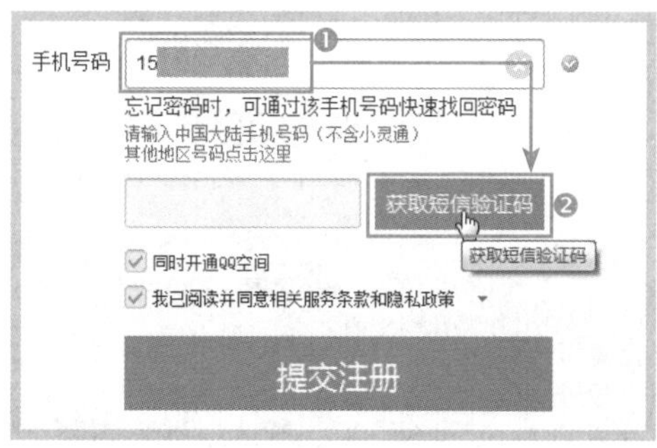

Step05 ❶ 在下方的文本框中输入手机上

收到的短信验证码，❷ 单击“提交注册”按钮，如下图所示。

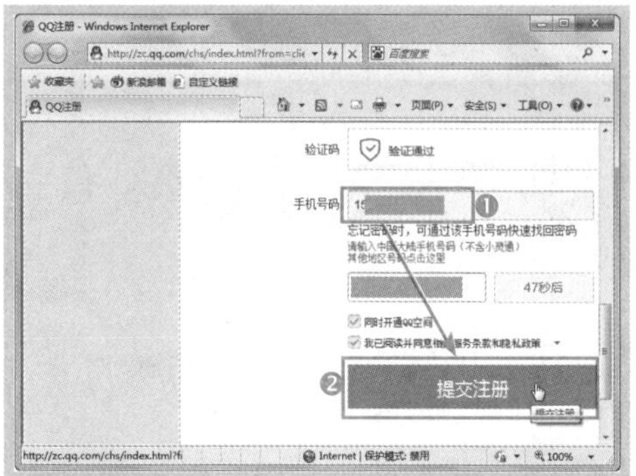

Step06 在随后显示的页面中即显示了申请成功的 QQ 号码，将自己的 QQ 号码记录下来以方便记忆，如下图所示。

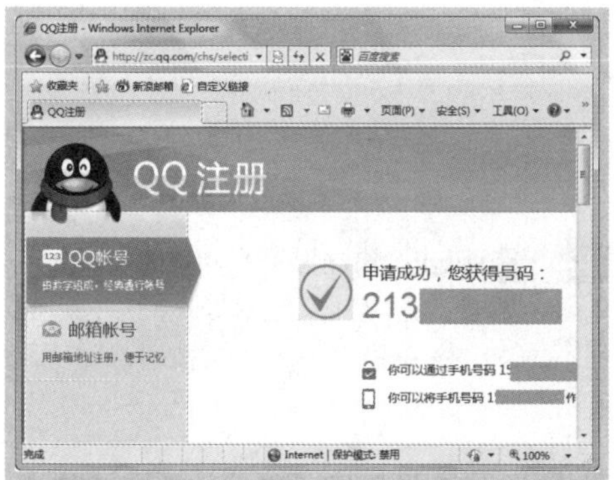

7.1.2 登录 QQ

成功注册 QQ 号码后，就可以登录 QQ 进行操作了，登录方法如下。

Step01 双击桌面上的 QQ 图标，打开腾讯 QQ 登录界面，❶ 输入 QQ 号码和密码，❷ 单击“安全登录”按钮，如下图所示。

Step02 ❶ 在登录框中输入下方显示的验证码，❷ 单击“确定”按钮，如下图所示。

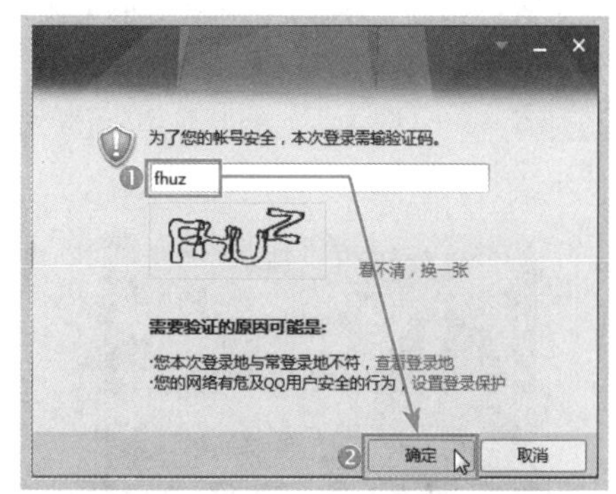

Step03 稍等片刻，将弹出长条形的 QQ 面板，表示已经成功登录 QQ，如下图所示。

一点通

设置登录方式

单击登录界面中QQ头像右下角的显示按钮，在打开的下拉列表中可选择此次QQ的登录方式，如“在线”登录、“隐身”登录等。

7.1.3 添加和删除好友

刚申请到的新QQ号码里空无一人，若要想和朋友聊天，就需要知道对方的QQ账号，然后通过添加好友操作，将其QQ账号添加到QQ列表中，操作方法如下。

Step01 打开QQ面板，单击下方的“查找”按钮，如下图所示。

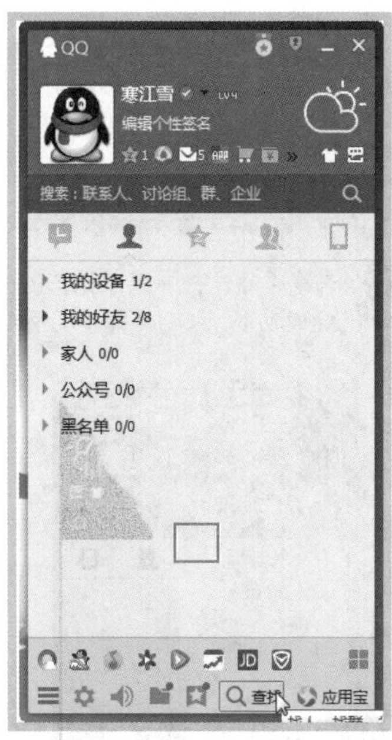

Step02 弹出“查找”对话框，❶ 在文本框中输入好友的QQ号码，❷ 单击“查找”按钮，如下图所示。

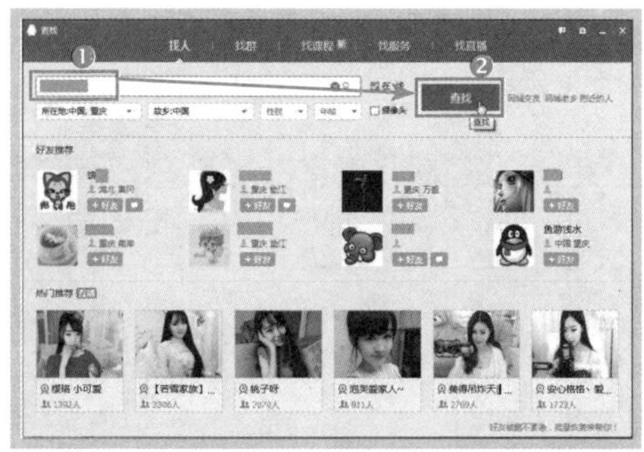

Step03 对话框下方将显示搜索到的结果，单击“好友”按钮，如下图所示。

Step04 弹出“寒江雪-添加好友”对话框，❶ 输入验证信息，即发送给好友的信息，也可不输入，❷ 单击“下一步”按钮，如下图所示。

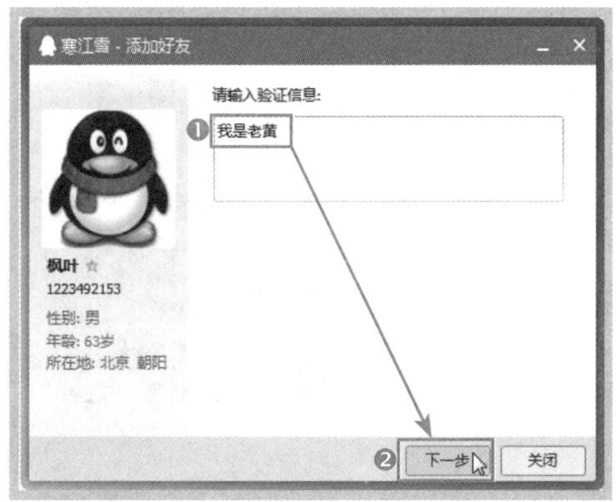

Step05 设置好备注姓名和分组，如果QQ面板中没有合适的分组，单击“新建分组”

超链接，如下图所示。

Step06 弹出“好友分组”对话框，❶ 在文本框中输入新建的分组名称，❷ 单击“确定”按钮，如下图所示。

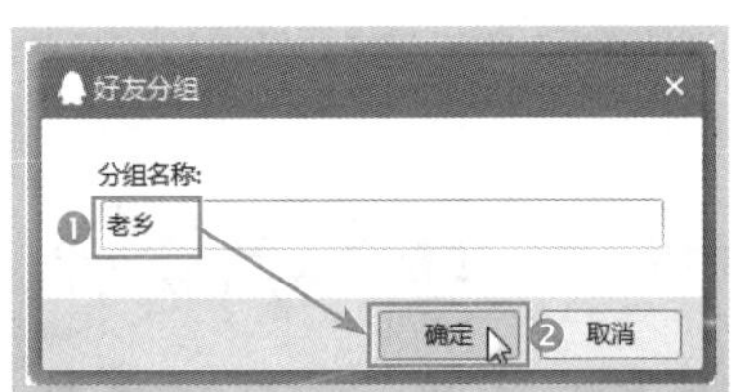

Step07 返回“寒江雪 - 添加好友”对话框，可看到添加的好友自动分配到该组，单击“下一步”按钮，如下图所示。

Step08 添加好友信息发送成功，单击“完成”按钮等待对方同意添加，下图所示。

Step09 等待对方确认后，在任务栏显示闪烁图标，提示添加好友成功，如下图所示。

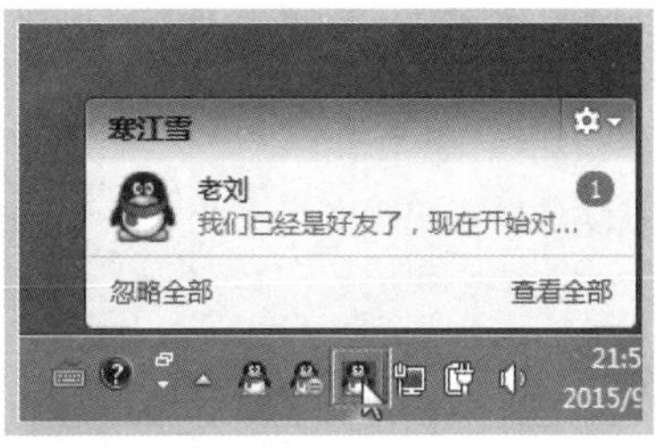

Step10 双击任务栏中的闪烁图标，在打开的窗口中即可与好友进行聊天了，如下图所示。

Step11 打开 QQ 面板，展开新建的分组列表，在其中可看到添加的好友，如下图所示。

7.1.4 与好友零距离交流

聊天是QQ最基本的功能之一，使用QQ不仅可以与好友实时在线交流，还可以与好友进行语音和视频聊天，非常方便。

1. 文字聊天

使用QQ聊天不仅可以和好友在线交流，即使对方不在线，我们也可以向对方发送文字信息，当对方上线后即可立即收到信息。使用QQ进行文字聊天的方法如下。

Step01 打开QQ面板，双击需要交流的好友，如下图所示。

Step02 打开聊天窗口，❶ 在消息编辑框中输入聊天信息，❷ 单击“发送”按钮，如下图所示。

Step03 当好友回复消息后，任务栏上的QQ程序按钮会开始闪烁，单击该闪烁图标，如下图所示。

Step04 在弹出的聊天窗口中显示好友的回复，继续输入文字聊天并发送即可，如下图所示。

2. 语音聊天

语音聊天其实和打电话的性质是一样的，进行语音聊天的方法如下。

Step01 打开好友聊天窗口，单击对话框中好友头像下方的“开始语音通话”按钮，如下图所示。

Step02 请求通话发出之后，等待对方接受，如下图所示。

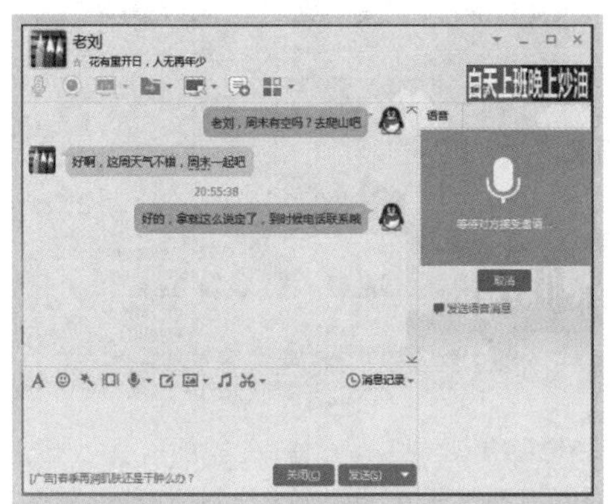

Step03 当对方接到语音通话的邀请后，其屏幕右下角将弹出提示窗口，单击“接听”按钮即可开始通话，如下图所示。

Step04 通话结束后，单击“挂断”按钮结束通话，如下图所示。

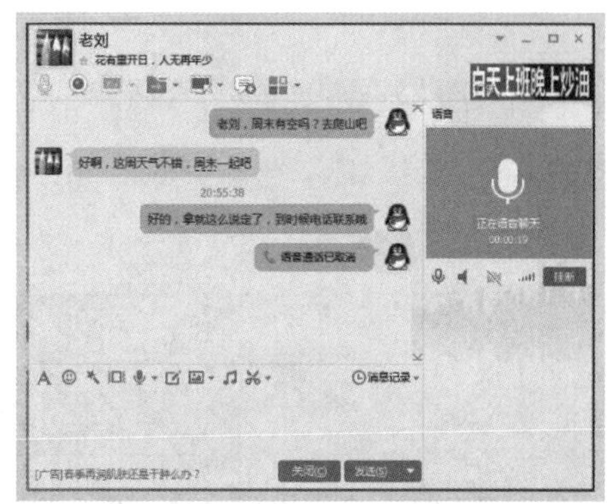

3. 视频聊天

如果聊天双方都安装了摄像头，当网络条件好时，那么使用视频聊天就相当于面对面聊天了。进行视频聊天的方法如下。

Step01 打开好友聊天窗口，单击对话框中好友头像下方的“开始视频通话”按钮，如下图所示。

Step02 当对方接到视频通话的邀请后，其屏幕右下角将弹出提示窗口，单击“接听”按钮即可开始通话，如下图所示。

Step03 聊天结束后，单击“挂断”按钮结束通话即可，如下图所示。

7.1.5 发送和接收文件

使用QQ与好友交流时，不仅可以发送屏幕截图和本地文件，还可以向好友发送离线文件。下面将分别介绍。

1. 发送屏幕截图

如果想要将当前屏幕上显示的画面发送给朋友，可以通过“屏幕截图”功能实现，操作方法如下。

Step01 打开聊天窗口，单击消息编辑框上方的“屏幕截图”按钮，如下图所示。

Step02 此时电脑屏幕将变暗，按下鼠标左键拖动，框选出要发送的屏幕画面，在画面上双击鼠标左键或者单击“完成”按钮进行确认，如下图所示。

Step03 所截取的图像将自动插入聊天窗口的消息编辑框中，单击“发送”按钮即可发送，如下图所示。

2. 发送图片文件

如果想要将电脑里的图片发给朋友观看，可通过下面的操作实现。

Step01 打开聊天窗口，单击消息编辑框上方的“发送图片”按钮，如下图所示。

Step02 弹出“打开”对话框，❶ 选中需要发送的图片文件，❷ 单击“打开”按钮，如下图所示。

> **小提示**
>
> 图片太大时的发送方式
>
> 如果图片太大，将会以文件的形式发送给好友，而不是以图片的形式从消息编辑框中发送。

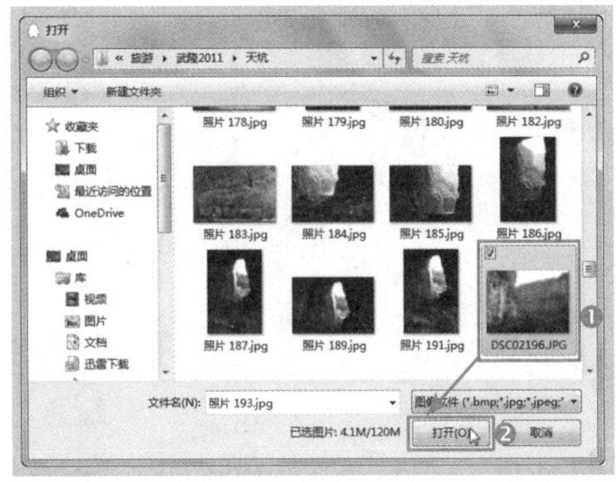

Step03 选择的图片将插入到消息编辑框中，单击“发送”按钮即可，如下图所示。

3. 在线发送文件或文件夹

如果用户需要将其他文件或者整个文件夹中的所有文件发送给好友，可通过下面的方法实现。

Step01 打开聊天窗口，❶ 单击上方的“传送文件”按钮，❷ 在弹出的下拉列表中选择“发送文件 / 文件夹”命令，如下图所示。

Step02 弹出“选择文件 / 文件夹”对话框，❶ 选中要发送的文件或文件夹，❷ 单击“发送”按钮，如下图所示。

Step03 文件发送请求已经发出，等待好友接收，如下图所示。

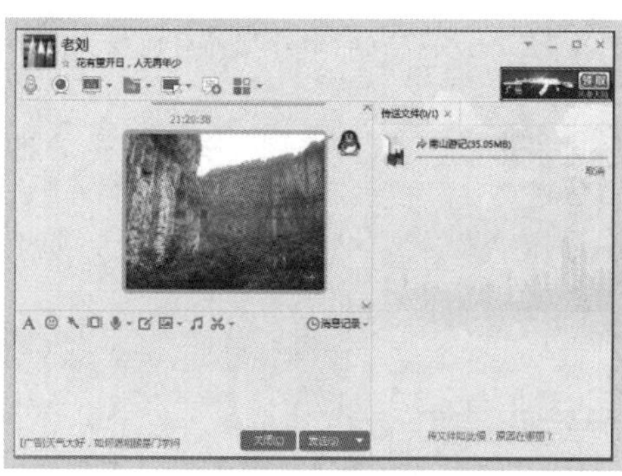

Step04 好友成功接收文件后，消息框中将显示成功发送的提示信息，如下图所示。

4. 发送离线文件

如果好友长时间没有接收文件，或者好友不在线无法接收文件，我们可以发送离线文件，以便好友上线后接收，方法如下。

Step01 打开聊天窗口，❶ 单击上方的“传送文件”按钮，❷ 在弹出的下拉列表中选择“发送离线文件”命令，如下图所示。

Step02 弹出“打开”对话框，❶ 选中要发送的文件，❷ 单击“打开”按钮，如下图所示。

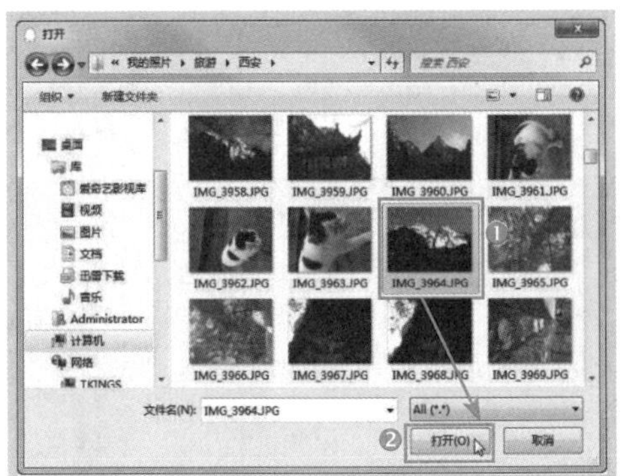

Step03 文件将自动发送给好友，并显示上传进度，如下图所示。

Step04 文件发送成功后，消息框中将显示提示信息，如下图所示。

5. 接收文件或文件夹

如果好友发送文件或文件夹给我们，可以通过下面的方法进行接收。

Step01 如果有好友发送文件，此时任务栏中的 QQ 程序按钮将会闪烁，提示有文件需要接收，单击该按钮，如下图所示。

Step02 打开聊天窗口，若单击“接收”超链接，文件将自动保存在安装路径下，若要保存到其他位置，单击“另存为”超链接，如下图所示。

Step03 弹出“另存为”对话框，❶ 设置好文件的保存位置，❷ 单击“保存”按钮，如下图所示。

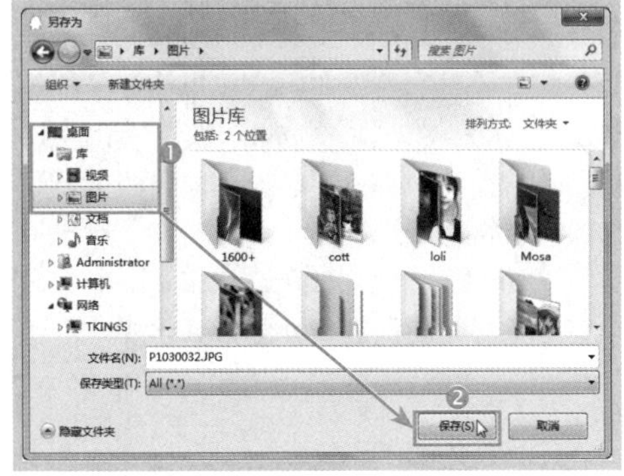

Step04 接收完成后，在消息框中将显示成功保存的提示信息，如右图所示。若单击“打开”超链接，将直接打开并浏览文件。

7.2 收发电子邮件

电子邮件（E-mail）与普通的信件一样，目的是将信息投递给接收者，只不过信息的载体从纸张变成了网络。与传统的信件相比，电子邮件具有传递速度快、使用方便、可达范围广等优点。

7.2.1 申请免费邮箱

与传统写信方式的联系地址一样，电子邮箱也需要一个邮箱地址，电子邮件通讯系统用这个地址来标识网络中的邮箱。只有知道对方的邮箱地址，才能正确发送电子邮件。

电子邮箱地址以“用户名+@+电子邮件服务器”的形式来表示。例如，abc@163.com等，其中“用户名”由用户在申请电子邮箱时设定；@是英文“at”的缩写（读作“艾特”），用于连接前后两部分；“电子邮箱服务器”为邮件服务提供商。

下面以在新浪（http://mail.sina.com）申请电子邮箱为例进行介绍，具体操作方法如下。

一点通

常用电子邮箱地址

目前许多网站都提供了免费的电子邮件服务，如网易163（http://mail.163.com）、搜狐（http://mail.sohu.com）、雅虎（http://mail.cn.yahoo.com）、腾讯QQ（http://mail.qq.com）。

Step01 打开网易邮箱主页，单击“注册”按钮，如下图所示。

Step02 进入注册页面，❶ 输入用户名、密码和验证码，❷ 单击“立即注册”按钮，如下图所示。

小提示

电子邮箱注册须知

注册电子邮箱时需要注意，由于网络上的邮箱地址具有唯一性，如果输入的邮箱用户名已被其他人注册，“邮箱地址”文本框下面将显示“邮箱名已注册”的提示信息，只有文本框右侧显示时，此用户名才能被注册成功。

Step03 稍等片刻，即可成功注册并进入新浪邮箱首页，如下图所示。

7.2.2 登录电子邮箱

成功注册新浪电子邮箱后，若以后需要使用电子邮箱，可通过下面的方法登录。

Step01 启动浏览器，❶ 打开新浪邮箱，在登录页面中输入邮箱地址和密码，❷ 单击“登录”按钮，如下图所示。

Step02 ❶ 此时“登录”按钮上方将显示一个文本框，输入右侧图片中显示的字符信息，❷ 再次单击“登录”按钮，如下图所示。如果没有显示验证码，将直接进入邮箱首页。

Step03 ❶ 在弹出的对话框中根据需要进行分类设置，❷ 单击“保存”按钮，如下图所示。

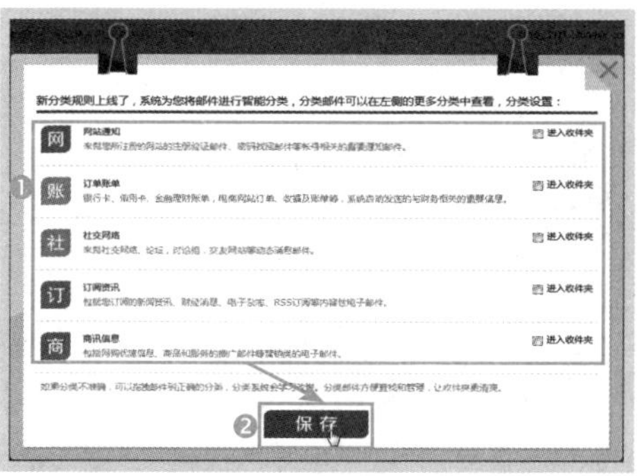

Step04 稍后即可进入自己的新浪邮箱首页了，如下图所示。

7.2.3 撰写和发送邮件

登录自己的电子邮箱后，如果知道好友的邮箱地址，就可以向对方发送邮件了，具体操作方法如下。

Step01 在新浪邮箱首页单击“写信”按钮，如下图所示。

Step02 ❶ 如果是第一次写信，可根据需要在右侧的文本框中设置昵称和签名，❷ 单击“确定”按钮，如下图所示。

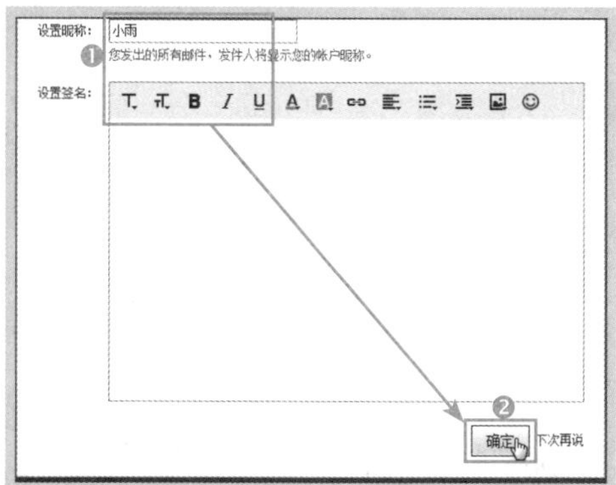

Step03 ❶ 进入写信模式，输入好友的邮箱地址、邮件主题和邮件内容，❷ 单击“发送”按钮，如下图所示。

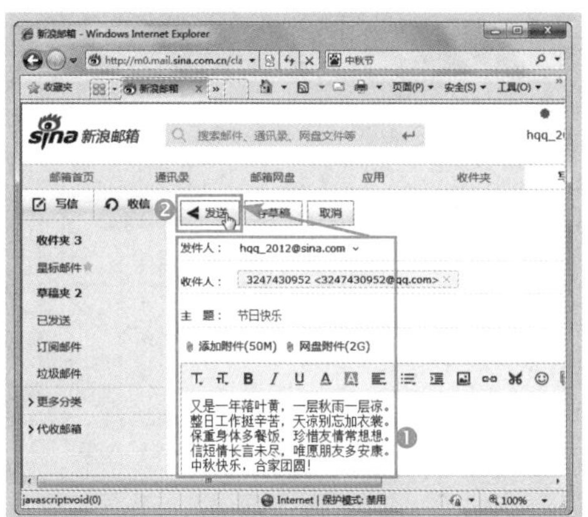

Step04 稍等片刻，即可看到邮件已发送的提示信息，如下图所示。

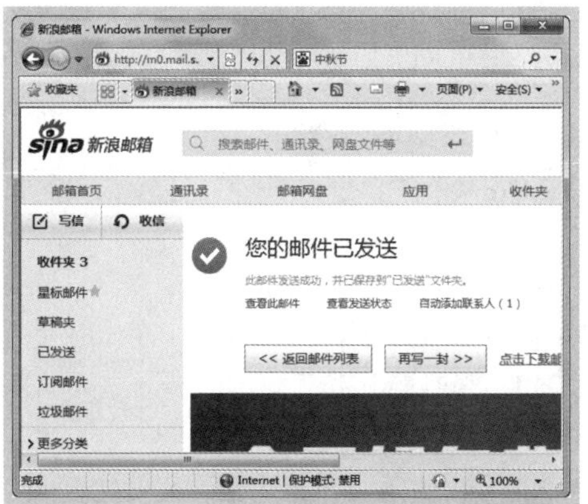

7.2.4　查看和回复邮件

当我们收到好友的邮件时，可以直接在电子邮箱中查看并回复邮件，不需要重新撰写新邮件。同时，我们还可以将这些邮件转发给其他人。

在电子邮箱中回复邮件的具体操作如下。

Step01 登录新浪邮箱首页，单击“收信”按钮或者“收件夹”信息，如下图所示。

Step02 在浏览器窗口的中间窗口中单击要查看的邮件，如下图所示。

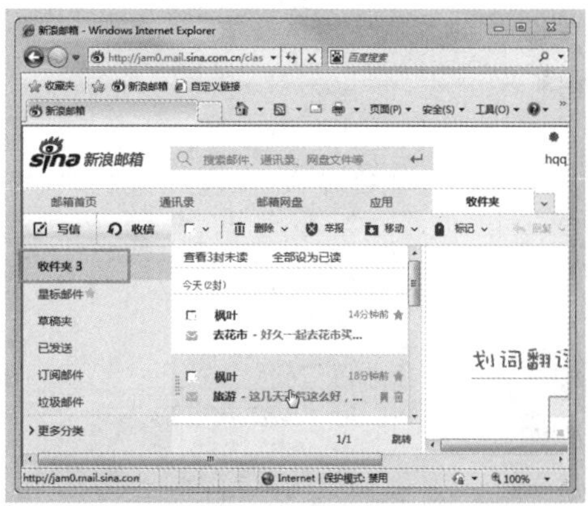

Step03 在右侧窗格中可看到邮件的具体内容，如下图所示。

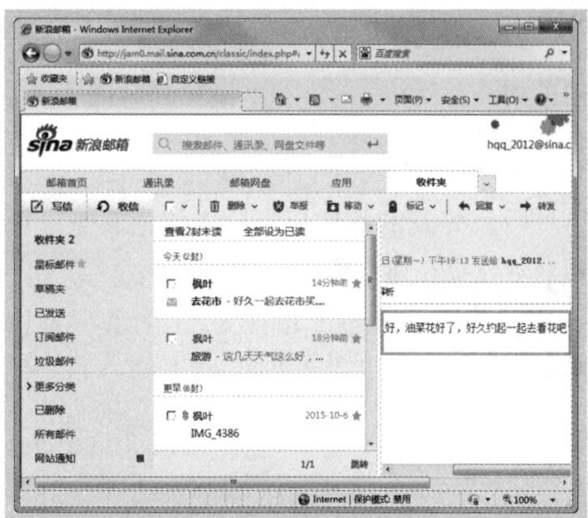

Step04 拖动窗格右侧的滚动条至页面下方，可看到“快速回复”文本框，将鼠标定位在文本框中，如下图所示。

Step05 ❶ 输入需要回复的内容，❷ 单击“发送”按钮即可快速回复好友邮件，如下图所示。

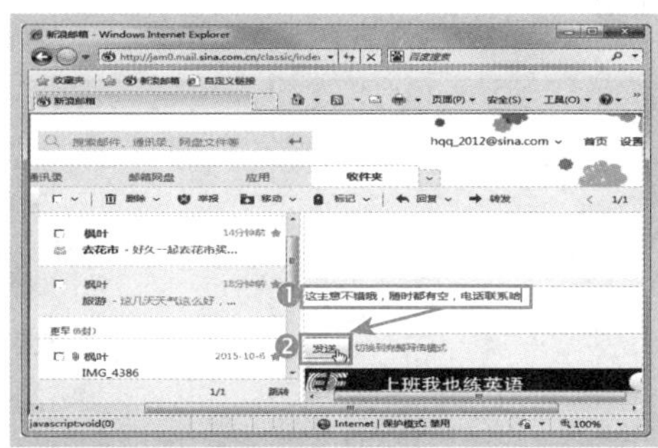

7.2.5 使用通讯录

与好友交流邮件后，为了方便以后联系，可以将经常联系的好友分组添加到通讯录。

1. 添加联系人

收到好友的邮件后，为了方便联系，可以将其保存在通讯录中，方法如下。

Step01 登录新浪邮箱首页，切换到“通讯录”选项卡，如下图所示。

Step02 单击“新建联系人”按钮，如下图所示。

Step03 ❶ 在文本框中输入好友姓名、邮箱地址、手机等个人信息，并设置好分组，❷ 单击“保存”按钮，如下图所示。

Step04 好友信息将被添加到通讯录中，在窗口左侧切换到对应的分组，可在右侧看到添加的联系人基本信息，如下图所示。

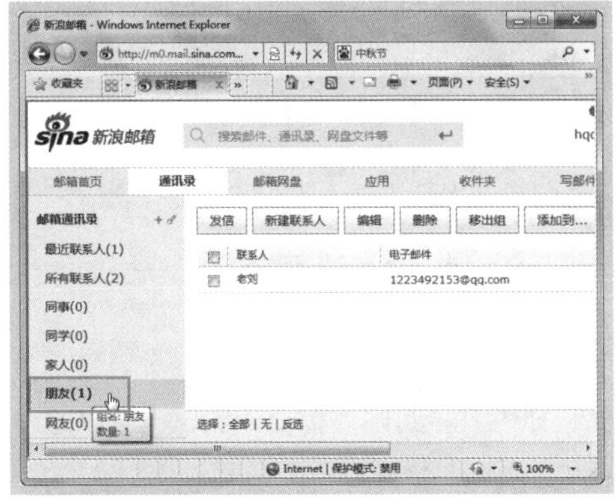

2. 分组保存联系人

如果添加通讯录时忘记对好友进行分组，可通过下面的方法进行设置。

Step01 登录新浪邮箱首页，切换到“通讯录”选项卡，如下图所示。

Step02 ❶ 勾选需要添加分组的联系人前的复选框，❷ 单击“添加到…”按钮，❸ 在弹出的下拉列表中选择需要的分组，如下图所示。

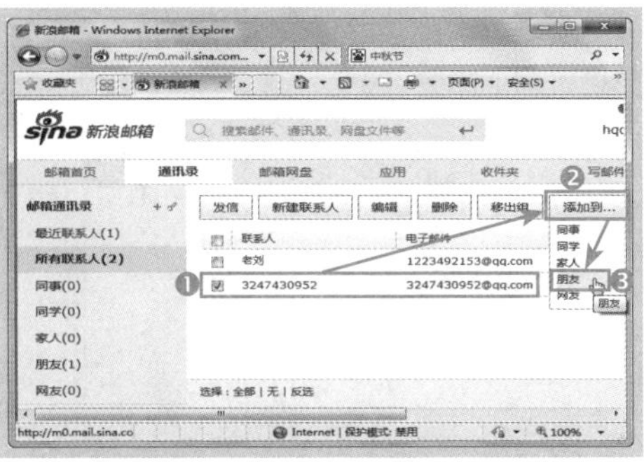

Step03 在窗口左侧切换到对应的分组，可在右侧看到添加的联系人，如下图所示。

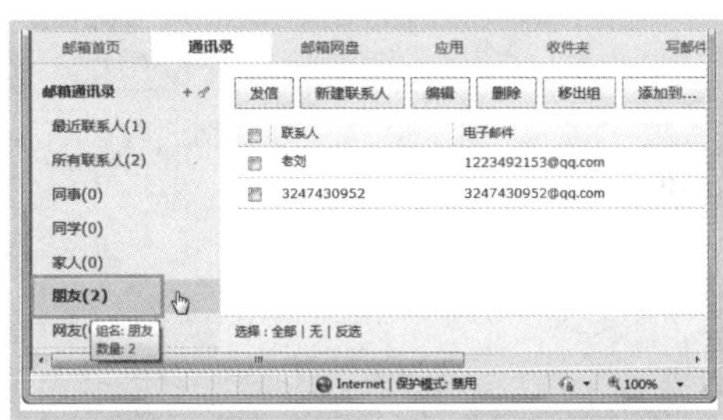

3. 删除联系人

如果不希望与某个好友再联系，或者不常联系某个好友，可以将其从通讯录中删除，方法如下。

Step01 登录新浪邮箱首页，切换到“通讯录”选项卡，❶ 勾选某个需要删除的好友信息前的复选框，❷ 单击“删除”按钮，如下图所示。

Step02 在弹出的提示对话框中单击“确定”按钮，如下图所示。

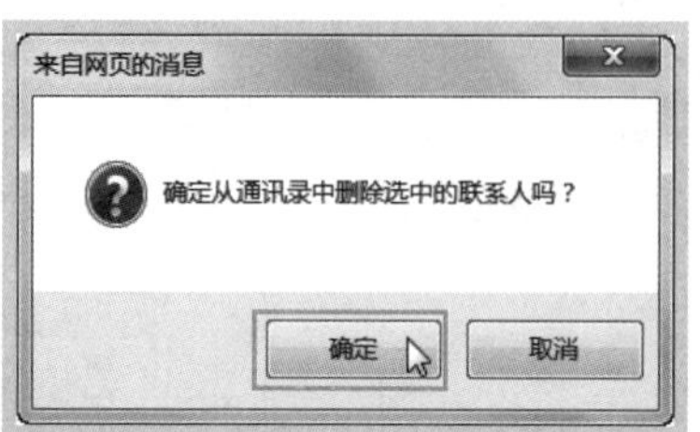

Step03 此时在联系人列表中将不会出现该好友的信息，如下图所示。

7.2.6 删除邮件

邮箱里的邮件多了以后，查看邮件时不仅不方便，而且邮箱的空间是有限的，如果空间满了将无法接收邮件，所以应将不需要的邮件及时删除。

1. 阅读后直接删除

如果在阅读邮件后认为这封邮件没有必要再保存，可以将其直接删除。

方法很简单，阅读邮件后，❶ 单击邮件列表上方的“删除”按钮，❷ 在弹出的下拉列表中选择“删除”命令，如下图所示。

2. 在邮件列表中删除

如果有多封邮件需要删除，也可以通过以下的方法来操作。

❶ 在邮件列表中勾选需要删除的多封邮件前的复选框，❷ 单击邮件列表上方的“删除”按钮，在弹出的下拉列表中选择“删除”命令，如下图所示。

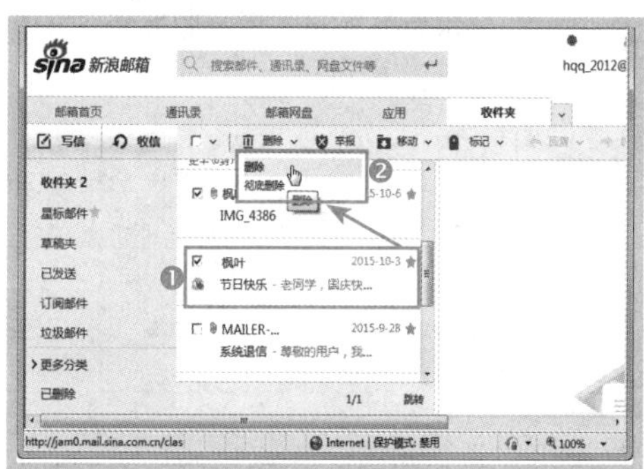

3. 彻底删除邮件

通过前面两种方法删除邮件时，其实只是将邮件从“收件夹”转移到“已删除”文件夹中，仍然占用了邮箱空间，如下图所示。

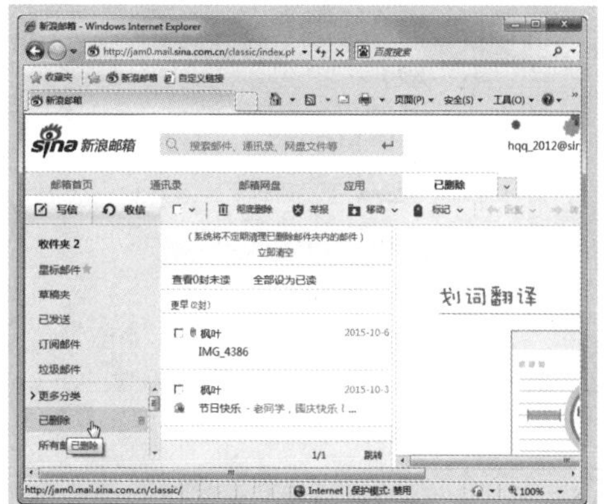

如果希望被删除的邮件不占用邮箱空间，需要彻底删除邮件，方法如下。

Step01 ❶ 勾选要删除的一封或多封邮件前的复选框，❷ 单击“删除”按钮，在弹出的下拉列表中选择“彻底删除”命令，如下图所示。

Step02 在弹出的“删除邮件”提示对话框中将提示删除邮件后无法恢复的信息，单击“确定”按钮即可，如下图所示。

小提示

彻底删除邮件的其他方法

选择邮箱首页左侧页面中的“更多分类”选项，在展开的列表中使用鼠标邮件选择“已删除”选项，接着在弹出的快捷菜单中选择“清空”命令，可一次性彻底删除“已删除”文件夹中的所有邮件。

7.3 使用微博

微博是微型博客的简称，是一个基于用户关系进行信息分享和信息传播的平台，由于其注重时效性和随意性，因此备受广大用户的青睐。

7.3.1 申请微博

要使用微博，首先需要在相应微博的官方网站上面注册账号并开通自己的微博应用。

本节我们将以新浪微博为例介绍具体操作，由于前面我们申请了新浪邮箱，此时我们可直接使用新浪邮箱账号申请微博，方法如下。

Step01 启动浏览器，打开新浪微博注册页面“http://www.weibo.com”，❶ 在其中输入昵称、生日和性别等个人基本信息，❷ 单击“立即开通”按钮，如下图所示。

Step02 ❶ 弹出“短信验证”对话框，输入手机号码，❷ 单击“免费获取短信激活码”按钮，如下图所示。

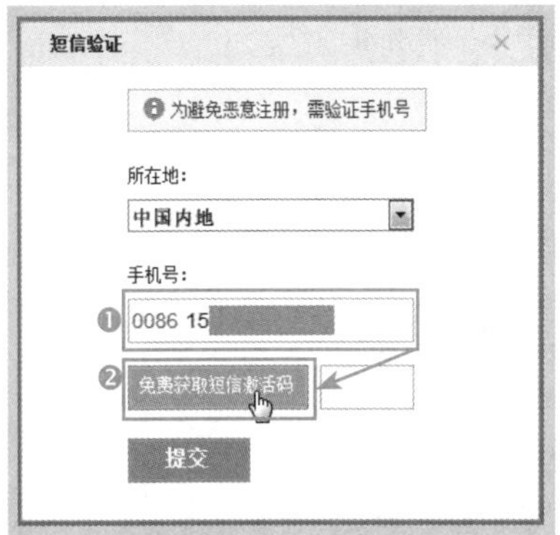

Step03 ❶ 在右侧文本框中输入手机收到的验证码信息，❷ 单击“提交”按钮，如下图所示。

Step04 ❶ 在打开的页面中选择感兴趣的一个或多个话题，❷ 单击“进入微博”按钮，如下图所示。

Step05 进入新浪微博的个人首页，你可以在这里发表微博，如下图所示。

7.3.2　发表微博

成功完成注册后，用户就可以在自己的首页中发布微博了，微博发布后会即时显示出来。

1. 发布文字微博

发表微博的方法非常简单，具体操作方法如下。

Step01　进入新浪微博的个人首页，❶ 在文本框中输入要发布的文字，❷ 单击“发布”按钮即可发布微博，如下图所示。

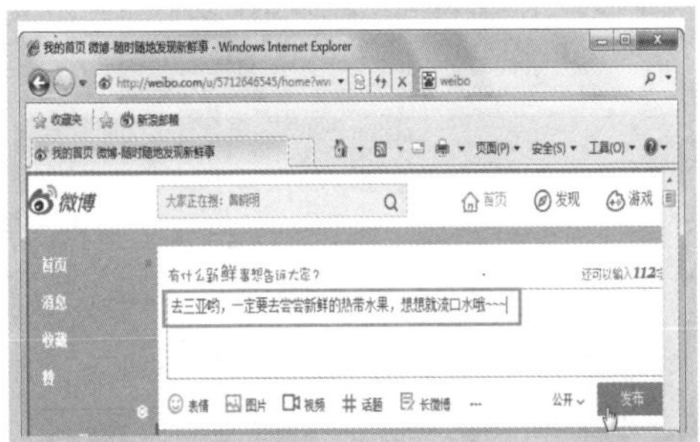

Step02　如果觉得纯文字很单调，可以在微博中添加表情，❶ 将鼠标指针定位到需要添加表情的位置，❷ 单击文本框下方的“表情”选项，如下图所示。

Step03　在弹出的对话框中单击需要添加的表情，如下图所示。

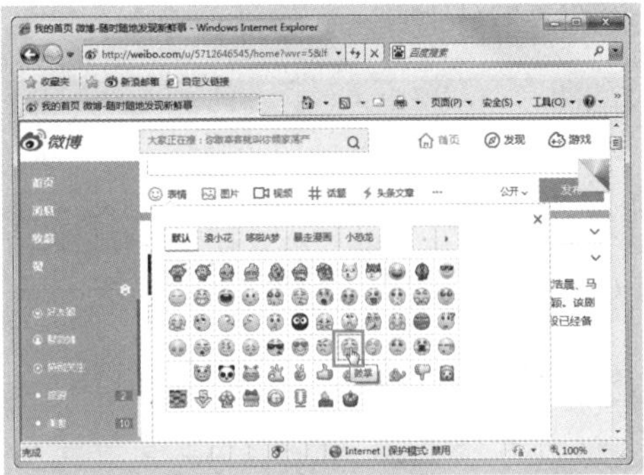

Step04　单击“发布”按钮发布微博即可，如下图所示。

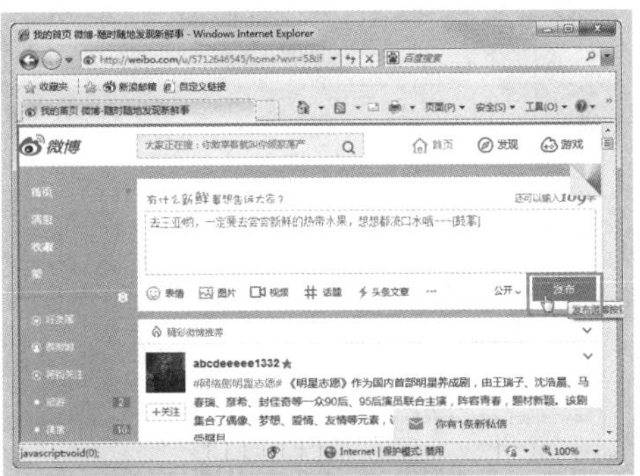

Step05　单击页面上方的个人昵称，即可进入自己的个人微博首页，在其中可查看刚发布的微博内容，如下图所示。

2. 发布图片微博

发布的微博不仅可以为纯文字，还可以为图片。发布图片微博的方法如下。

Step01 登录个人微博首页，❶ 选择编辑框下方的“图片”选项，❷ 在展开的对话框中选择需要插入的图片类型，如下图所示。

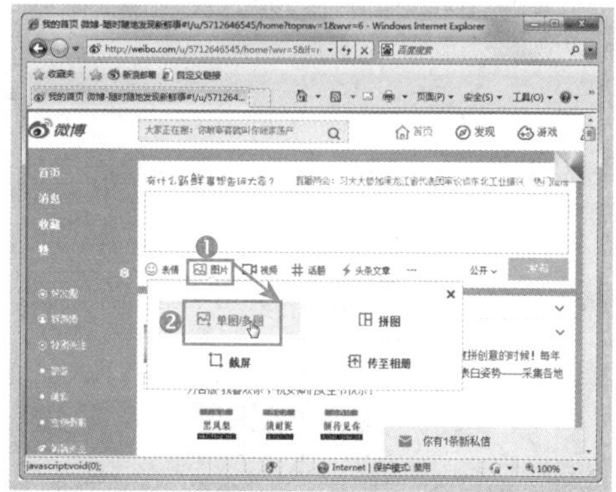

Step02 ❶ 在弹出的对话框中选择要发布到微博的图片，❷ 单击“打开”按钮，如下图所示。

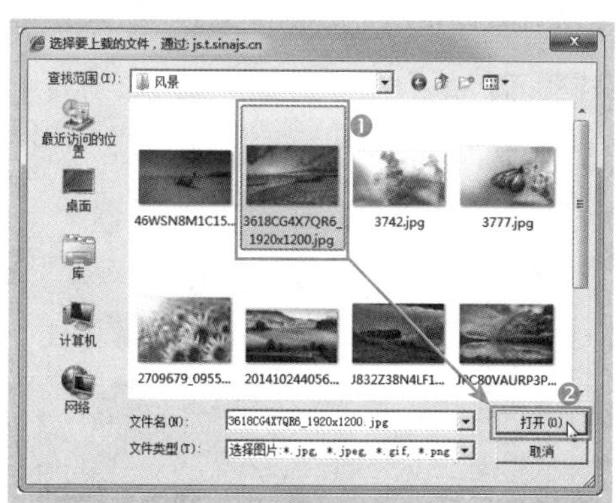

Step03 返回微博，在对话框中可看到刚上传的图片缩略图，单击右侧的按钮可继续添加要上传的图片，如下图所示。

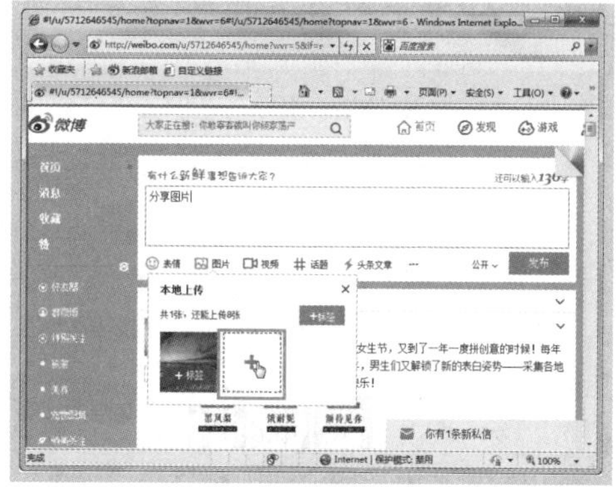

Step04 如果上传的图片有误，可将鼠标指针指向需要删除的图片缩略图，单击其右上角的“关闭”按钮，如下图所示。

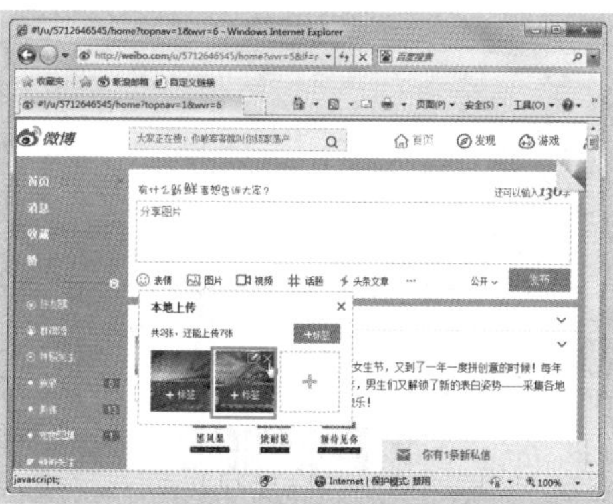

Step05 单击“发布”按钮，如下图所示。

Step06 单击页面上方的个人昵称进入自己的个人微博首页，在其中可查看刚发布的图片微博，如下图所示。

7.3.3　转载他人微博

如果对别人的博文感兴趣，可以转载他的微博，以便自己浏览。转载他人微博的方法如下。

Step01 单击需要转载的博文下方的“转发”超链接，如下图所示。

Step02 弹出“转发微博”对话框，❶ 在文本框中输入评论内容，❷ 单击“转发”按钮，如下图所示。

小提示

转载他人微博并进行评论

转载他人微博时，也可直接单击“转发”按钮进行转发。若勾选“同时评论给 ***”复选框，可在转发的同时将文本框中的内容评论给对方。

Step03 单击页面上方的个人昵称进入自己的个人微博首页，即可看到刚转载的他人微博，如下图所示。

7.3.4　评论他人微博

若希望对某篇博文发表感慨，可对其进行评论，方法如下。

Step01 单击需要评论的博文下方的“评论”超链接，如下图所示。

Step02 ❶ 下方将展开评论对话框，在文本框中输入评论内容，❷ 单击“评论”按钮，如下图所示。

一点通

评论他人微博并进行转载

评论他人微博时，若勾选“同时转发到我的微博”复选框，可在评论的同时将博文内容转载到自己的个人微博。

Step03 评论成功后，在下方将显示评论的内容，如下图所示。

7.3.5 删除博文

如果对已经发布的博文不满意，可以将其删除以后重新发布。删除博文的方法如下。

Step01 进入个人微博页面，❶ 单击需要删除的博文右侧的向下箭头，❷ 在展开的列表中选择“删除”命令，如下图所示。

Step02 在弹出的对话框中将提示是否确认删除此条微博，单击“确定”按钮，即可将此微博删除，如下图所示。

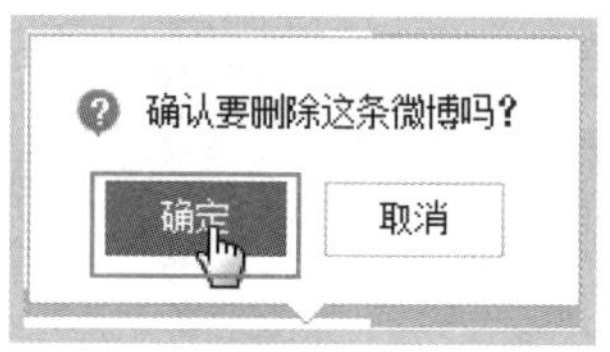

(11:15 ~ 11:30)

疑问 1：如果忘记 QQ 密码了，无法登录 QQ 怎么办？

答：如果忘记了设置的 QQ 密码，不要担心，我们可以通过短信验证方式找回 QQ 密码，方法如下。

Step01 双击桌面上的 QQ 图标，打开登录界面，单击“找回密码”超链接，如下图所示。

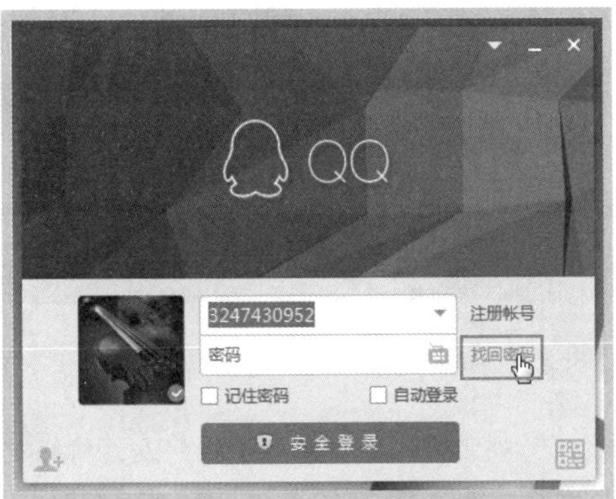

Step02 打开“密码管理”页面，❶ 输入想要找回密码的 QQ 账号，❷ 根据下方图片中的信息输入验证码，❸ 单击“下一步”按钮，如下图所示。

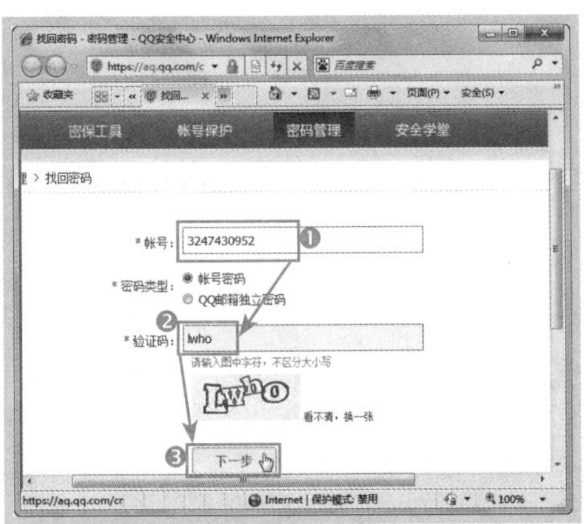

Step03 单击“验证密保找回密码”按钮，如下图所示。

Step04 弹出“找回密码”对话框，用注册 QQ 时设置的手机号码发送短信到指定号码，接着单击“我已发送”按钮，如下图所示。

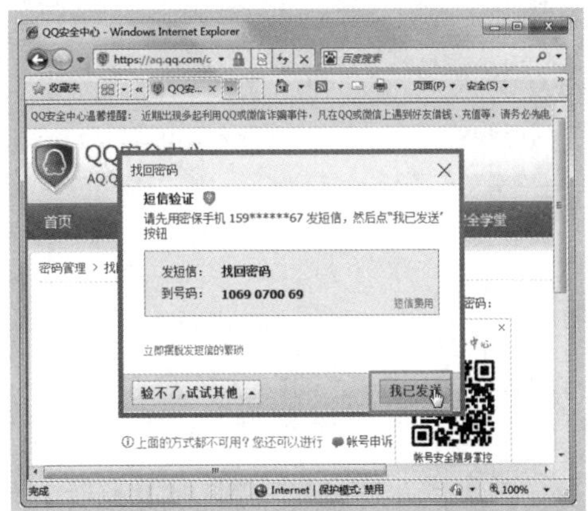

Step05 ❶在页面中设置新的密码并确认，❷单击“确定”按钮，如下图所示。

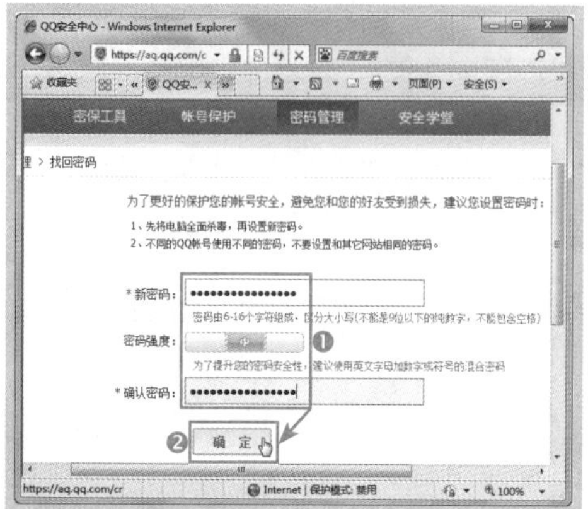

Step06 页面中将会显示QQ密码修改成功的信息，如下图所示。

疑问2：可以将多张照片用邮件形式发送给好友吗？如果好友发送照片给我，该如何将其保存下来呢？

答：使用邮件不仅可以发送文字信息，还可以将文件或照片以附件的形式发送给好友。

1. 以附件形式发送照片

要发送照片给好友，可通过附件形式实现，方法如下。

Step01 登录自己的个人邮箱，单击“写信”按钮，如下图所示。

Step02 进入“写邮件”窗口，在右侧“联系人”列表中选择需要发送的好友，将好友的邮箱地址导入“收件人”栏中，如下图所示。

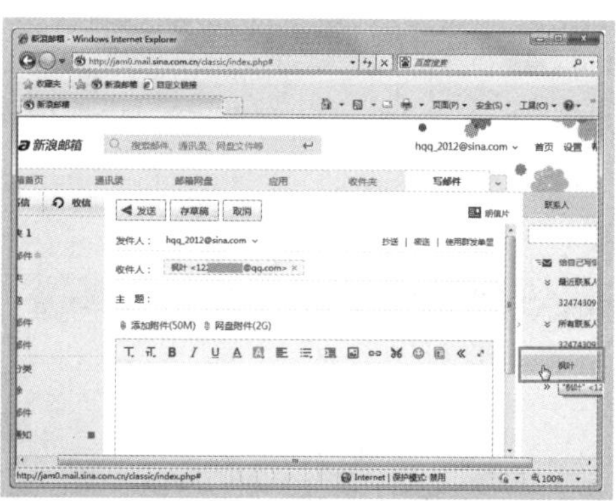

Step03 ❶在“主题”栏输入邮件的主题，即邮件名称，在下方输入邮件内容，❷单击“添加附件”超链接，如下图所示。

Step04 ❶ 在弹出的对话框中选择需要发送的照片，❷ 单击"打开"按钮，如下图所示。

Step05 重复上面的操作添加其他照片，如果添加错了，可单击附件列表中文件名右侧的"删除"按钮，如下图所示。

Step06 所有要发送的照片添加完成后，单击"发送"按钮，如下图所示。

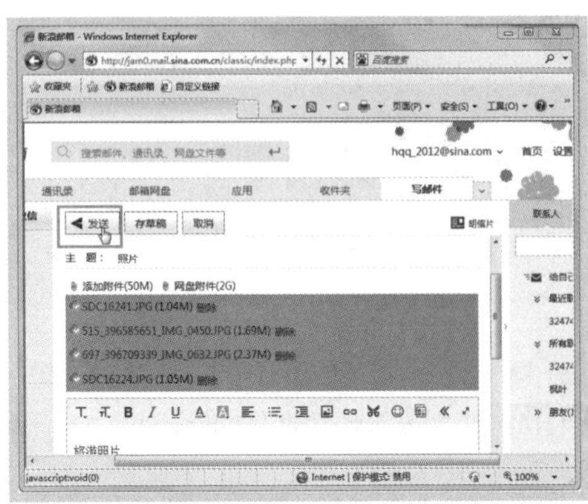

Step07 稍等片刻，可看到邮件发送成功的提示信息，如下图所示。

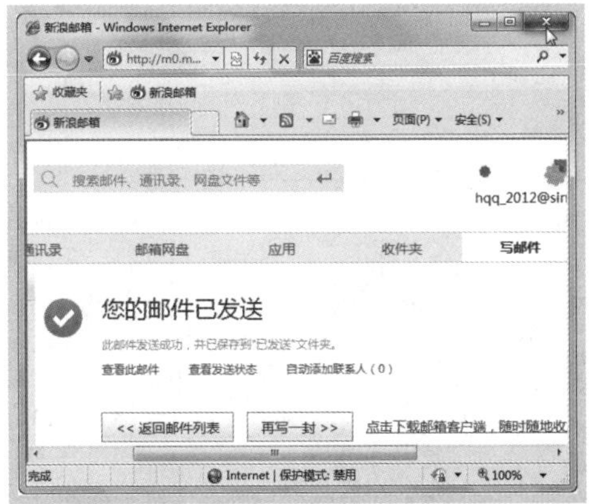

2. 下载附件

如果好友发送的邮件中包含附件，我们可通过下面的方法将其下载保存到电脑中。

Step01 登录自己的新浪邮箱首页，选择"收信"按钮或者"收件夹"选项，如下图所示。

Step02 单击需要下载附件的邮件，如下图所示。

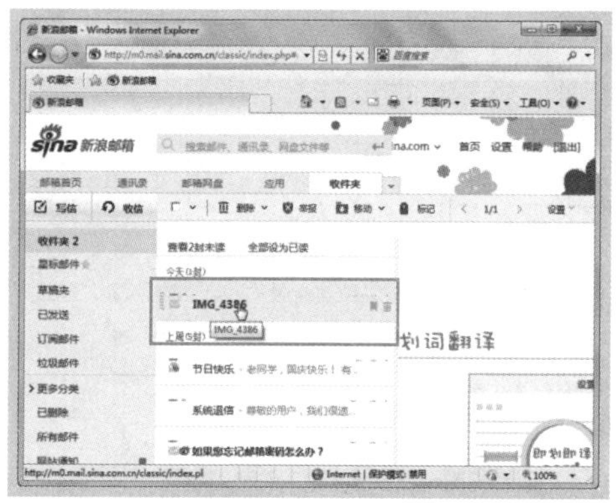

Step03 在右侧窗口可看到该邮件中的所有附件，单击某个文件选项下方的“查毒并下载”超链接将下载单个文件，若要一次性下载所有附件，单击“全部下载”超链接，如下图所示。

Step04 弹出“文件下载”对话框，单击“保存”按钮，如下图所示。

Step05 弹出“另存为”对话框，❶ 设置好附件的保存位置，❷ 单击“保存”按钮即可，如下图所示。

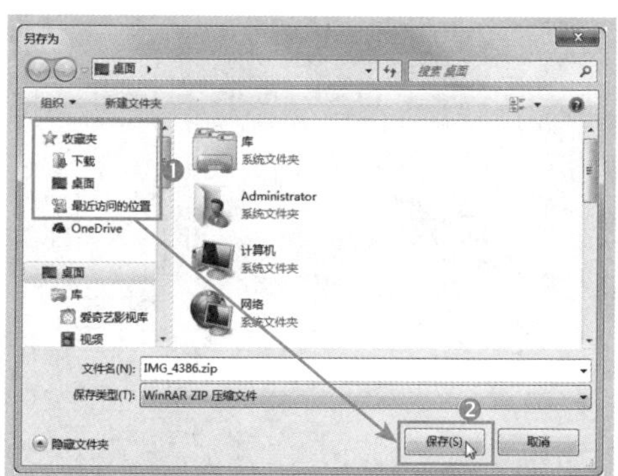

疑问 3：可以将 QQ 聊天窗口中好友发送的截图保存下来吗？

答：使用 QQ 与好友聊天时，聊天窗口中的图片也可以保存到电脑上，方法如下。

Step01 在 QQ 聊天窗口中，双击要保存的好友截图信息，如下图所示。

Step02 在打开的对话框中将原比例显示图片，依次单击“保存”→“保存到本地”按钮，如下图所示。

Step03 弹出“另存为”对话框，❶ 设置好截图文件的保存位置，❷ 在“文件名”文本框中设置好保存名称，❸ 单击“保存”按钮即可，如下图所示。

过关练习 (11:30 ~ 12:00)

通过前面内容的学习，结合相关知识，请读者亲自动手按要求完成以下过关练习。

练习一：定时给好友发送生日贺卡

在网络顺畅的上网环境下，不仅可以随时给好友发送邮件，还可以定时发送。比如，好友过几天生日，但我们那天也许无法使用电脑，就可以提前写好邮件，将邮件发送日期定在好友生日那天，邮件系统将定时准时发送。

以发送生日贺卡为例，定时给好友发送邮件的方法如下。

Step01 ❶ 在邮箱首页单击“写信”按钮，进入“写信”窗口，❷ 单击“明信片”超链接，如下图所示。

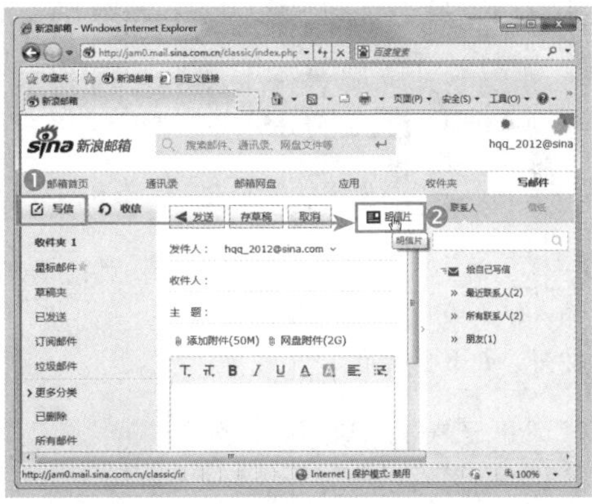

Step02 在“明信片”选项卡中选择“生日祝福”选项，如下图所示。

Step03 列表中将显示系统自带的多个生日贺卡，单击喜欢的生日贺卡选项，如下图所示。

Step04 ❶ 打开“编辑明信片”对话框，输入给好友的留言内容，❷ 单击“下一步”按钮，如下图所示。

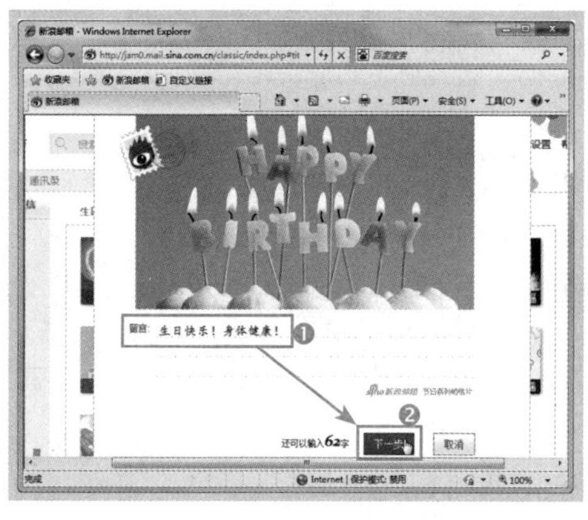

Step05 ❶ 在“收件人”文本框中输入好友的邮箱地址，❷ 勾选“定时发送”复选框，❸ 单击下拉按钮设置定时发送的日期，❹ 单击“发送”按钮，如下图所示。

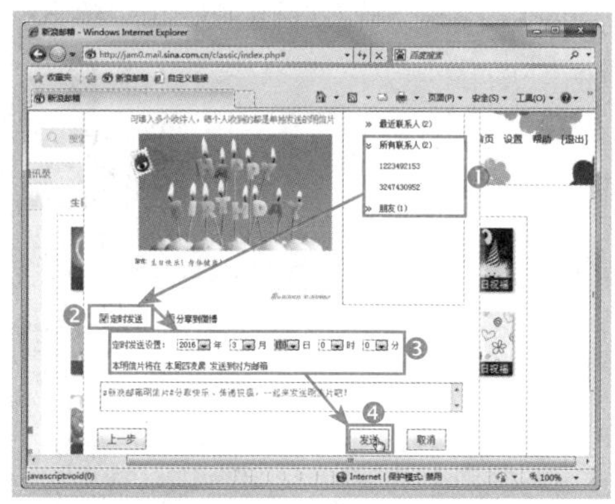

Step06 稍等片刻，页面中将显示定时发信设置成功的提示信息，操作完成，如下图所示。

练习二：加入 QQ 群进行多人聊天

QQ 群是腾讯公司推出的多人交流服务，加入 QQ 群后，可以和群中的多个好友同时聊天。我们不仅可以加入别人的 QQ 群，还可以自己创建 QQ 群。

1. 创建 QQ 群

为了方便和志同道合的朋友交流，我们可以创建一个 QQ 群，然后将朋友添加到群

里来。创建 QQ 群的方法如下。

Step01 打开 QQ 面板，切换到“群 / 讨论组”选项卡，如下图所示。

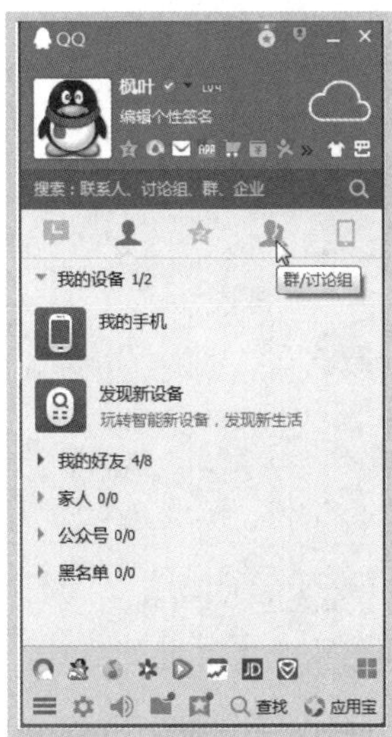

Step02 ❶ 单击“创建”按钮，❷ 在弹出的下拉菜单中选择“创建群”命令，如下图所示。

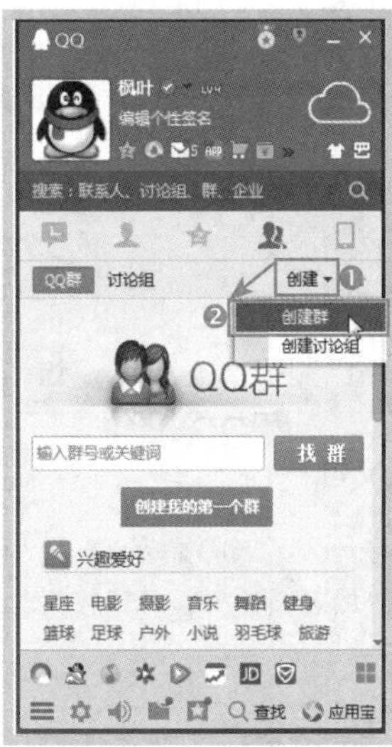

Step03 弹出“创建群”对话框，选择群类别，如下图所示。

Step04 ❶ 在对话框中填写群信息，❷ 单击“下一步”按钮，如下图所示。

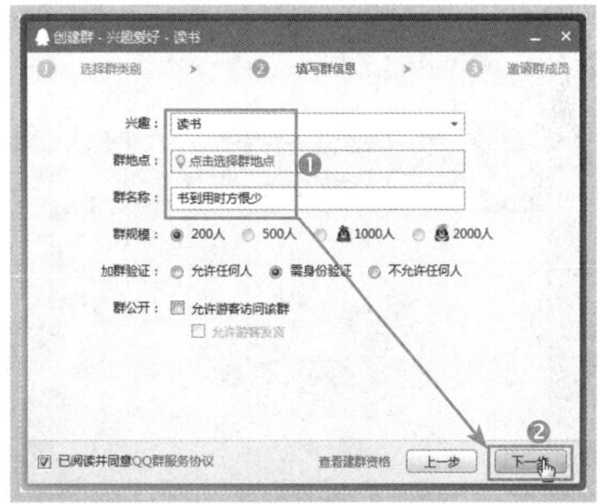

Step05 ❶ 在好友列表中选中要添加到该群的好友，❷ 单击“添加”按钮，如下图所示。

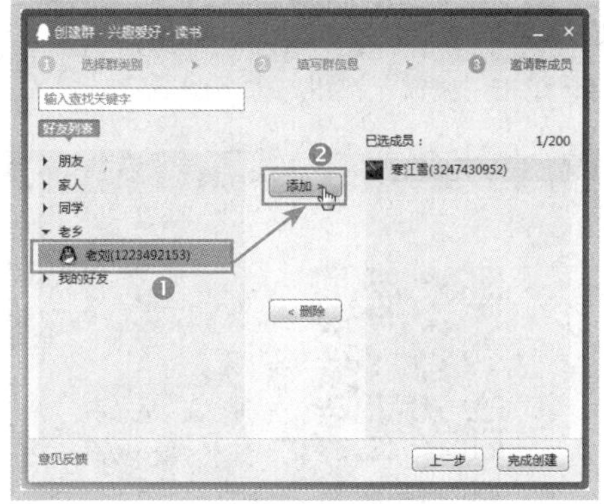

Step06 此时可看到好友被添加到右侧的“已选成员”列表中，单击“完成创建”按钮，如下图所示。

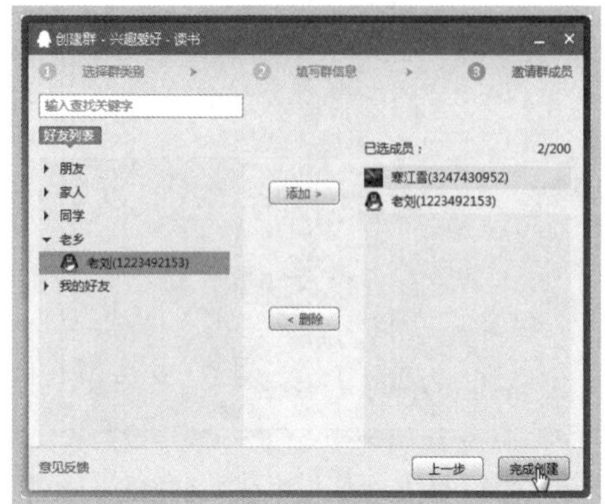

Step07 ❶ 如果是首次建群，将弹出提示框，在其中输入认证的手机号码，❷ 单击“提交”按钮，如下图所示。

Step08 对话框中显示创建群成功的提示信息，单击“完成”按钮，如下图所示。

Step09 返回 QQ 面板，在 QQ 群列表中即可看到刚创建的群名称，如下图所示。

Step10 同时，系统将收到群系统消息，点开消息并关闭对话框即可，如下图所示。

2. 加入 QQ 群

如果已知某个 QQ 群的群号，可以通过该号码申请加入到该群，具体操作如下。

Step01 打开 QQ 面板，单击“查找”按钮，如下图所示。

Step02 弹出“查找”对话框，❶ 切换到“找群”选项卡，❷ 在文本框中输入群号码，❸ 单击“查找”按钮，如下图所示。

Step03 下方将显示搜索到的群，单击其右下角的“加群”按钮，如下图所示。

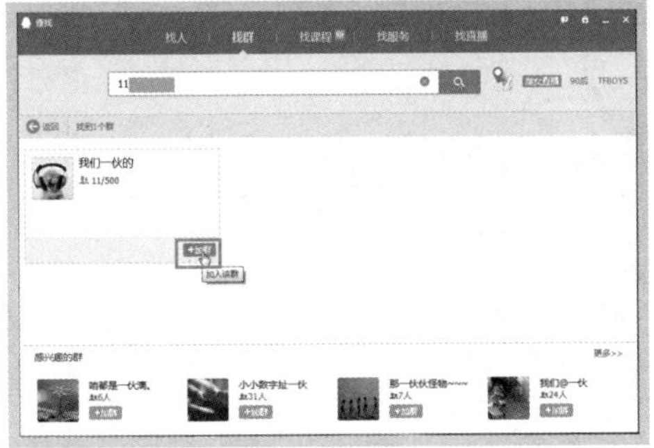

Step04 弹出“添加群”对话框，❶ 输入验证信息，❷ 单击“下一步”按钮，如下图所示。

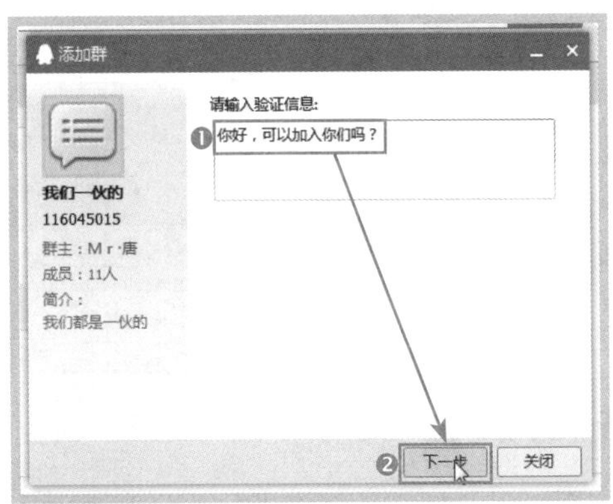

Step05 加群请求发送成功，等待群主或者管理员验证，单击“完成”按钮，如下图所示。

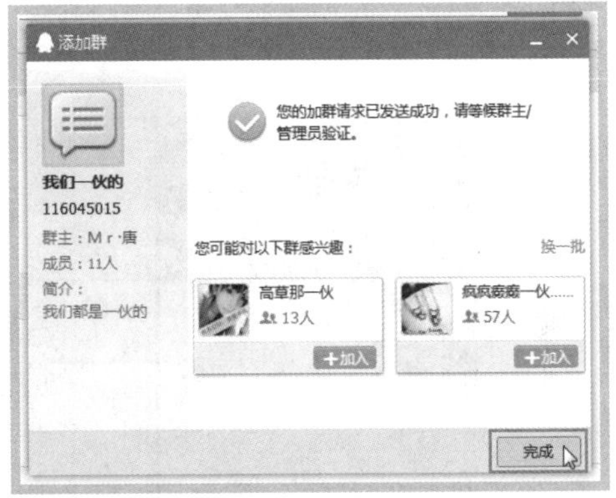

Step06 当该群的群主或者管理员认证通过后，任务栏中将显示系统提示信息，双击闪烁的 QQ 图标，如下图所示。

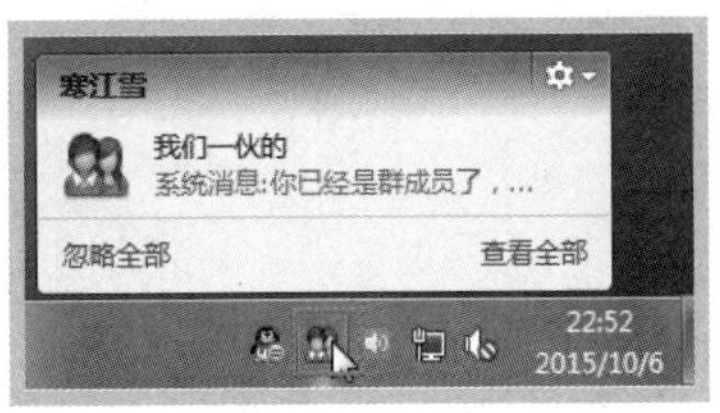

Step07 将打开群聊天窗口，表示已经加入该 QQ 群了，如下图所示。

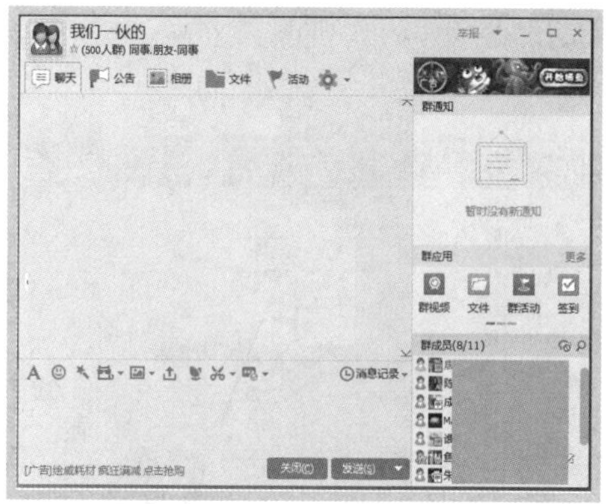

3. 在 QQ 群中聊天

加入 QQ 群后，就可以在其中与群内好友进行沟通，方法如下。

Step01 打开 QQ 面板，❶ 切换到“群 / 讨论组”选项卡，❷ 双击想要聊天的 QQ 群名称，如下图所示。

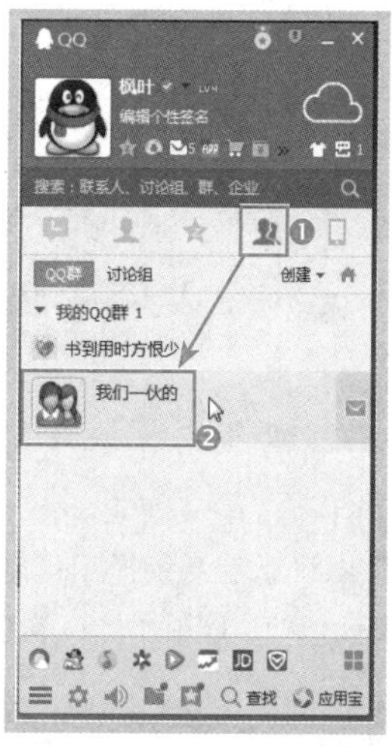

Step02 ❶ 打开聊天窗口，在消息框中输入聊天内容，❷ 单击“发送”按钮即可发送信息，如下图所示。

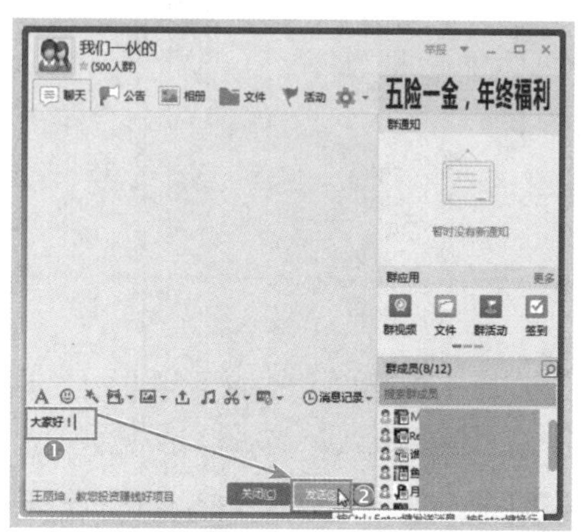

学习小结

本课主要介绍了申请 QQ 号码，与好友进行文字、语音和视频聊天，撰写和发送电子邮件、查看和回复邮件，发布微博，以及评论和转发他人微博等内容。通过本课的学习，可以帮助读者在网络上零距离的与好友进行沟通和交流。

学习笔记

第 8 课

一站式体验网上娱乐

网络世界是丰富多彩的，许多人接触电脑首先就是从网上娱乐开始的，例如，听歌、看电影、玩网络游戏等。此外，工作之余也可以打开电脑上网娱乐下，放松下紧张的心情。

学习建议与计划

时间安排：（13:30 ～ 15:00）

第二天 下午	知识精讲（13:30 ~ 14:15） ☆ 了解网上听歌的方法 ☆ 了解网上观看 MV 的方法 ☆ 了解网上看电影的方法 ☆ 了解网上听广播的方法 ☆ 了解网上玩游戏的方法 学习问答（14:15 ~ 15:30） 过关练习（14:30 ~ 15:00）

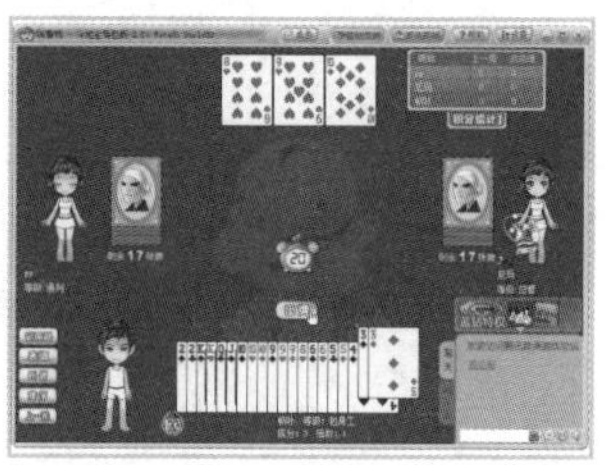

(13:30 ~ 14:15)

8.1　网上影音娱乐

随着网络技术的不断发展，网上听歌、看电影、看电视节目已成为网民们主要的娱乐方式之一。本节我们就来学习具体的操作。

8.1.1　在线听音乐

音乐是人们生活中不可缺少的元素，一边上网，一边听音乐，是一件非常惬意的事。下面将介绍如何在网上听音乐。

1. 播放歌曲

网络是传播多媒体信息最快的渠道，不同流派、不同风格的音乐都可以在网络中搜索并试听。下面以通过百度搜索并播放歌曲为例，具体操作如下。

Step01　❶ 打开百度首页，将鼠标指针指向“更多产品”按钮，❷ 在展开的下拉列表中单击“音乐”超链接，如下图所示。

Step02　❶ 打开“百度音乐”页面，切换到“歌手”选项卡，❷ 在左侧列表中单击想要收听的歌手类型，如下图所示。

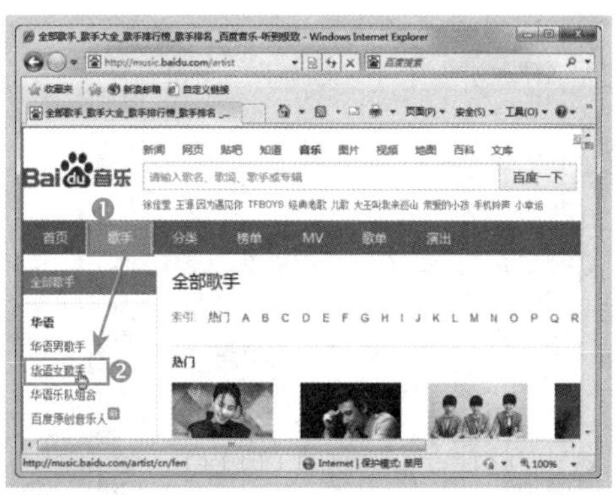

Step03　在右侧窗口中单击歌手名字超链接，如下图所示。

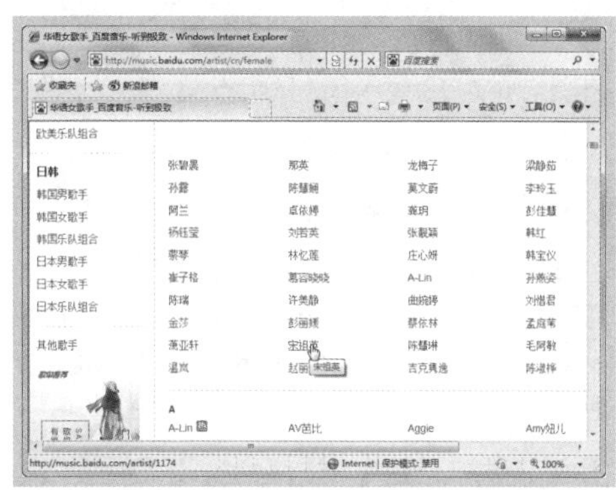

Step04　在打开的页面中单击想要收听的歌曲右侧的“播放”按钮，如下图所示。

Step05 进入百度音乐盒页面，等待缓冲以后即可收听音乐了，如下图所示。

一点通

网页听歌时的相关操作

在网页上听音乐时，窗口下面可看到一行工具按钮，在其中可执行切换上一首、切换下一首、暂停/播放、设置播放模式以及调节音量等操作。

2. 在播放列表中添加歌曲

如果觉得每次搜索歌曲很麻烦，我们可将喜欢的多首歌曲添加到播放列表中进行循环播放，具体操作如下。

Step01 ❶ 在浏览器窗口中保证正在播放歌曲的选项卡不被关闭，切换到其他选项卡，勾选其他需要播放的音乐前的复选框，❷ 单击“加入播放列表”按钮，如下图所示。

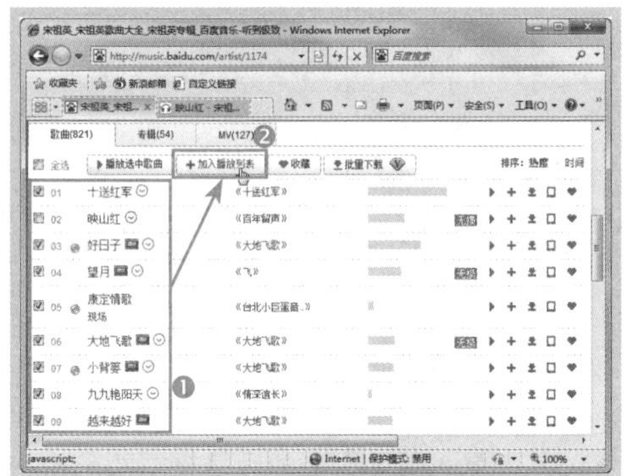

Step02 切换到歌曲播放页面，在中间的窗格中可看到刚添加的歌曲，当正在播放的歌曲播放完以后，即可自动跳转到下一首进行播放，如下图所示。

8.1.2 在线看 MV

在网上不仅可以在线收听歌曲，还可以观看卡拉 OK 版的 MV。此外，听歌和看 MV 不仅可以在网页上实现，还可以使用专门的音乐播放器实现。下面以使用酷狗音乐观看 MV 为例，具体操作如下。

Step01 ❶ 单击“开始”按钮，❷ 在程序列表中选择“酷狗音乐”命令，如下图所示。

Step02 打开酷狗音乐播放窗口，切换到“MV”选项卡，如下图所示。

Step03 ❶ 在 MV 页面中切换到“MV 推荐”选项卡，❷ 单击想要观看的 MV，如下图所示。

Step04 等待缓存成功后，即可看到播放的 MV 画面，如下图所示。

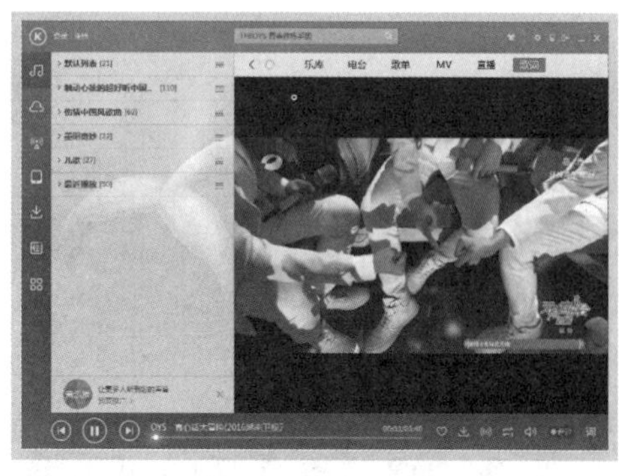

Step05 ❶ 如果页面中没有想要观看的 MV，可在上方的搜索框中输入歌曲名称，❷ 单击“搜索”按钮，如下图所示。

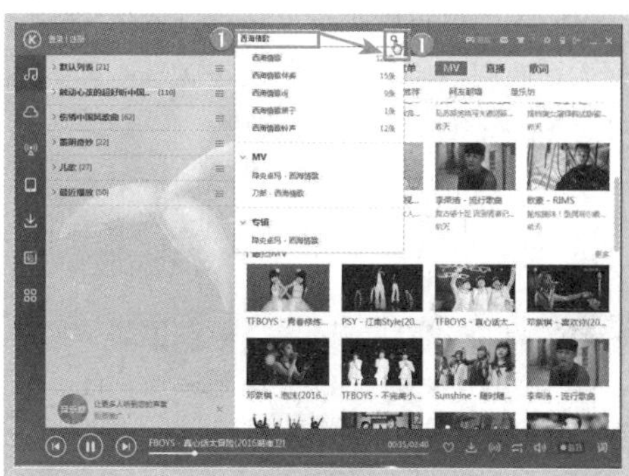

Step06 在下方的搜索结果页面中，单击歌曲名称右侧的 MV 图标，如下图所示。

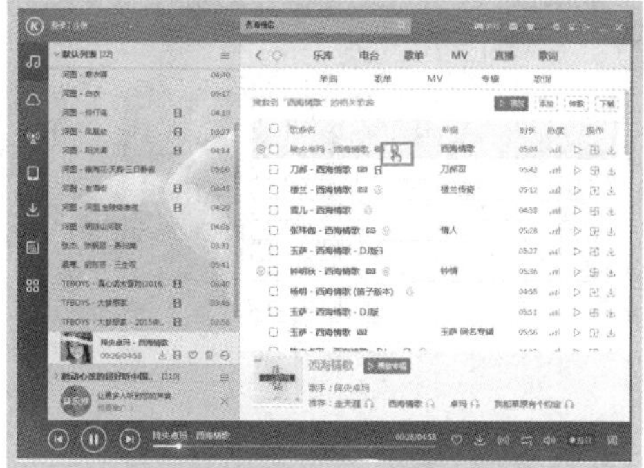

Step07 歌曲将自动导入到左侧的“默认列表”中，等待缓存成功后，即可在线观看MV了，如下图所示。

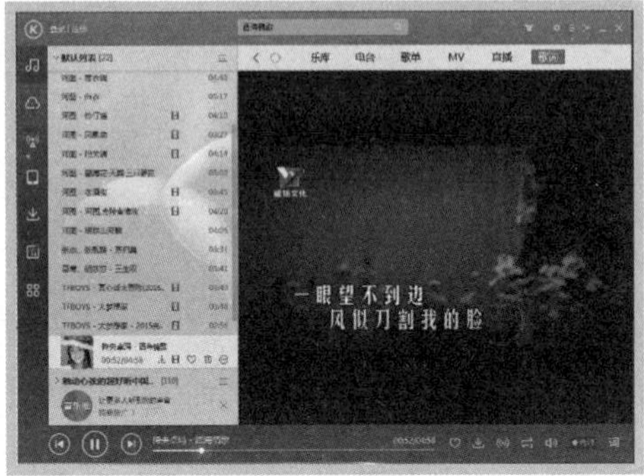

8.1.3 在线看电影

网上不仅可以听歌，还可以看电影。同样的，我们不仅可以在网页上直接观看，还可用专门的视频播放软件观看。

比较常见的视频观看网站主要有土豆、优酷网等。下面以在优酷网中观看电影为例，具体操作方法如下。

Step01 ❶ 启动浏览器，输入优酷网网址“www.youku.com”，进入优酷网首页，❷ 切换到“电影”选项卡，打开如下图所示。

小提示

网上看电影的其他方式

打开搜索引擎，如百度，在搜索框中输入电影名称，单击“百度一下”按钮，在搜索结果中单击视频网站超链接，然后在打开的页面中单击“立即播放”按钮播放电影即可。

Step02 在打开的页面中，选择想要观看的电影类型，如下图所示。

Step03 在打开的页面中单击想要观看的电影超链接，如下图所示。

Step04 在打开的页面中将显示该电影的相关介绍，单击“播放正片”按钮，如下图所示。

Step05 等待缓存成功后，即可在线观看电影了，如下图所示。

8.1.4　在线看电视节目

网上不仅可以在线看电影，各种类型的电视节目或者电视剧，都可以在线观看。下面以使用爱奇艺视频在线看综艺节目为例，具体操作方法如下。

Step01 ❶ 单击“开始”按钮，❷ 在弹出的“开始”菜单中单击“爱奇艺视频”程序，如下图所示。

Step02 ❶ 打开“爱奇艺视频”程序窗口，在左侧列表中切换到“综艺”选项，❷ 在右侧窗口单击要观看的节目名称，如下图所示。

Step03 在窗口中单击想要观看的某一期节目按钮，如下图所示。

Step04 等待缓冲成功后，即可在线观看电视节目了，如下图所示。

8.1.5 在线听广播

使用收音机收听广播曾经是普通家庭娱乐和获取资讯的重要方式，随着电视的普及，它的使用范围逐步在缩小。而随着网络的不断发展，借助网络这个平台，广播又得到了新生。

广播网站主要以广播电台的官方网站或者针对网络用户而特别开设的网络广播网站为主，其中最知名的中文广播网站是中国广播网。

中国广播网是中国最大的音频广播网站，由中华人民共和国国家电台中央人民广播电台主办，其网址为 http://www.radio.cn/。它的创办宗旨是通过互联网让中国的声音传向世界各地。

在线收听广播的操作很简单，打开广播网站后单击电台超链接，等待节目缓冲后就可在线收听了，具体操作方法如下。

Step01 ❶ 打开中国广播网 (http://www.radio.cn)，在页面中选择电台地区，如“上海”，❷ 接着选择电台类型，如“交通”，❸ 在下方单击想要收听的广播名称，如下图所示。

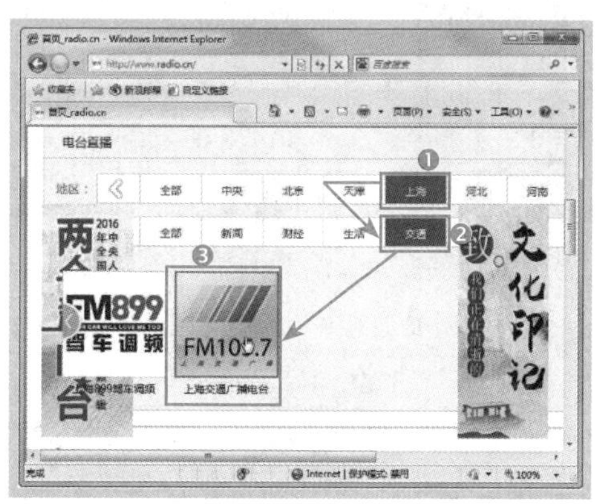

Step02 等待节目缓冲后，即可在线收听广播了，如下图所示。

8.1.6 在线听戏曲

网上有许多专业的戏曲网站，提供在线播放戏曲的服务，无论是京剧、越剧、黄梅戏还是昆曲，我们都可以在网上听到。

下面我们以中国京剧艺术网（http://www.jingju.com）为例，介绍网上听戏的具体操作。

Step01 启动浏览器，打开中国京剧艺术网首页，单击“京剧唱段”超链接，如下图所示。

Step02 在打开的戏曲列表中选择一个曲段，单击其后的“试听”按钮，如下图所示。

Step03 在打开的页面中等待播放器开始缓冲，缓冲完毕后就可以收听戏曲内容了，如下图所示。

8.2 网上玩游戏

网络游戏是网民们网上娱乐的主要方式之一，既能打发时间，又能锻炼大脑。而 QQ 游戏作为一款多人在线联机游戏平台，深受广大用户喜爱。本节将以 QQ 游戏平台为例介绍网上玩游戏的具体操作。

8.2.1 下载安装 QQ 游戏

要玩 QQ 游戏，首先要下载和安装 QQ 游戏大厅。下载 QQ 游戏的方法有两种，一种是通过网站下载；另一种是通过 QQ 聊天软件下载及运行。下面以第二种方法为例，介绍下载安装的方法。

Step01 登录 QQ 程序，在 QQ 面板中单击下方的“QQ 游戏”按钮，如下图所示。

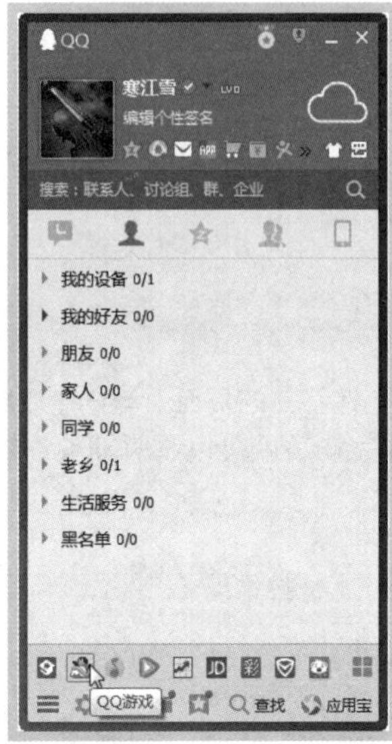

Step02 弹出“在线安装”对话框，单击“安装”按钮，如下图所示。

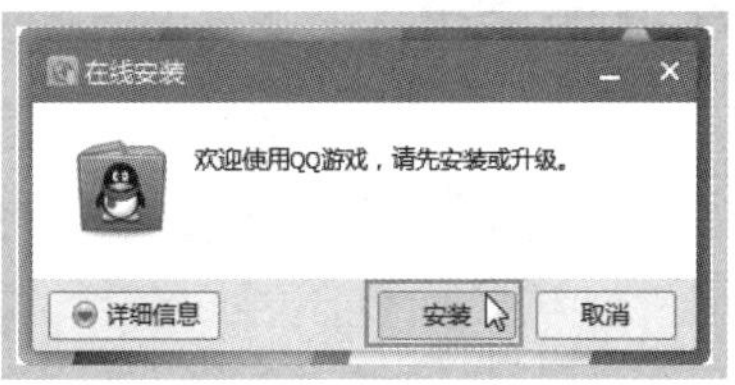

Step03 程序将自动下载安装包，并显示下载进度，如下图所示。

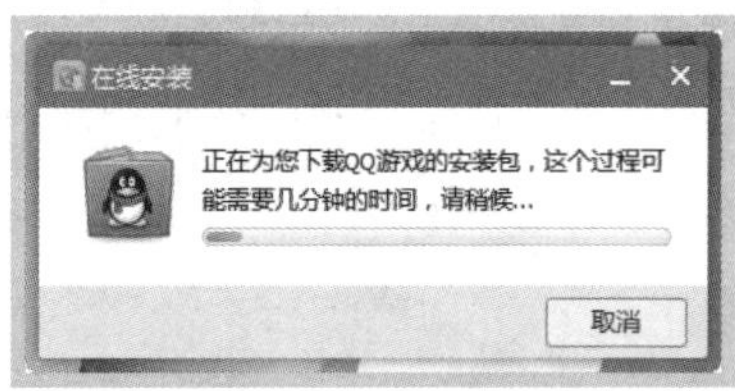

Step04 安装包下载完成后，在弹出的对话框中单击“立即安装”按钮可直接安装 QQ 游戏，若需要更改安装路径，可单击“自定义安装目录”超链接，如下图所示。

Step05 文本框中将显示程序的默认安装路径，单击“浏览”按钮，如下图所示。

Step06 ❶ 弹出“浏览文件夹”对话框，选择游戏的安装路径，❷ 单击“确定”按钮，如下图所示。

Step07 在返回的对话框中单击“立即安装”按钮，如下图所示。

Step08 程序将自动进行安装，并显示安装进度，如下图所示。

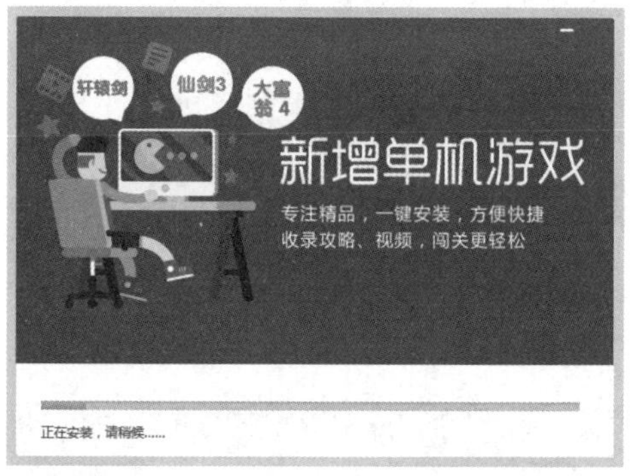

Step09 ❶ 安装完成后，若不需要安装其他软件，取消勾选对话框中的所有复选框，❷ 单击“完成安装”按钮，如下图所示。

8.2.2　登录 QQ 游戏

QQ 游戏安装成功后，桌面上将自动添加一个名为“QQ 游戏”的快捷图标，通过此快捷图标可登录游戏，方法如下。

Step01 双击桌面上的 QQ 游戏快捷图标，如下图所示。

Step02 在打开的对话框中将显示检测到的本地电脑上登录的 QQ 账号，单击 QQ 头像即可快速登录到 QQ 游戏，如下图所示。

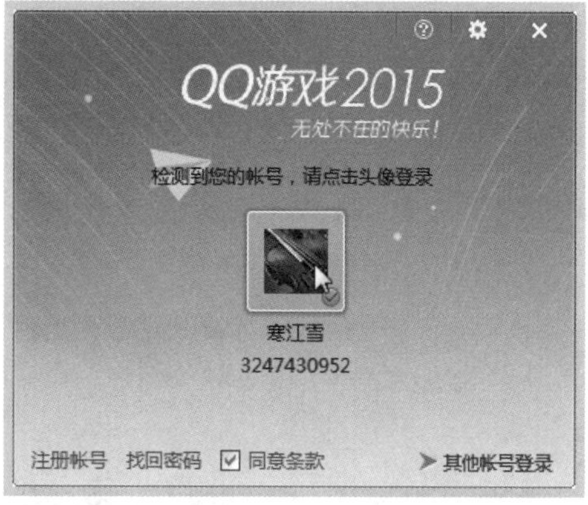

Step03 若要使用其他 QQ 账号登录游戏，可单击“其他账号登录”超链接，如下图所示。

Step04 ❶ 在登录框中输入 QQ 账号和密码，❷ 单击“登录”按钮，如下图所示。

Step05 稍等片刻，即可登录 QQ 游戏大厅，如下图所示。

8.2.3 网上“斗地主”

第一次登录游戏大厅后，需要根据自己的需要下载并安装相应的游戏包，然后才能玩耍。下面介绍在 QQ 游戏中第一次玩“斗地主”的具体操作。

Step01 双击桌面上的“QQ 游戏”图标，启动 QQ 游戏，如下图所示。

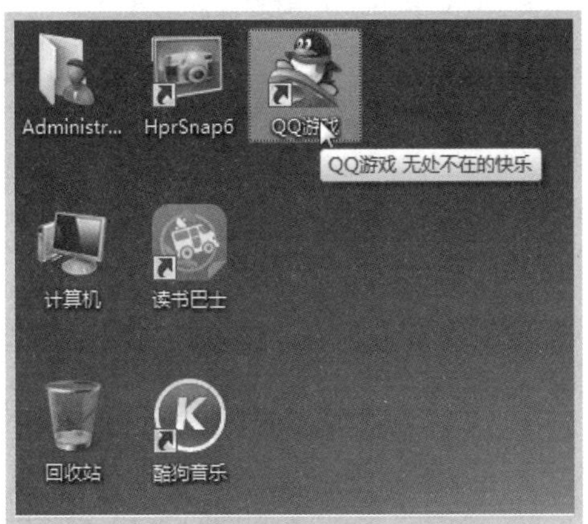

Step02 在打开的登录框中单击要登录游戏的 QQ 账号，如下图所示。

Step03 ❶ 在打开的游戏大厅中单击“棋牌麻将”按钮，❷ 切换到“牌类”选项卡，❸ 在下方的列表中单击要玩的牌类游戏类型，例如，“斗地主”，如下图所示。

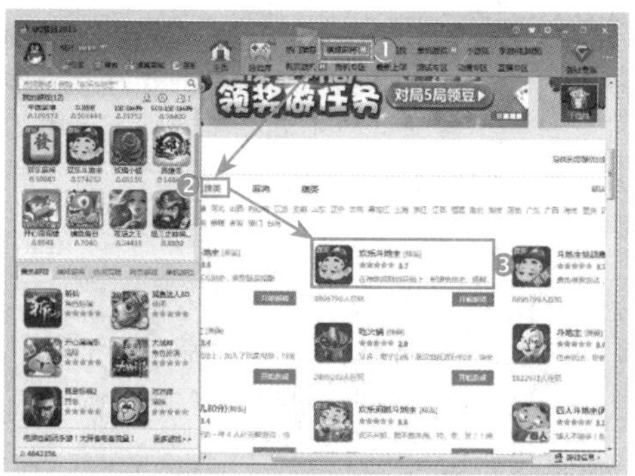

Step04 在打开的页面中单击“开始游戏”按钮，如下图所示。

Step05 程序将自动下载游戏包并安装游戏，在“下载管理器”对话框中可看到下载安装进度，如下图所示。

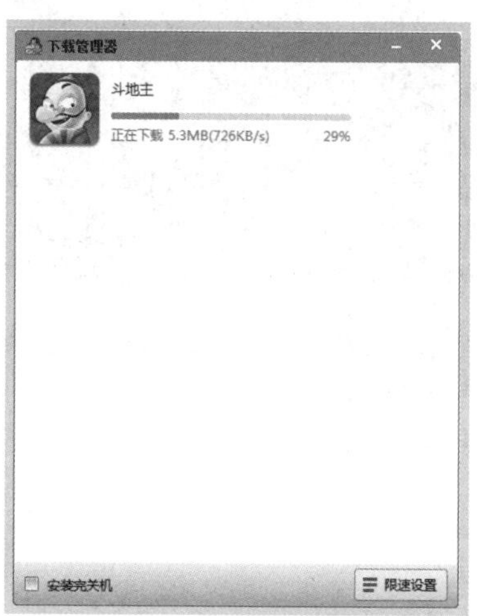

Step06 安装成功后，在左侧列表框上方的“我的游戏”栏可看到刚添加的游戏，单击游戏图标，如下图所示。

Step07 在打开的游戏窗口左侧列表框中选择要进入的游戏区和游戏房间，如下图所示。

Step08 进入游戏房间后，单击“快速加入游戏”按钮，如下图所示。

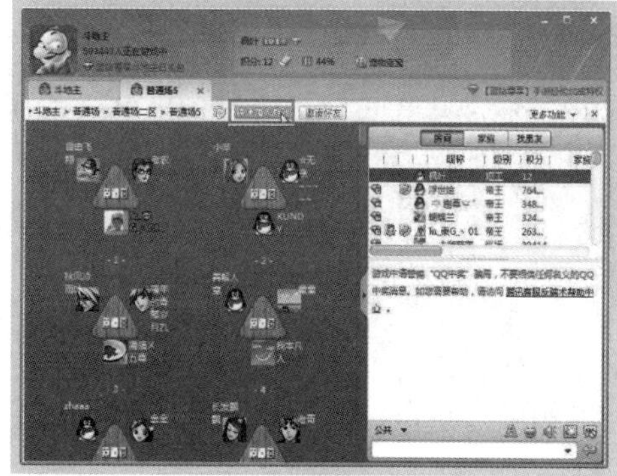

Step09 程序将自动分配游戏房间，单击“开始”按钮，如下图所示。

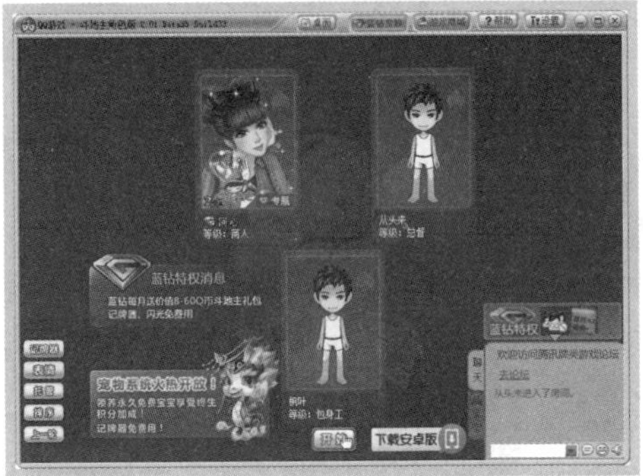

Step10 等待其他网友全部开始后，就可以开始玩游戏了，开始游戏前需要选择是否“抢地主”，其中单击“3 分”按钮为抢地主，表示本轮为“地主”，如下图所示。

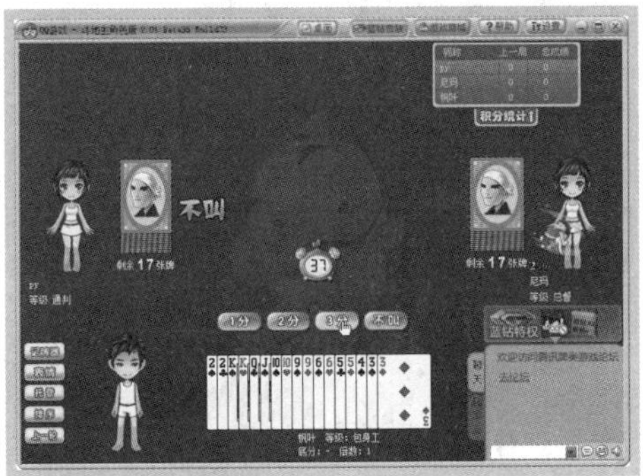

Step11 ❶ 选择要打出的牌，❷ 单击“出牌”按钮，如下图所示。

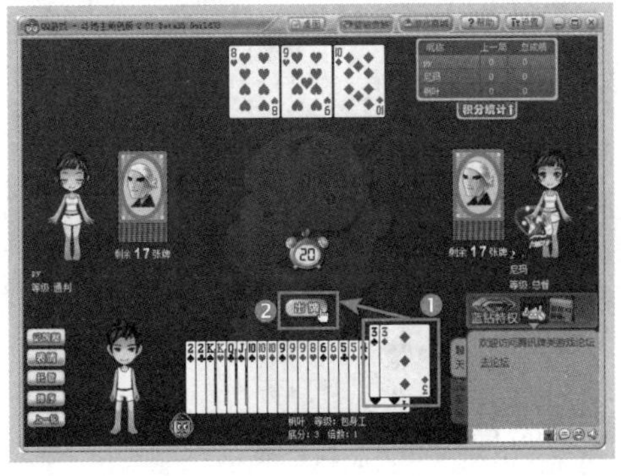

Step12 一轮结束后将清算得分，单击“确定”按钮，如下图所示。若要继续游戏可单击“开始”按钮，若不继续游戏则直接关闭游戏窗口即可。

8.2.4 网上打麻将

麻将是人们日常生活中常见的一种娱乐活动，在 QQ 游戏中，虽然每个地方打麻将的规则各不相同，但是游戏方法却是一样的。下面以四川麻将为例，介绍在 QQ 游戏中“打麻将”的方法。

Step01 双击桌面上的“QQ 游戏”图标，启动 QQ 游戏，如下图所示。

Step02 在打开的登录框中单击要登录游戏的 QQ 账号，如下图所示。

Step03 登录 QQ 游戏并打开游戏大厅，单击“棋牌麻将”按钮，如下图所示。

Step04 ❶ 切换到“麻将”选项卡，❷ 在下方的列表中单击要玩的麻将类型，例如，“四川麻将”，如下图所示。

Step05 在打开的页面中，第一次玩某个游戏需要添加游戏，此时单击“开始游戏”按钮，如下图所示。

Step06 程序将自动下载游戏包并安装游戏，在“下载管理器”对话框中可看到下载安装进度，如下图所示。

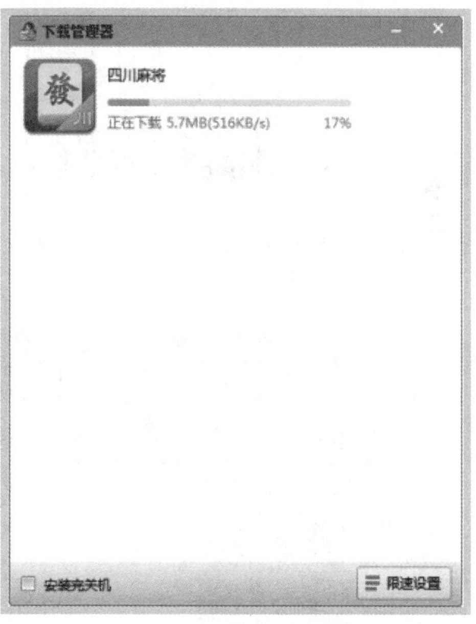

Step07 添加成功后，在左侧列表框上方的“我的游戏”栏可看到刚添加的游戏，单击游戏图标，如下图所示。

Step08 打开游戏窗口，在左侧列表框中选择要进入的游戏区和游戏房间，如下图所示。

Step09 进入游戏房间后，单击“快速加入游戏”按钮，如下图所示。

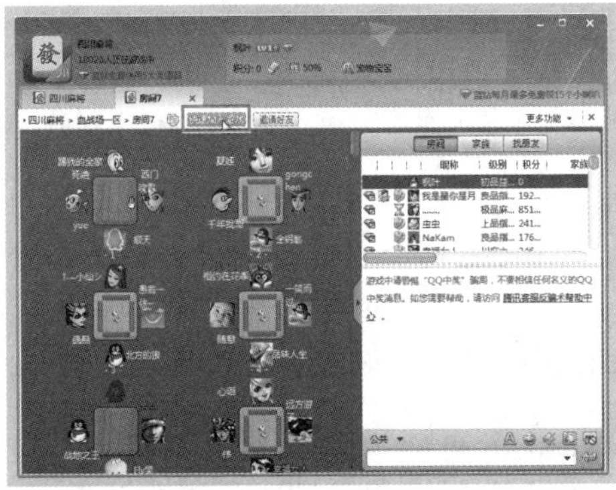

Step10 程序将自动分配游戏房间，单击“开始”按钮，如下图所示。

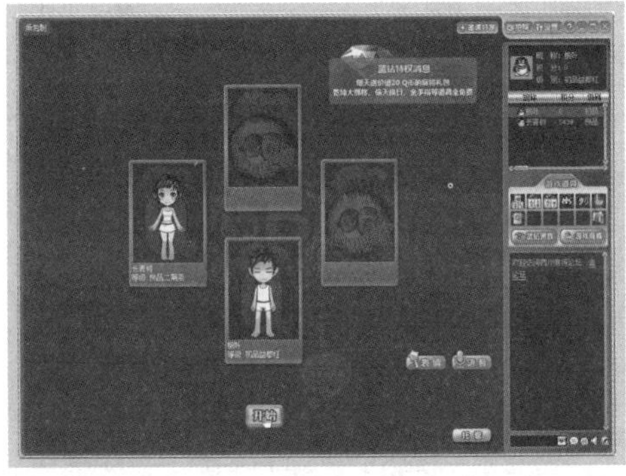

Step11 等待其他网友全部开始后，就可以开始玩游戏了，如下图所示。

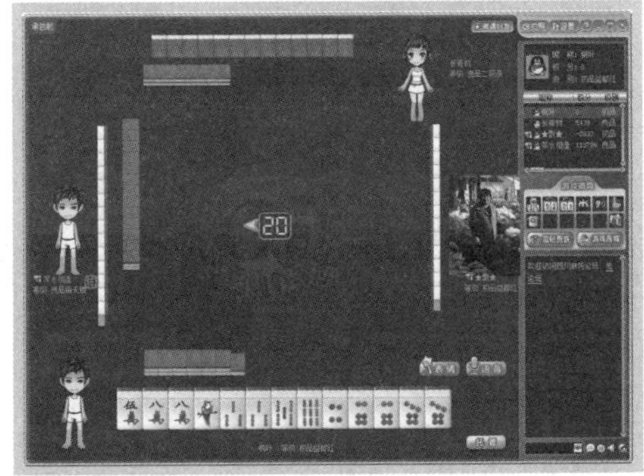

Step12 一局游戏结束后，在“结算”对话框中可看到本次游戏的得分，单击“确定”按钮结束本局游戏即可，如下图所示。

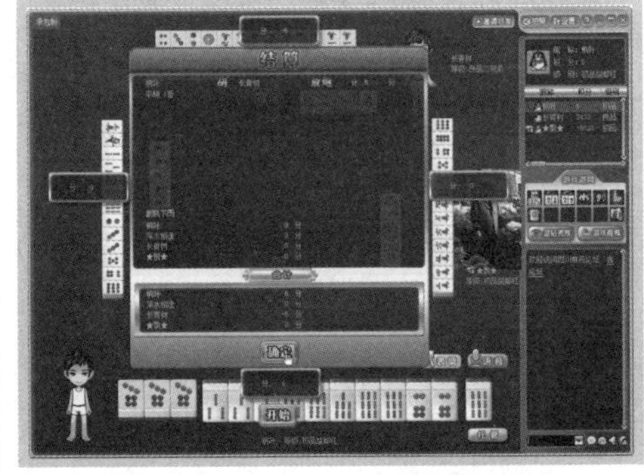

8.2.5　网上下象棋

很多朋友喜欢下象棋，但又找不到合适的棋友可以较量。如果学会在网上下象棋，随时都可以杀上一局。下面介绍在 QQ 游戏中玩象棋的方法。

Step01　双击桌面上的“QQ 游戏”图标，启动 QQ 游戏，如下图所示。

Step02　在打开的登录框中单击要登录游戏的 QQ 账号，如下图所示。

Step03　❶ 在打开的游戏大厅中单击“棋牌麻将”按钮，❷ 切换到“棋类”选项卡，❸ 在下方的列表中单击要玩的棋类游戏类型，例如，“中国象棋”，如下图所示。

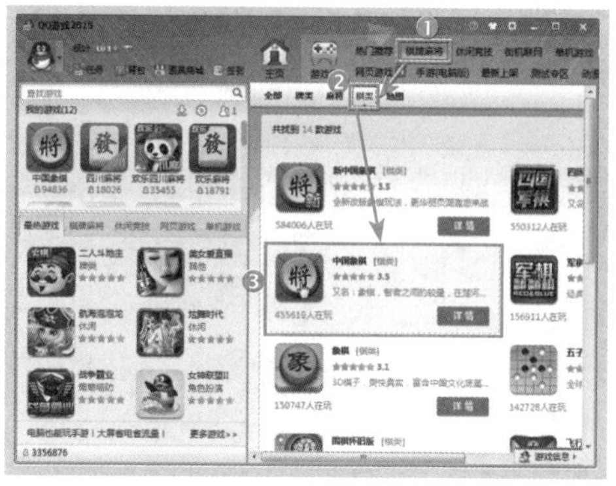

Step04　在打开的页面中单击“开始游戏”按钮，如下图所示。

Step05　程序将自动下载游戏包并安装游戏，在“下载管理器”对话框中可看到下载安装进度，如下图所示。

Step06 安装成功后，在左侧的“我的游戏”栏中单击“中国象棋”图标，如下图所示。

Step07 在打开的游戏窗口左侧列表框中选择要进入的游戏区和游戏房间，如下图所示。

Step08 进入游戏房间后，单击“快速加入游戏”按钮，如下图所示。

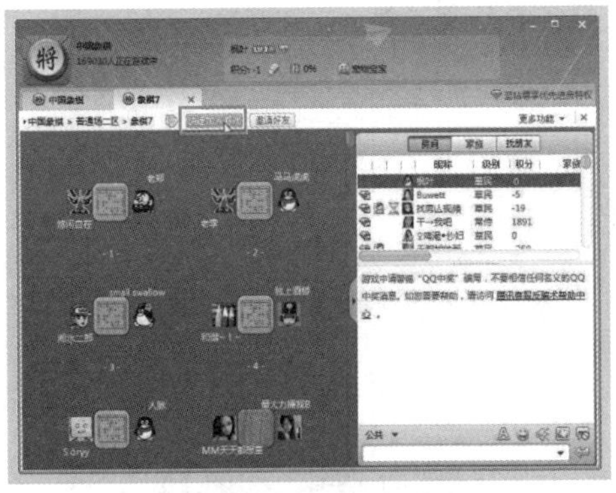

Step09 打开游戏窗口后，单击“开始”按钮准备游戏，如下图所示。

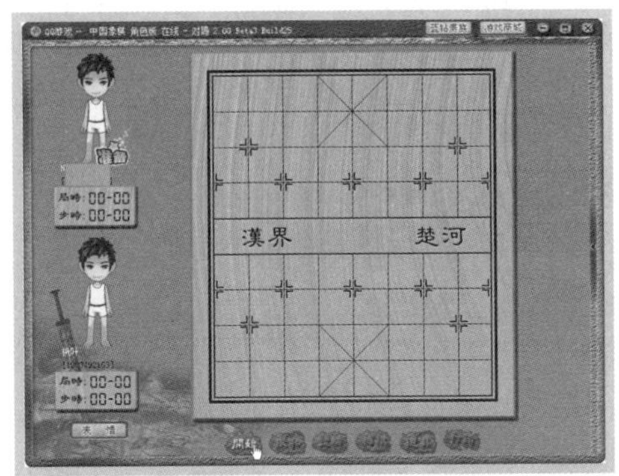

Step10 ❶ 当双方都点击“开始”按钮后即可开始游戏，游戏开始前需要设置本局双方的用时和每步的限制时间，❷ 设置完成后单击“同意”按钮，如下图所示。

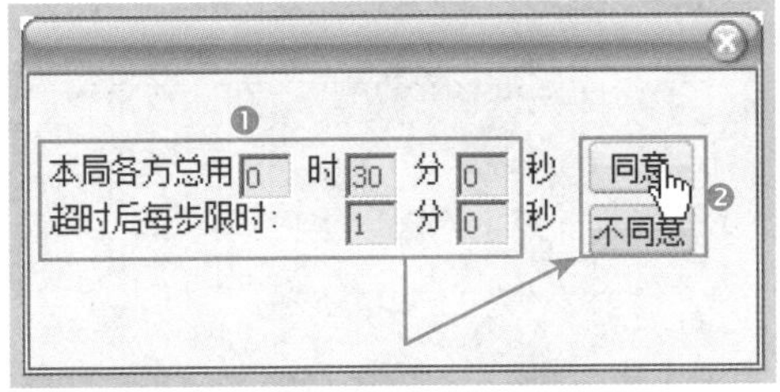

Step11 ❶ 双方都设置好时间后游戏开始，选中要移动的棋子，❷ 单击目标位置，即可移动棋子，如下图所示。

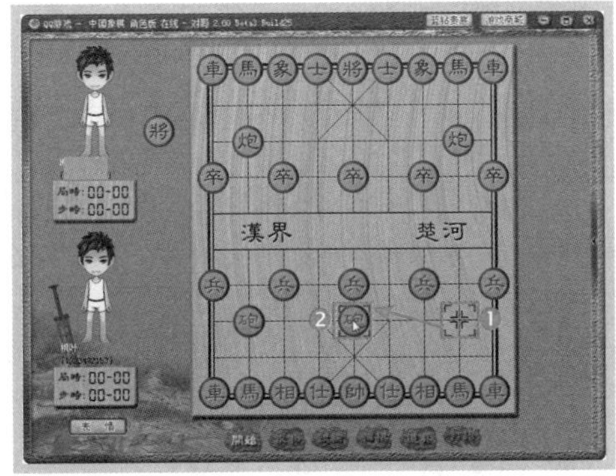

Step12　一局游戏结束后，将显示对局结果，单击“确定”按钮，然后关闭游戏窗口即可，如下图所示。

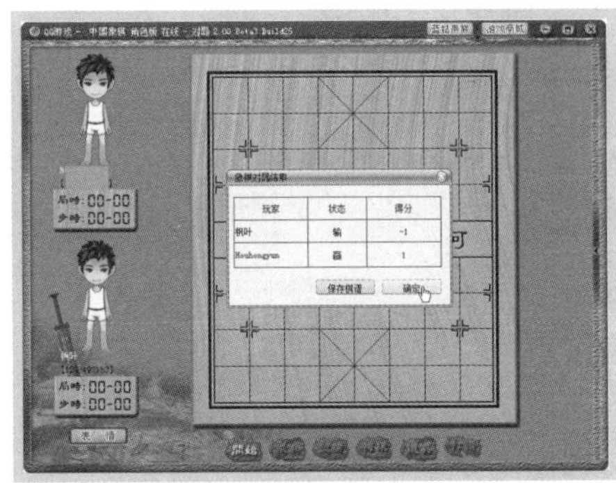

学习问答（14:15 ~ 14:30）

疑问 1：可以通过搜索直接播放歌曲吗？

答：前面我们介绍了在网页上通过查找歌手播放歌曲的方法，如果用户觉得这种方法很麻烦，而且又知道歌曲或歌手的名字，可直接通过搜索引擎搜索并播放歌曲，具体操作方法如下。

Step01　❶ 打开百度搜索引擎，在搜索框中输入歌曲或歌手名称，如“南泥湾”，❷ 单击“百度一下”按钮，如下图所示。

Step02　在下方的搜索结果中将显示有关该歌曲的音乐链接和介绍，单击歌曲名称右侧的“播放”按钮，如下图所示。

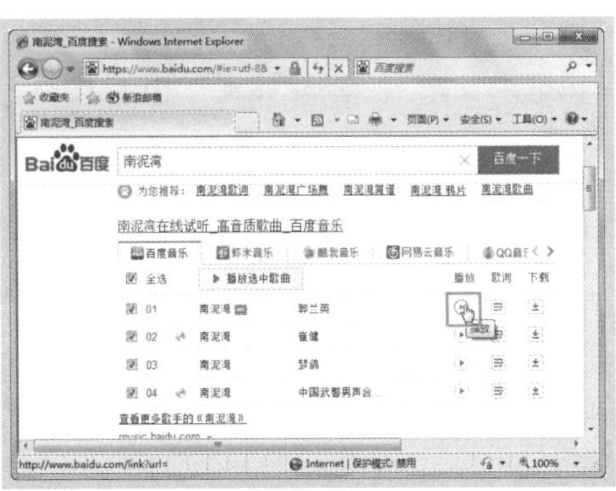

Step03　在打开的页面中，等待缓冲后即可播放歌曲，如下图所示。

疑问 2：若是不希望和陌生人一起玩游戏，如何避免呢？

答：QQ 游戏是一个大众化的游戏平台，在线同时玩的用户有很多，如果玩家约好和朋友一起游戏，为了防止位置被陌生人抢先占位，可以为桌位设置密码。

玩家必须输入正确的密码，方法进入同桌一起玩游戏。设置桌位密码的方法如下。

Step01　登录 QQ 游戏大厅，在左侧“我的游戏”栏中单击想要玩的游戏名称，如下图所示。

Step02 在左侧列表框中选择游戏区，在展开的列表中单击想要进入的游戏房间，如下图所示。

Step03 ❶ 进入游戏房间，单击工具栏中的“更多功能”下拉按钮，❷ 在弹出的下拉列表中选择“房间设置”命令，如下图所示。

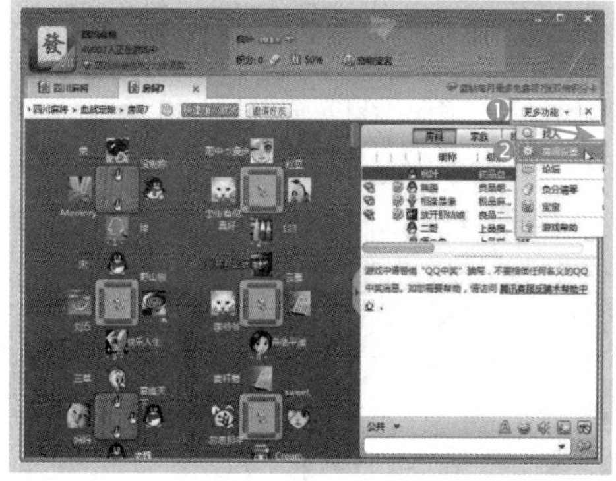

Step04 ❶ 弹出“房间设置”对话框，在“密码设置”栏的文本框中输入桌位密码，❷ 单击“确定”按钮，如下图所示。

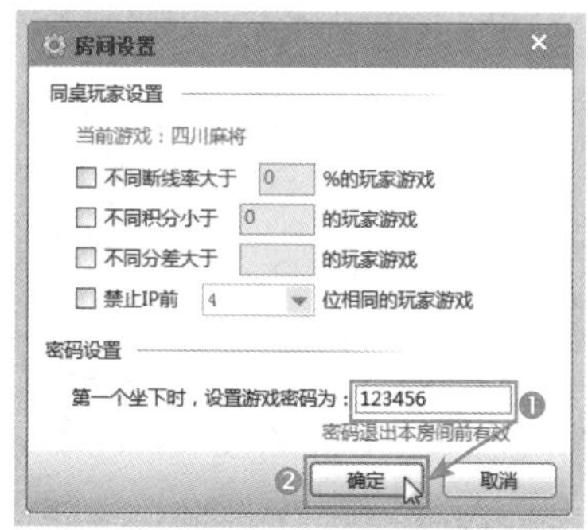

Step05 设置密码后，找到一张空桌，单击座位坐下，如下图所示。

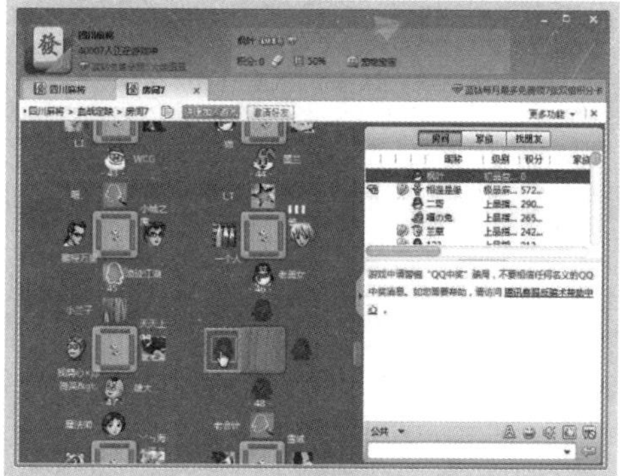

Step06 坐下后将自动打开游戏窗口，切换到房间窗口，可看到该桌号的旁边有一个小锁，表示该桌已上锁，只有输入密码才能进入，如下图所示。

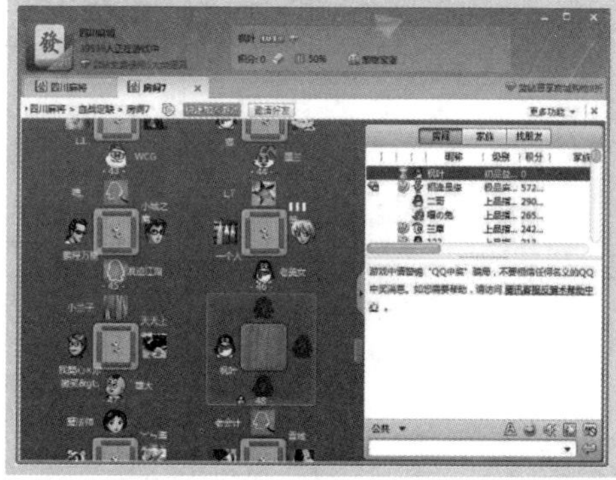

疑问 3：如何邀请好友一起玩 QQ 游戏呢？

答：如果想和在线的好友一起玩 QQ 游戏，可以邀请好友到 QQ 游戏中来，具体操作方法如下。

Step01 单击 QQ 面板下方的“QQ 游戏”图标，如下图所示。

Step02 在左侧“我的游戏”栏中单击想要和好友一起玩的游戏名称，如下图所示。

Step03 在左侧列表框中选择游戏区，在展开的列表中单击想要进入的游戏房间，如下图所示。

Step04 进入游戏房间，单击工具栏中的“邀请好友”按钮，如下图所示。

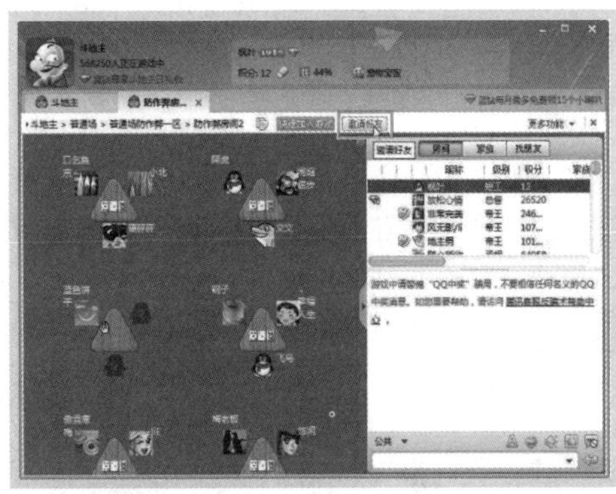

Step05 ❶ 弹出邀请好友对话框，在对话框左侧单击选择邀请的好友，❷ 单击“发送”按钮即可发出邀请，如下图所示。

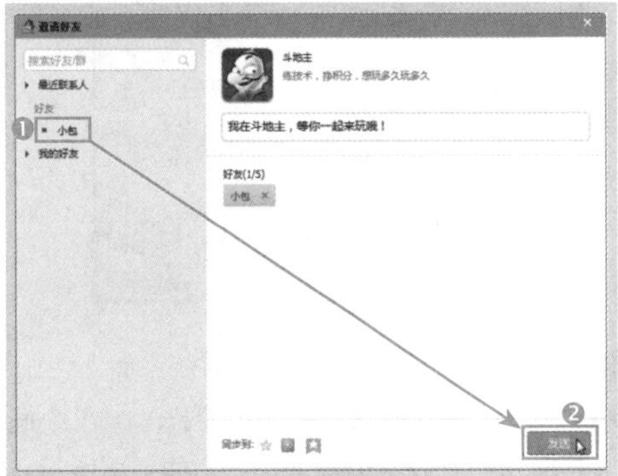

通过前面内容的学习，结合相关知识，请读者亲自动手按要求完成以下过关练习。

练习一：使用 QQ 音乐播放器

QQ 音乐是腾讯公司推出的一款免费音乐播放器，使用它不仅可以在线听歌，还可以观看 MV。

要使用 QQ 音乐播放音乐，首先要进行安装，其安装方法与安装 QQ 游戏的操作是一样的，这里不再详细介绍。下面将介绍 QQ 音乐播放器的具体使用方法。

1. 通过分类在线听歌

安装好 QQ 音乐后，就可以进行在线听歌了。使用 QQ 音乐播放器时，通过分类可以快速找到同类型的歌曲，具体操作如下。

Step01 在 QQ 程序面板中，单击下方的“QQ 音乐”按钮，如下图所示。

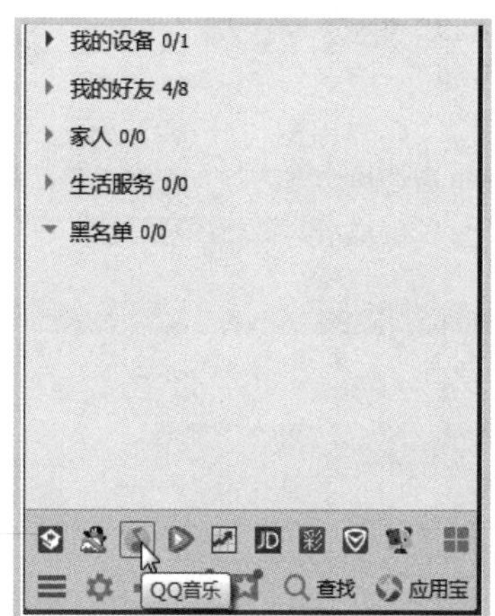

Step02 ❶ 默认显示“音乐馆”页面，在窗口上方切换到“分类”选项卡，❷ 在中间窗格单击想要收听的歌曲类型，如下图所示。

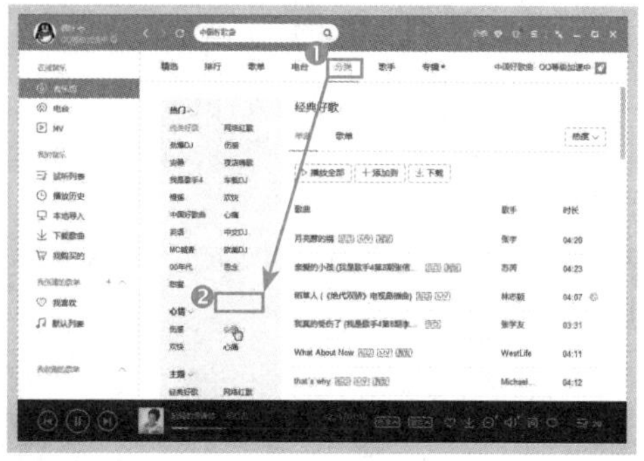

Step03 右侧窗格中将显示搜索到的同类型歌曲，将鼠标指针指向要播放的歌曲，在显示的工具按钮中单击“播放”按钮，如下图所示。

Step04 此时电脑桌面下方将显示歌曲的歌词，即 QQ 音乐默认的桌面歌词方式，如下图所示。

2. 通过搜索播放歌曲

如果觉得分类查找歌曲很麻烦，可直接输入歌手或歌曲名称进行搜索，具体操作如下。

Step01 ❶ 登录 QQ 音乐播放器，在窗口上方的搜索框中输入歌曲名称，❷ 单击“搜索”按钮，如下图所示。

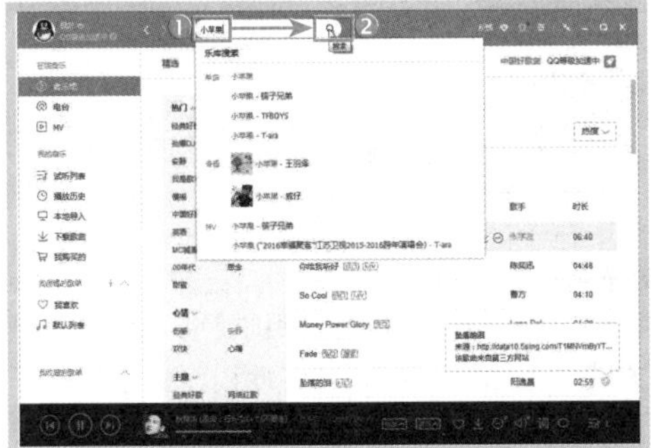

Step02 在显示的搜索结果中，将鼠标指针指向要播放的歌曲，单击“播放”按钮即可，如下图所示。

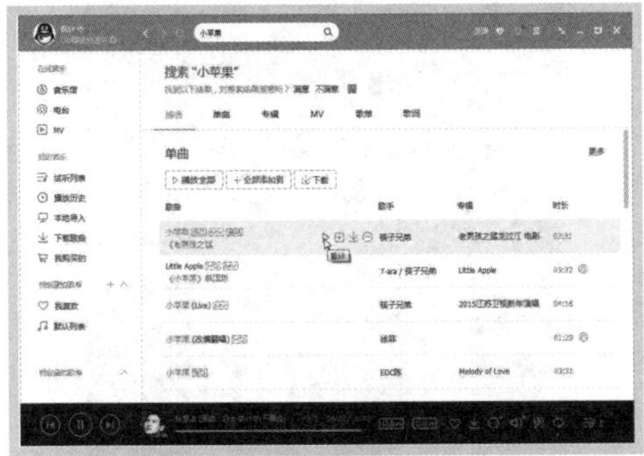

3. 新建列表并添加歌曲

通过前面介绍的方法在线试听歌曲后，该歌曲会自动保存在“试听列表”列表中，我们可以新建一个列表单独保存喜欢的歌曲，具体操作如下。

Step01 登录 QQ 音乐播放器，在左侧窗格的“我创建的”栏中单击右侧的“新建歌单”按钮+，如下图所示。

Step02 此时下方将显示一个可编辑的文本框，在其中输入新建列表的名称，如下图所示，完成后按“Enter”键或者单击窗口其他位置，即可创建成功。

Step03 ❶ 打开“音乐馆”页面，切换到“分类”选项卡，❷ 在中间窗格选择要添加的歌曲类型，如下图所示。

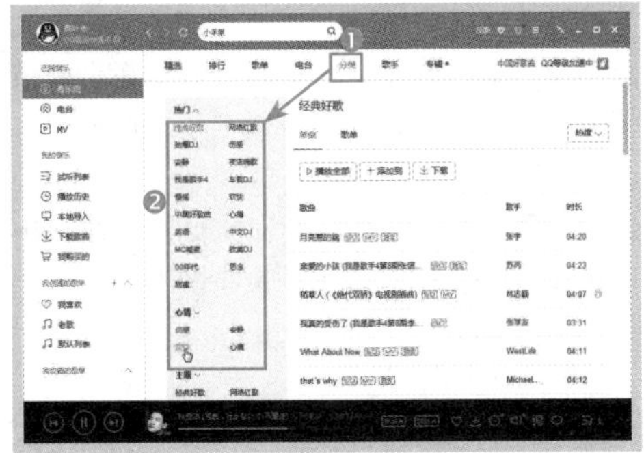

Step04 ❶ 在右侧窗格中将鼠标指针指向要添加的歌曲，单击“添加”按钮，❷ 在弹出的下拉列表中单击刚才新建的列表名称，如下图所示。

Step05 按照上一步操作继续添加其他歌曲，完成后切换到刚才新建的列表，可看到添加到该列表中的所有歌曲，如下图所示。

4. 更改歌词显示方式

默认情况下，QQ 音乐是以桌面歌词方式显示歌词的，且歌词窗口始终显示在桌面最前方。如果觉得歌词窗口影响了电脑操作，可更换歌词的显示方式，方法如下。

Step01 ❶ 右击桌面歌词窗口，❷ 在弹出的快捷菜单中选择“切换到歌词面板”命令，如下图所示。

Step02 此时将弹出歌词面板窗口，并同步显示正在播放的歌曲的歌词，单击窗口右上方的“置顶”按钮，可将歌词面板始终置于桌面最前方，如下图所示。

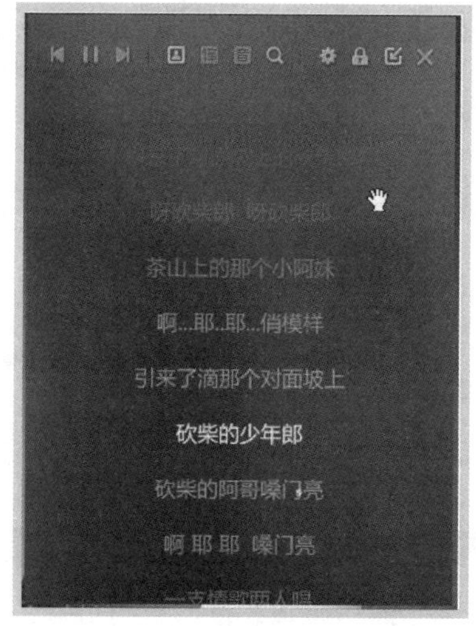

除了上面两种方法显示歌词，还可以在 QQ 音乐播放器中单击“歌词写真”按钮，在展开的页面中也可同步显示歌词，如下图所示。

5. 删除列表中的歌曲

添加歌曲并播放歌曲后，如果觉得某首歌曲不好听，可将其从列表中删除，方法如下。

❶ 右击窗口中要删除的歌曲，❷ 在弹出的快捷菜单中选择“删除”命令即可，如下图所示。

6. 在线观看 MV

使用 QQ 音乐播放器不仅可以播放音乐，还可以在线观看 MV，具体操作如下。

Step01 ❶ 登录 QQ 音乐，在页面中切换到“MV”选项，❷ 在右侧选择“MV 库”选项，如下图所示。

Step02 ❶ 在显示的页面中进一步选择分类选项，❷ 在右侧窗格中单击要播放的 MV，如下图所示。

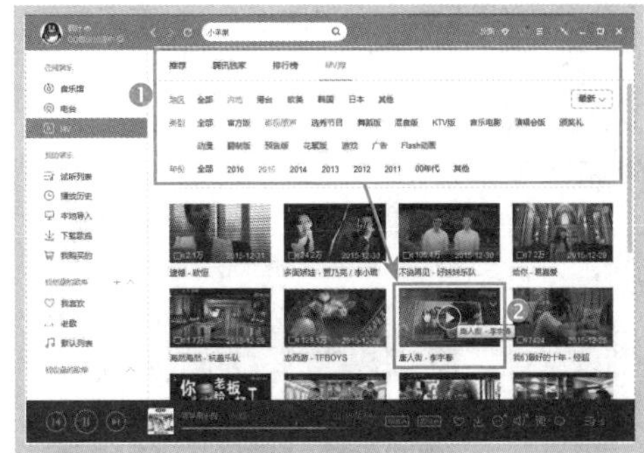

Step03 等待缓冲成功后，即可在线观看 MV 了，如下图所示。

7. 收听网络电台

使用 QQ 音乐播放器不仅可以听歌、看 MV，还可以收听网络电台，具体操作方法如下。

Step01 打开 QQ 音乐播放器，在“音乐馆”页面中切换到“电台”选项卡，如下图所示。

Step02 界面中默认显示了热门的音乐电台，单击要播放的电台缩略图片，如下图所示。

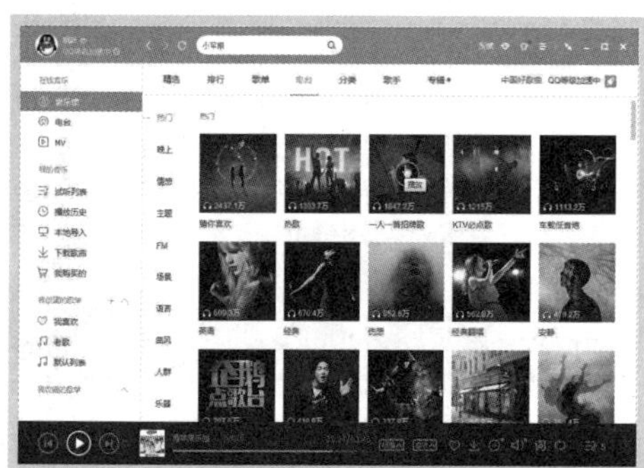

Step03 稍等片刻，等待缓冲后即可收听该电台，如下图所示。

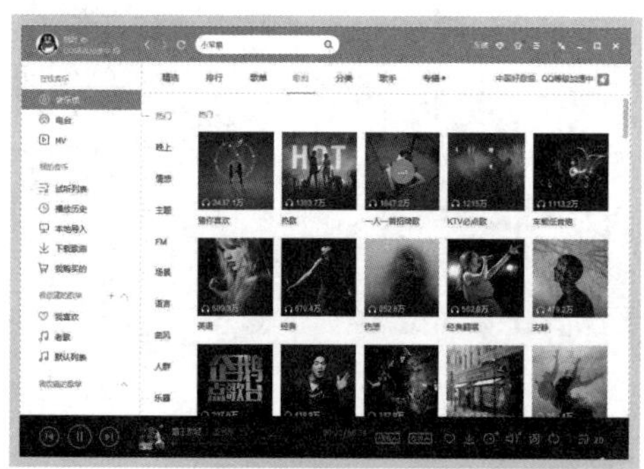

Step04 ❶ 如果要选择其他类型的电台，可单击需要的电台类型选项，❷ 在右侧界面中单击要收听的电台即可，如下图所示。

练习二：在线玩网页游戏

网页游戏一般是通过 Flash 软件制作而成，可以通过网页进行游戏操作。因为 Flash 游戏大多比较小巧，所以在网络通畅的情况下，打开网页就可以玩。这里将以 QQ 农场和祖玛小游戏为例进行介绍。

1. 玩 QQ 农场

QQ 空间提供的“QQ 农场”游戏具有很强的互动性，用户只需开通 QQ 空间，在空间里面添加“QQ 农场”应用，就可和网友们一起“偷菜”了，具体操作方法如下。

Step01 单击 QQ 主面板上方头像右侧的“QQ 空间”按钮，打开 QQ 空间，如下图所示。

Step02 在空间主页中，单击左侧的“QQ 农场”超链接，如下图所示。

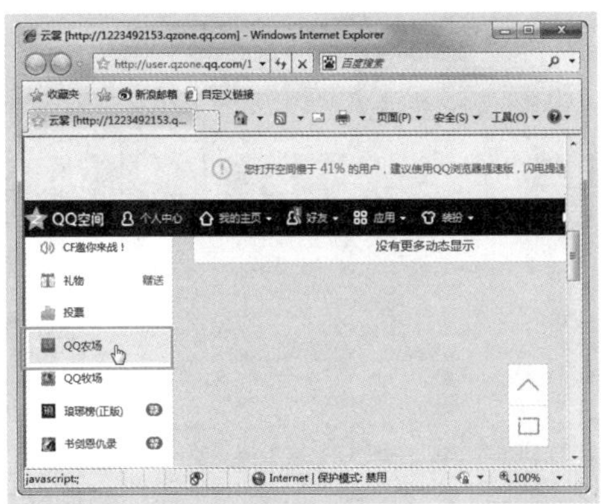

Step03 在弹出的提示框中单击“进入应用”按钮，如下图所示。

Step04 根据新手引导提示，依次单击“下一页”超链接，如下图所示。

Step05 浏览完新手引导信息后，单击“我明白了”按钮，如下图所示。

Step06 弹出“领取任务”对话框，单击“接收”按钮，如下图所示。

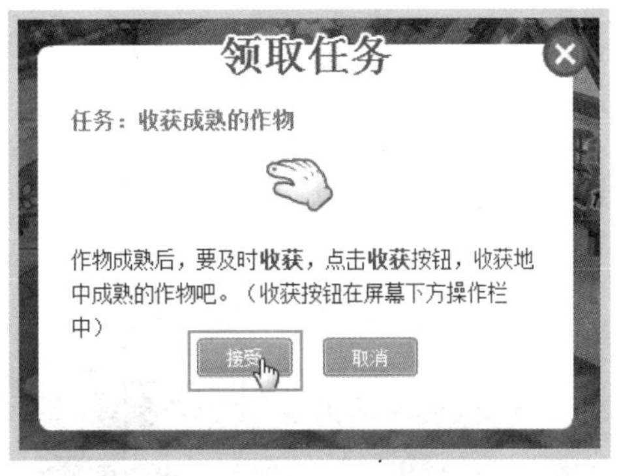

Step07 ❶ 单击窗口中的“收获”按钮，❷ 点击可收获的蔬菜，如下图所示。

Step08 在弹出的对话框中单击下方的按钮可得到分享经验，若不需要，可单击对话框

右上角的关闭按钮，如下图所示。

Step09 单击“进行下一个任务”按钮可继续下面的操作获取经验，如下图所示。待所有任务完成后，QQ 农场的相关操作也练习完了，用户可轻松继续后面的游戏了。

2. 玩祖玛小游戏

下面以 4399 小游戏（http://www.4399.com）网站为例，介绍在网页玩游戏的方法。

Step01 ❶打开网站首页“http://www.4399.com”，❷切换到喜欢的游戏类型选项卡，如“休闲”类，如下图所示。

Step02 在打开的页面中选择游戏类型，如“祖玛”游戏，如下图所示。

Step03 在打开的页面中单击喜欢的祖玛类型，如下图所示。

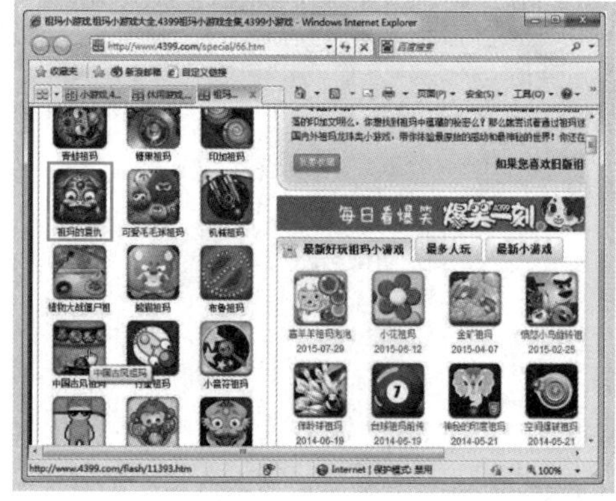

Step04 在打开的页面中，单击“开始游戏”按钮，如下图所示。

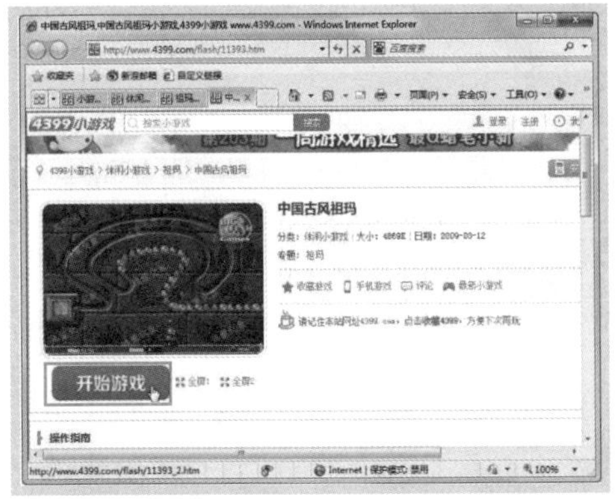

Step05 打开游戏页面，单击“start”按钮，如下图所示。

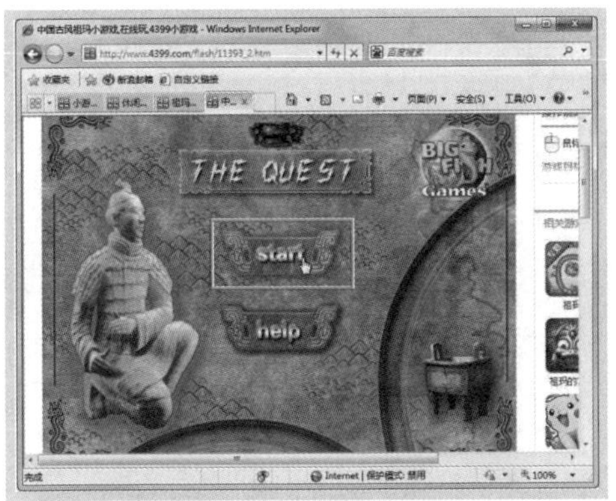

Step06 在游戏界面中，观察下方小球的颜色，将鼠标指针对准同颜色的小球，按鼠标左键，如下图所示。同颜色的小球满 3 个以后会自动消除。

Step07 完成一局游戏后，将显示本局得分，单击“REPLAY”按钮可继续下一局游戏，如下图所示。若不想再玩，关闭网页窗口即可。

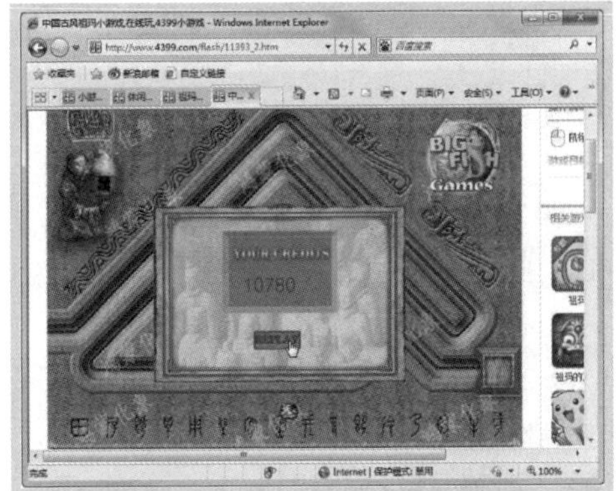

学习小结

本课主要介绍了在网页上听歌、看电影、听广播，用音乐播放器听歌和看 MV，使用视频软件看视频，在 QQ 游戏中打麻将、斗地主和下象棋等休闲娱乐的相关操作。通过本课的学习，可以帮助读者尽享网络生活带来的便利与乐趣，相信大家的业余生活不会再枯燥了。

学习笔记

第 9 课

享受网上的便利生活

随着网络的不断发展和普及，越来越多的网络应用融入我们的日常生活和工作中。通过网络，我们可以足不出户办理银行业务、网上缴水电费、网上交电话费、网上订票和网上购物，体验丰富多彩的网上生活，也让我们的生活因网络而更加便捷。

学习建议与计划

时间安排：（15:30 ～ 17:00）

第二天 下午

知识精讲（15:30 ~ 16:15）

- ☆ 掌握网上银行的相关使用
- ☆ 掌握在网上营业厅查费和充值的方法
- ☆ 掌握网上订票的相关操作
- ☆ 掌握支付宝的使用方法
- ☆ 掌握网上购物的相关操作

学习问答（16:15 ~ 16:30）

过关练习（16:30 ~ 17:00）

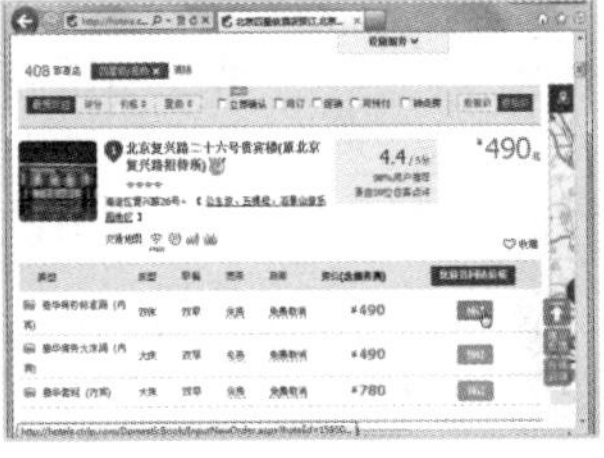

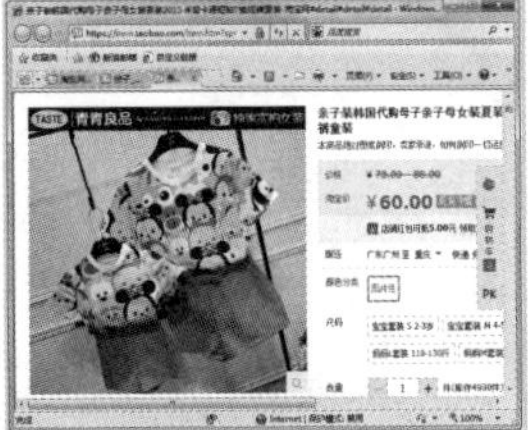

(15:30 ~ 16:15)

9.1 使用网上银行

网上银行方便快捷，朋友们足不出户就可以完成余额查询、网上转账等操作。

如果需要使用网上银行，首先要到银行卡所在得银行网点柜台开通网银服务，领取相应的安全保护工具后就可以操作了。

9.1.1 办理网上银行

目前国内银行几乎都开通了网上银行服务，下面以中国工商银行为例进行介绍。

1. 开通网上银行

开通网上银行的方法很简单，如果您已经有了中国工商银行的银行卡，只需携带个人有效证件到中国工商银行的营业厅，就可以免费开通网上银行服务。

如果是没有中国工商银行银行卡的朋友，可携带有效证件到中国工商银行的营业厅，填写“中国工商银行牡丹灵通卡申请表”和“开立个人银行结算账户申请书”，然后交上10元办卡费，便可成功申请一张中国工商银行的银行卡，并免费开通网上银行了。

2. 网上银行安全工具

为了确保网上支付的安全性，中国工商银行推出了网上银行安全工具。

(1) U盾

以前工行的网银安全工具为U盾，又称为数字证书，是身份认证的数据载体，其外形酷似U盘。

使用U盾前需要根据自己的U盾类型下载并安装驱动程序，安装成功后，将U盾插入电脑的USB接口，登录个人网上银行，进入“U盾管理”功能，在“U盾管理载”栏目中下载个人客户证书到U盾中。

使用U盾的方法很简单，当需要进行网上支付时，将会弹出提示用户插入U盾的对话框，单击“确定”按钮，接着将U盾插入到电脑的USB接口，单击“提交”按钮再次确认，然后在弹出的提示对话框中输入U盾密码进行交易即可。

(2) 电子密码器

目前中国工商银行新一代的安全认证工具为电子密码器，它是工行继U盾、口令卡之后推出的新型安全工具，具有内置电源和密码生成芯片、外带显示屏和数字键盘的硬件介质，用户无须安装任何程序即可使用，即方便携带，使用起来也更加方便。

使用电子密码器前需要将其激活，方法很简单：按电源键几秒后松开，打开密码器，此时密码器提示输入“激活码”，输入客户单据中提供的“工行网银电子密码器证书激活码”，激活后，密码器提示设置开机密码，连续输入两次即可设置成功。

9.1.2　登录网上银行

到银行柜台开通网上银行之后，就可以使用电脑登录网上银行了。

Step01　启动浏览器，打开中国工商银行首页，单击“个人网上银行”超链接，如下图所示。

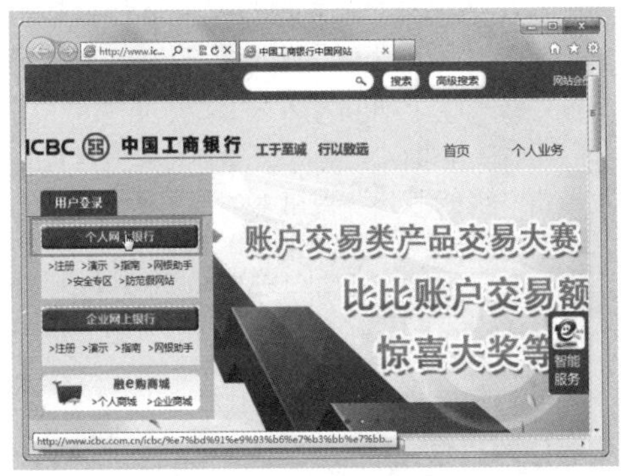

Step02　在打开的网上银行系统设置向导页面中仔细阅读相关内容，阅读完成后单击“确定”按钮，如下图所示。

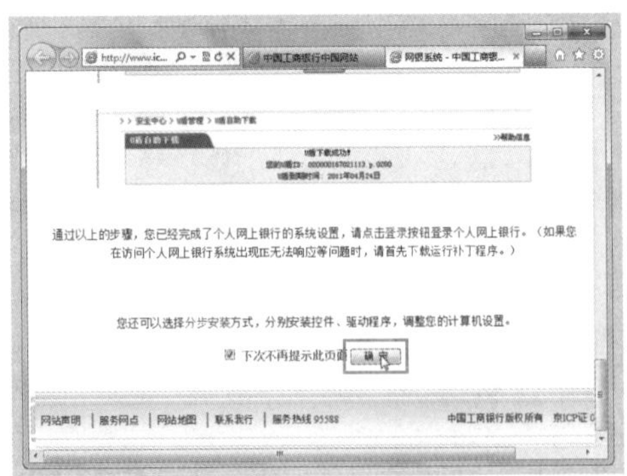

Step03　第一次登录中国工商银行网上银行时，登录密码和验证码文本框处于不可编辑状态，❶ 单击文本框，❷ 在弹出的快捷菜单中选择“为此计算机上的所有用户安装此加载项”命令，如下图所示。

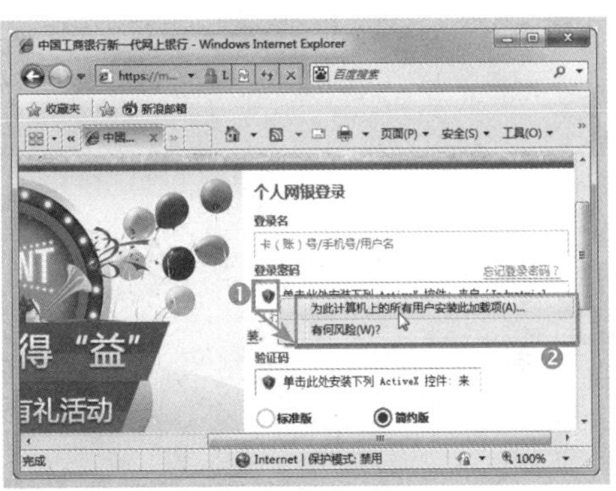

Step04　在弹出的“安全警告”对话框中单击“安装”按钮，如下图所示。

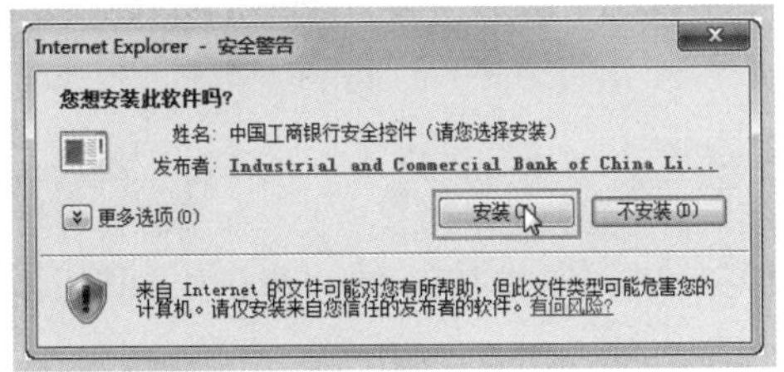

Step05　❶ 安装成功后，登录密码和验证码文本框变为可编辑状态，填写登录名、登

录密码和验证码，❷ 单击“登录”按钮，如下图所示。

Step06 ❶ 如果用户使用的安全工具为电子密码器，此时在打开的页面中将提示用户输入电子密码器上的动态密码，根据页面中的提示内容进行操作，获取密码后将其填入文本框中，并输入验证码，❷ 单击“确定”按钮，即可进入个人网上银行首页，如下图所示。

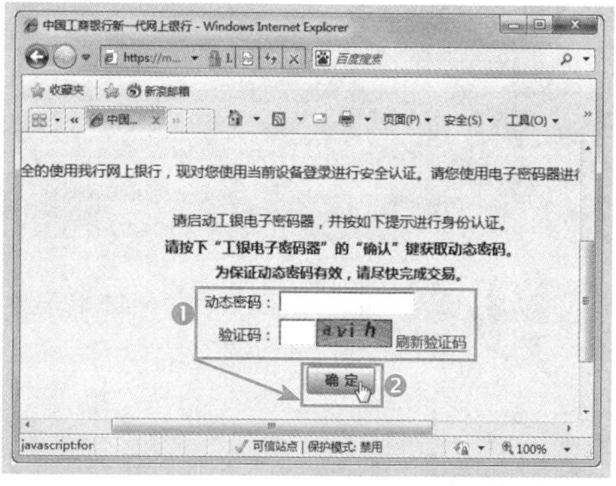

Step07 进入升级提示页面，单击“跳过”超链接可直接登录网银系统，如果想要升级服务，也可以单击“我要升级服务”按钮，如下图所示。

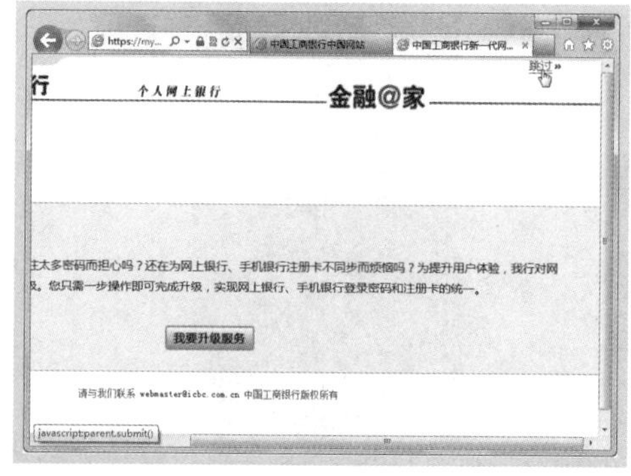

Step08 成功登录网上银行，进入欢迎界面，如下图所示。

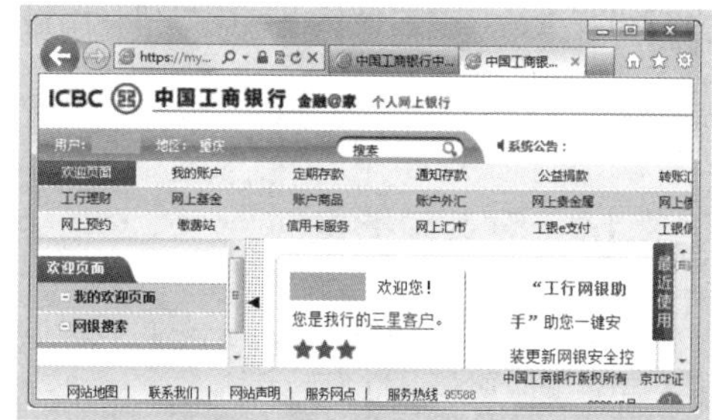

9.1.3 查询账户明细

登录网上银行后，就可以对账户进行相关的操作了。如果需要在网上银行查询账户余额，可通过下面的方法实现。

Step01 登录网上银行，在个人网上银行首页单击“我的账户”按钮，如下图所示。

Step02 单击“余额”超链接，即可查看该账户的当前余额，如下图所示。

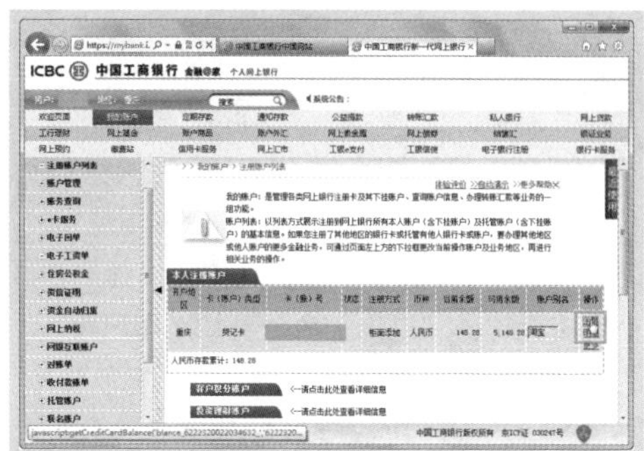

9.1.4 网上转账

开通网上银行后，当需要给他人汇款时，再也不用到银行排队了，使用网上银行动一动鼠标就可以轻松完成转账操作，具体操作方法如下。

Step01 登录网上银行，在个人网上银行首页单击“转账汇款”超链接，如下图所示。

Step02 在打开的页面中选择汇款方式，如下图所示。

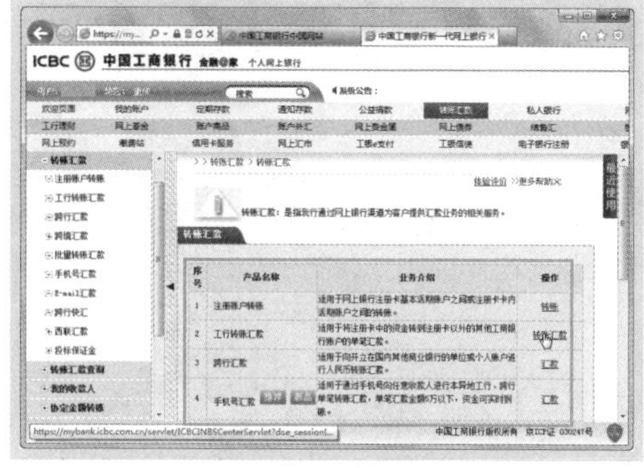

Step03 ❶ 在页面中填写好汇款人信息、汇款金额以及付款账号信息，❷ 单击“提交”按钮，如下图所示。

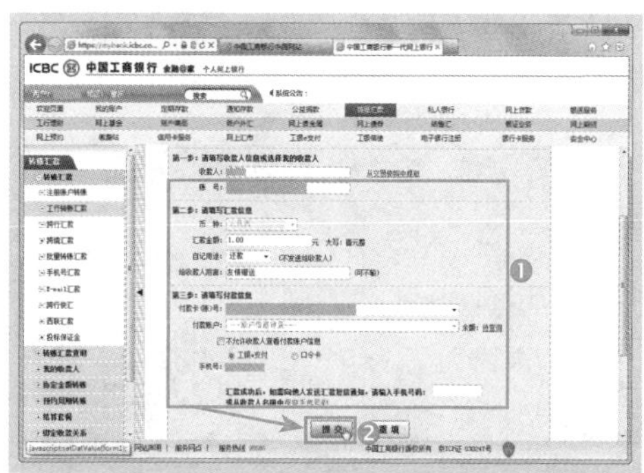

Step04 ❶ 输入页面中提供的验证码，❷ 输入手机收到的验证码（此例为手机短信验证，如果使用其他安全工具，操作步骤可能会有区别），❸ 单击“确认”按钮即可成功转账，如下图所示。

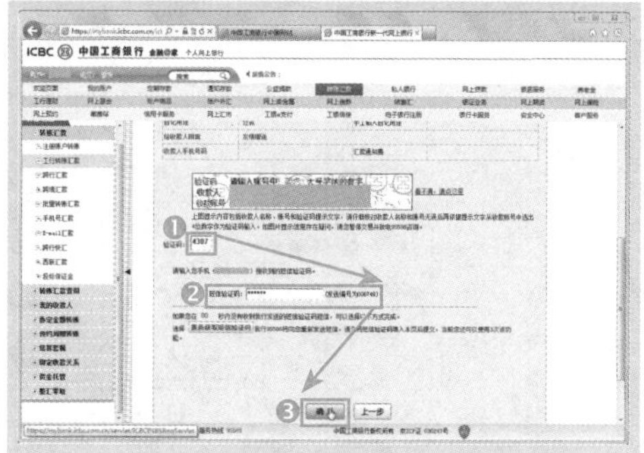

9.2 使用网上营业厅

目前中国移动、中国联通和中国电信已经开通了网上营业厅，用户若需办理业务，再也不要到营业厅去排队了，大多数业务都可以在网上营业厅完成。下面以使用中国移动网上营业厅（http://www.10086.cn/）为例，介绍网上营业厅的使用方法。

9.2.1 登录网上营业厅

使用网上营业厅之前，首先要登录网上营业厅，登录中国移动网上营业厅的操作方法如下。

Step01 ❶ 启动浏览器，进入中国移动官方网站，将鼠标移动到“登录”选项卡，❷ 在弹出的下拉菜单中选择“登录网上营业厅”选项，如下图所示。

Step02 ❶ 进入登录页面，填写手机号码、服务密码和验证码，❷ 单击“登录”按钮，如下图所示。

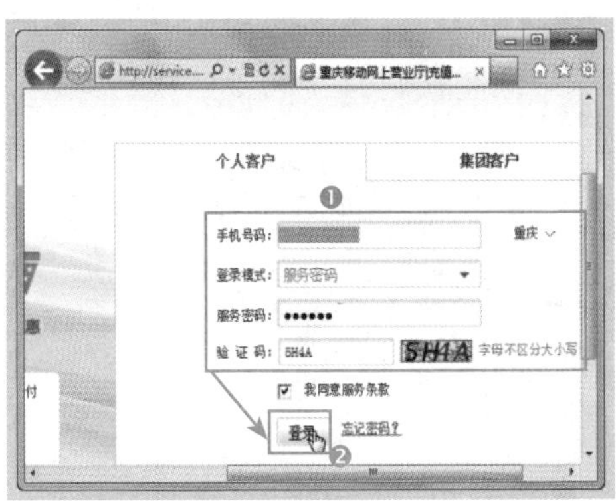

Step03 登录成功，如果想要退出网上营业厅，可以选择“退出”命令，如下图所示。

9.2.2 查询手机话费

用户如果需要查询手机话费，不用打电话到10086进行查询了，直接在移动网上营业厅即可快速查询到余额，操作如下。

Step01 ❶ 登录网上营业厅，将鼠标移动到“尊享服务”选项卡，❷ 在弹出的扩展菜单中选择“余额查询”命令，如下图所示。

Step02　在打开的页面中即可查看当前手机余额，如下图所示。

9.2.3　为手机充值

为手机充值再也不用到处找卖充值卡的商店了，直接在中国移动网上营业厅使用网上银行为手机充值即可，操作如下。

Step01　❶ 登录网上营业厅，将鼠标移动到“充值话费”选项卡，❷ 在弹出的扩展菜单中选择“充值”命令，如下图所示。

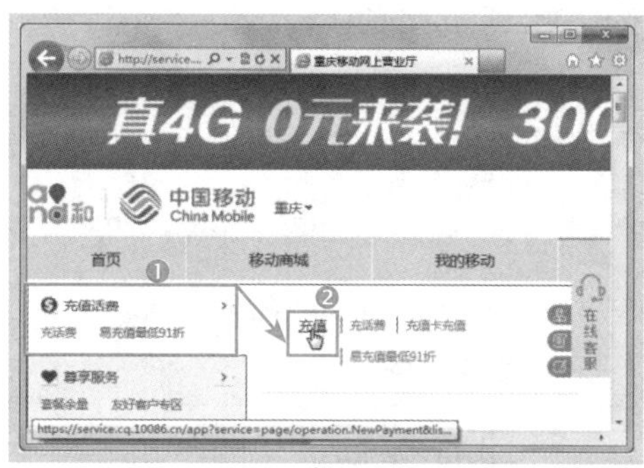

Step02　❶ 在充值资费区域输入手机号码，❷ 选择充值金额，如下图所示。

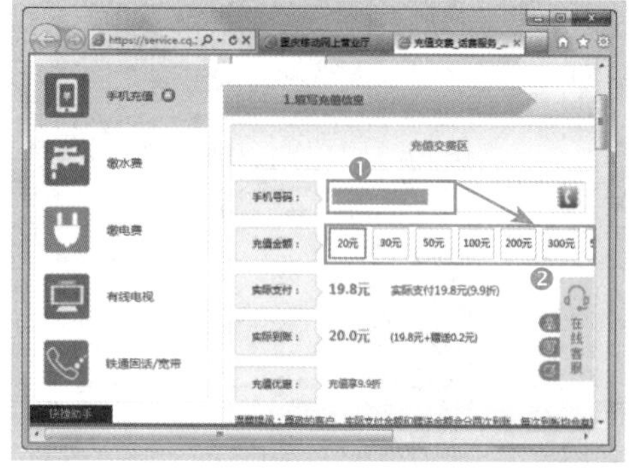

Step03　在网上银行区选择充值方式，如下图所示。

Step04　选择完成后单击页面底端的“去支付”按钮，如下图所示。

Step05　弹出核对信息提示框，确定无误后单击“确认无误，去交费”按钮，如下图所示。

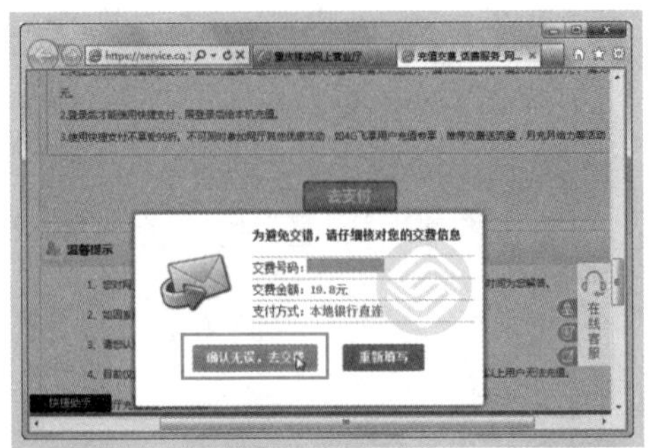

Step06 ❶ 在打开的页面中切换到“网银支付”选项卡，❷ 输入银行卡号，❸ 单击“下一步”按钮，如下图所示。

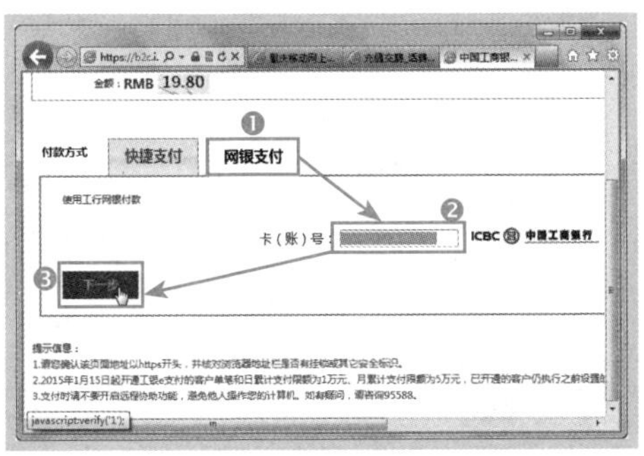

Step07 确认银行预留信息，如果正确无误则单击“付款”按钮，如下图所示。

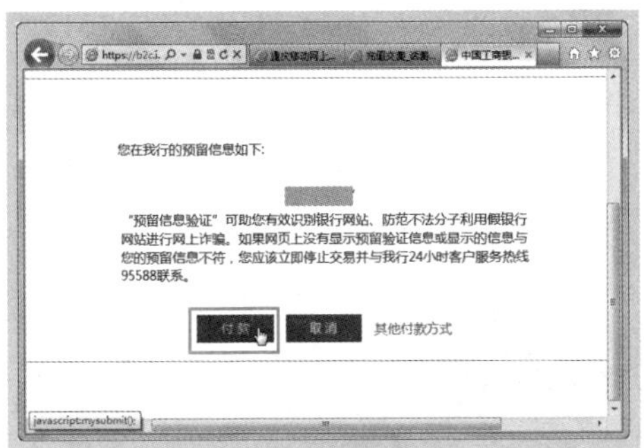

Step08 ❶ 如果用户的网银安全工具为口令卡，此时输入口令卡密码输入登录密码和验证码，输入短信验证码，❷ 单击“提交”按钮，如下图所示。

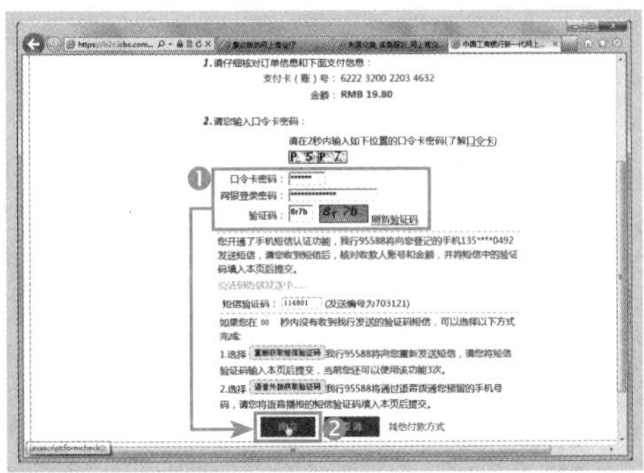

Step09 提示交易成功，单击“关闭窗口”按钮，如下图所示。

Step10 返回中国移动网上营业厅，可看到提示已经成功交费的信息，如下图所示。

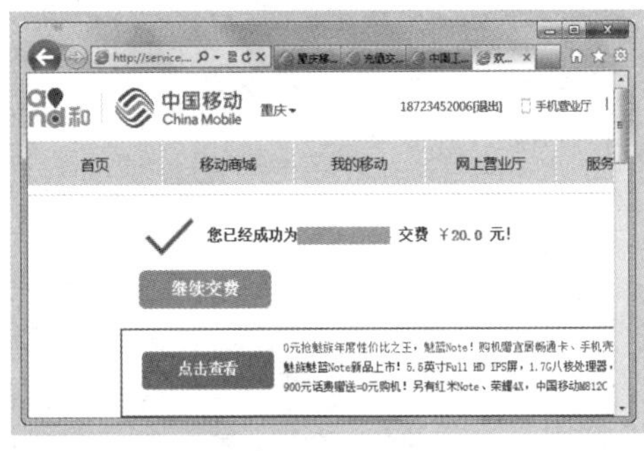

9.2.4 更改套餐资费

如果用户觉得现在使用的手机套餐资费不合适，可以到网上营业厅选一种合适的套餐资费来更换，操作方法如下。

Step01 ❶ 登录中国移动官方网站，将鼠标移动到“业务办理”选项卡，❷ 选择“主套餐”中的“我的主套餐”命令，如下图所示。

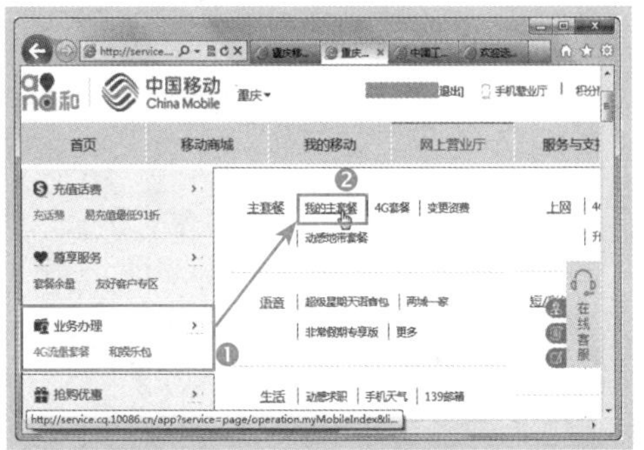

Step02 在打开的页面中可查看现在的手机套餐资费情况，如果想要更改套餐资费，选择“更改”命令，如下图所示。

Step03 在打开的页面中选择一种合适的套餐资费，单击其右侧的“网厅办理”超链接，如下图所示。

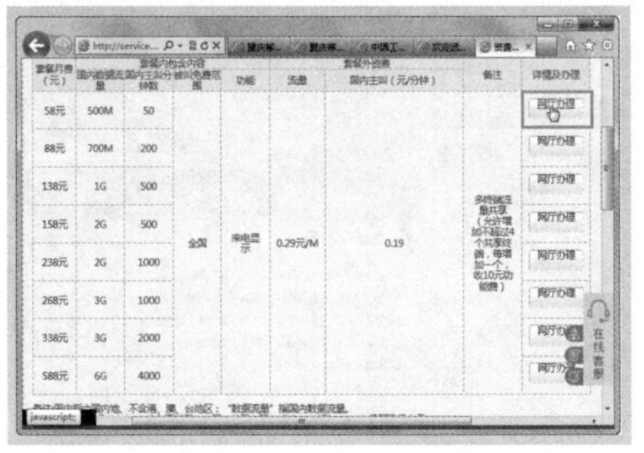

Step04 在打开的页面中可查看该资费的具体情况，确定办理后单击“办理（次月生效）”按钮即可，如下图所示。

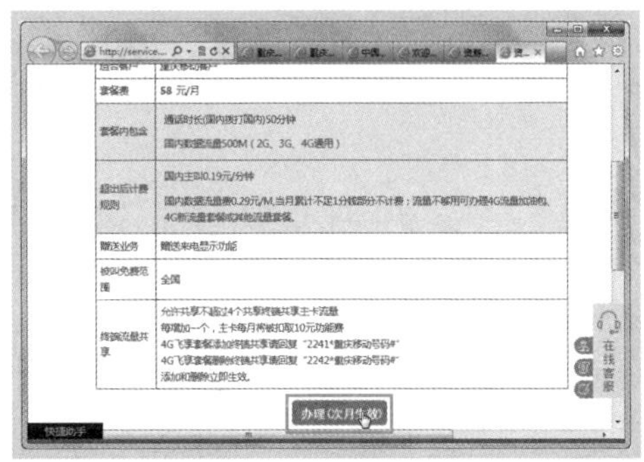

9.2.5 退订增值业务

为了方便用户，移动提供了多种增值业务，如果订阅后想要退订，可通过下面的方法实现。

Step01 ❶ 登录中国移动网上营业厅，将鼠标移动到“我的移动”选项卡，❷ 选择“已开业务”命令，如下图所示。

Step02 在已开业务页面可看到本手机已开通的所有业务，单击“增值业务”超链接，如下图所示。

Step03 在需要退订的增值业务右侧选择“取消业务”命令，如下图所示。

Step04 在弹出的对话框中单击“确定”按钮，即可退订该增值业务，如下图所示。

9.3 网上预订

互联网给我们带来了各种各样的生活体验，通过网络，用户足不出户就可以进行网上预定，节省了乘车、排队的时间。

9.3.1 网上购火车票

以前购买火车票需要到火车站或代售点，现在在网上也可以方便的购买火车票了。

Step01 打开IE浏览器，进入中国铁路客户服务中心并登录，选择“购票”命令，如右图所示。

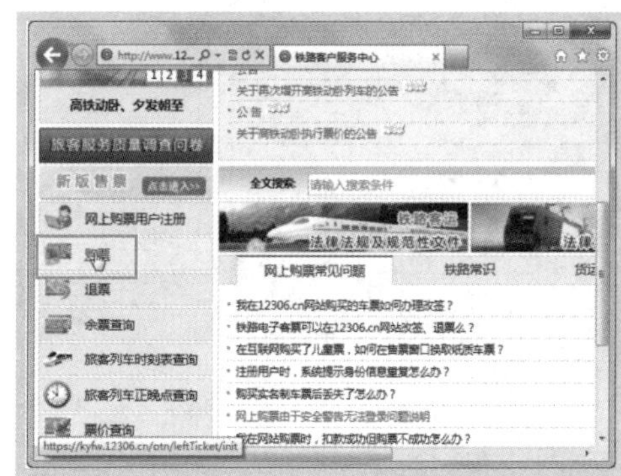

Step02 ❶ 设置出发地、目的地、出发时间等信息，❷ 单击“查询”按钮，❸ 在下方的搜索结果中单击“预订”按钮，如下图所示。

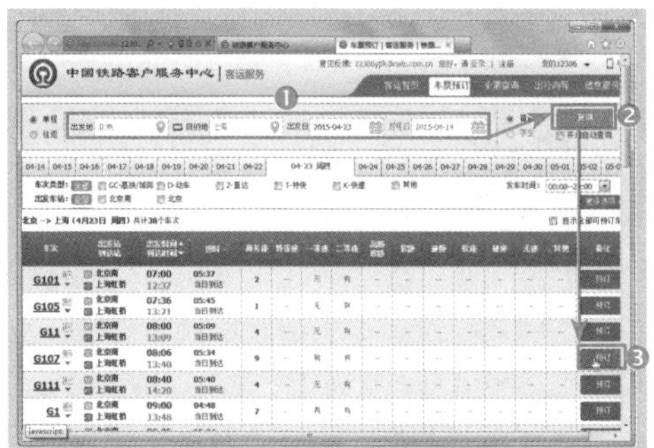

Step03 ❶ 在打开的页面中确认列车信息后，填写乘客信息，❷ 输入验证码，❸ 单击“提交订单”按钮，如下图所示。

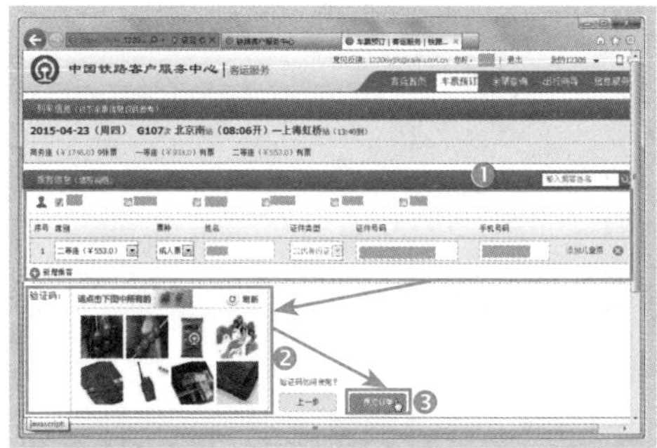

Step04 在弹出的对话框中认真核对车票信息后，单击“确认”按钮，如下图所示。

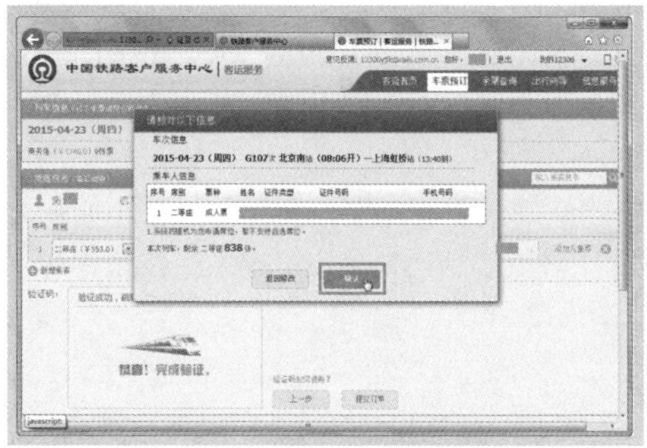

Step05 提交订单后，所选席位就被锁定，需要在 45 分钟内完成支付，单击“网上支付”按钮，如下图所示。

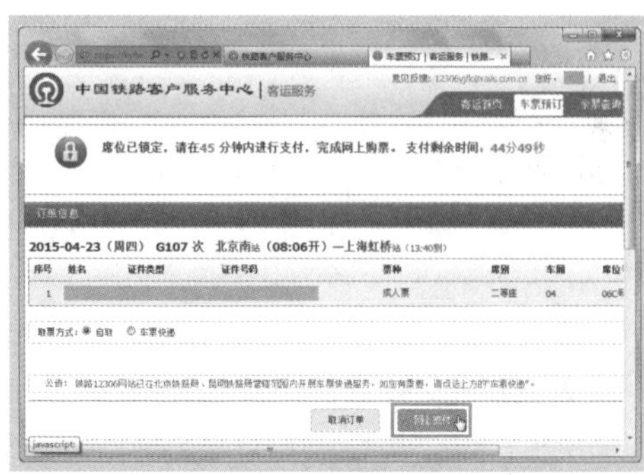

Step06 在打开的页面中选择支付银行，页面将自动跳转至该银行的支付界面，按照前文所学的支付方法完成支付即可，如下图所示。

9.3.2 网上预订机票

在旅游之前，可以先在网上预订机票，到时候拿着行李到机场取登机牌登机即可。下面以在深圳航空官方网站（http://www.shenzhenair.com/uiue/）定机票为例，介绍在网上订机票的具体操作方法。

Step01 ❶ 注册并登录深圳航空，设置出发城市、到达城市和出发日期，❷ 单击“搜索”按钮，如下图所示。

Step02 ❶ 在搜索结果中选择机票舱位，❷ 输入验证码，❸ 单击“下一步”按钮，如下图所示。

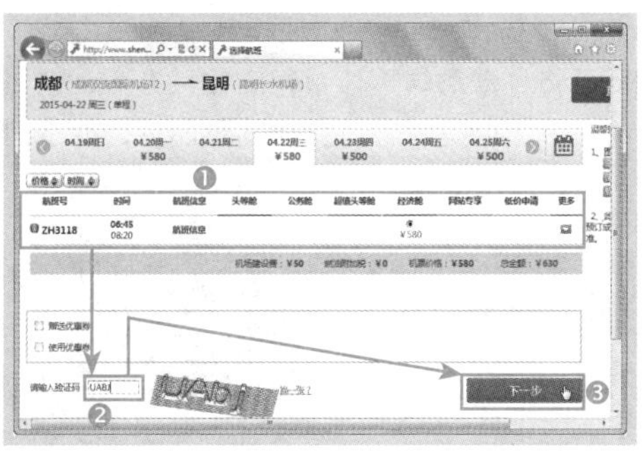

Step03 在打开的页面中确定行程信息，如下图所示。

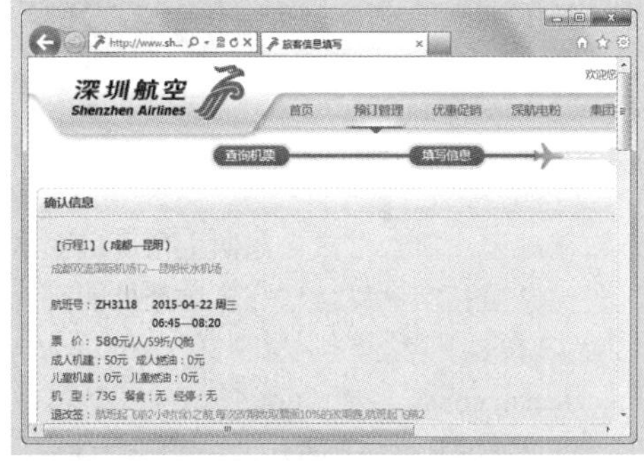

Step04 在添加乘机人区域，输入乘机人姓名、证件类型和证件号码等信息，如下图所示。

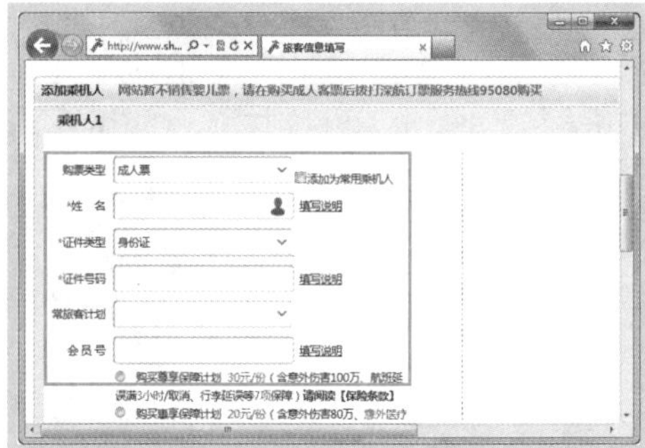

Step05 ❶ 在联系人信息区域填写姓名、联系电话等信息，❷ 单击“提交订单”按钮，提交订单后使用网上银行支付订单即可，如下图所示。

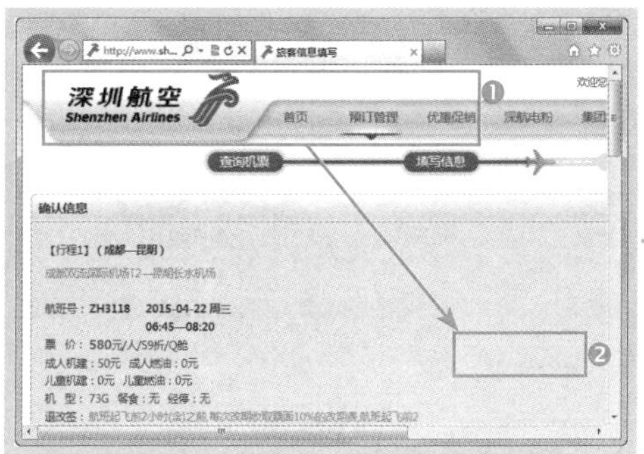

9.3.3 网上预订酒店

在购买了机票或火车票之后，旅行的行程也基本确定，此时就可以开始在网上预订酒店了。

下面以携程网（http://www.ctrip.com/）为例，介绍在携程网上预订酒店的具体操作方法。

Step01 ❶ 进入携程网，设置目的地和入住日期等信息，❷ 单击“搜索”按钮，如下图所示。

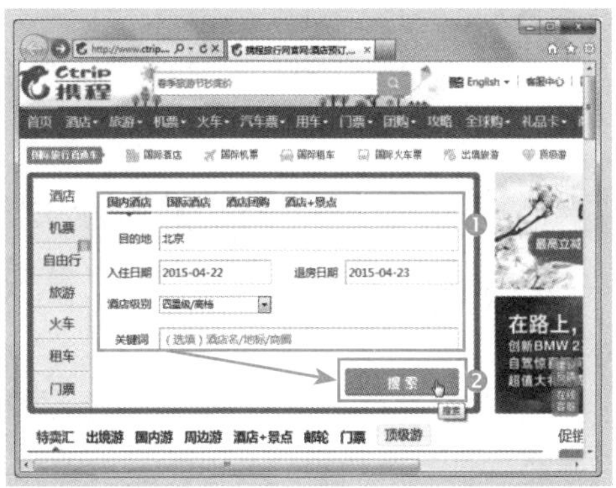

Step02　在搜索结果中选择合适的酒店，单击酒店右侧的“预订”按钮，如下图所示。

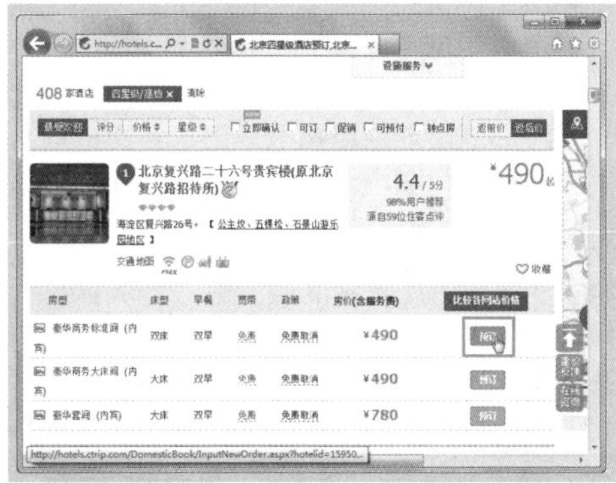

Step03　❶设置房间信息，❷单击“提交订单”按钮即可成功预订酒店，如下图所示。

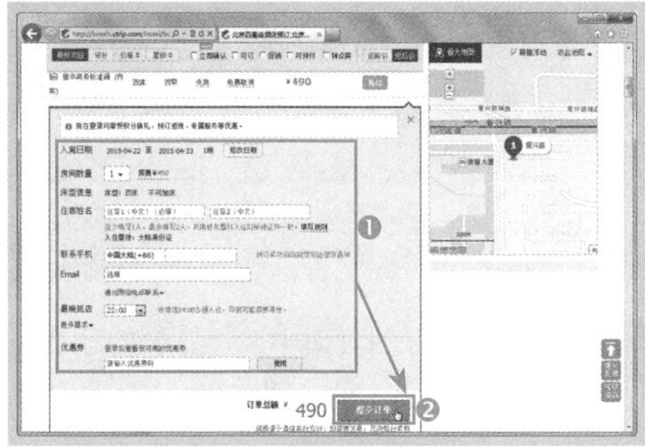

9.3.4　网上团购电影票

团购就是多人一起购买某件商品，而商家也会给予一定的优惠，达到双赢的目的。现在，很多团购网站都开展了团购活动，吃、喝、玩、乐应有尽有。下面就在百度糯米（http://www.nuomi.com/）购买电影票为例，介绍在网上团购的方法。

Step01　打开百度糯米网首页，选择“电影”选项，如下图所示。

Step02　在打开的页面中选择城市行政区域和观看电影的具体地点，如下图所示。

Step03　在页面中将显示搜索到的符合条件的所有参与团购的影院，单击想要团购的电影票的影院，如下图所示。

Step04 在打开的网页中查看该影院的团购信息，如需要购买则单击“立即抢购”按钮，如下图所示。

Step05 在打开的页面中确认订单信息，确认无误后单击“确认”按钮，如下图所示。

Step06 ❶ 页面自动跳转到支付，选择支付方式，❷ 单击“立即支付”按钮继续完成支付操作即可，如下图所示。

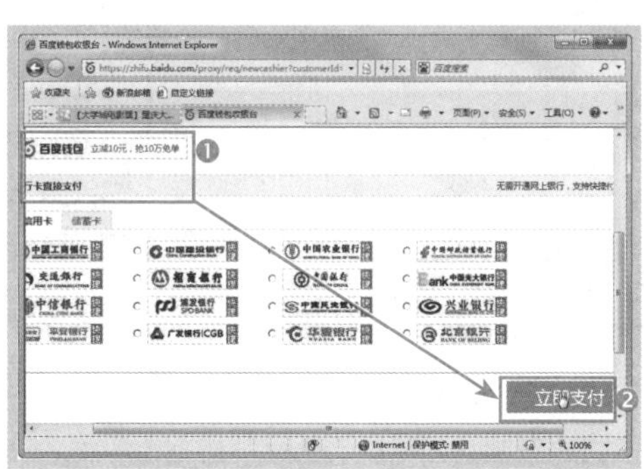

9.3.5 网上订餐

网上不仅可以团购电影票，餐饮也是网上团购最热门的一类。下面以在百度糯米网上团购餐饮为例，具体操作如下。

Step01 ❶ 打开百度糯米网，将鼠标指针指向“美食”分类，❷ 在右侧的扩展列表中选择要预订的餐饮类型，如下图所示。

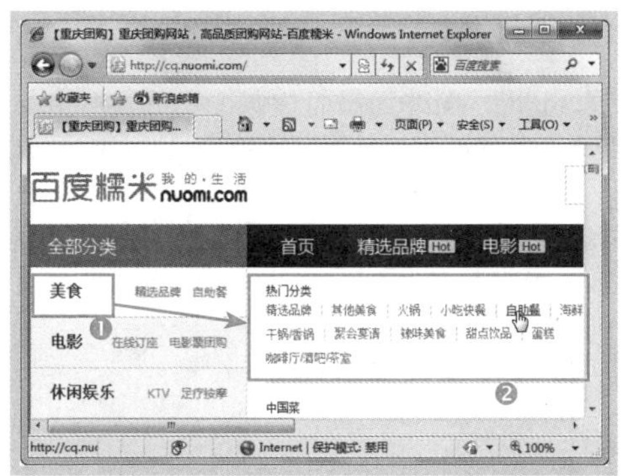

Step02 在打开的页面中选择订餐的地点、价格范围和人数等，如下图所示。

Step03　在显示的搜索结果中，单击喜欢的餐饮超链接，如下图所示。

Step04　在打开的页面中单击“立即抢购”按钮，如下图所示。

Step05　❶ 网上订餐需要登录账号，此时在弹出的“登录百度糯米”对话框中输入百度账号和密码，❷ 单击“登录”按钮，如下图所示。

Step06　如果用户没有百度账号，又不想去注册，可单击“短信快捷登录”超链接，如下图所示。

Step07　❶ 进入“短信登录”界面，输入手机号码，❷ 单击“发送动态密码”按钮，如下图所示。

Step08 ❶ 在下方的文本框中输入手机收到的验证码，❷ 单击"登录"按钮，如下图所示。

Step09 在进入的页面中确认订单信息，单击"确认"按钮，如下图所示。

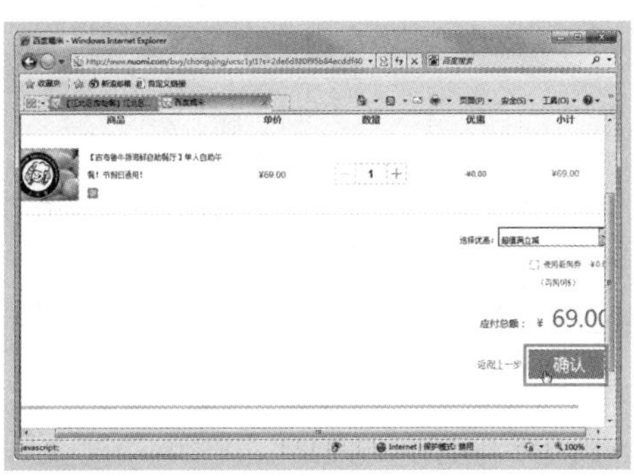

Step10 ❶ 页面自动跳转到支付，选择支付方式，❷ 单击"立即支付"按钮继续完成支付操作即可，如下图所示。

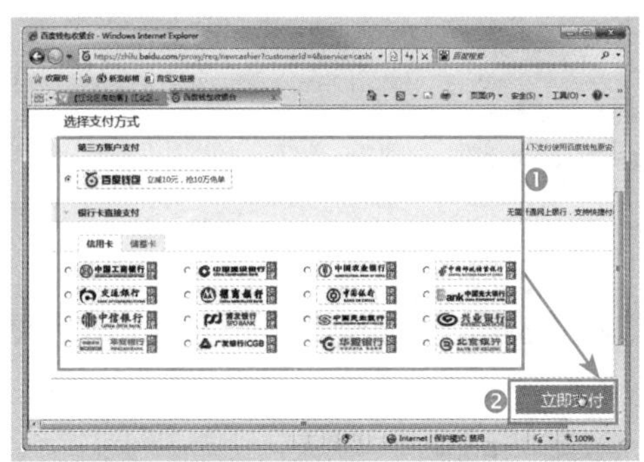

9.3.6 网上预约门诊

网络的发展使得在网上查询生活健康资讯、了解疾病的防治方法非常方便，甚至一些医院也在网上建立了求医平台，疾病患者可以在网上进行预约门诊，这样既可以直接找到自己熟悉的医生看病，也免去了排队的麻烦。

各大医院基本上都有网上预约系统，另外，也可以登录全国门诊预约挂号网进行预约，下面我们以挂号网（www.guahao.cn）为例进行介绍。

Step01 打开挂号网首页，单击"用户注册"超链接，如下图所示。

Step02 ❶ 在打开的页面中输入手机号码，

❷ 单击“发送验证码”选项卡，如下图所示。

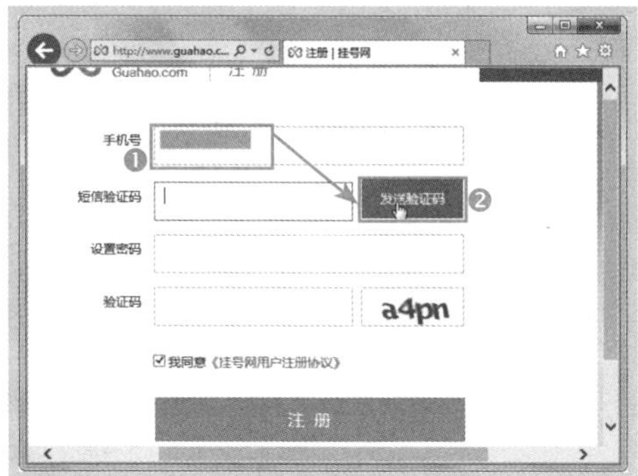

Step03 ❶ 收到验证码后，填写验证码和密码等注册信息，❷ 单击“注册”按钮，如下图所示。

Step04 ❶ 提示需要验证身份信息，填写姓名和身份证号码，❷ 单击“提交”按钮，如下图所示。

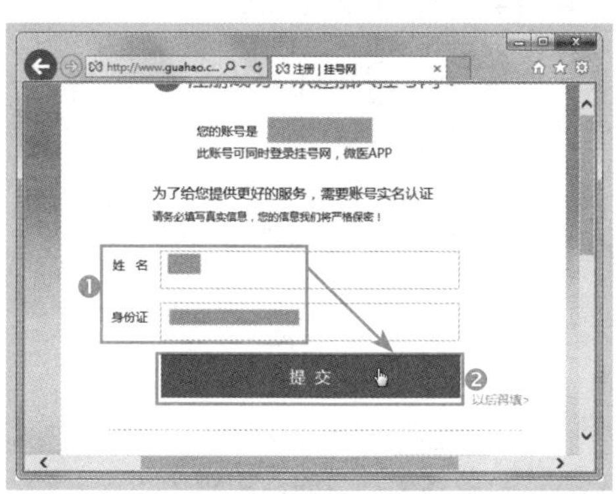

Step05 返回挂号网首页，单击“按医院找”超链接，如下图所示。

Step06 单击需要挂号的医院选项右侧的“挂号”按钮，如下图所示。

Step07 选择想要挂号的医生，在合适的日期上单击鼠标左键，如下图所示。

Step08 ❶在打开的页面中选择取号时间、确认就诊信息、输入验证码，❷完成设置后单击“确认预约”按钮，即可成功预约挂号，如右图所示。

9.4 网上购物

通过互联网，我们可以不用去商场、百货公司，坐在家里也能逛街，体验到足不出户的购物乐趣。

9.4.1 网上购物模式

现在面向消费者的网上购物主要有两种模式，一种是B2C；另一种是C2C。

◇ B2C的英文全称为Business-to-Customer，是商家面向客户意思。这种模式由原来的顾客到实体商店购物转变到顾客到网上商店购物，其本质没有变化，只是加入了电子商务因素。目前比较著名的网上商城有京东、苏宁易购、卓越、当当等，如下图所示。

◇ C2C的英文全称为Consumer to Consumer，这是一种个人与个人之间的电子商务，买卖双方都是个人性质，较B2C模式灵活，价格也有优势。现在最大的C2C集散地是淘宝网，如下图所示。

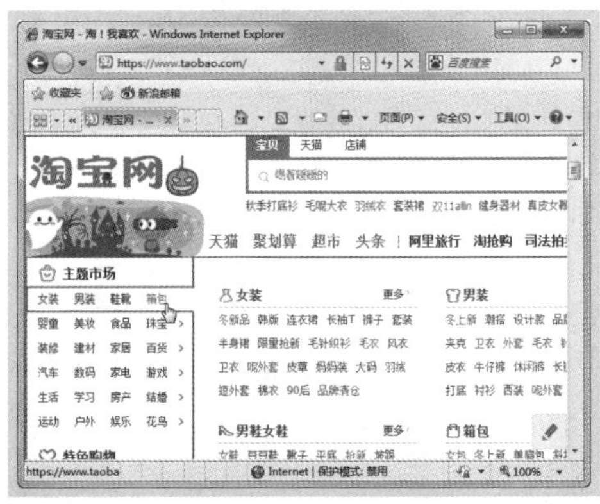

9.4.2 注册淘宝账户

淘宝网是国内领先的个人交易网上平台，也是中国最具影响力的购物网站之一，无论是在淘宝网购物或者开店，都需要先注册淘宝账号，具体操作如下。

Step01　打开淘宝网，单击页面左上角的“免费注册”超链接，如下图所示。

Step02　打开“注册协议”对话框，单击“同意协议”按钮，如下图所示。

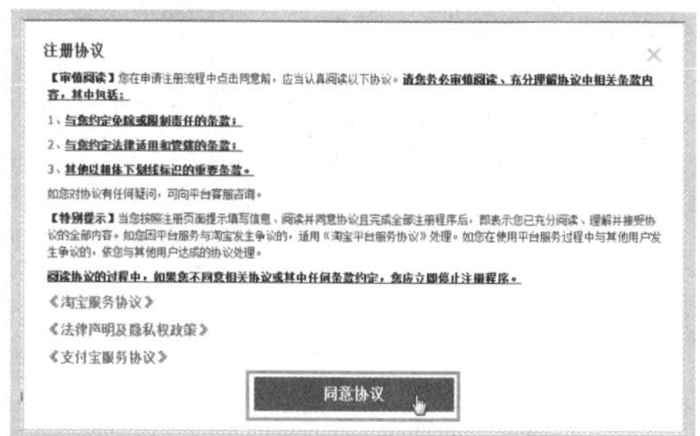

Step03　❶ 进入账户注册页面，输入手机号码，❷ 在“验证”栏按鼠标左键向右拖动滑块，如下图所示。

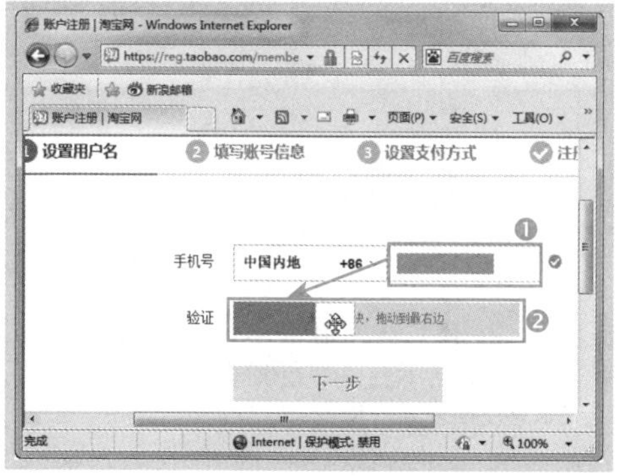

Step04　根据提示信息单击下方图片中对应的汉字，如下图所示。

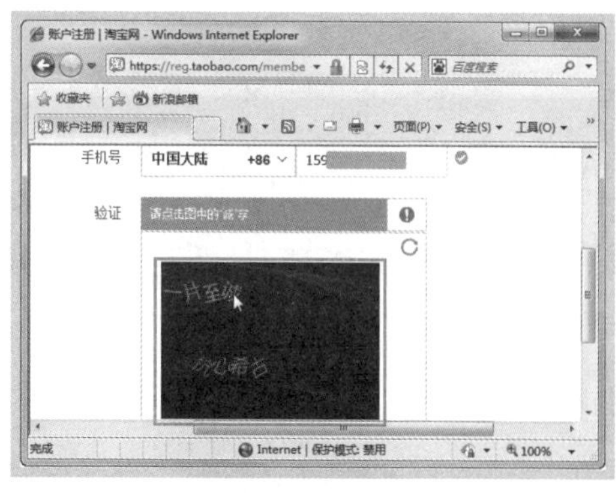

Step05　正确点击后，显示验证通过，单击“下一步”按钮，如下图所示。

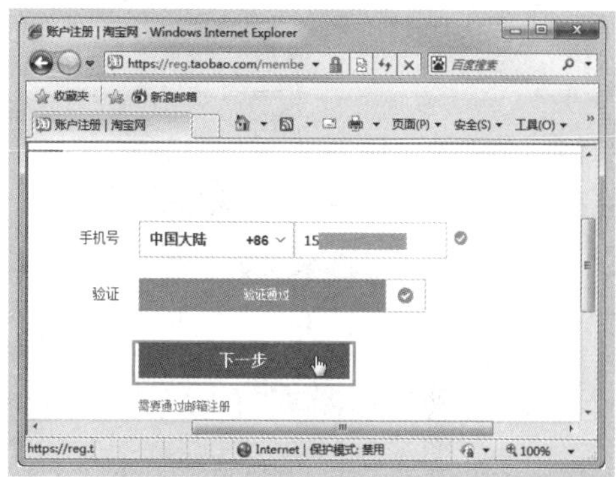

Step06　❶ 在“验证码”文本框中输入手机上收到的验证码，❷ 单击“确认”按钮，如下图所示。

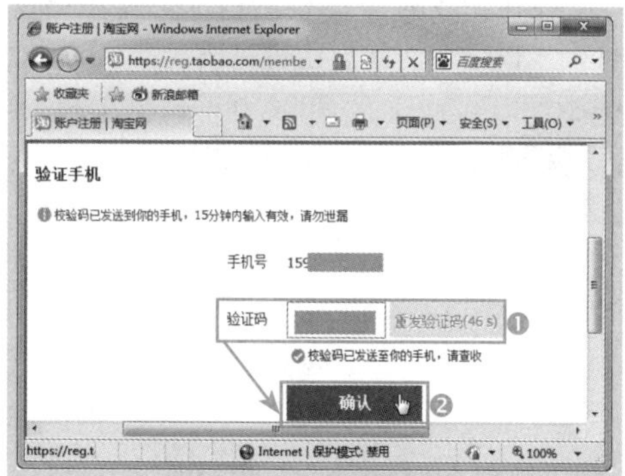

Step07 ❶在页面中设置登录密码并确认，❷设置好登录名，❸单击“提交”按钮，如下图所示。

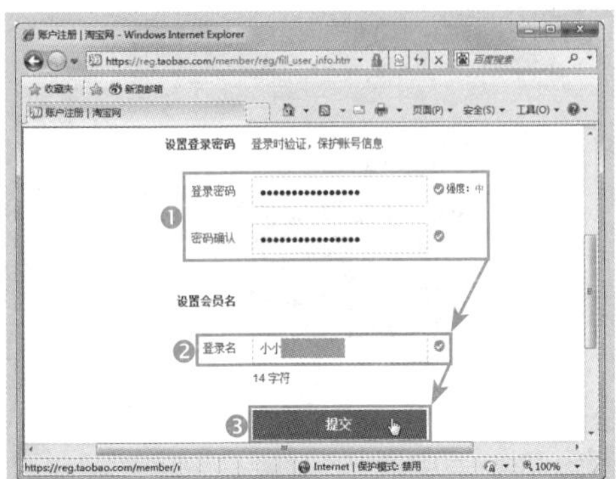

Step08 页面中即可显示注册成功的提示信息，如下图所示。

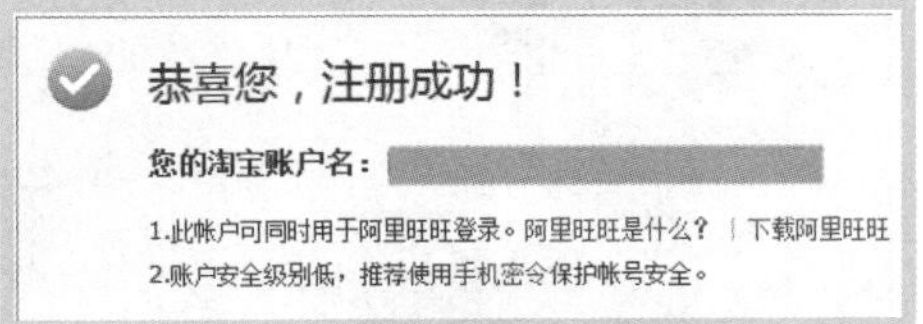

9.4.3 为支付宝充值

支付宝是淘宝网专用的资金交易平台，用户在成功注册淘宝会员之后，就自动开通了支付宝，而支付宝账号就是注册时填写的手机号或邮箱。

在使用支付宝支付之前，需要先为支付宝充值，下面就介绍进入支付宝（https://www.alipay.com/）充值的具体的操作方法。

Step01 打开支付宝首页，单击“登录”按钮，如下图所示。

Step02 ❶在文本框中输入账号和密码，❷单击“登录”按钮，如下图所示。

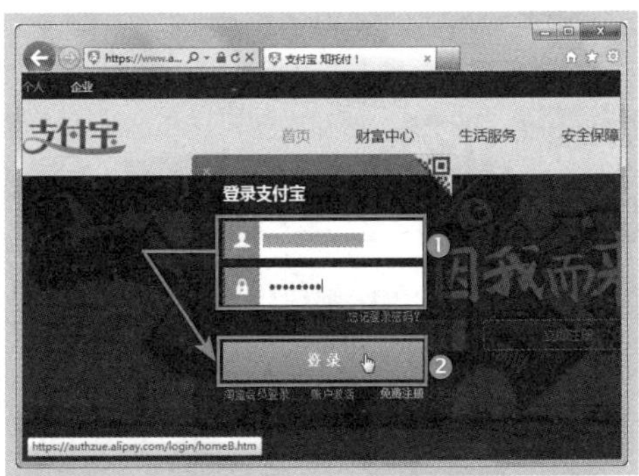

Step03 登录支付宝后，单击“充值”按钮，如下图所示。

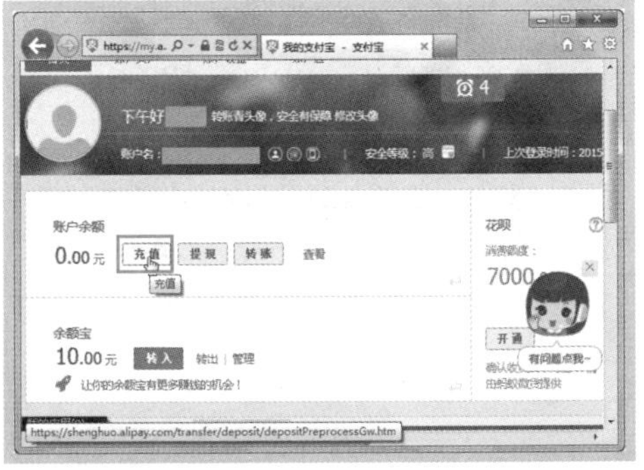

Step04 ❶选择充值银行（单击“选择其他”超链接可以显示更多银行列表），❷单击“下一步”按钮，如下图所示。

Step05 ❶ 在“充值金额”文本框中输入金额，❷ 单击“登录到网上银行充值”按钮，如下图所示。

Step06 ❶ 本例以使用交通银行为例，确认定单信息后填写银行卡账号，❷ 单击“下一步”按钮，如下图所示。

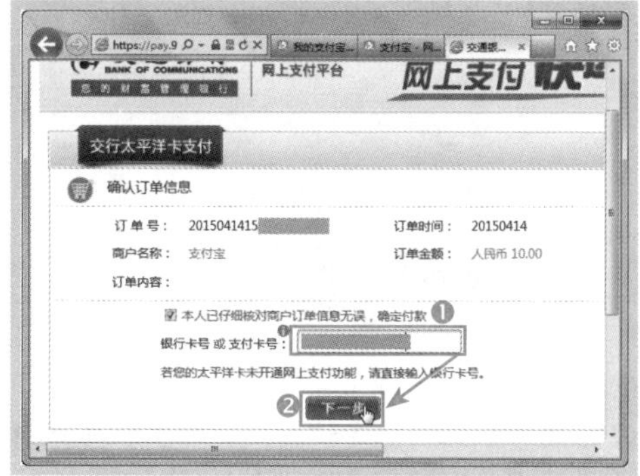

Step07 ❶ 填写交易密码和动态密码，❷ 单击“确定”按钮，如下图所示。

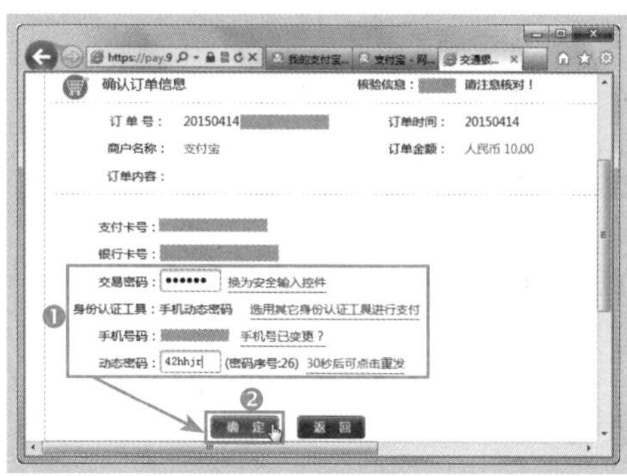

Step08 支付成功，单击“返回商城”按钮，如下图所示。

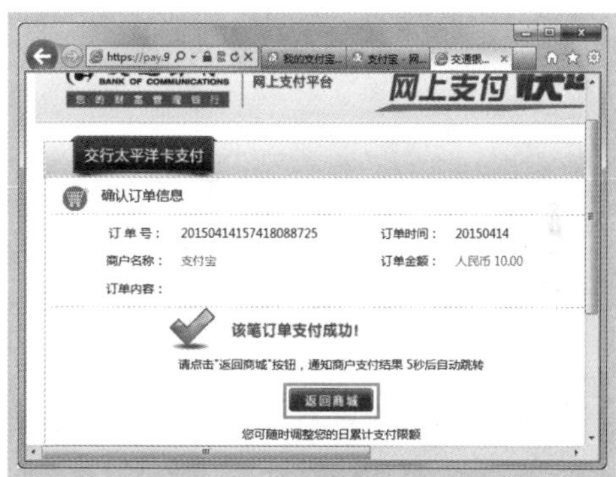

Step09 返回支付宝页面，提示已经成功充值，如下图所示。

9.4.4　搜索需要的宝贝

网上的商品琳琅满目，在众多商品中找

到需要的东西无疑就像寻宝一样，所以网友形象地称呼满意的商品为宝贝。

在淘宝网中寻找宝贝的方法很多，下面介绍两种比较常用的搜索方法。

1. 通过分类链接寻找

进入淘宝网首页，在页面上方的左侧或页面中部都可以看到淘宝网列出的所有宝贝类目。

下面以搜索“亲子”装为例，介绍通过商品分类寻找宝贝的方法。

Step01 ❶ 登录淘宝网，将指针指向页面“婴童 美妆 食品 珠宝”选项，❷ 在扩展列表中单击“亲子”超链接，如下图所示。

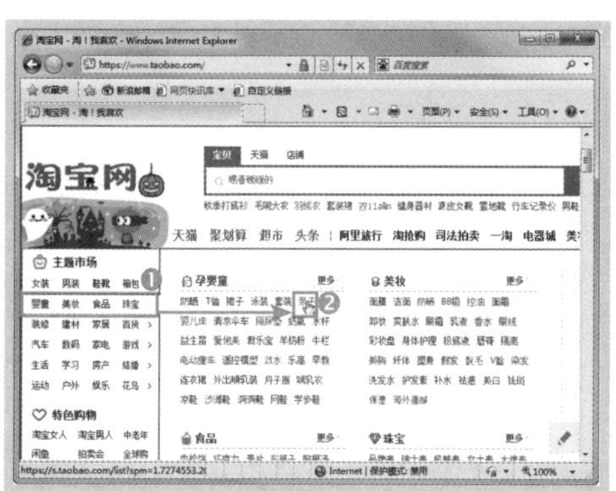

Step02 在打开的页面中，将显示搜索到的符合条件的商品，单击要查看的宝贝超链接，如下图所示。

Step03 在打开的页面中即可查看宝贝详情，如下图所示。

2. 通过搜索引擎寻找

为了帮助用户在淘宝商城中快速找到自己需要的宝贝，淘宝网为用户提供了站内搜索引擎。

下面以搜索“沙滩裙”为例，介绍在淘宝网中搜索宝贝的具体方法。

Step01 ❶ 登录淘宝网，在页面上方的搜索框中输入要搜索的宝贝名称，❷ 单击“搜索”按钮，如下图所示。

Step02 在打开的页面中进一步进行选择，以获取更精确的搜索结果，如本例对沙滩裙的裙长进行限制，选择“中长款”，如下图所示。

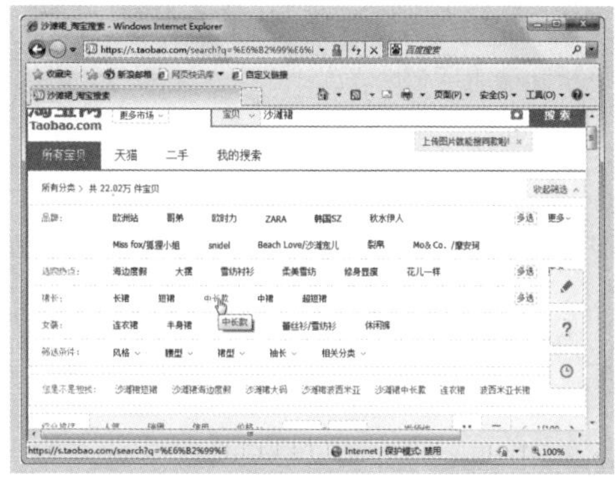

Step03 在显示的搜索结果中单击感兴趣的商品链接，如下图所示。

Step04 在打开的页面中可查看商品的详细情况，如下图所示。

9.4.5 购买宝贝

淘宝网上的商品应有尽有，不仅是常见的衣服鞋子、各类生活用品等可以在淘宝网上买到，还有在实体店不容易找到的新奇东西，我们也可以轻易在淘宝网上搜索到。

下面以在淘宝网中购买“奶粉盒”为例，介绍在淘宝网（http://www.taobao.com/）上购物的具体操作方法。

Step01 ❶ 打开并登录淘宝网，在搜索框中输入“奶粉盒”，❷ 单击“搜索”按钮，如下图所示。

Step02 在打开的页面中将显示搜索到的结果，选择一款想要购买的商品，单击该商品的图片链接，如下图所示。

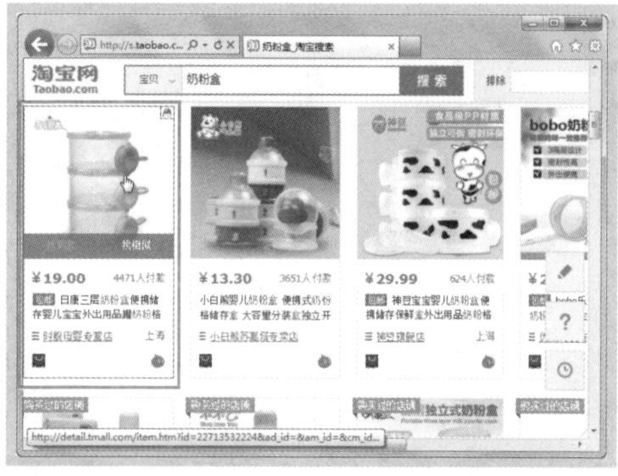

Step03 ❶ 在打开的页面中会看到该商品的详细介绍，如果确认购买，选择好颜色分类，❷ 单击“立即购买”按钮，如下图所示。

Step04 ❶ 第一次购买时，会提示填写收货地址，按照提示填写，该地址将作为以后购买商品的默认地址，❷ 完成后单击“确定”按钮，如下图所示。

Step05 ❶ 在页面下方选择购买数量和配送方式，❷ 单击“提交订单”按钮，如下图所示。

Step06 ❶ 在打开的支付页面中，系统将自动选择账户余额支付，在“支付宝支付密码”文本框中输入支付密码，❷ 单击“确认付款”按钮，如下图所示。

Step07 支付完成后，提示已成功付款，只需等待收货即可，如下图所示。

9.4.6 确认收货

在淘宝上购买的商品的时候，货款是支付到支付宝里，待收到商品之后，需要买家确认收货之后卖家才能收到货款。

用户在收到商品后，如果确认没有质量问题，就可以确认收货了。在淘宝网上确认收货的具体操作步骤如下。

Step01 ❶登录淘宝账号，将鼠标移动到“我的淘宝”超链接，❷ 在弹出的下拉列表中选择“已购买的宝贝”命令，如下图所示。

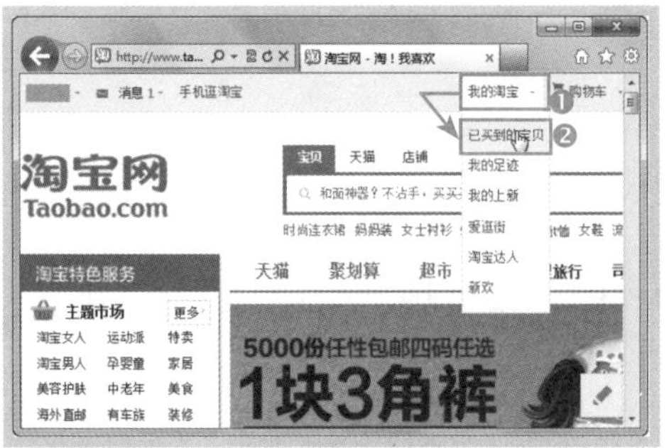

Step02 选择要确认收货的订单，单击右侧的“确认收货”按钮，如下图所示。

Step03 ❶在打开的页面中确认订单信息，输入支付宝支付密码，❷单击“确定”按钮，如下图所示。

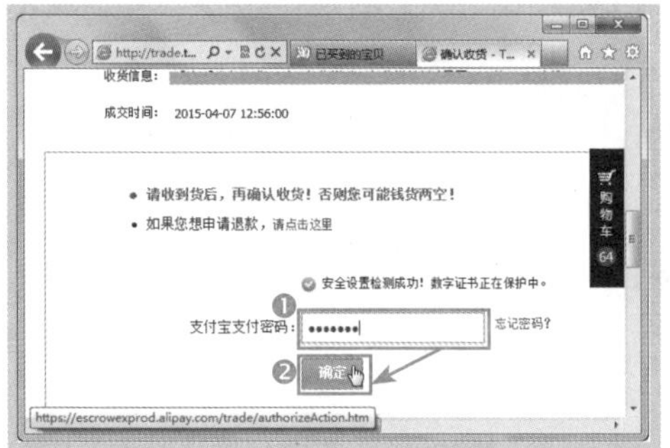

Step04 在弹出的对话框中单击“确定”按钮，如下图所示。

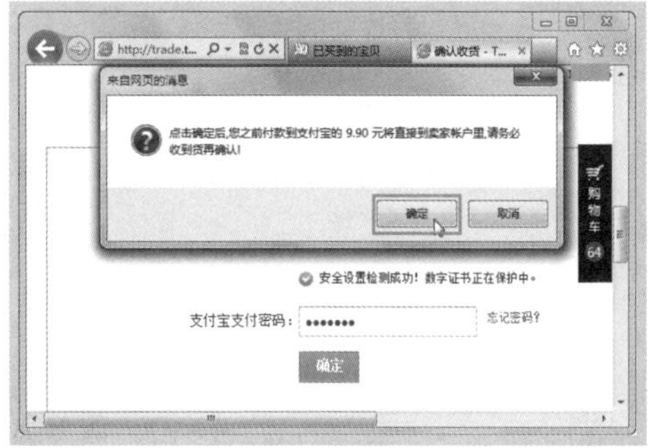

Step05 交易成功，单击“立即评价”按钮可评价该商品，如下图所示。

9.4.7　申请退款

当用户对收到的货物不满意时，可以与卖家联系申请退款和退货。申请退款的具体操作方法如下。

Step01 ❶登录淘宝账号，将鼠标移动到“我的淘宝”命令，❷在弹出的下拉菜单中选择“已购买的宝贝”命令，如下图所示。

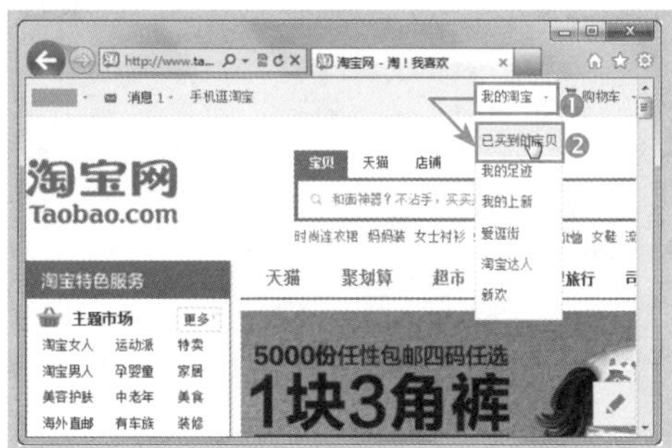

Step02 选择要退货的订单，单击“退款/退货”超链接，如下图所示。

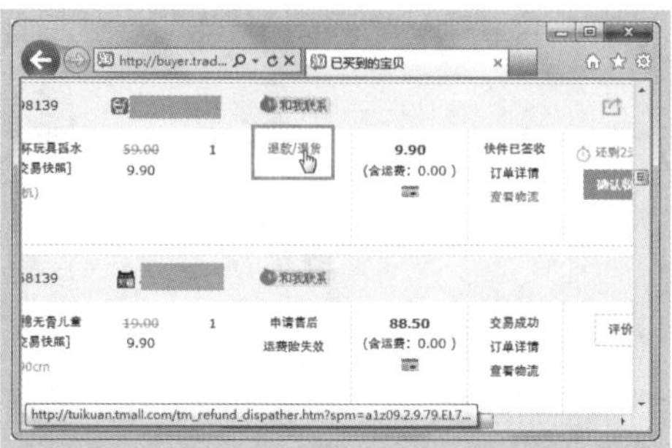

Step03 选择退货的形式，此处选择“我要退货”，如下图所示。

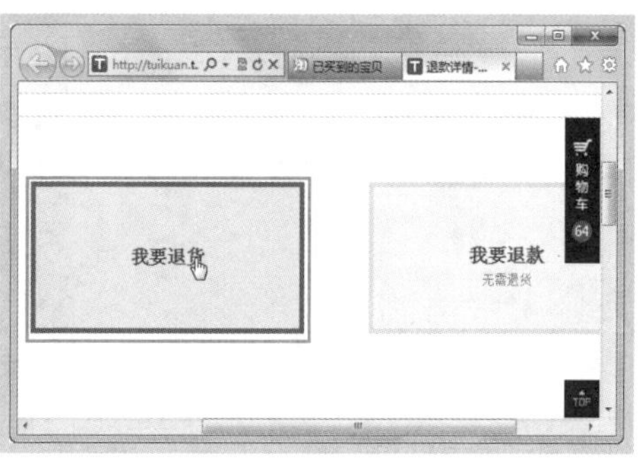

Step04 ❶ 在“我要退货”选项卡中，选择退款原因，并输入退款金额，❷ 单击“确定”按钮，如下图所示。

提交退款申请后，就可以等待卖家处理了。如果卖家同意了退货要求，我们就把货物打包，寄回给卖家，当卖家收到货物之后再将货款直接退回到支付宝中。

（16:15～16:30）

疑问 1：如何为固定电话充值？

答：以前的固定电话都是每月到电信营业厅交费，开通网上银行后，可以省去外出和排队的麻烦。要在网上为固话充值，不仅可以使用网上银行，还可以用支付宝支付。

下面以在中国电信网上营业厅（http://www.189.cn/）为固定电话充值为例，具体操作如下。

Step01 打开中国电信网上营业厅，单击“登录”按钮，如下图所示。

Step02 ❶ 在登录页面中设置固话电话号码、所在地区，并输入固话密码，❷ 单击“登录”按钮，如下图所示。

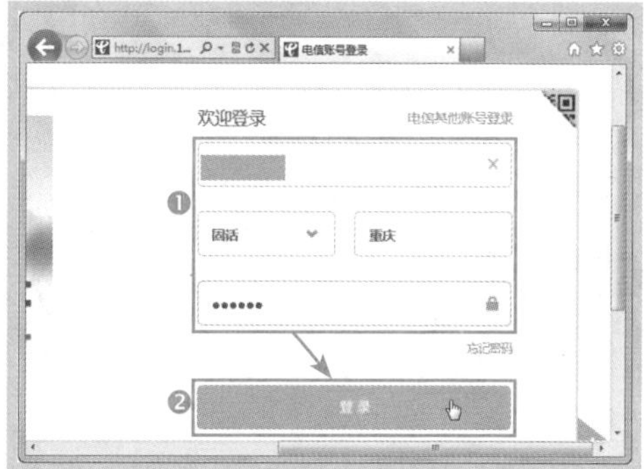

Step03　登录成功后即可查看账户余额，单击“立即充值”超链接，如下图所示。

Step04　❶ 输入充值号码和支付金额，❷ 选择支付方式为“支付宝”，❸ 单击“下一步”按钮，如下图所示。

Step05　弹出确认充值信息对话框，确认无误之后单击“确认”按钮，如下图所示。

Step06　❶ 因为支付宝余额不足，选择网上银行付款，❷ 单击“下一步”按钮，如下图所示。

Step07　在打开的页面中确认付款方式和支付金额，单击“登录到网上银行付款”按钮，根据前面所学知识完成后面的支付操作即可，如下图所示。

疑问 2：忘记手机服务密码如何登录网上营业厅？

答：如果忘记了手机的服务密码也不要担心，使用随机密码同样可以登录网上营业厅，具体操作方法如下。

Step01　❶ 进入中国移动官方网站，填写手机号码，❷ 选择登录模式为“随机密码”选项，❸ 单击“点击获取”超链接，如下图所示。

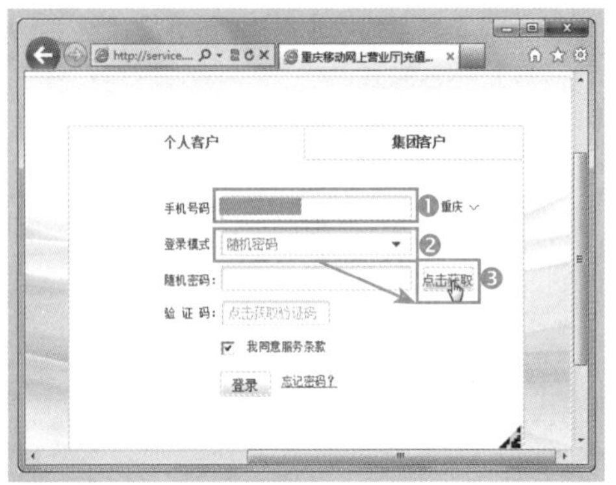

Step02 弹出提示框提示随机密码已经发送，单击“确定”按钮关闭对话框，如下图所示。

Step03 ❶ 在“随机密码”文本框中输入手机收到的随机密码，输入验证码，❷ 单击“登录”按钮，如下图所示。

疑问 3：网上订餐后，可以取消订单吗？

答：在网上订餐或团购时，下单前需要注意可不可以退的问题。有些东西下单后，如果没有消费，用户是随时可以退款的；有些是没有消费的情况下，过期后将自动退款；而有些是不支持退单的，即一旦下单付款，若在期限内没有消费，也不能随时退款，且不支持过期退款。

下面以支持退款的消费为例，介绍网上订餐后取消订单的方法。

Step01 登录百度糯米网，在页面右上方单击“我的订单”超链接，如下图所示。

Step02 进入订单页面，在其中可以看到下单情况，单击要取消的消费项目右侧的“删除订单”超链接，如下图所示。

Step03 在弹出的“提示”对话框中，单击“确定”按钮确认删除订单即可，如下图所示。

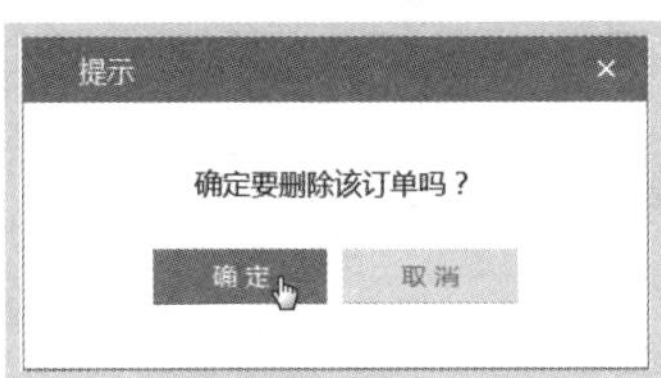

(16:30 ~ 17:00)

通过前面内容的学习，结合相关知识，请读者亲自动手按要求完成以下过关练习。

练习一：网上缴纳水电费

现在，网上银行和第三方支付机构（如支付宝等）都支持生活缴费，用户除了可以为手机充值之外，还支持水、电、燃气、有线电视等生活缴费，再也不用去营业所排队缴费了。

1. 网上缴纳水费

要在网上缴纳水费，可通过下面的操作方法实现。

Step01 登录支付宝，单击页面下方“生活助手”列表中的“水电煤缴费”命令，如下图所示。

Step02 ❶ 在打开的页面中，选择所在城市，❷ 单击“缴水费”按钮，如下图所示。

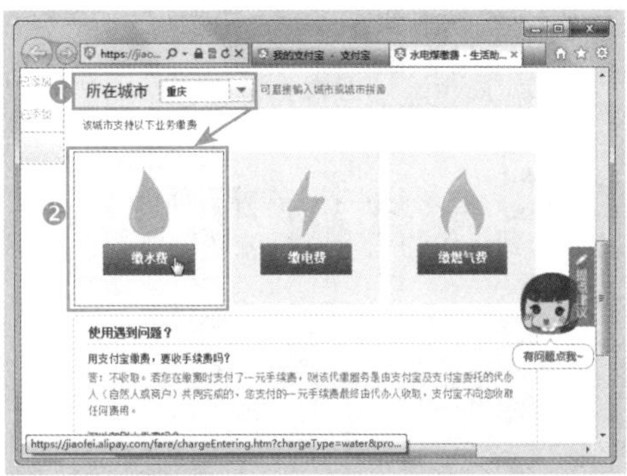

Step03 ❶ 在打开的页面中，填写公用事业单位，❷ 填写水卡卡号，❸ 单击“查询”按钮，如下图所示。

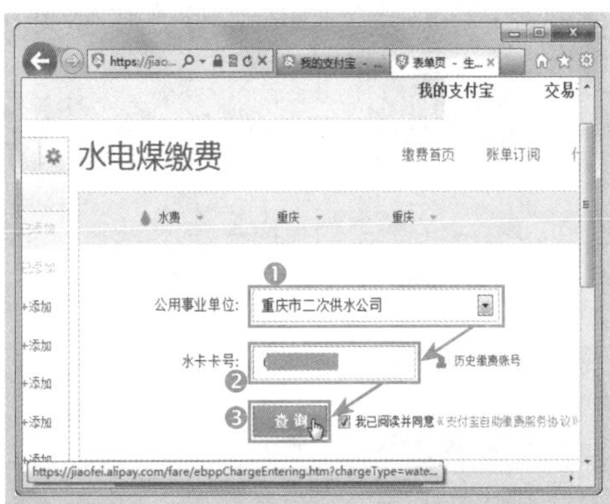

Step04 确认查询结果后，单击“去缴费”按钮，使用网上银行或支付宝继续支付操作即可，如下图所示。

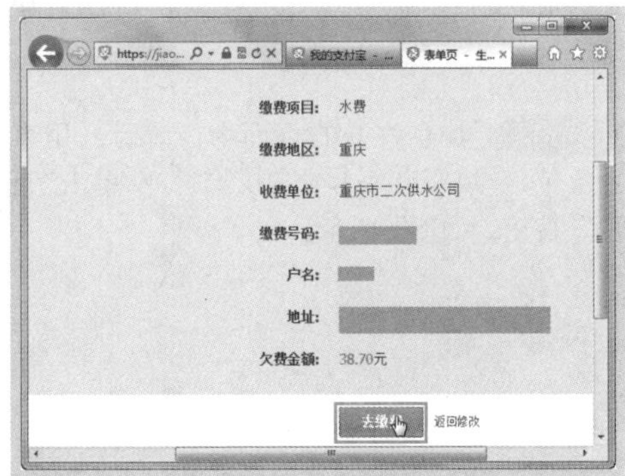

2. 网上缴纳电费

要在网上缴纳电费，可通过下面的操作方法实现。

Step01 登录支付宝，选择页面下方“生活助手”列表中的“水电煤缴费”命令，如下图所示。

Step02 ❶ 在打开的页面中，选择所在城市，❷ 单击“缴电费”按钮，如下图所示。

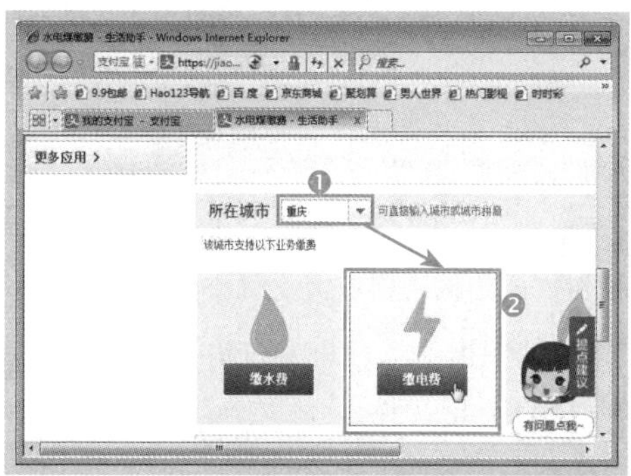

Step03 ❶ 在打开的页面中，填写公用事业单位，❷ 填写电卡卡号和校验码，❸ 单击“查询”按钮，如下图所示。

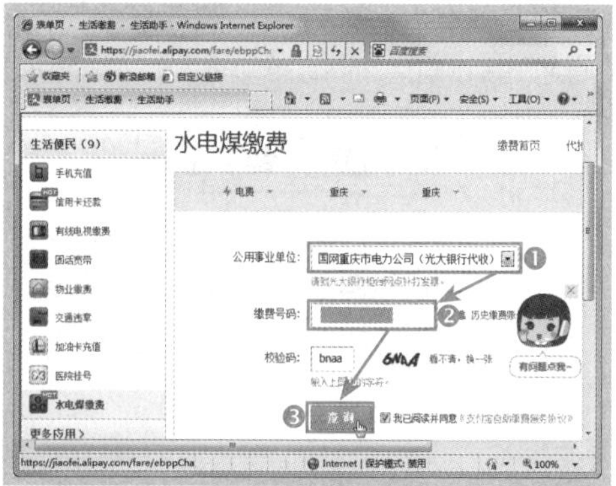

Step04 ❶ 确认查询结果后，在下方的“缴费金额”文本框中输入缴费金额，❷ 单击“去缴费”按钮，使用网上银行或支付宝继续操作即可，如下图所示。

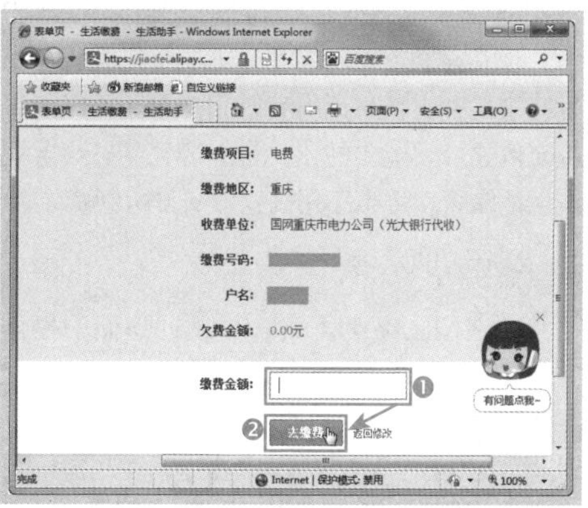

练习二：在京东商城购物

淘宝的商品质量参差不齐，很容易挑花眼。而京东商城的自营商品都是经过严格的质量检验的，就算发生质量问题，售后服务也比较及时。在京东商城（http://www.jd.com/）购物的具体操作如下。

Step01 打开京东商城首页，单击“请登录”超链接，如下图所示。

Step02 ❶ 进入登录页面，填写账号和密码，❷ 单击“登录”按钮，如下图所示。

Step03 ❶ 页面自动返回京东商城首页，在搜索框中输入商品名称，❷ 单击“搜索”按钮，如下图所示。

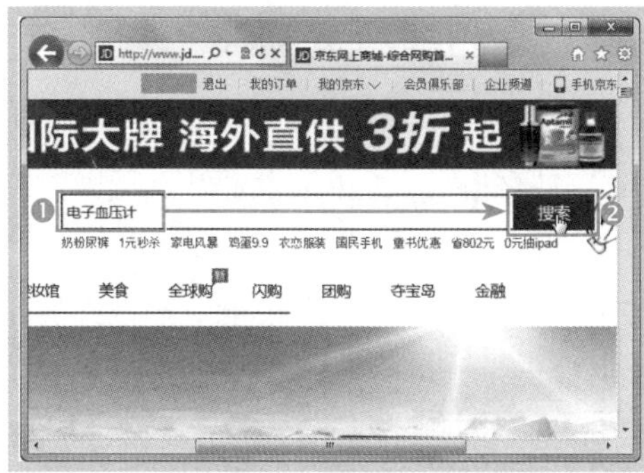

Step04 在搜索结果中单击想要购买的商品链接，可查看商品详情，如下图所示。

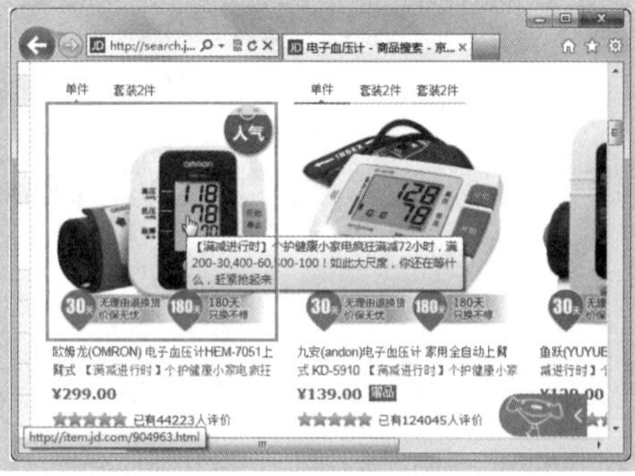

Step05 若确认购买，单击“加入购物车”按钮，如下图所示。

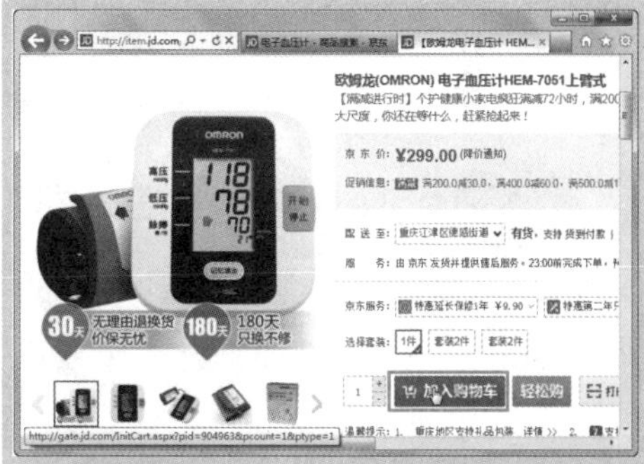

Step06 网页中将提示商品已成功加入购物车的信息，若要继续购物，可单击“继续购物”超链接，如下图所示。

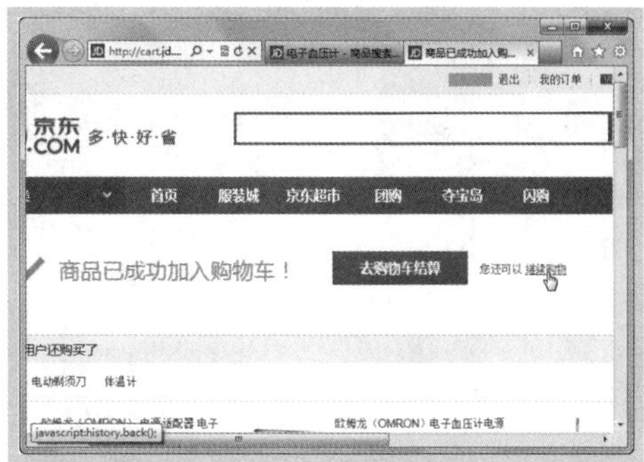

Step07 ❶ 将鼠标移动到全部商品分类选项，❷ 在弹出的商品列表中选择想要购买的商品类别，如下图所示。

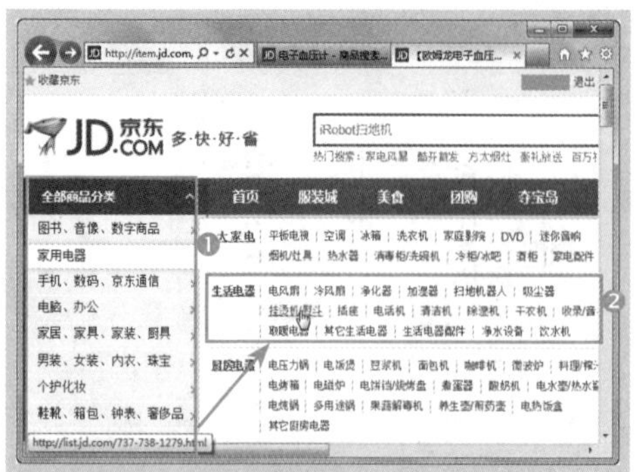

Step08 在搜索结果中单击想要购买的商品，如下图所示。

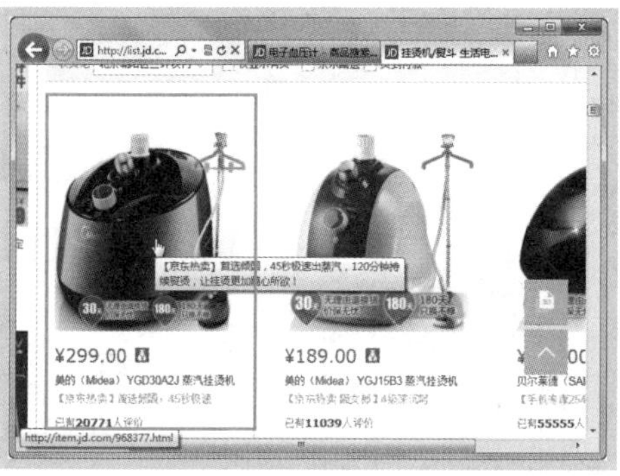

Step09 确认购买后单击“加入购物车”按钮，如下图所示。

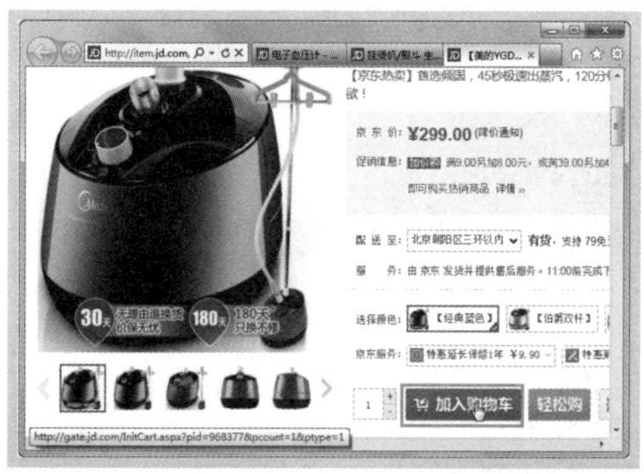

Step10 将所有需要购买的商品全部加入到购物车以后，单击“去购物车结算”按钮，如下图所示。

Step11 ❶ 在购物车中勾选需要购买的商品，❷ 单击“去结算”按钮，如下图所示。

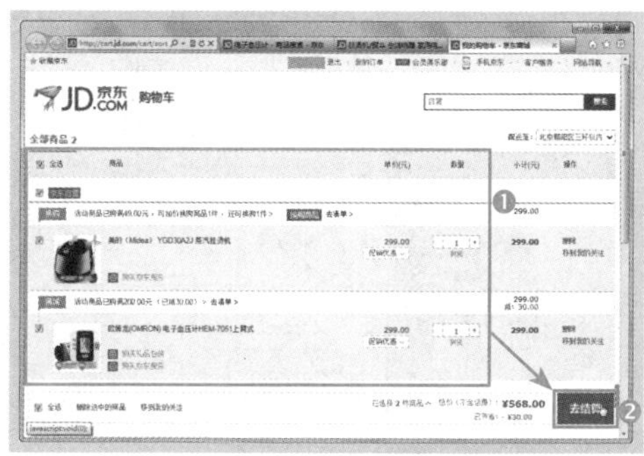

Step12 ❶ 在订单信息页面，填写收货人信息，选择支付方式，选择配送方式，❷ 单击“提交订单”按钮，如下图所示。最后选择支付方式进行付款操作即可。

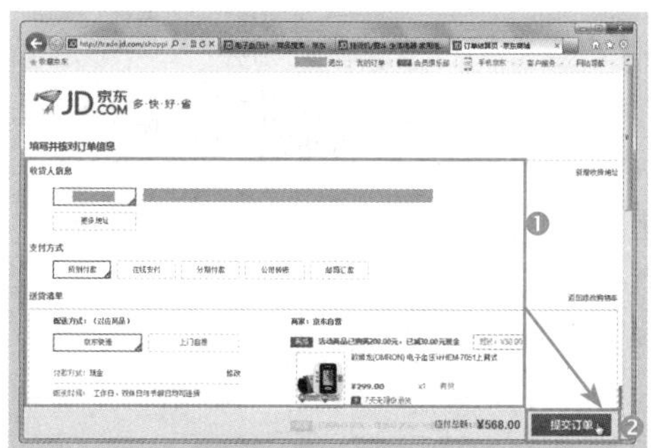

学习小结

本课主要介绍了网上银行的办理和使用，在移动网上营业厅充值、办理业务，在网上订机票、订火车票、订酒店，以及网上购物等多种网络应用。通过本课的学习，用户再也不需要到各大营业厅去办理业务了，只需在家用电脑操作即可完成，只要熟练的应用了本课所学的知识，就能真正体会到互联网带给大家的便利了。

学习笔记

第10课

电脑系统的维护与安全防范

使用电脑时，需要定期对其维护与查杀毒，才能使其长期稳定工作。此外，很多用户在上网或者使用外部设备传输文件时都会无意中感染上病毒，从而导致文件被破坏或电脑运行异常。因此，使用电脑时，掌握系统的安全与保护知识是必不可少的。

学习建议与计划

时间安排：（19:30 ～ 21:00）

第二天 晚上

知识精讲（19:30 ~ 20:15）

- ☆ 了解电脑日常维护的方法
- ☆ 掌握磁盘维护的操作
- ☆ 掌握病毒和木马查杀的方法
- ☆ 了解电脑常见故障的排除方法
- ☆ 掌握备份和还原系统的方法

学习问答（20:15 ~ 20:30）

过关练习（20:30 ~ 21:00）

(19:30 ~ 20:15)

10.1　电脑日常维护

电脑是一种精密的电子设备，只有养成良好的使用习惯，并做好电脑的日常维护工作，才能有效地减少电脑故障的发生，从而延长电脑的使用寿命。

10.1.1　保持良好的运行环境

电脑的运行环境对其寿命的影响是不可忽视的，只有保证电脑有一个良好的工作环境，才能保持电脑的正常运行。

1. 适宜的温度和湿度

电脑工作时会散发很大的热量，虽然主机内部有专门的散热风扇散发热量，但若是室温过高，还是会影响到主机的散热情况。

电脑工作时的理想温度应控制在 8℃ ~32℃，过热或过冷的环境都不利于电脑的正常工作。

空气中的湿度对电脑的运行也会产生影响，若湿度过高，会引起湿气附在电脑部件表面，轻者使得电脑工作性能降低，严重时还会引起短路。

此外，低湿度容易产生静电，这种环境下应加大房间的湿度调节。而高湿度容易造成电脑机箱内部零件生锈损坏，这种环境下应保持电脑处于通风环境，还可在使用电脑前用电吹风吹一吹电脑部件，加速潮湿空气的蒸发，从而减轻对电脑的危害。

2. 防电磁干扰

电脑存储设备的主要介质是磁性材料，若电脑周边的电磁场较强，可能会造成显示器出现异常的抖动或者偏色等情况，严重情况下还会造成存储设备中的数据损坏甚至丢失。因此，电脑周边应尽量避免摆放会产生较大电磁场的设备。

3. 稳定的电源

电源稳定与否对电脑的正常工作也有影响。如果电压瞬间大幅度波动，可能导致电脑重新启动或造成数据丢失，严重时还可能损坏主机电源或硬盘。

如果希望电脑能保证正常工作，电源的交流电正常范围为 220（1±10%）v，频率范围为 50（1±5%）Hz。

10.1.2　养成良好的使用习惯

养成良好的使用习惯不但可以减少电脑故障的发生，还可以延长电脑的寿命。保持良好的使用习惯，主要做到以下几点。

1. 减少电脑搬动

如果经常搬动电脑，很可能造成电脑内部设备的连接松动，从而导致电脑发生故障。

如果在运行状态下搬动电脑，此时的硬盘处于高速运转中，震动还有可能损伤硬盘。因此最好将电脑固定放置在方便使用的地方，避免频繁搬动。

2. 避免频繁开关机

电脑开关机时产生的瞬间电流会对电脑部件造成一定的冲击，因此频繁地开关机操作会影响电脑部件的使用寿命，尤其对硬盘的损伤更为严重。

此外，执行关机操作时必须先将其他所有程序关闭，然后再按正常的顺序退出，否则有可能损坏应用程序和硬盘。

另外，关闭电脑后应该随手断开插线板电源，避免电脑长时间通电。

3. 不要带电拔插设备

如果需要给电脑添加新的硬件设备，除了USB接口的设备可以即插即拔外，其他硬件设备均要先关闭主机电源后方可进行连接，否则很可能烧毁硬件设备。

例如，插入网卡、内存或者非USB接口的键盘鼠标等设备时，我们应该先关闭主机电源，然后进行插入设备操作，连接好以后再执行开机操作。

> **小提示**
>
> **可以将光盘一直放在光驱中吗**
>
> 光盘若长时间放置在光驱中，很容易吸附灰尘，从而加速光头的老化。此外，若光驱里有光盘，电脑每次开机时都会读取光盘内容，经常读取会缩短光驱的使用寿命。因此，我们在使用完光驱后应及时将光盘取出。

4. 定时查杀病毒

电脑病毒很猖獗，很多用户在上网时都会无意中感染上病毒或木马。

为了保护电脑不被病毒和木马破坏，同时防止电脑中的私人数据和信息不被窃取，需要安装杀毒软件来查杀病毒。

即使没有将电脑连入网络，也建议用户安装杀毒软件，在使用U盘或光盘时可以先进行病毒扫描，以防止病毒和木马通过这些移动设备进行传播。

5. 备份重要数据

对于电脑中的重要数据和个人文件，用户应养成定期备份的好习惯，以免电脑因病毒或其他原因突然造成系统崩溃，从而造成硬盘上的数据损坏或丢失。

备份数据时，我们可以将重要数据备份到系统盘以外的其他盘符中，还可以将其以建立副本文件的形式存储在其他安全的存储介质中，如U盘和移动硬盘等。

10.1.3 定期对电脑进行清洁

电脑的使用时间长了，无论是内部的硬件设备还是外部的机箱和显示器，都会堆积很多灰尘，这些灰尘可能造成工作不稳定或者硬件接触不良，因此应定期对电脑进行清洁。

1. 清理机箱内部

用过台式电脑的用户都知道，机箱内部一般都安装了风扇，它的作用是加速空气流动，达到为机箱内部CPU散热的目的。

但许多用户不知道的是，风扇在散热的同时也带来了大量的灰尘。当机箱内部的灰尘积累多了以后，不仅会影响电脑各硬件设备运行的稳定，还容易造成短路，更严重时还会烧毁板卡。

因此，我们应定期清理机箱内部，以减少灰尘对电脑的影响。清理机箱内部时，首先需要切断电源并将主机与外设之间的连线全部拔掉，然后打开机箱进行清理。

- ◇ 清理表面灰尘：用吹气球吹拭机箱进风口、电源排风口表面及附近的灰尘。
- ◇ 清洁板卡：卸下机箱内部主板上的声卡、显卡和网卡等硬件，用吹气球清除其表面的灰尘。
- ◇ 清理电源：电源的散热主要靠风扇，因此电源排风口处聚积的灰尘是最多的，将电源从机箱上拆下，用吹气球仔细清洁干净后再将其装上即可。

2. 清洁整机外部

除了清理机箱内部硬件表面的灰尘，机箱外部、显示器和其他外部设备的表面也是需要定期清洁的。

显示器的屏幕由于采用的是特殊材料，只能用干抹布或专业的显示屏擦拭纸进行清洁；而主机箱外部和其他外设的表面可用清水加少量清洁剂混合，然后使用抹布进行清洁。

而键盘作为外设之一，由于其按键较多，清洁时应注意以下两点。

◇ 如果有液体不慎流入键盘，应尽快将键盘倒置，接着关掉电脑并取下键盘，用干净吸水的软布擦干键盘表面的水渍，最后将其放到通风处晾干。

◇ 如果有小物体掉入键盘按键之间的小缝隙中，或多或少会影响按键的灵活性，这时只需将键盘倒置，轻拍其底部，将这些小物体清除。

10.2　定期维护磁盘

在电脑的日常使用过程中，需要对磁盘进行定期维护，从而提高硬盘空间的利用率，并保证系统能够稳定且高效地运行。

10.2.1　清理磁盘中不需要的文件

使用电脑时，难免会执行文件的保存和删除等操作，这些操作重复多次后，电脑的硬盘中将会出现冗余数据。

冗余数据的增多将在一定程度上影响系统的运行速度，因此需要定期清理磁盘，以释放更多的磁盘空间。

在 Windows 7 操作系统中，清理磁盘的具体操作如下。

Step01　❶ 单击“开始”按钮，❷ 在弹出的“开始”菜单中选择“所有程序”，单击后将变为“返回”，❸ 在接着展开的程序列表中依次选择“附件”→“系统工具”→“磁盘清理”命令，如下图所示。

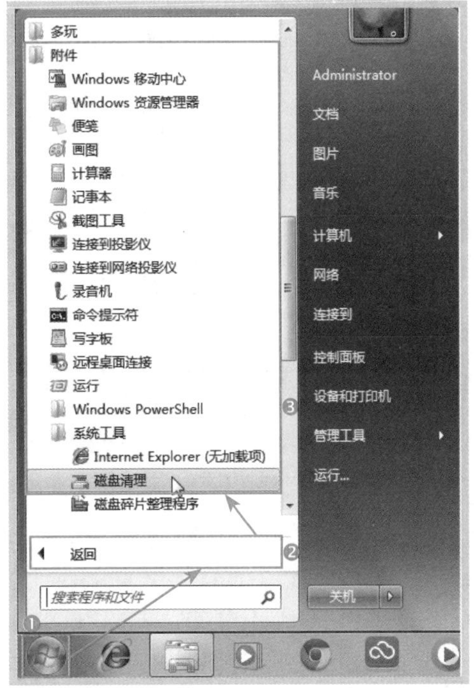

Step02　❶ 弹出“磁盘清理”对话框，单击“驱动器”下拉列表框右侧的下拉按钮，

在弹出的下拉列表中选择要清理的磁盘分区，如“（C：）”，❷ 单击“确定”按钮，如下图所示。

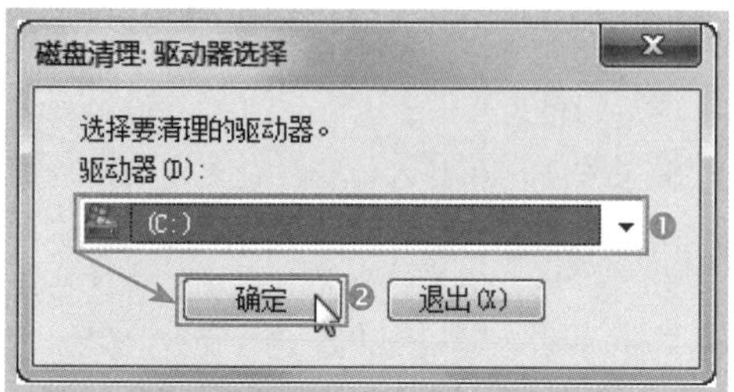

Step03 系统开始自动扫描磁盘，并计算可以释放的空间，请耐心等待，如下图所示。

Step04 ❶ 扫描完成后，在弹出的磁盘清理对话框中选择要删除的文件类型，❷ 单击“确定”按钮，如下图所示。

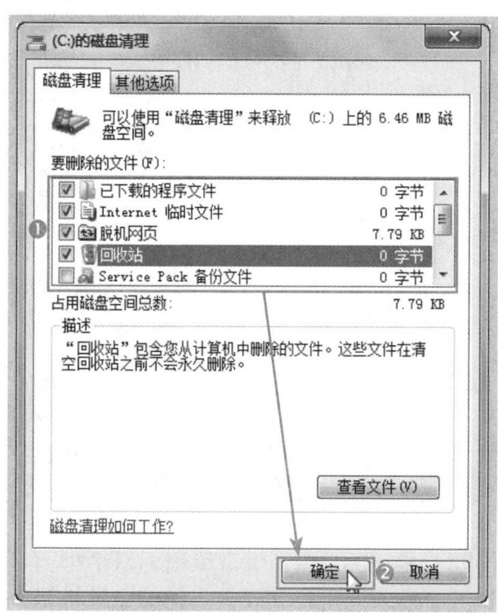

Step05 在弹出的对话框将提示用户是否确认永久删除文件，单击“删除文件”按钮，如下图所示。

Step06 系统开始清理电脑上不需要的文件，清理完成后将自动关闭对话框，如下图所示。

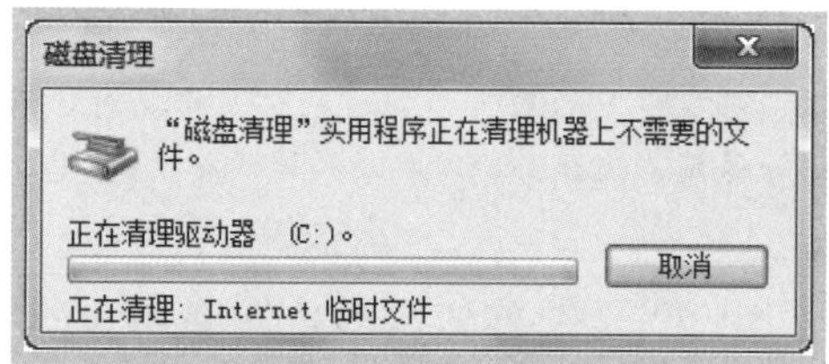

10.2.2 磁盘碎片整理

无论是在电脑中安装或者卸载程序，还是对文件进行存储或删除操作，电脑中都会产生磁盘碎片。若电脑中的磁盘碎片过多，将大大降低系统读取数据的速度。

如果定期对电脑中的磁盘碎片进行整理，可以通过合并碎片的方式提高磁盘的空间利用率。

1. 整理磁盘碎片

使用系统自带的磁盘碎片整理功能整理磁盘碎片的方法如下。

Step01 ❶ 单击“开始”按钮，❷ 在弹出的“开始”菜单中单击“所有程序”，❸ 在展开的程序列表中依次选择“附件”→“系统工具”→“磁盘碎片整理程序”命令，如下图所示。

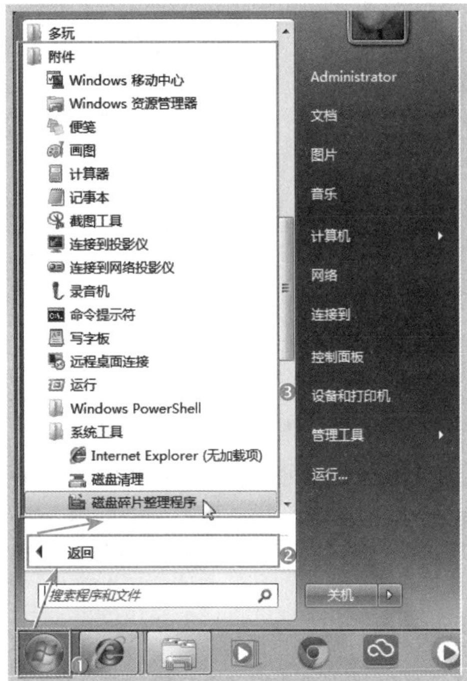

Step02　❶弹出“磁盘碎片整理程序”对话框，在“当前状态”栏中选择需要进行碎片整理的磁盘，❷单击“磁盘碎片整理”按钮，如下图所示。

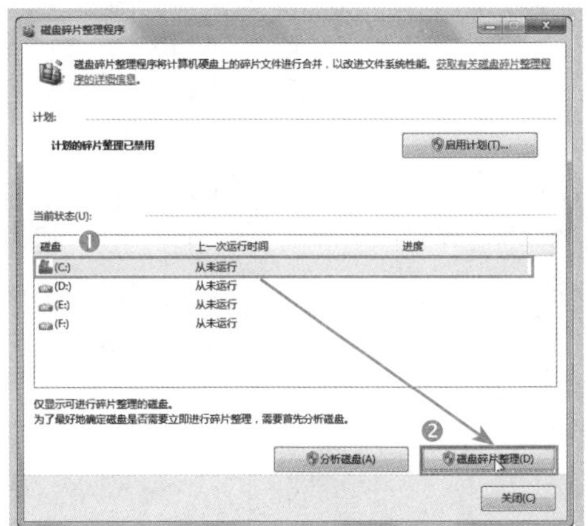

Step03　程序首先开始对选中的磁盘进行分析，如下图所示。

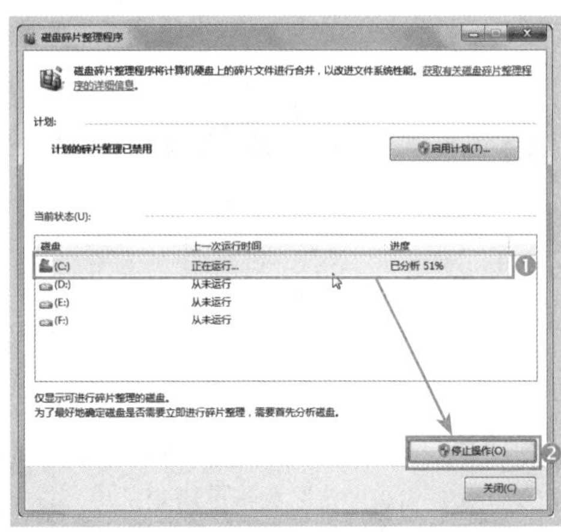

Step04　分析完成后，程序将自动对磁盘进行碎片整理，并显示操作进度，如下图所示。

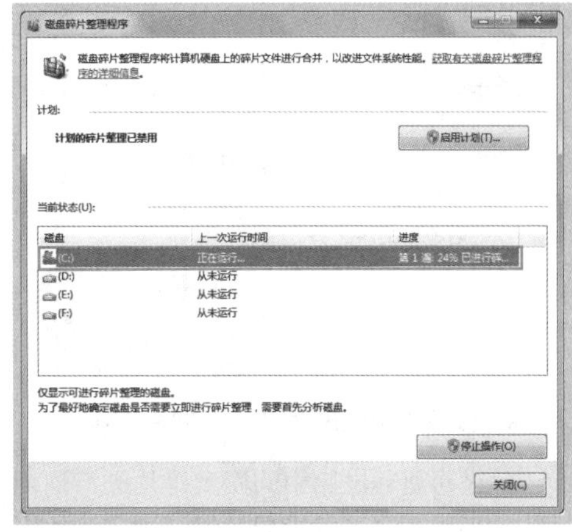

Step05　碎片整理操作完成后，将自动对碎片进行合并，并显示合并进度，如下图所示。

Step06 碎片合并完成后，单击“关闭”按钮关闭操作窗口即可，如下图所示。

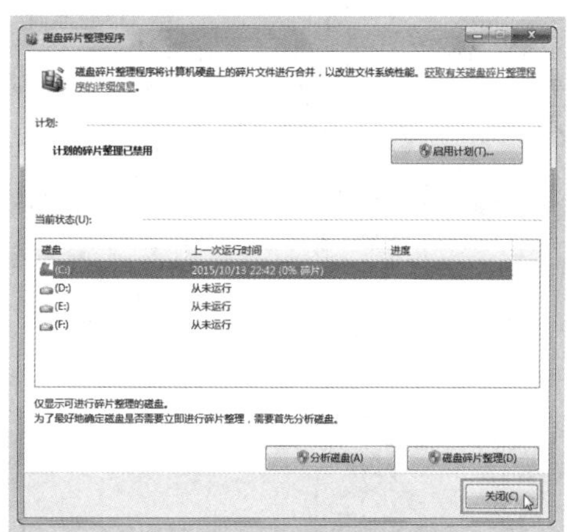

2. 制订定期整理磁盘碎片计划

如果想要对电脑中的磁盘碎片进行周期性的定期整理，可以设置配置计划，具体操作方法如下。

Step01 启动磁盘碎片整理程序，单击“启用计划”按钮，如下图所示。

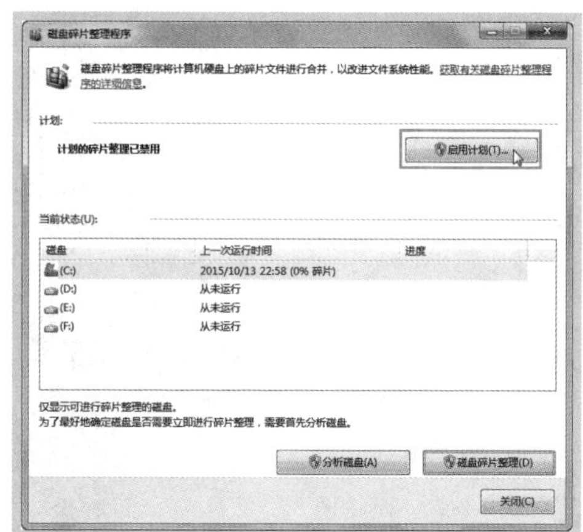

Step02 ❶ 弹出“磁盘碎片整理程序：修改计划”对话框，勾选“按计划运行”复选框，❷ 单击下方各选项右侧的下拉按钮，设置计划的频路、日期和时间，❸ 单击“选择磁盘”按钮，如下图所示。

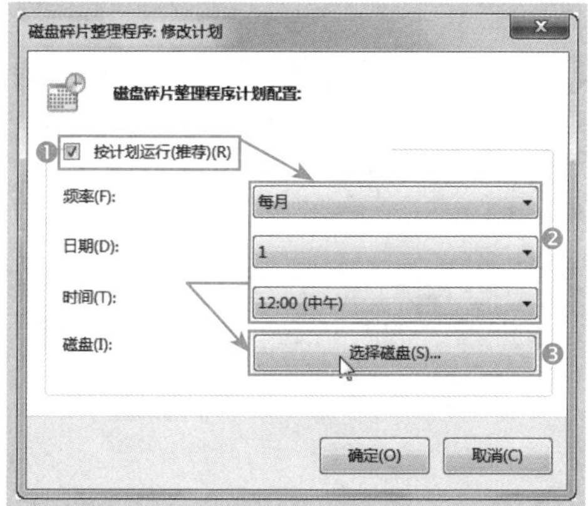

Step03 ❶ 在弹出的对话框中选择需要定期整理的磁盘，❷ 单击“确定”按钮，如下图所示。

Step04 在返回的对话框中单击“确定”按钮，如下图所示。

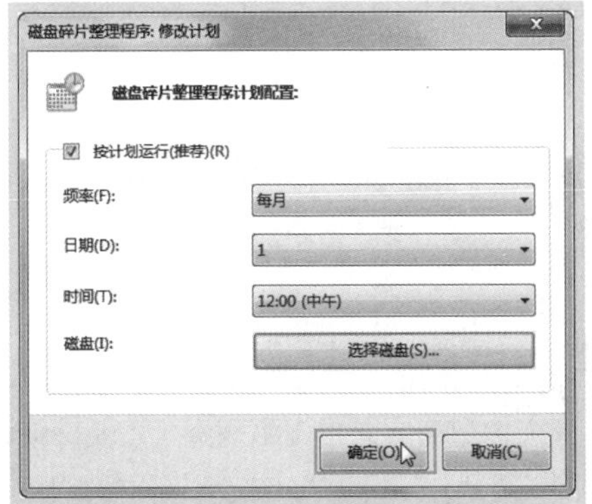

Step05 在返回的“磁盘碎片整理程序”中可看到制订的计划，单击“关闭”按钮关闭程序窗口即可，如下图所示。

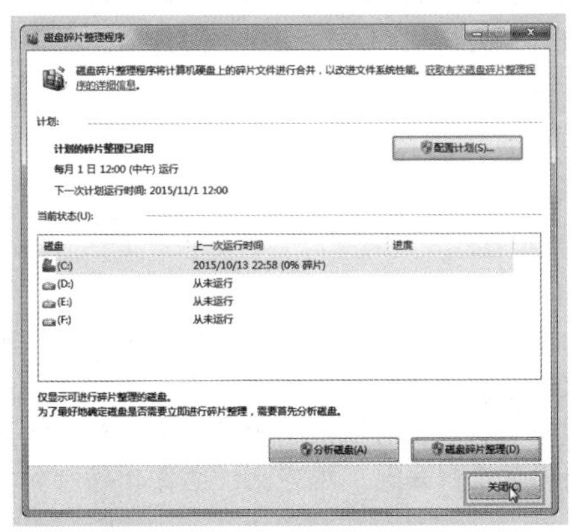

10.2.3　磁盘错误检查

对磁盘中的碎片进行整理后，需要对电脑硬盘进行错误扫描，以便及时修复存在的错误，具体操作如下。

Step01 ❶ 打开“计算机”窗口，右击需要进行错误检查的磁盘盘符，❷ 在弹出的快捷菜单中选择“属性”命令，如下图所示。

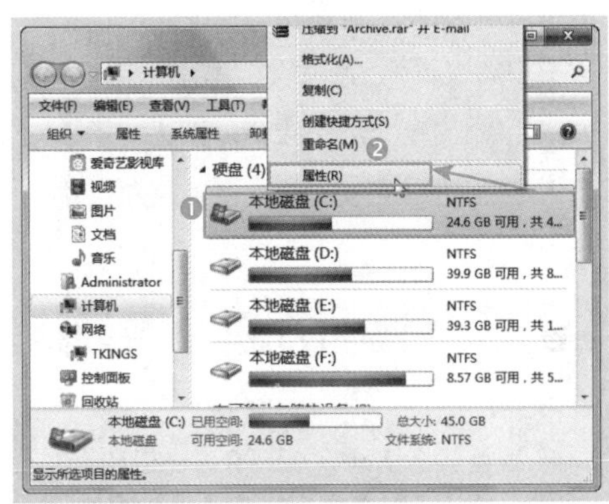

Step02 ❶ 弹出“本地磁盘（C:）属性”对话框，切换到“工具”选项卡，❷ 在“查错”选项组中单击“开始检查”按钮，如下图所示。

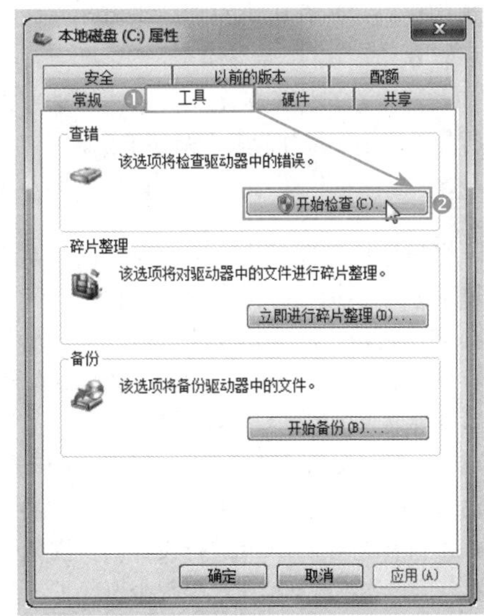

Step03 ❶ 弹出“检查磁盘”对话框，勾选“自动修复文件系统错误”和“扫描并试图恢复坏扇区”复选框，❷ 单击“开始”按钮，如下图所示。

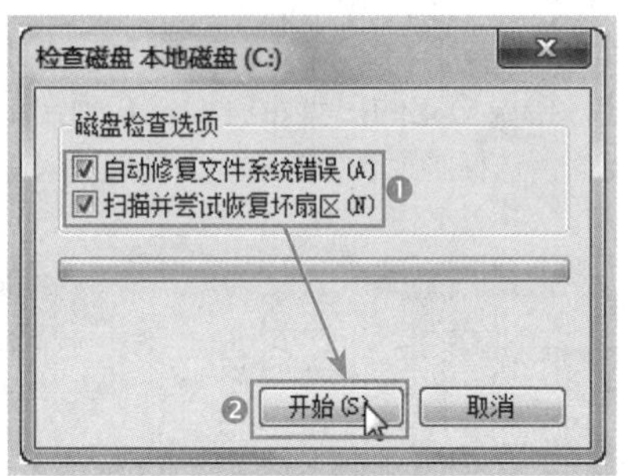

Step04 在弹出的对话框中提示“无法检查正在使用的磁盘”，单击“计划磁盘检查”按钮，如下图所示。下次启动电脑时，系统将自动完成对指定分区的磁盘错误检查。

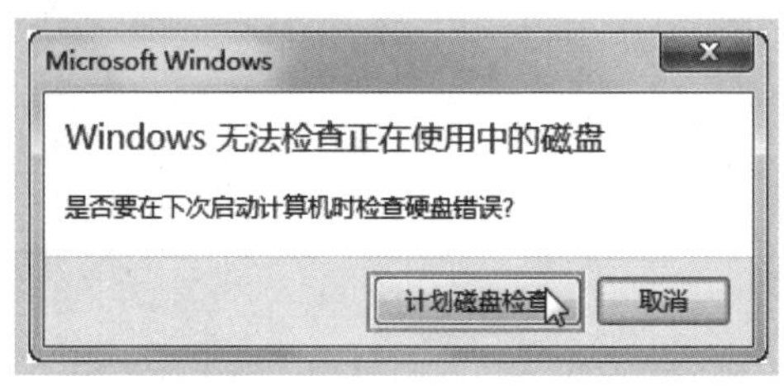

10.3 使用金山毒霸查杀病毒

当电脑感染病毒后，不仅会影响电脑运行速度，严重时还会损坏硬盘数据和破坏操作系统，因此我们需要了解病毒的相关知识，并学会如何防范和查杀病毒。

10.3.1 电脑病毒的分类

电脑病毒是一种人为编制的具有破坏性的程序代码，具有独特的复制能力和强效的破坏能力。

电脑病毒的种类繁多，如果按传染方式进行划分，主要可分为以下几种类型。

1. 引导型病毒

引导型病毒主要是通过软盘在操作系统环境下进行传播，不仅会感染软盘的引导区，还会蔓延到用户电脑硬盘的主引导区。当其他存储设备访问电脑时，病毒也会自动复制到这些存储设备中进行传播。

当电脑感染引导型病毒后，一旦系统重新启动，电脑就会处于它的控制之下。这种类型的病毒通常是基于DOS进行设计的，因此目前在新的操作系统环境下已经很少出现了。

2. 文件型病毒

文件型病毒又称寄生病毒，主要感染系统中的可执行文件(.exe)、命令文件(.com)等。

这类病毒在感染的时候，将病毒代码加入到正常程序中，使其成为新的带毒文件，而原来的程序功能则全部或者部分被保留。

文件型病毒的针对性强，通常情况下感染后不会被用户及时发现，而且清除也比较困难。

文件型病毒的分类

根据病毒代码加入的方式不同，文件型病毒可以分为“头寄生”、“尾寄生”、“中间插入”和“空洞利用”四种。头寄生：病毒代码位于程序前；尾寄生：病毒代码附加在

可执行程序尾部；中间插入：病毒代码整段或分段插入到程序中；空洞利用：病毒代码分散到视窗程序的空段中。

3. 宏病毒

宏病毒是目前最普遍的电脑病毒之一，它是一种寄存在文档或模板的宏中的电脑病毒。

一旦用户打开了感染宏病毒的文档，其中的宏就会被执行，宏病毒就会被激活，转移到电脑上，并驻留在“Normal”模板上。从此以后，电脑中所有自动保存的文档都会感染此病毒。

在所有电脑病毒中，宏病毒的危害程度是最轻的，通常只感染一些文字处理程序，其表现现象为在文档中插入一些非法字符或短语，但严重时会造成文档无法正常编辑的情况。

4. 混合型病毒

混合型病毒综合了引导型病毒和文件型病毒的全部特点，不仅能感染磁盘的引导记录，还能感染可执行文件。

混合型病毒的破坏性更大，传染的机会也更多，杀灭起来也更加困难。因此，对于此类病毒，我们应尽量预防感染。

10.3.2　预防电脑感染病毒

网络上的电脑病毒十分猖獗，如何防范病毒变得尤为重要。

防范工作要从使用电脑的一些细节做起，下面为大家介绍一些防范电脑病毒的常识。

- ◇ 在电脑中安装杀毒软件，并经常对软件和病毒库进行升级。
- ◇ 不要在网上，特别是不明网站上随意下载软件，因为不明软件可能携带病毒。
- ◇ 不要随便打开不明的电子邮件及附件。应先将附件下载到电脑中，用杀毒软件杀毒后再打开。
- ◇ 在电脑上使用 U 盘和移动硬盘等移动存储设备时，应该先用杀毒软件对其进行杀毒，然后再使用。
- ◇ 电脑中的重要资料必须要备份，这样即使病毒破坏了重要文件，我们也可以及时恢复。

10.3.3　电脑感染病毒后的症状

电脑中感染病毒后，一般会出现很多的症状，通过这些症状可以初步判断电脑是否感染病毒，下面为大家列举几种常见的电脑中毒后的症状。

- ◇ 启动速度变慢：电脑启动的速度变得异常缓慢，或是在电脑启动一段时间内，系统对用户的任何操作都没有响应或者响应变慢。
- ◇ 性能下降：电脑的运行速度明显变慢，运行程序时提示内存不足，或者出现错误导致程序无法正常运行；电脑经常在没有任何征兆的情况下突然死机。
- ◇ 文件丢失或被破坏：电脑中的文件莫名其妙地丢失、文件的名称被修改、文件内容变成了乱码、原本可正常打开的文件无法打开等。
- ◇ 资源消耗增大：CPU 的使用率经常保持在 80% 以上，硬盘中的存储空间急剧减少等情况。
- ◇ 其他异常现象：IE 浏览器自动被打开，且连接到不明网站上出现莫名其妙的画面和提示；部分文档被自动加密；电脑的输入端口和输出端口不能正常使用等。

小提示

硬盘指示灯不断闪烁是怎么回事

当电脑中运行程序时，硬盘指示灯会不断地闪烁，表面当前硬盘正常执行读写操作。如果电脑中并未运行任何程序，而硬盘指示灯仍在不断地闪烁甚至长亮不熄，则很可能是病毒造成的，此时需要及时对电脑进行杀毒，以避免更大的损失。

10.3.4 安装金山毒霸

金山毒霸是国内一款知名度极高的反病毒软件，融合了多种反病毒技术，其在查杀病毒种类、查杀速度等多方面达到先进水平，备受广大用户的好评。本节将以金山毒霸为例进行介绍。

要使用金山毒霸查杀病毒和保护电脑，首先要安装该软件，目前的最新版本为“金山毒霸 10”，安装方法如下。

Step01 在浏览器中打开金山毒霸官网，单击“下载正式版”按钮，如下图所示。

Step02 弹出“文件下载-安全警告”对话框，单击“运行”按钮，如下图所示。

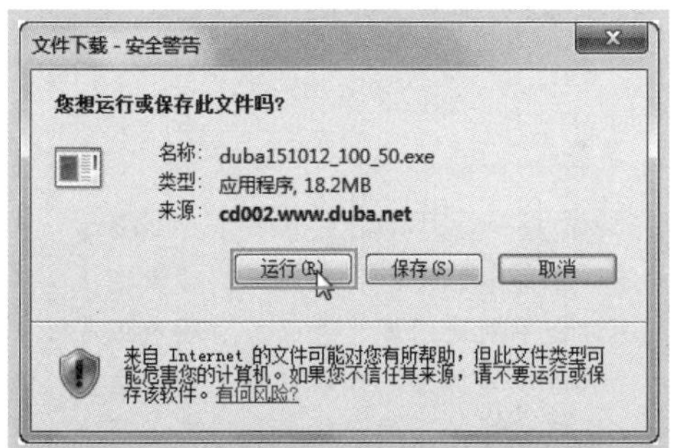

Step03 程序将自动下载安装文件，并显示下载进度，如下图所示。

Step04 安装文件下载完成后将直接打开安装界面，在打开的对话框中单击“开始安装”按钮可直接安装程序，如下图所示。

Step05 ❶ 程序默认安装在系统盘，如果要更改安装位置，可单击“安装路径”超链接，❷ 接着单击“浏览”按钮，如下图所示。

Step06 ❶ 弹出“浏览文件夹”对话框，选择程序的安装位置，❷ 单击“确定”按钮，如下图所示。

Step07 在返回的安装界面中单击“开始安装”按钮，如下图所示。

Step08 程序将开始自动安装，并显示安装进度，如下图所示。

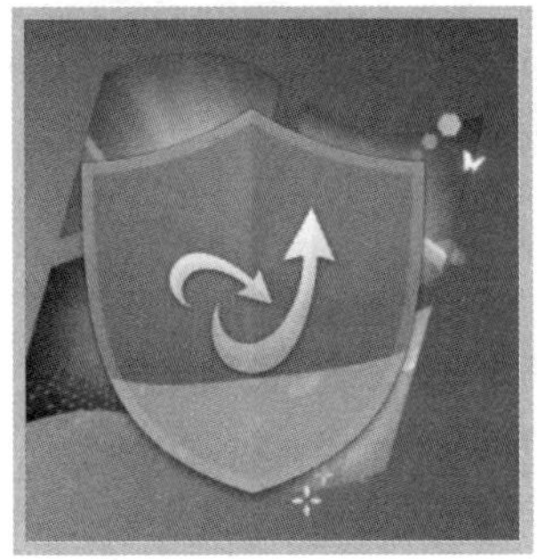

Step09 安装完成后，将自动打开程序的操作界面，如下图所示。

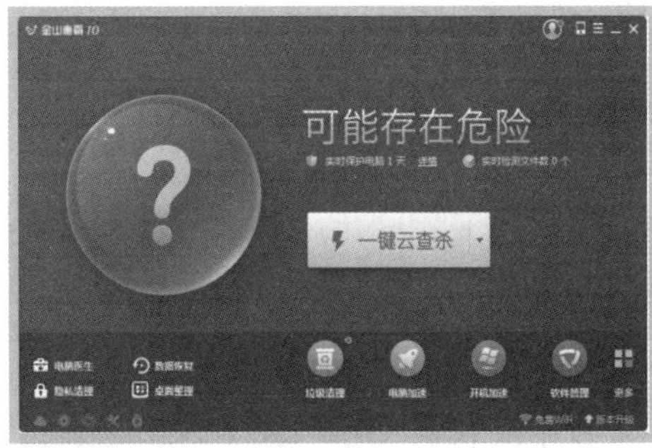

10.3.5　一键云查杀

金山毒霸的一键云查杀功能能够对系统的关键部位进行快速扫描，能够满足日常对电脑的维护。使用一键云查杀的方法如下。

Step01 双击桌面上的金山毒霸图标，启动金山毒霸，单击“一键云查杀”按钮，如下图所示。

Step02 程序将自动对电脑进行快速扫描，如下图所示。

Step03 扫描完成后，如果没有扫描到病毒和危险，单击右上角的“返回”按钮返回程序主界面即可，如下图所示。

10.3.6 全面杀毒

病毒往往是无孔不入的，因此仅仅使用一键云查杀功能不能彻底保证电脑中不感染病毒。

金山毒霸提供了全盘扫描功能，可以定期对电脑进行一次全盘扫描，以便及时发现并处理，建议每个月进行一次全盘查杀，具体操作如下。

Step01 双击桌面上的金山毒霸图标，启动金山毒霸，❶ 单击“一键云查杀”按钮右侧的下拉按钮，❷ 在弹出的下拉列表中选择“全盘扫描”命令，如下图所示。

Step02 程序将自动对电脑中的所有文件进行扫描，如下图所示。

Step03 扫描完成后，若发现病毒或危险，在下方将会显示出来，如果发现扫描出来的危险项是正常文件，可单击选项右侧的“信任”超链接，如下图所示。

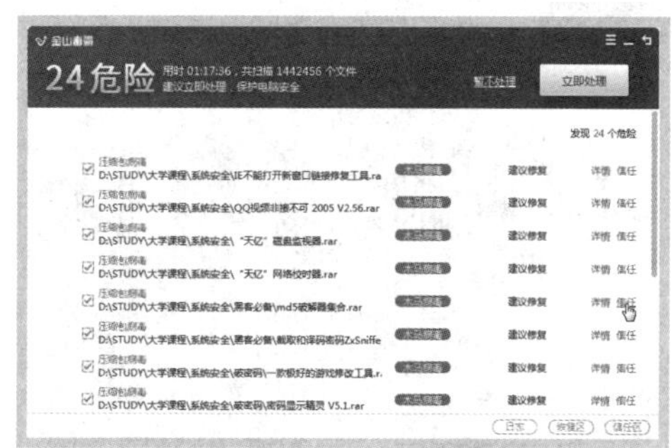

Step04 在弹出的提示对话框中单击“确定”按钮，如下图所示。

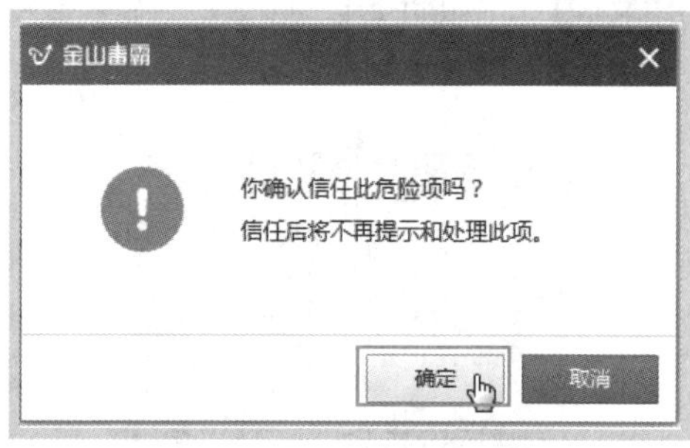

Step05 将所有信任项添加完以后，单击上方的“立即处理”按钮，如下图所示。

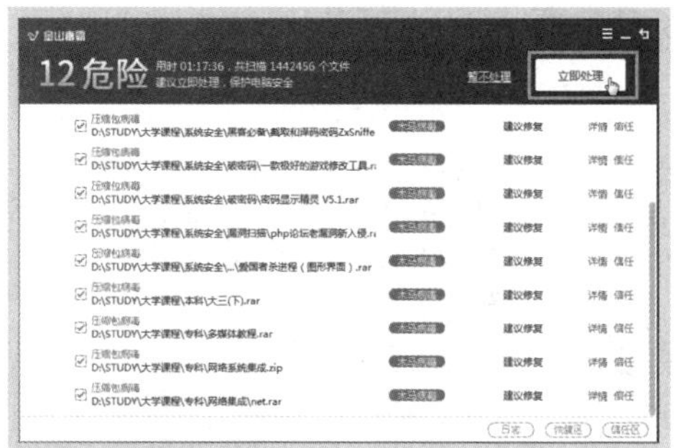

Step06　处理完成后，单击右上角的“返回”按钮返回程序主界面，如下图所示。

Step07　查杀完成后，单击窗口右上角的“关闭”按钮，关闭程序主界面，如下图所示。

10.3.7　自定义杀毒

如果觉得全盘扫描浪费时间，可以指定具体的盘符或文件夹进行病毒查杀。下面以对连接到电脑的移动设备进行病毒查杀为例，具体操作如下。

Step01　双击桌面上的金山毒霸图标，启动金山毒霸，❶ 单击“一键云查杀”按钮右侧的下拉按钮，❷ 在弹出的下拉列表中选择“指定位置扫描”命令，如下图所示。

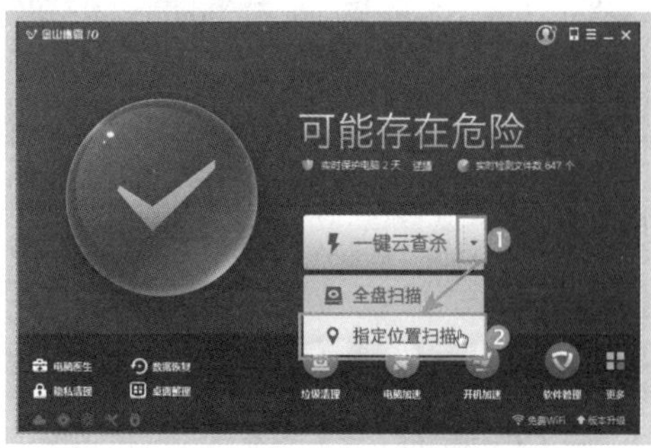

Step02　❶ 在弹出的对话框中设置要查杀的盘符，这里选择“可移动磁盘（I：）”，❷ 单击“确定”按钮，如下图所示。

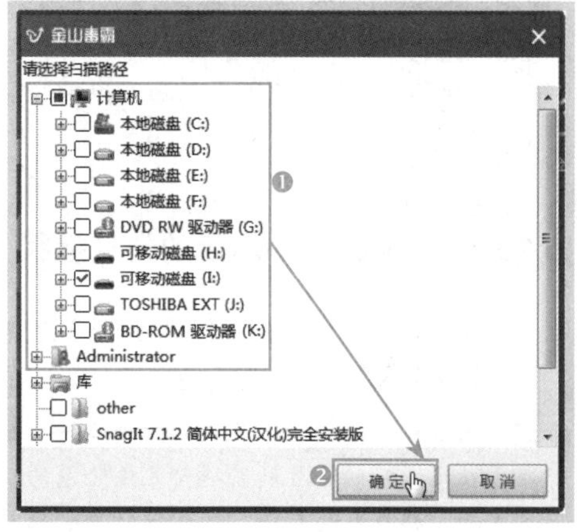

Step03　程序将自动对指定的盘符进行扫描，如下图所示。

Step04 扫描完成后，若未发现危险，单击右上角的“返回”按钮返回程序主界面，如下图所示。

Step05 单击窗口右上角的“关闭”按钮，关闭程序主界面即可，如下图所示。

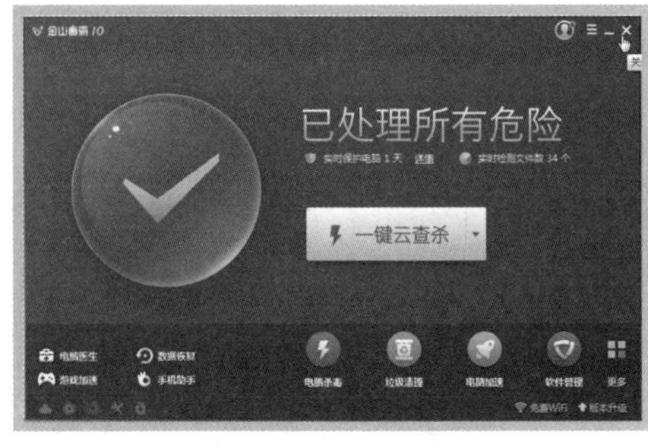

10.4 电脑木马查杀

木马是一种恶意程序，它通过狡猾的伪装手段吸引用户下载执行，从而向黑客提供打开用户电脑的门户。木马主要被黑客用于窃取密码、偷窥重要信息、控制系统操作以及进行文件操作等。

随着病毒编写技术的发展，木马程序对用户的威胁越来越大，因此我们需要了解木马的相关知识，从而保护自己的电脑。

10.4.1 电脑中木马后的常见症状

随着网络知识的普及以及网络用户安全意识的提高，木马的入侵手段也发生了许多变化。当电脑中木马后，通常会有一些异常表现，发现异常后应及时对电脑进行木马查杀。

◇ 网络游戏登录不正常：登录网络游戏时，如果发现装备丢失或与上一次下线的位置不一样，甚至使用正确的账号和密码却无法登录的情况。如果用户没有向他人透露相关信息，则可能是电脑中存在木马程序，而导致账号被盗取。

◇ 聊天工具异常登录提醒：当用户登录聊天工具时，系统通常会提示用户上一次登录的地点。如果用户上一次并没有在该地点登录，那么很可能是电脑被植入了木马程序，从而导致账户和密码泄露。

◇ 网络连接异常活跃：一般来说，如果用户没有使用网络资源，网卡灯会比较缓慢地闪烁。如果在没有使用网络资源的情况下，网卡灯却一直不停地闪烁，则很可能是因为木马程序在用户不知情的情况下连接了网络。

◇ 硬盘读写不正常：用户在没有读写硬盘的情况下，硬盘灯却不停地闪烁，显示为硬盘正在读写，则此时很可能是黑客通过木马正在复制用户电脑中的文件。

10.4.2　查杀流行木马

预防木马常用的方法是设置防火墙，通过防火墙虽然可以抵挡一些木马和病毒的入侵，但是还远远不够，我们同样需要定期对电脑进行木马查杀。

下面以使用 360 安全卫士进行木马查杀为例，具体操作方法如下。

Step01　启动 360 安全卫士，在程序主界面单击“查杀修复”按钮，如下图所示。

Step02　窗口中提供了“快速扫描”、“全盘扫描”和“自定义扫描”3 种方式，本例单击“全盘扫描”命令，如下图所示。

Step03　360 安全卫士开始扫描系统，请稍待片刻，如下图所示。

Step04　扫描完成后，如发现需要处理的危险项，则单击“一键处理”按钮，如下图所示。处理完成后关闭程序主界面即可。

10.4.3　优化加速系统

当电脑中加载过多的软件后，电脑的开机速度和系统运行速度难免会变慢，这时使用 360 安全卫士的优化加速功能可以解决问题，具体操作方法如下。

Step01　启动 360 安全卫士，在程序主界面单击“优化加速”按钮，如下图所示。

Step02 ❶ 在界面中可看到程序可对开机速度、系统和内存、网络配置和硬盘性能4个方面进行优化，选择需要优化的选项，默认为全选状态，❷ 单击“开始扫描”按钮，如下图所示。

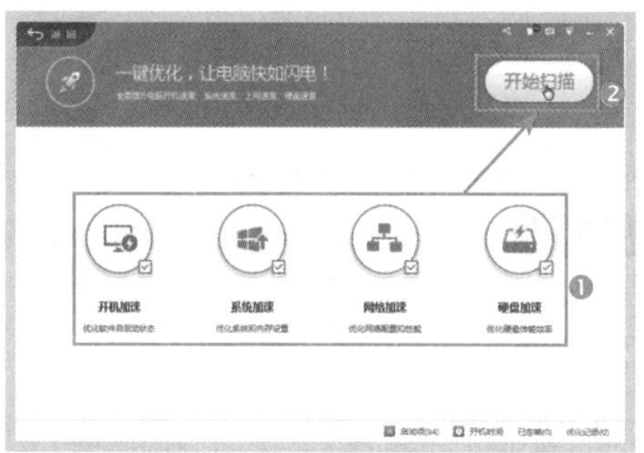

Step03 程序自动进行扫描，扫描完成后可在界面中看到可优化的所有项目，单击“立即优化”按钮，如下图所示。

Step04 在弹出的“一键优化提醒”对话框中单击“确认优化”按钮，如下图所示。

Step05 优化完成后，在界面中可看到已经优化的项目数目和提速时间，关闭程序窗口即可，如下图所示。

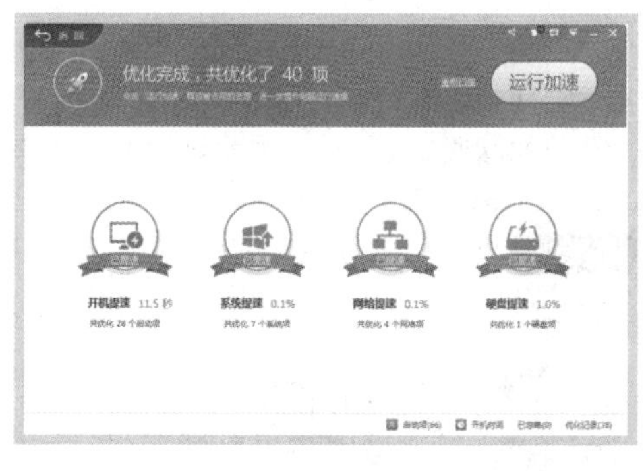

10.4.4 修复系统漏洞

操作系统中存在着许多系统漏洞，常常被病毒和黑客利用，危害电脑安全。使用360安全卫士修复系统漏洞的方法如下。

Step01 启动360安全卫士，在程序主界面单击“查杀修复”按钮，如下图所示。

Step02 在打开的界面中单击“漏洞修复”按钮，如下图所示。

Step03　360 安全卫士开始扫描系统漏洞，扫描完成后单击“立即修复”按钮，如下图所示。

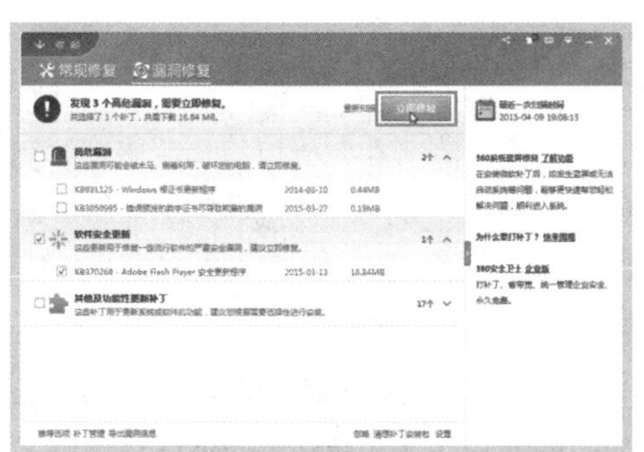

Step04　系统修复完成后，单击“马上重启电脑让补丁生效吧”命令重启电脑即可，如下图所示。

10.5　电脑常见故障排除

电脑在使用过程中，不可避免地会出现各种各样的问题或故障，了解和掌握一些电脑故障的发生原因，可以更加快速准确地判断电脑故障。

10.5.1　电脑故障分析

电脑出现故障的现象千奇百怪，解决方法也各有不同，但从原理上来讲还是有规律可循的，下面就来介绍分析电脑故障的一些常用方法。

1. 直接观察法

直接观察法包括看、听、闻、摸四种故障检测方法。

（1）看

“看”是指观察系统板卡的插头、插座是否歪斜，电阻、电容引脚是否相碰，还要查看是否有异物掉进主板的元器件之间（造成短路），也可以检查板上是否有烧焦变色的地方，印刷电路板上的走线（铜箔）是否断裂等。

（2）听

“听”可以及时发现一些事故隐患并有助于在事故发生时及时采取措施。比如，听电源、风扇、软盘、硬盘、显示器等设备的工作声音是否正常。另外，系统发生短路故障时常常伴随着异样的声响。

（3）闻

“闻”是闻主机、板卡是否有烧焦的气味，便于发现故障和确定短路所在。

（4）摸

“摸”是用手按压硬件芯片，看芯片是否松动或接触不良。另外，在系统运行时用手触摸或靠近 CPU、显示器、硬盘等设备的外壳，根据其温度可以判断设备运行是否正常。如果设备温度过高，则有损坏的可能。

2. 清洁法

清洁法主要是针对使用环境较差或使用较长时间的电脑，我们应注意对一些主要配件和插槽先进行清洁，这样往往会获得意想不到的效果。

3. 最小系统法

最小系统法是指从维修判断的角度使电脑开机或运行的最基本的硬件和软件环境。最小系统有下面两种形式。

◇ 硬件最小系统：由电源、主板和 CPU 组成。在这个系统中，没有任何信号线的连接，只有电源到主板的电源连接，通过主板警告声音来判断硬件的核心组成部分是否可正常工作。

◇ 软件最小系统：由电源、主板、CPU、内存、显卡、显示器、键盘和硬盘组成，这个最小系统主要用来判断系统是否可完成正常的启动与运行。

一点通

使用最小系统法查找故障的顺序

拔插板卡和设备的基本要求是保留系统工作的最小配置，以便缩小故障的范围。通常应首先安装主板、内存、CPU、电源，然后开机检测。如果正常，再加上键盘、显示卡和显示器。如果正常，再依次加装光驱、硬盘、扩展卡等；拔去板卡和设备的顺序正相反。对于拔下的板卡和设备的连接插头还要进行清洁处理，以排除是因接触不良引起的故障。

4. 插拔法

查拔板卡后，通过观察电脑的运行状态来判断故障所在。使用插拔法还可以解决一些芯片、板卡与插槽接触不良所造成的故障。

5. 交换法

交换法是指将无故障的同型号、功能相同的部件相互交换，根据故障现象的变化情况判断故障所在，这种方法多用于易插拔的维修环境，如内存自检出错。如果替换某部件后故障消失，则表示被替换的部件有问题。

6. 比较法

比较法是同时运行两台或多台相同或类似的电脑，根据正常运行的电脑与出现故障的电脑在执行相同操作时的不同表现，可以初步判断故障产生的部位。

7. 振动敲击法

“振动敲击法”是用手指轻轻敲击机箱外壳，有可能解决因接触不良或虚焊造成的故障问题，然后再进一步检查故障点的位置。

8．升温 / 降温法

升温 / 降温法采用的是故障促发原理，以制造故障出现的条件来促使故障频繁出现以观察和判断故障所在的位置。

通过人为升高电脑运行环境的温度，可以检验电脑各部件（尤其是 CPU）的耐高温情况，从而及早发现故障隐患。

人为降低电脑运行环境的温度后，如果电脑的故障出现率大为减少，说明故障出在高温或不耐高温的部件中。此法可以帮助缩小故障诊断范围。

10.5.2　电脑故障维修的基本原则

对电脑故障进行分析后，要排除故障，还需要掌握维修的基本原则，以便在找出故障所在后，合理有效地排除与解决故障。电脑故障维修的基本原则主要有以下几点。

1．注意安全

在开始维修前要做好安全措施。电脑需要接通电源才能运行，因此在拆机检修时要记得检查电源是否切断。另外，静电的预防与绝缘也很重要。

做好安全防范措施，不但保障了硬件设备的安全，同时也保护了自身的安全。

2．先假后真

“先假后真”是指先确定系统是否真有故障，操作过程是否正确，连线是否可靠。排除假故障的可能后采取考虑真故障。

3．先软后硬

“先软后硬”是指当我们的电脑发生故障时，应该先从软件和操作系统上来分析原因，排除软件方面的原因后，再开始检查硬件的故障。一定不要一开始就盲目地拆卸硬件，避免做无用功。

4．先外后内

“先外后内”是指在电脑出现故障时，要遵循先外设，再主机，从大到小，逐步查找的原则，逐步找出故障点，同时应该根据系统给出的错误提示来进行检修。

10.5.3　电脑故障产生的原因

电脑故障产生的原因多种多样，一般来说，主要分为硬件故障和软件故障。

1．硬件故障

常见的硬件故障主要体现在以下几个方面。

（1）电源工作异常

电源供电电压不足或电源功率较低或不供电，通常会造成无法开机、电脑不断重启等故障，修复此类故障一般需要更换电源。

（2）连线与接口接触不良

修复此类故障的方法很简单，只需将连线与接口重新连接好即可。

（3）跳线设置错误

如果调整了设备的跳线开关，就可能使得设备的工作参数发生改变，从而使设备无法正常工作的故障。

（4）硬件不兼容

硬件不兼容一般会造成电脑无法启动、死机或蓝屏等故障，修复此类故障通常需要更换配件。

（5）配件质量问题

配件质量有问题通常会造成电脑无法开机、无法启动或某个配件不工作等故障，修复此类故障一般需要更换出故障的配件。

2．软件故障

常见的软件故障主要体现在以下几个方面。

（1）操作不当

由于误删除文件或非法关机等不当操

作，造成电脑程序无法运行或电脑无法启动，修复此类故障只要将删除或损坏的文件恢复即可。

（2）应用程序损坏或文件丢失

修复此类故障的方法是卸载应用程序，然后重新安装应用程序即可。

（3）应用程序与操作系统不兼容

修复此类故障很简单，只需将不兼容的软件卸载即可。

（4）系统配置错误

如果修改了操作系统中的系统设置选项，可能导致系统无法正常运行，修复此类故障只要将修改过的系统参数恢复即可。

（5）感染病毒

病毒通常会造成电脑运行速度慢、死机、蓝屏、无法启动系统、系统文件丢失或损坏等，修复此类故障需要先杀毒，再将被破坏的文件恢复即可。

10.6 备份和还原系统

电脑系统如果出现故障，严重时可能会导致系统崩溃而无法正常使用，最后的结果只能是重装系统。

如果用户觉得重装起来麻烦，可以在系统正常运行的时候对其进行备份。可备份的不止个人数据，系统数据和操作系统都是可备份的。下面介绍相关操作。

10.6.1 备份操作系统的最佳时机

只有当操作系统运行在最佳状态下时，所备份的操作系统的稳定性和安全性才能得到保证。

要确保自己的电脑处于最佳状态，应具备以下几个条件。

- ◇ 系统文件完整，并安装了最新的系统补丁。
- ◇ 操作系统中已安装了硬件驱动程序，且所有硬件的工作状态正常。
- ◇ 操作系统中已安装了常用的工具软件，例如，Office办公软件、WinRAR解压缩软件、图像软件等。
- ◇ 当前操作系统已使用最新版的杀毒软件扫描并杀毒，确保系统中没有任何病毒、木马程序和恶意程序。
- ◇ 操作系统已进行了合理的优化设置，例如，关闭了多余的服务、修改了虚拟内存等。

小提示

什么时候备份操作系统最佳

建议用户最好在操作系统安装完成后就立即备份操作系统，这是因为此时的操作系统还未真正投入使用，系统中的冗余数据和垃圾文件是最少的，且未感染任何病毒和木马程序，此时的电脑处于最干净、最安全和最稳定的状态。

10.6.2 使用一键Ghost备份操作系统

一键Ghost是一款硬盘克隆软件，它将硬盘分区中的信息全部克隆到一个Ghost镜像文件中，并支持通过快捷键或系统引导菜单直接启动还原功能，用户无须登录操作系统界面，即可轻松进行操作系统的还原操作。

要使用一键 Ghost 还原操作系统，首先要进行备份操作，具体方法如下。

Step01 ❶ 安装好一键 Ghost 软件，双击“一键 Ghost”图标，在弹出的“一键备份系统”对话框中选择“一键备份系统”单选按钮，❷ 单击“备份”按钮，如下图所示。

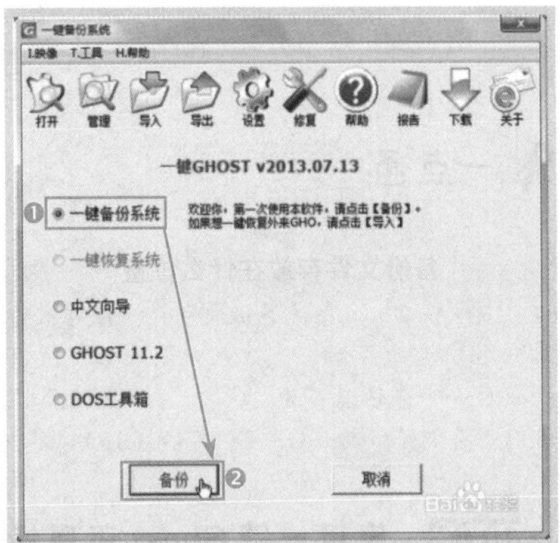

Step02 此时程序将进入自动运行状态，并在系统登录界面自动选择“一键 GHOST”选项，启动 GRUB4DOS 多系统引导器，如下图所示。

Step03 进入“GRUB4DOS”菜单，程序将自动选择“GHOST，DISKGEN，PQMAGIC，MHDD，DOS”选项，启动一键 Ghost 的 MS-DOS 程序组件，如下图所示。

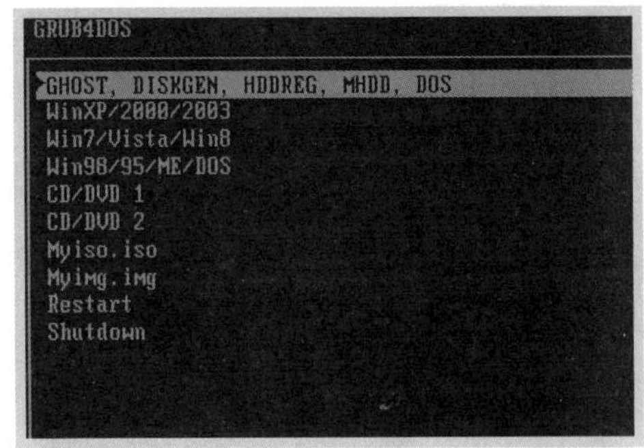

Step04 进入到 MS-DOS 一级菜单，程序自动选择“1KEY GHOST 11.2”选项，启动一键 Ghost 11.2 版，如下图所示。

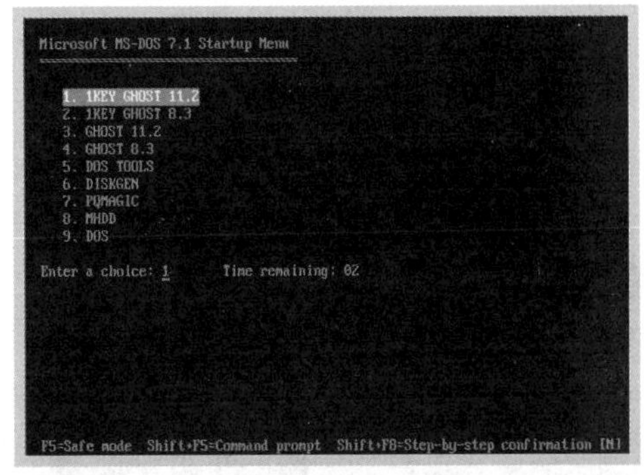

Step05 进入 MS-DOS 二级菜单，程序会自动选择“1.IDE/SATA”选项，启用支持 IDE、SATA 兼容模式，如下图所示。

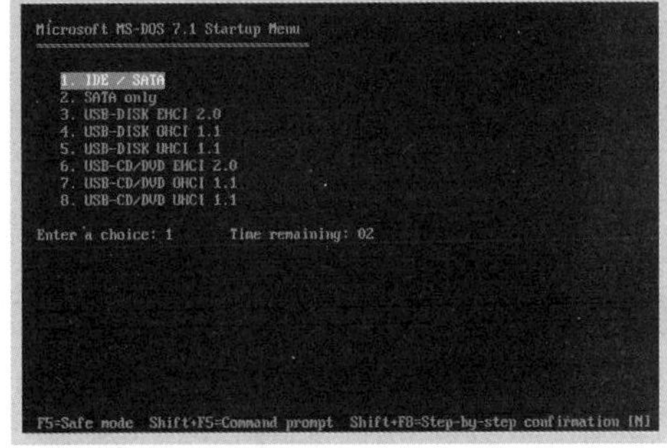

Step06 在弹出的“一键 GHOST 主菜单”对话框中通过按方向键选中“一键备份 C 盘”单选项，按“Enter”键确认，如下图所示。

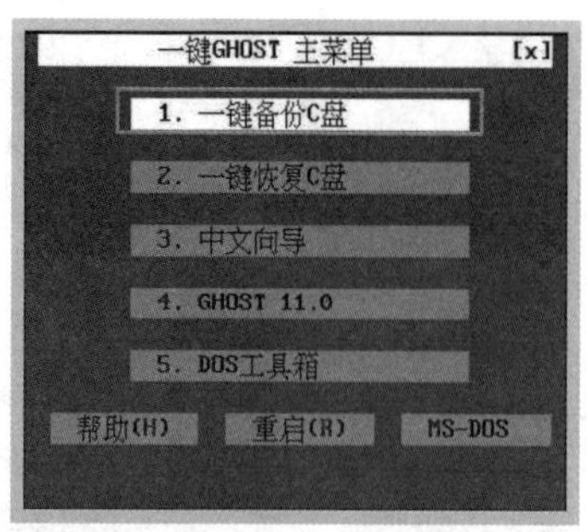

Step07 在弹出的“一键备份系统”对话框中通过按向右箭头“→”、向左箭头“←”键或“Tab”键选中“备份”按钮，按“Enter”键确认，即可开始备份操作系统，如下图所示。

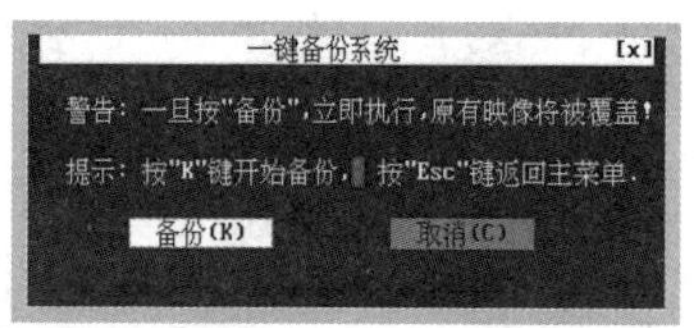

Step08 此时在备份界面中可看到操作系统备份进度和备份信息，如下图所示。

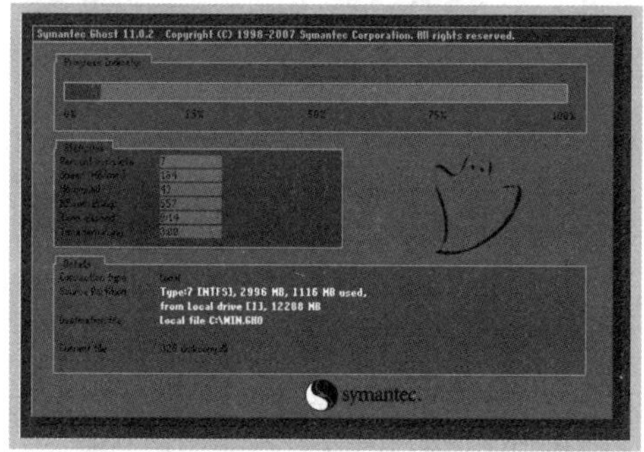

系统备份操作完成后，重新启动电脑即可。

Step09 系统备份完成后，将弹出“OK！”对话框提示“一键备份系统成功”，通过选择相应的按钮，按“Enter”键确认即可，如下图所示。

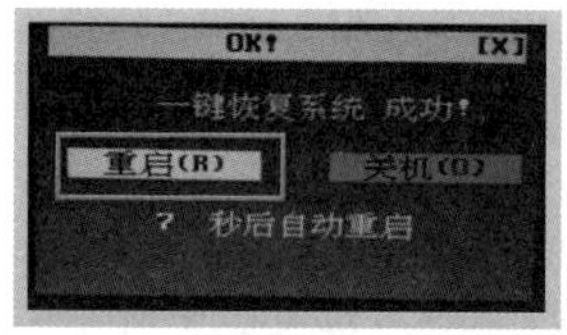

使用一键 Ghost 成功备份操作系统后，将生成一个名为“~1”的镜像文件夹，该文件夹中存储着生成的系统备份镜像文件“C_PAN.GHO”。

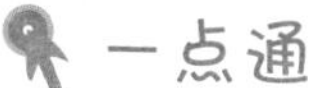

备份文件存放在什么位置

程序默认将 Ghost 系统备份文件存储在电脑的第一个硬盘的最后一个分区中。比如，硬盘的最后一个分区盘符为“G”，则 Ghost 系统备份的存储路径为“G:\~1\C_PAN.GHO”。

10.6.3 使用一键 Ghost 还原操作系统

利用一键 Ghost 备份操作系统后，当系统出现无法挽回的严重问题时，便可使用一键 Ghost 还原操作系统了，具体操作如下。

Step01 双击“一键 Ghost”图标，❶ 在弹出的“一键备份系统”对话框中选择“一键恢复系统”单选按钮，❷ 单击“恢复”按钮，如下图所示。

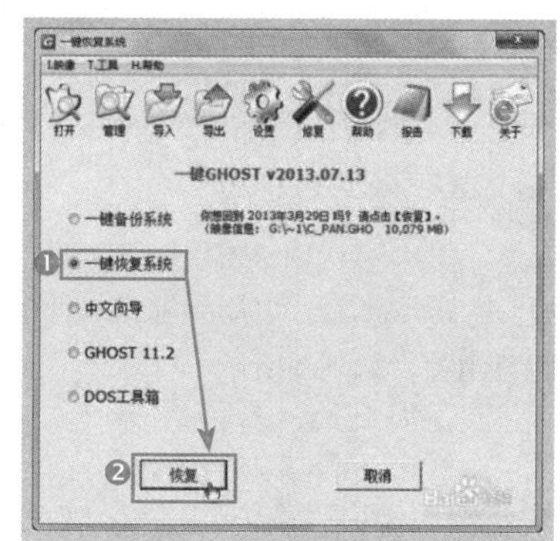

Step02 此时程序将进入自动运行状态，自动选择“一键 GHOST”选项，启动 GRUB4DOS 多系统引导器，如下图所示。

Step03 进入“GRUB4DOS”菜单，程序自动选择“GHOST，DISKGEN，PQMAGIC，MHDD，DOS”选项，启动一键 Ghost 的 MS-DOS 程序组件，如下图所示。

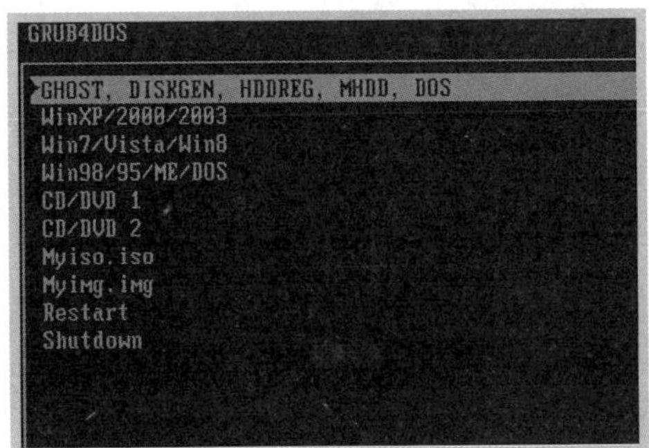

Step04 进入 MS-DOS 一级菜单，程序自动选择“1KEY GHOST 11.2”选项，启动一键 Ghost 11.2 版，如下图所示。

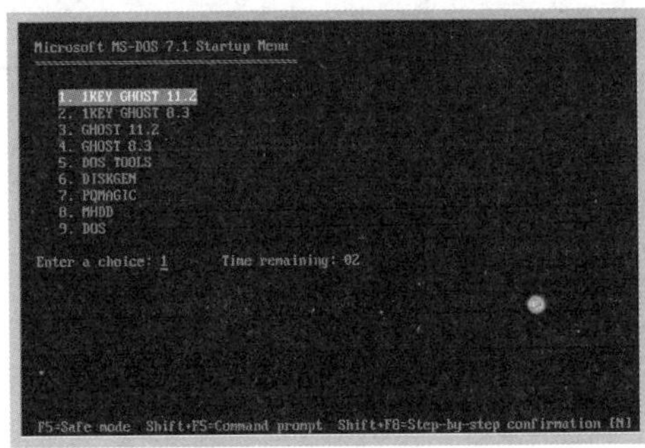

Step05 进入 MS-DOS 二级菜单，程序自动选择“1. IDE/SATA”选项，启用支持 IDE、SATA 兼容模式，如下图所示。

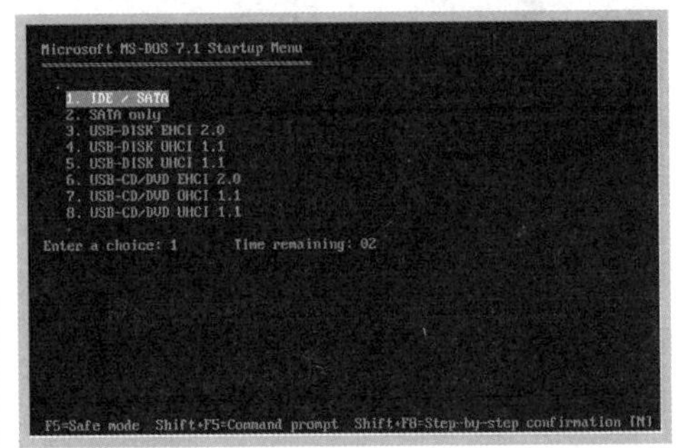

Step06 弹出“一键 GHOST 主菜单”对话框，通过方向键选择“一键恢复 C 盘”选项，按下“Enter”键，如下图所示。

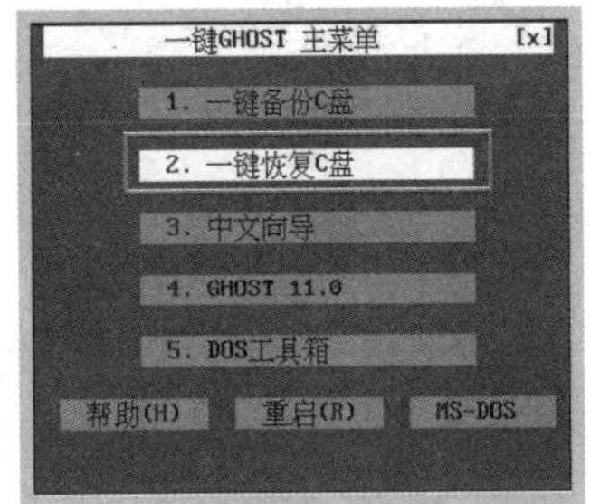

Step07 弹出“一键恢复系统（来自硬盘）”对话框，通过方向键选择“恢复”选项，按“Enter”键，如下图所示。

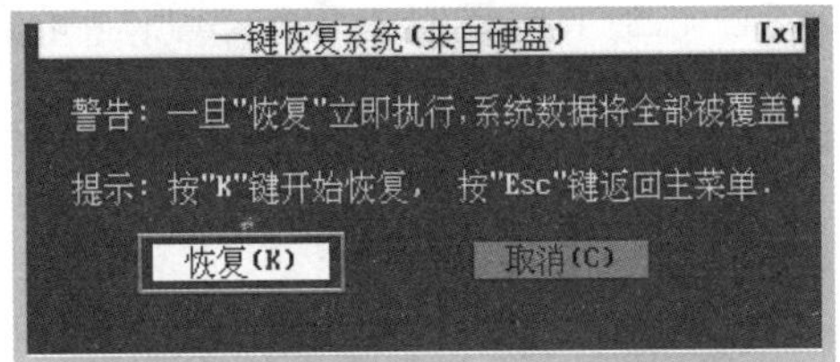

Step08 此时操作系统将开始自动进行还原，在还原界面可看到还原的进度和相关信息，如下图所示。

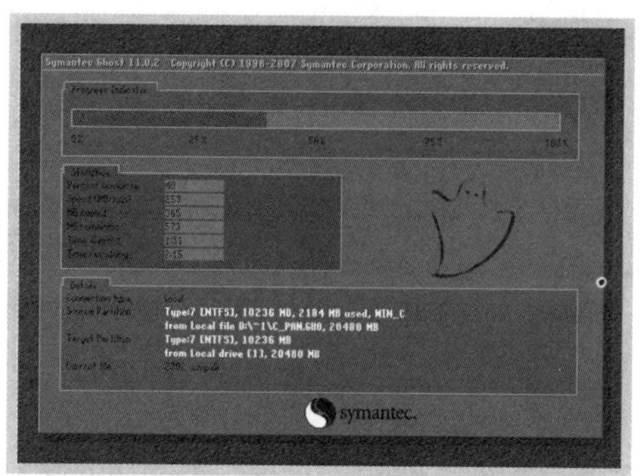

Step09 操作系统还原完成后，将弹出“OK！”对话框，提示“一键恢复系统成功”，此时通过方向键进行选择，按“Enter”键完成设置即可，如下图所示。

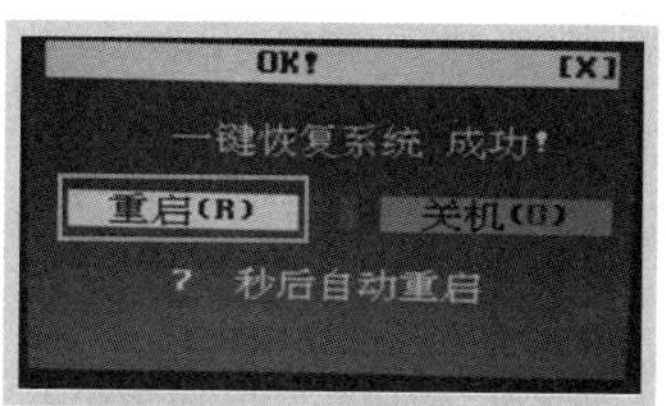

用户在执行还原操作系统的过程中，切记不要重启或关闭电脑，否则不但会导致还原操作无法完成，还会造成很多不必要的麻烦。

10.6.4 备份和还原系统字体

操作系统中的字体保存在系统目录（Windows 或 Winnt）下的“Fonts”文件夹中。字体文件对于办公用户和从事设计工作的用户来讲是非常重要的。

1. 备份系统字体

为避免字体文件因为重装系统或系统崩溃等原因丢失，我们可将其备份到其他分区，具体操作如下。

Step01 打开控制面板，单击“外观和个性化”超链接，如下图所示。

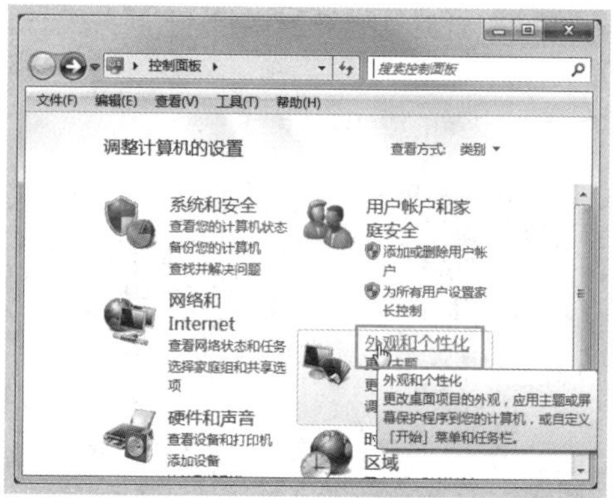

Step02 进入“外观和个性化”界面，单击“字体”超链接，如下图所示。

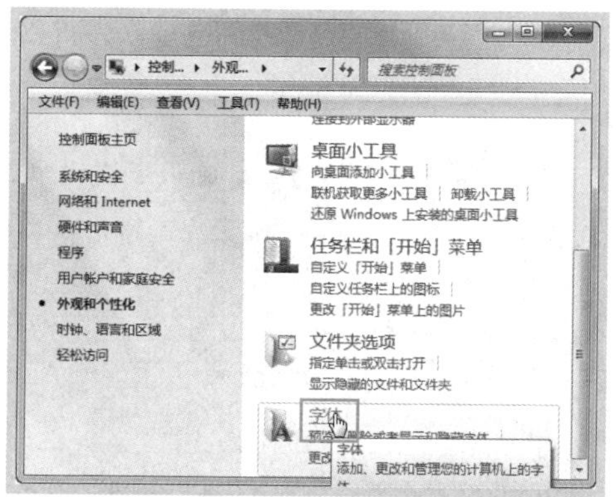

Step03 ❶ 进入“字体”界面，按“Ctrl+A”选中全部字体文件，❷ 选择菜单栏中的“编辑”选项，❸ 在展开的下拉菜单中选择“复制到文件夹”命令，如下图所示。

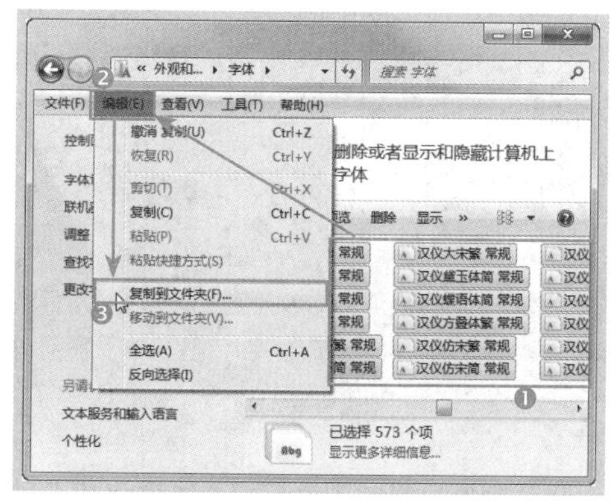

Step04 弹出“复制项目”对话框，选中要复制到的目录位置，若路径下没有合适的文件夹存放文件，单击“新建文件夹”按钮，如下图所示。

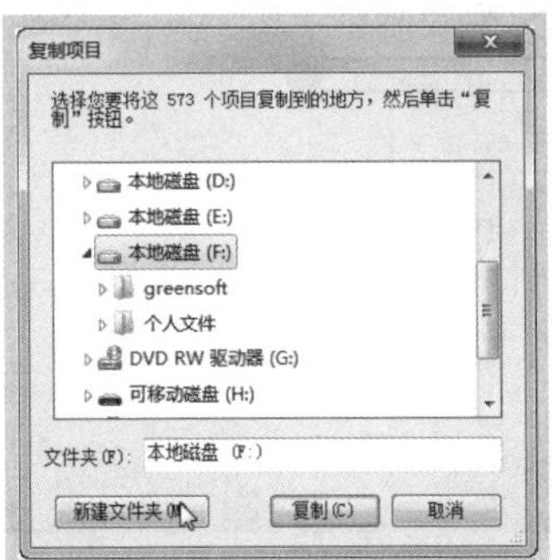

Step05 路径下将显示一个可编辑的文件夹，在其中输入文件夹名称，按“Enter”键确认，如下图所示。

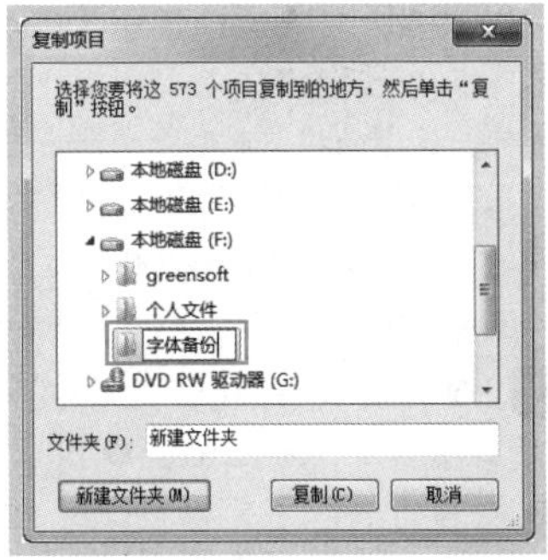

Step06 选中该文件夹，单击“复制”按钮，如下图所示。

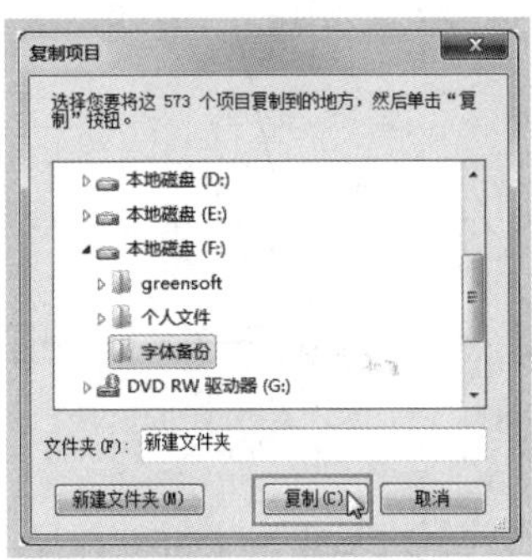

Step07 程序将自动进行复制操作，如下图所示。完成后打开刚才设置的文件夹，即可看到备份的所有字体文件。

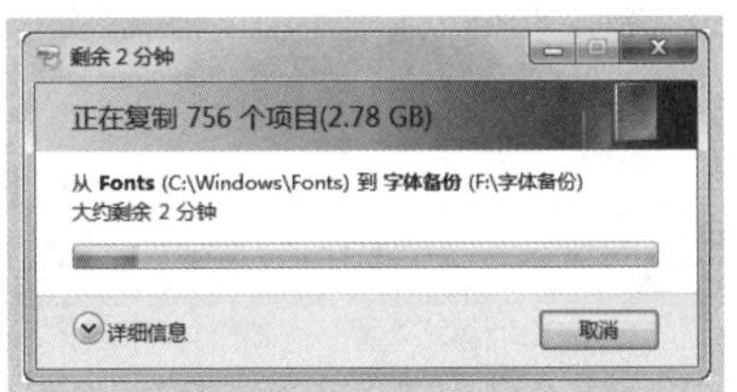

2. 还原系统字体

当重装系统后，或者系统中的部分字体丢失时，便可通过备份文件还原系统字体，具体操作步骤如下。

Step01 ❶ 打开备份字体的文件夹，选中所有字体文件，右击，❷ 在弹出的快捷菜单中选择“安装”命令，如下图所示。

Step02 程序将对所选字体进行自动安装，如下图所示。

Step03 ❶ 在安装过程中难免会遇到提示某些字体已安装的信息，若不希望重复安装，

可勾选“为所有当前项目执行此操作”复选框，❷ 单击“否”按钮继续操作即可，如下图所示。

10.6.5 备份和还原注册表

注册表主要用于记录操作系统中软件和硬件的信息，包括存储位置、安装位置、文件名、版本号、功能设置等。基于注册表的重要性，对其进行备份是很有必要的。

1. 备份注册表

如果注册表受到病毒和木马的破坏，操作系统将无法获得必须的信息来运行和控制附属的设备和应用程序，严重情况下还将导致操作系统无法正常启动。

为避免上述问题的产生，应对注册表进行备份，具体操作如下。

Step01 ❶ 单击“开始”按钮，❷ 在弹出的“开始”菜单的搜索栏输入“regedit”命令，按“Enter”键确认，程序将自动搜索相应的程序，❸ 选择搜索到的程序命令，如下图所示。

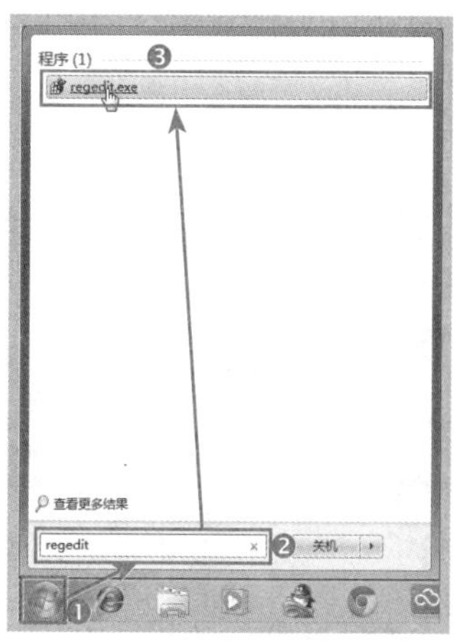

Step02 ❶ 弹出“注册表编辑器”窗口，在菜单栏中选择“文件”选项，❷ 在展开的下拉列表中选择“导出”命令，如下图所示。

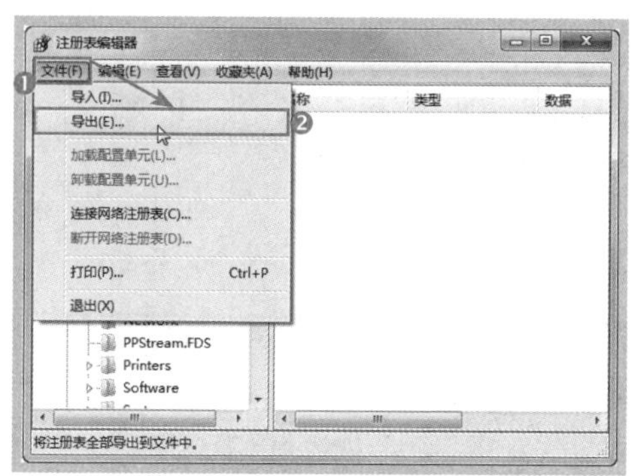

> **小提示**
>
> **备份全部注册表信息和部分注册表的区别**
>
> 如果在注册表编辑器窗口的左侧窗格选择“计算机”列表项，再执行导出操作，保存的将是电脑中的所有注册表信息；如果选择的是某个子键，保存的将是所选子键中包含的注册表信息。

Step03 ❶ 弹出“导出注册表文件”对话框，设置好备份文件的保存位置，❷ 设置好保存名称，❸ 单击“保存”按钮即可，如下图所示。

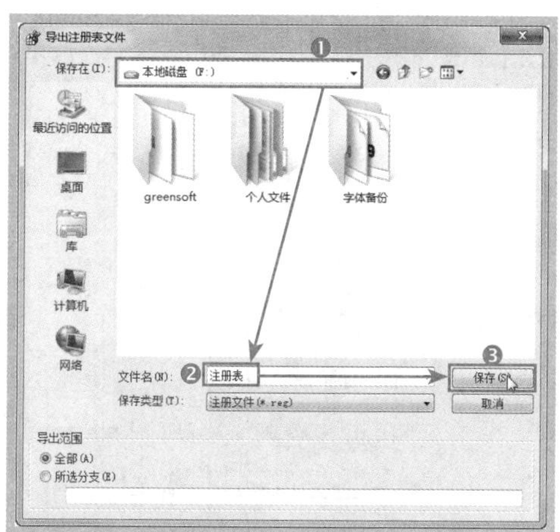

2. 还原注册表

当注册表被病毒或木马破坏无法修复时，可通过下面的方法还原注册表信息。

Step01 ❶ 单击“开始”按钮，❷ 在弹出的“开始”菜单的搜索栏输入“regedit”命令，按“Enter”键确认，程序将自动搜索相应的程序，❸ 选择搜索到的程序命令，如下图所示。

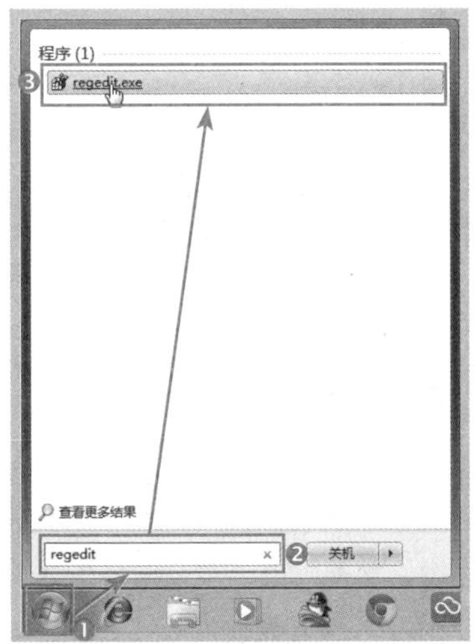

Step02 ❶ 弹出“注册表编辑器”窗口，在菜单栏中选择“文件”选项，❷ 在展开的下拉列表中选择“导入”命令，如下图所示。

Step03 ❶ 弹出“导入注册表文件”对话框，选中备份的注册备份文件，❷ 单击“打开”按钮，如下图所示。

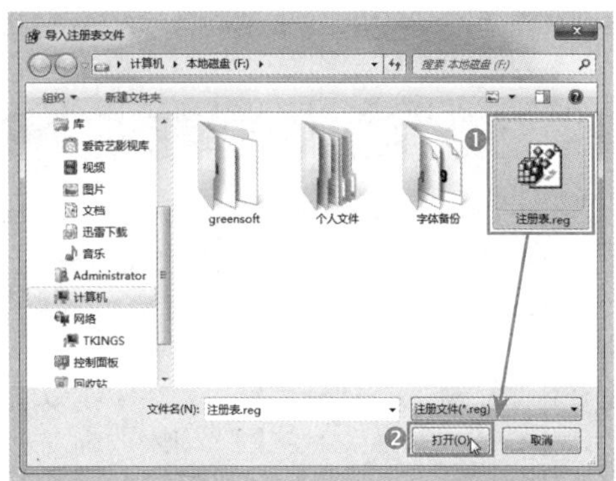

Step04 程序将自动导入备份的注册表信息，如下图所示。

Step05 导入完成后，在对话框中可看到导入成功的提示信息，单击“确定”按钮即可，如下图所示。

(20:15 ~ 20:30)

疑问 1：如何查看系统中的可疑进程？

答：操作系统运行时，进程是无处不在的，只要有程序运行就有进程。而电脑病毒也通过“进程”的形式来激活，所以通过查看系统中已开启的进程可以帮助用户寻找电脑病毒的踪迹，具体查看方法如下。

Step01 ❶ 右击任务栏空白处，❷ 在弹出的快捷菜单中选择“启动任务管理器”命令，如下图所示。

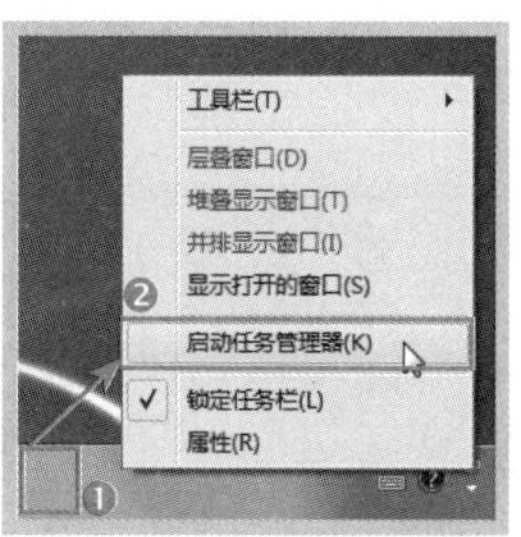

Step02 ❶ 弹出“Windows 任务管理器”对话框，切换到“进程”选项卡，可看到许多进程选项，通过查看进程名和描述可以判断是否有病毒，❷ 如果发现可疑进程，可以在列表中选中该进程，❸ 单击下方的“结束进程”按钮，如下图所示。

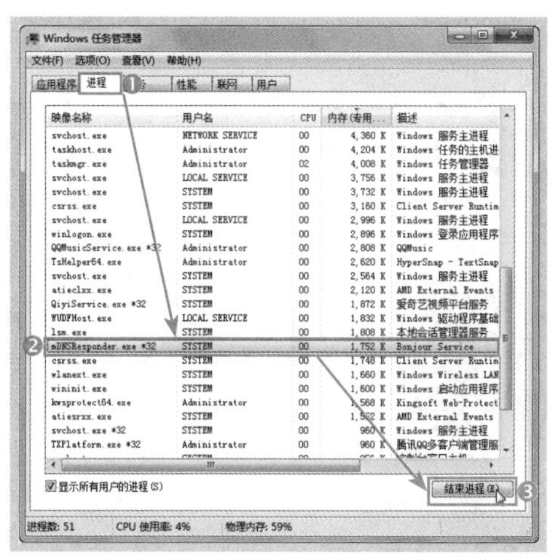

Step03 在弹出的提示对话框中提示用户是否要结束该进程，单击“结束进程”按钮，如下图所示。最后关闭任务管理器即可。

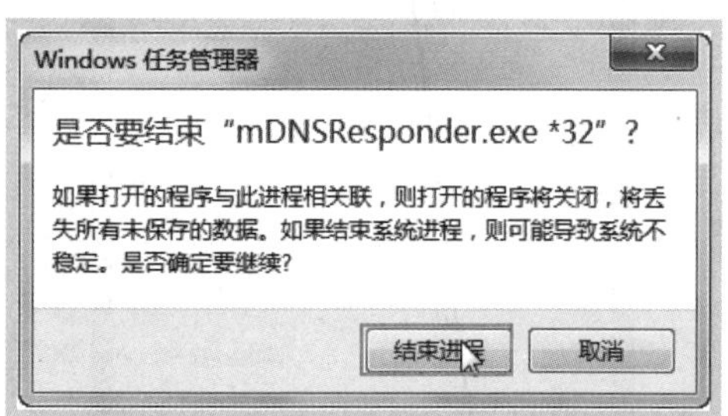

不过，操作系统的正常运行需要一些进程的支持，这些进程称为系统进程。如果强制关闭系统进程，可能导致系统崩溃。下面列举一些主要的系统进程，了解这些知识后会避免一些误操作。

◇ System：Windows 系统进程，一组系统底层服务线程的总称，没有真正意义上的映像。

◇ services.exe：系统服务管理进程。

◇ System Idle Process：用于监控 CPU 可用资源，该进程是作为单线程运行的，并在系统不处理其他线程的时候分派处理器的时间。

◇ explorer.exe：桌面环境进程，用于显示系统桌面上的图标以及任务栏等。

◇ lsass.exe：安全机制管理进程，用于管理 IP 安全和登录策略等。

◇ svchost.exe：系统服务的宿主进程，如果有多个 svchost.exe 同时运行，表明当前有多组服务处于活动状态或多个系统文件正在调用它。

◇ winlogon.exe：用户登录管理进程，负责交互式登陆、注销与关闭任务。

◇ csrss.exe：Windows 环境子系统的进程映像，用于启动用户的会话模式。

◇ smss.exe：会话管理子系统，负责会话环境的初始化操作。

◇ alg.exe：应用层网关服务，用于处理网络连接共享。

◇ spoolsv.exe：打印任务控制程序，管理缓冲区中的打印和传真作业，可在“服务”窗口中关闭。

疑问 2：如何禁止某个程序，让其不随着开机一起启动？

答：如果开机启动项过多，会导致电脑的开机速度变慢，如果某些程序不需要开机就启动，可以通过系统配置让其禁用，设置方法如下。

Step01 ❶ 单击“开始”按钮，❷ 在弹出的开始菜单中选择右侧的“运行”命令，如下图所示。

Step02 ❶ 弹出“运行”对话框，在文本框中输入“msconfig”命令，❷ 单击“确定”按钮，如下图所示。

Step03 ❶ 弹出“系统配置”对话框，切换到“启动”选项卡，❷ 在列表框中取消勾选不需要开机启动的项目，❸ 单击“确定”按钮，如下图所示。

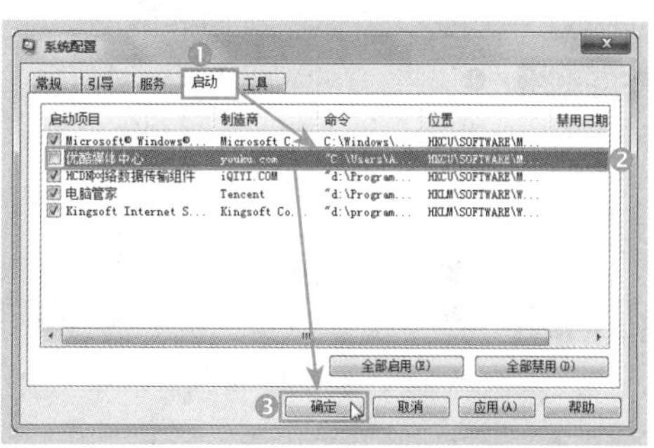

Step04 在对话框中单击“重新启动”按钮，重启电脑后设置即可生效，如下图所示。

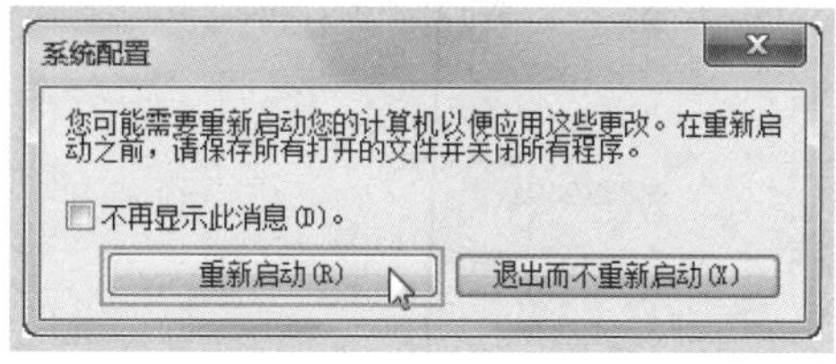

疑问 3：IE 浏览器的主页被恶意软件强行修改了怎么办？

答：当我们浏览一些网页，或者安装某些软件后，会发现原本设置的 IE 浏览器主页被更改为其他网页了，这时我们可以通过下面的方法将 IE 浏览器主页更改回来，具体操作如下。

Step01 ❶ 打开 IE 浏览器，单击工具栏中的“工具”按钮，❷ 在弹出的下拉列表中选择“Internet 选项”命令，如下图所示。

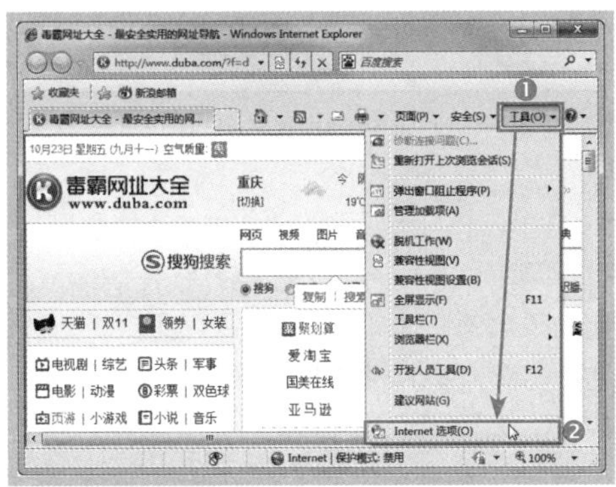

Step02 ❶ 弹出“Internet 选项”对话框，在“常规”选项卡的“主页”栏中输入需要设置为主页的网址，❷ 单击“确定”按钮即可，如下图所示。

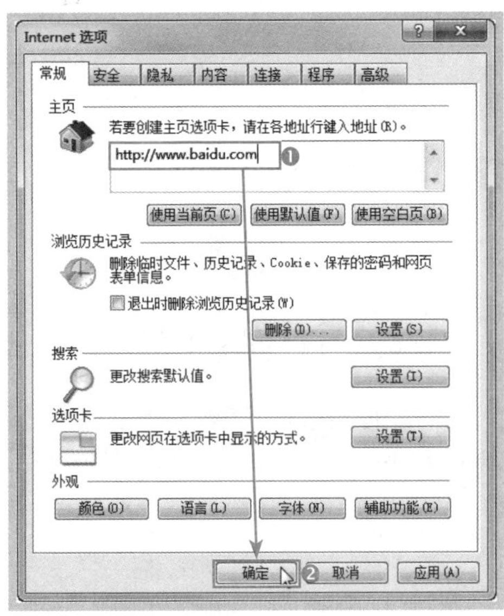

虽然通过上述方法可以将被更改的浏览器主页修改过来，但仍然不能防止再次被更改。为了防止浏览器的主页再次被恶意软件或病毒修改，我们可以通过杀毒软件锁定浏览器主页，下面以通过金山毒霸设置为例，具体操作如下。

Step01 启动金山毒霸，单击“更多”按钮，如下图所示。

Step02 ❶ 在打开的界面中，切换到“电脑安全”选项卡，❷ 选择“浏览器保护”选项，如下图所示。

Step03 ❶ 在弹出的对话框中，设置好默认的浏览器，❷ 设置好浏览器默认主页，单击“一键锁定”按钮，如下图所示。

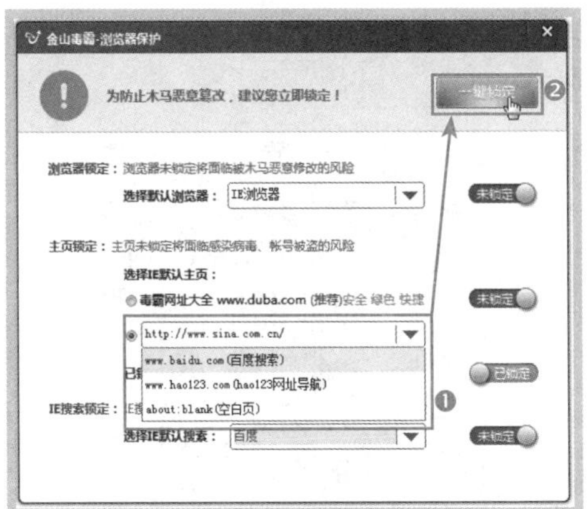

Step04 对话框中可显示锁定的默认浏览器和默认主页，单击“关闭”按钮关闭对话框和程序主界面即可，如下图所示。

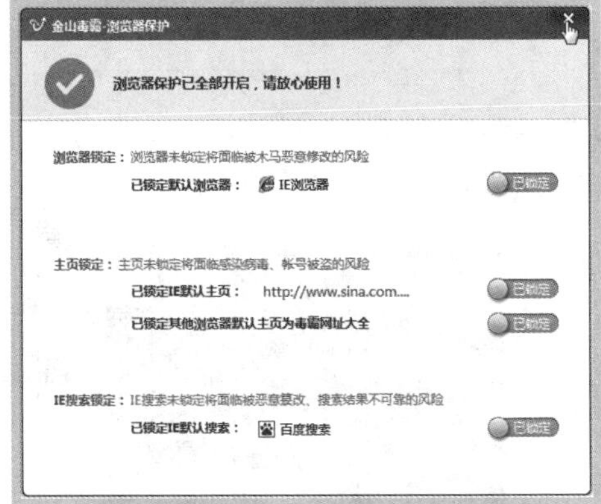

(20:30 ~ 21:00)

通过前面内容的学习，结合相关知识，请读者亲自动手按要求完成以下过关练习。

练习一：使用电脑管家保护电脑

前面我们介绍了使用金山毒霸和 360 安全卫士保护电脑，其实电脑管家也是一款不错的软件，下面将介绍使用电脑管家保护电脑的相关操作。

1. 查杀病毒

使用电脑管家查杀电脑病毒的方法如下。

Step01 打开电脑管家主界面，单击“病毒查杀”按钮，如下图所示。

Step02 在界面中选择杀毒方式，这里选择“闪电杀毒”方式，如下图所示。

Step03 程序将对电脑的管家位置进行扫描，如下图所示。

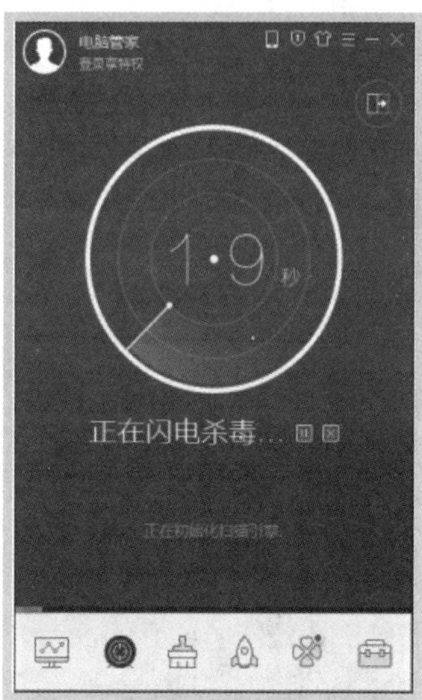

Step04 扫描后若发现风险，单击“立即处理”按钮进行处理即可，如下图所示。单击“立即处理”按钮右侧的下拉按钮，可选择暂不处理方式。

2. 清理电脑垃圾

使用电脑管家清理电脑中垃圾的操作如下。

Step01 打开电脑管家主界面，单击“清理垃圾”按钮，如下图所示。

Step02 在界面中单击“扫描垃圾”按钮，如下图所示。

Step03 程序将对电脑进行快速扫描，如下图所示。

Step04 如果扫描出电脑中有垃圾，单击"立即清理"按钮，如下图所示。

Step05 程序将对扫描出的电脑垃圾进行清理，清理完成后单击"好的"按钮，若还有垃圾未清理干净，可单击"深度清理"按钮，如下图所示。

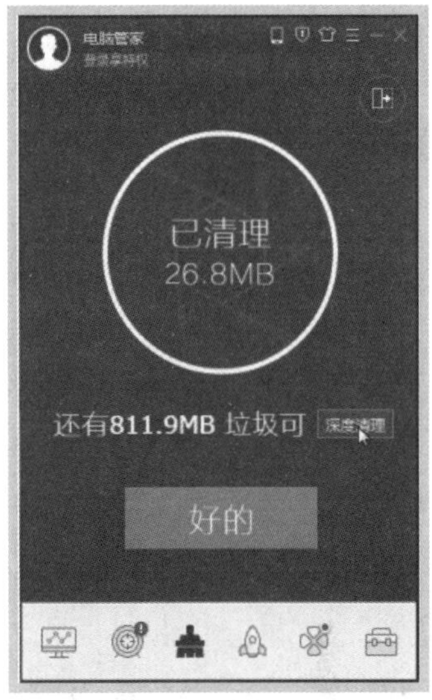

Step06 ❶ 在打开的界面中选择要清理的选项，❷ 单击"深度清理"按钮，如下图所示。

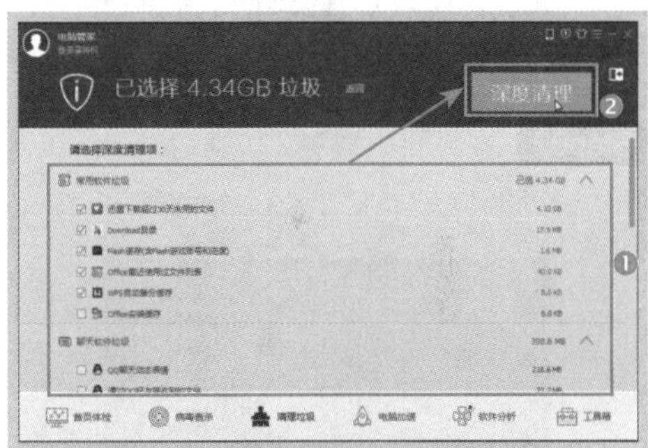

Step07 电脑垃圾清理完以后，关闭程序窗口即可，如下图所示。

3. 电脑加速

使用电脑管家加速电脑的方法如下。

Step01 打开电脑管家主界面，单击“电脑加速”按钮，如下图所示。

Step02 在界面中单击“一键扫描”按钮，如下图所示。

Step03 程序将扫描电脑中可加速的选项，扫描完成后单击“一键加速”按钮，如下图所示。

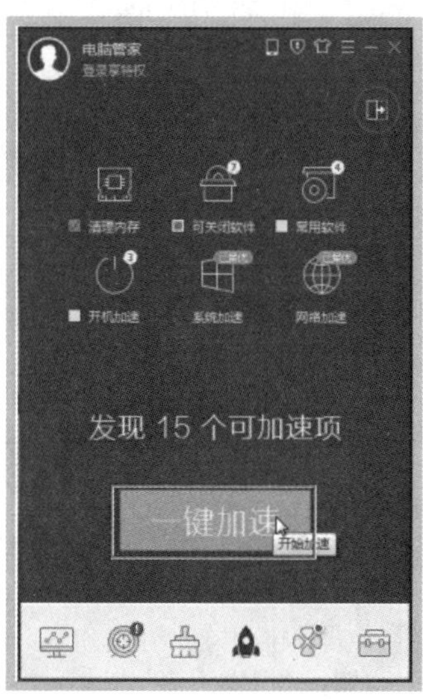

Step04 加速完成后，单击“好的”按钮即可，如下图所示。

4. 修复系统漏洞

使用电脑管家修复系统漏洞的方法如下。

Step01 打开电脑管家主界面，单击“工具箱”按钮，如下图所示。

Step02 在界面中单击“修复漏洞”按钮，如下图所示。

Step03 扫描完成后，如果没有发现系统漏洞，关闭程序窗口即可，如下图所示。如果发现系统漏洞，单击相应的按钮进行处理即可。

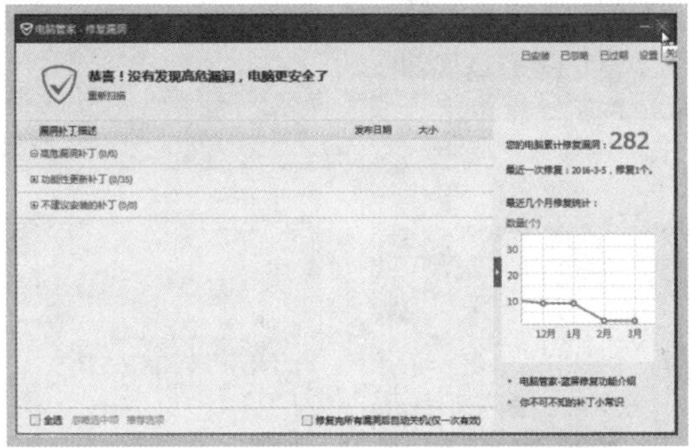

练习二：备份和还原电脑中的数据

电脑联网后，感染病毒和木马的风险会大大增加，即使安装了杀毒软件，也不能百分百保证电脑不会感染病毒。

为了避免电脑中的重要资料意外丢失，可事先对其进行备份。文件和文件夹的备份操作很简单，只需将其复制到其他电脑或移动设备中保存即可，下面介绍 IE 收藏夹和 QQ 聊天记录的备份和还原方法。

1. 备份收藏夹

重装系统后，浏览器收藏夹中收藏的信息将会丢失，我们可以在重装前对收藏夹进行备份，重装以后再进行还原。

(1) 备份收藏夹

以IE浏览器为例，备份收藏夹的方法如下。

Step01 ❶ 启动IE浏览器，单击工具栏中的“收藏夹”按钮，❷ 在弹出的下拉列表中单击“添加到收藏夹”按钮右侧的下拉按钮，❸ 选择“导入和导出”命令，如下图所示。

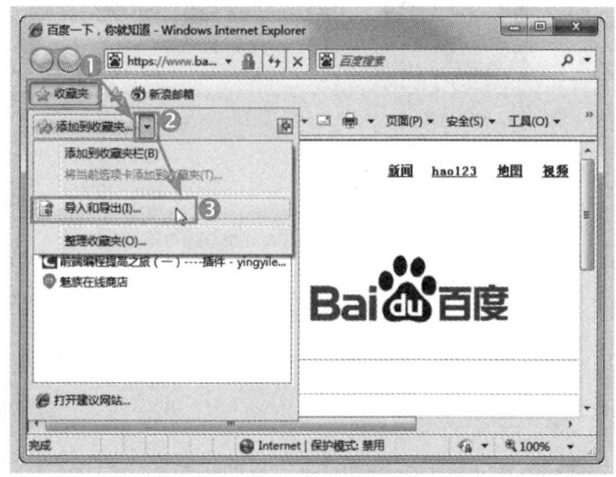

Step02 ❶ 弹出“导入/导出设置”对话框，选择“导出到文件”单选按钮，❷ 单击“下一步”按钮，如下图所示。

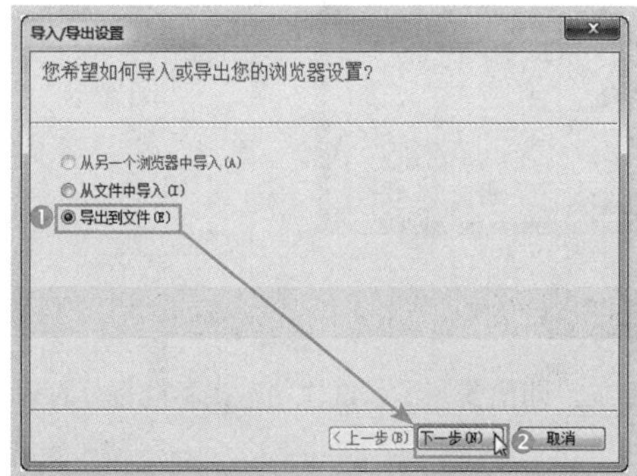

Step03 ❶ 在界面中勾选“收藏夹”复选框，❷ 单击“下一步”按钮，如下图所示。

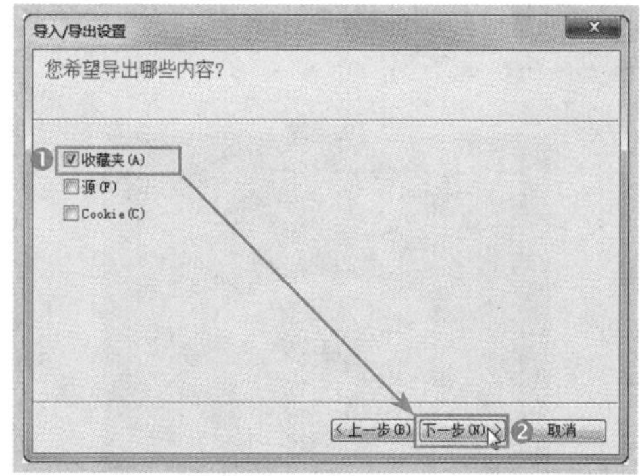

Step04 在界面中直接单击“下一步”按钮，如下图所示。

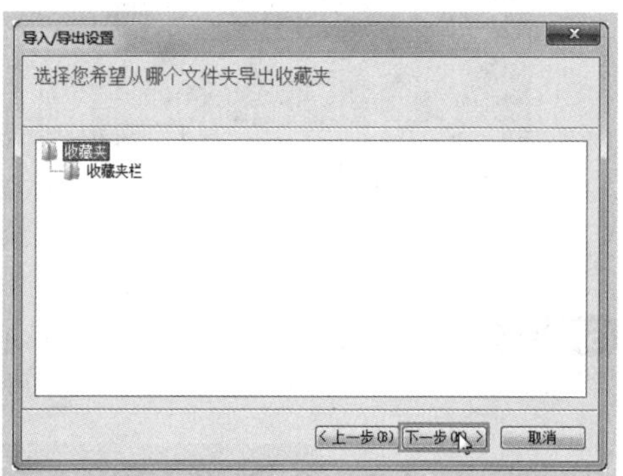

Step05 ❶ 在界面中设置收藏夹的保存位置，❷ 单击“导出”按钮，如下图所示。

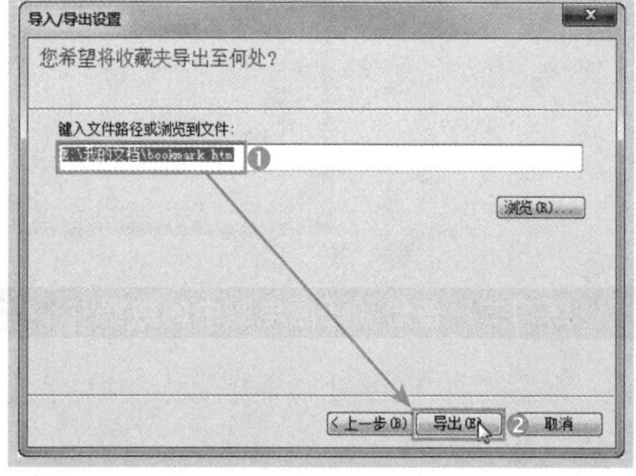

Step06 成功导出收藏夹后，单击“完成”按钮即可，如下图所示。

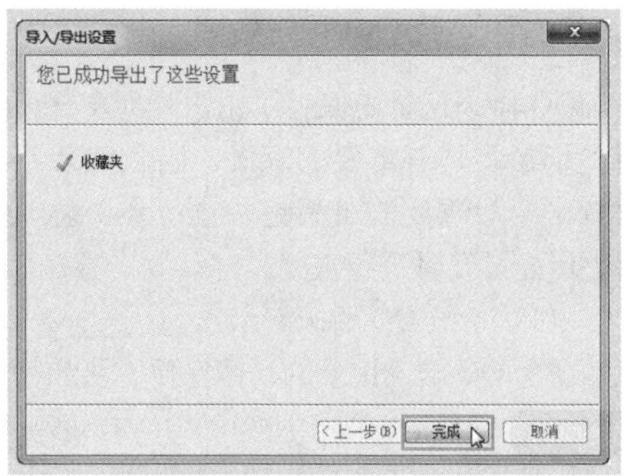

（2）还原收藏夹

重装系统后，如果需要还原收藏夹，可通过下面的方法实现。

Step01 ❶ 启动 IE 浏览器，单击工具栏中的“收藏夹”按钮，❷ 在弹出的下拉列表中单击“添加到收藏夹”按钮右侧的下拉按钮，❸ 选择“导入和导出”命令，如下图所示。

Step02 ❶ 弹出“导入 / 导出设置”对话框，选择“从文件中导入”单选按钮，❷ 单击“下一步”按钮，如下图所示。

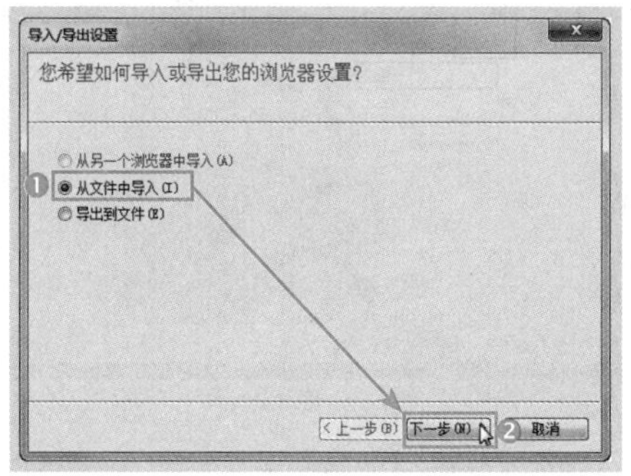

Step03 ❶ 在界面中勾选“收藏夹”复选框，❷ 单击“下一步”按钮，如下图所示。

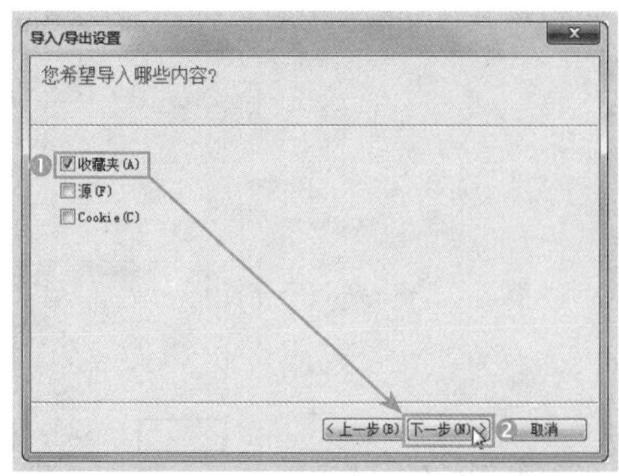

Step04 单击“浏览”按钮，如下图所示。

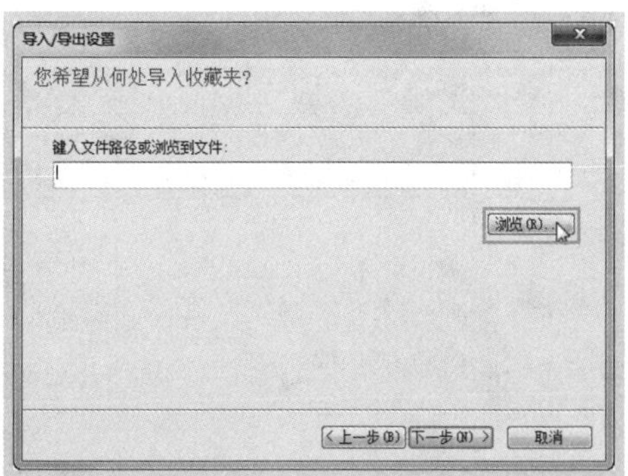

Step05 ❶ 弹出“请选择书签文件”对话框，选择要导入的收藏夹文件，❷ 单击“打开”按钮，如下图所示。

Step06 在返回的对话框中单击“下一步”按钮，如下图所示。

Step07 在界面中直接单击“导入”按钮，如下图所示。

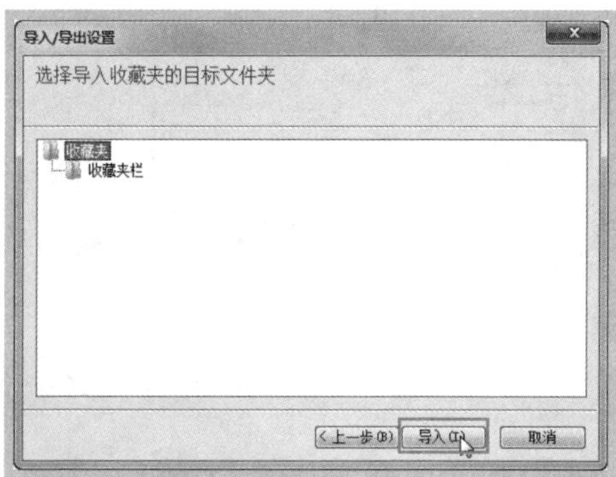

Step08 成功导入收藏夹后，单击“完成”按钮即可，如下图所示。

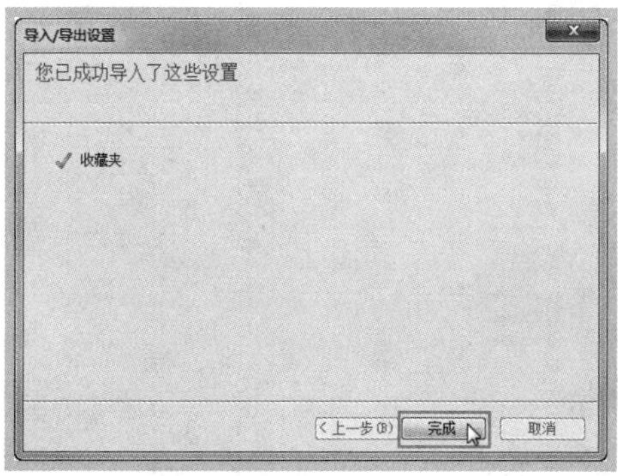

2. 备份和还原 QQ 聊天数据

QQ 聊天记录中保存了用户与朋友聊天的历史记录，具有重要的意义，因此重装系统前有必要对重要的聊天记录进行备份，以便丢失后能够及时进行恢复。

(1) 备份 QQ 聊天记录

备份 QQ 聊天记录的具体操作方法如下。

Step01 在 QQ 面板中单击下方的“消息管理器”按钮，如下图所示。

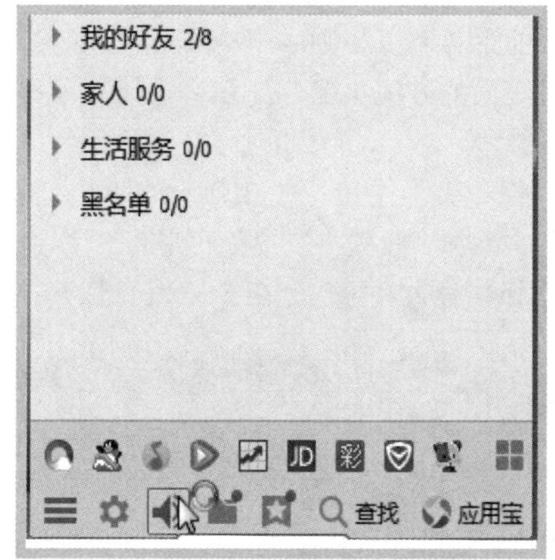

Step02 ❶ 打开“消息管理器”窗口，右击要导出消息记录的好友名称，❷ 在弹出的快捷菜单中选择“导出消息记录”命令，如下图所示。

小提示

备份某个分组中的所有好友的聊天记录

在"消息管理器"窗口中右击某个分组，在弹出的快捷菜单中选择"导出消息记录"命令，可对该分组中的所有好友的聊天记录进行备份。

Step03 ❶弹出"另存为"对话框，设置聊天数据的保存位置，❷单击"保存"按钮，程序即可自动备份数据，如下图所示。

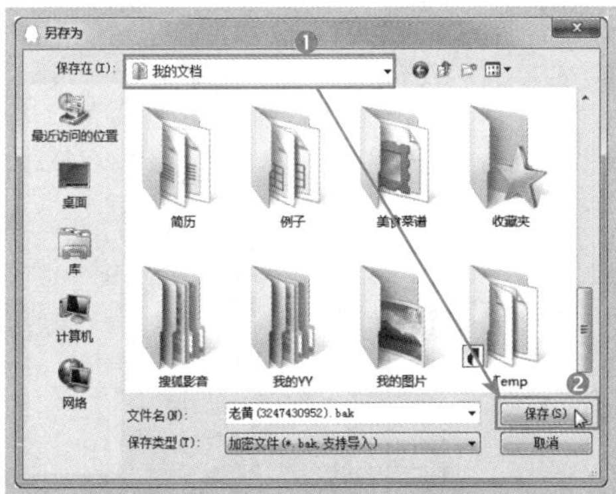

（2）还原 QQ 聊天记录

重装 QQ 后，通过下面的方法可还原聊天记录。

Step01 ❶打开"消息管理器"窗口，单击右上角的"工具"下拉按钮，❷在弹出的下拉菜单中选择"导入消息记录"命令，如下图所示。

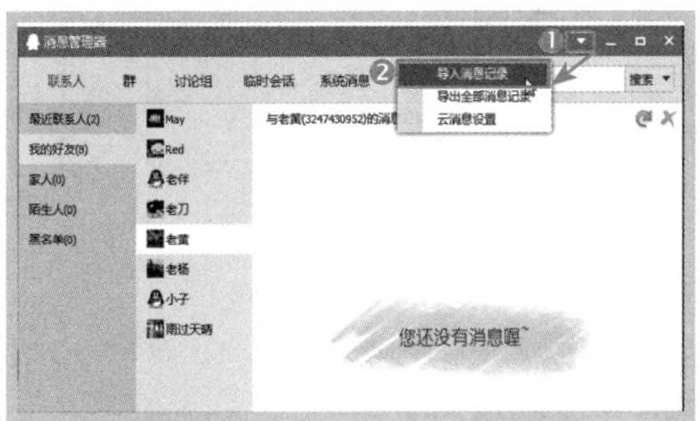

Step02 ❶弹出"数据导入工具"对话框，勾选"消息记录"复选框，❷单击"下一步"按钮，如下图所示。

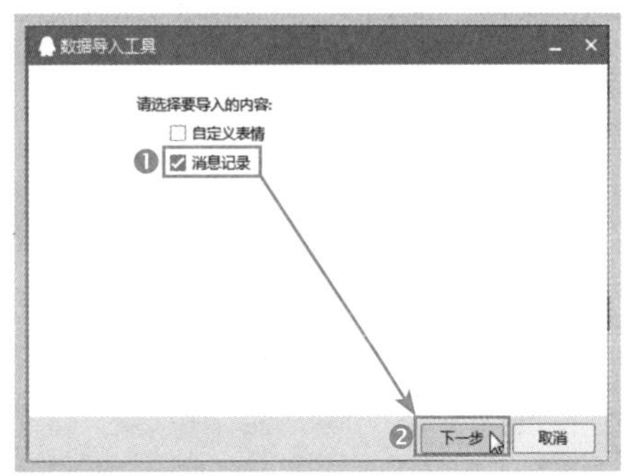

Step03 ❶在界面中选择导入方式，本例选择"从指定文件导入"单选按钮，❷单击"浏览"按钮，如下图所示。

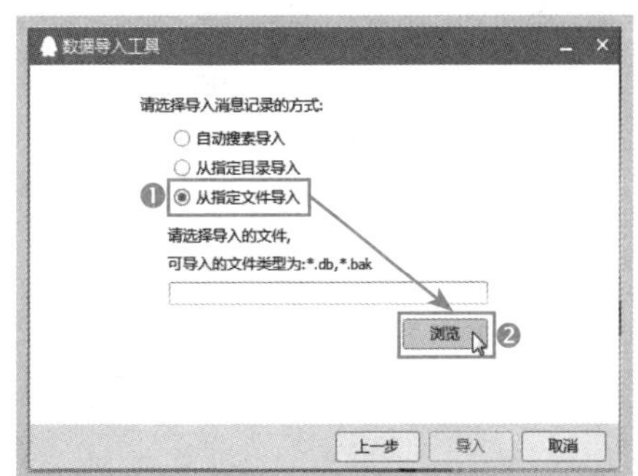

Step04 ❶弹出"打开"对话框，选择要导入的消息记录文件，❷单击"打开"按钮，如下图所示。

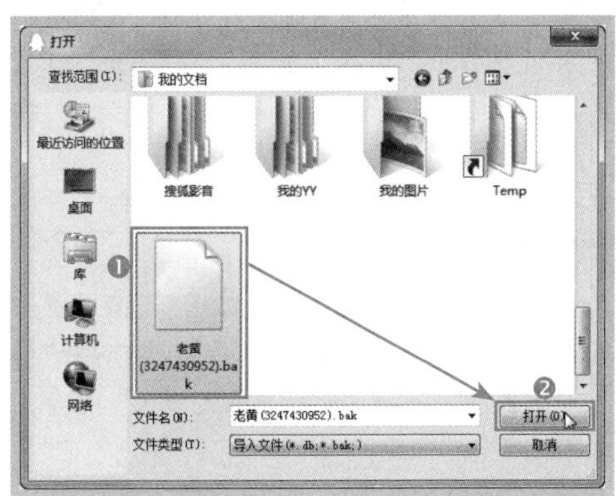

Step05 在返回的对话框中单击“导入”按钮，如下图所示。

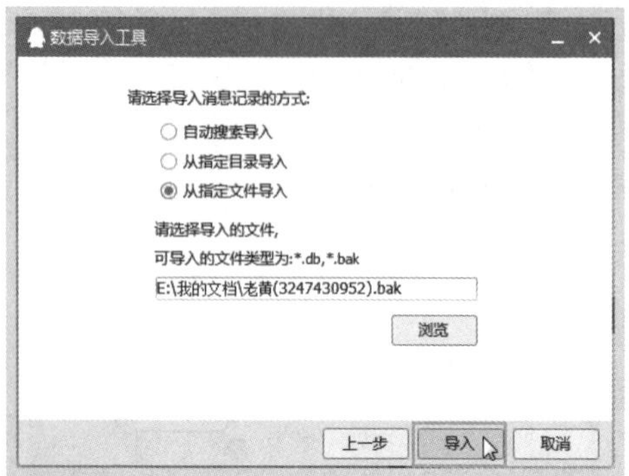

Step06 导入成功后，单击“完成”按钮即可，如下图所示。

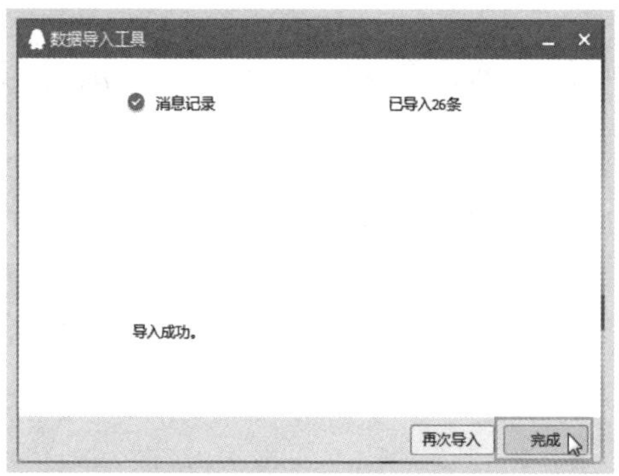

3．备份和还原 QQ 表情

QQ 聊天记录中保存了用户与朋友聊天的历史记录，具有重要的意义，因此重装系统前有必要对重要的聊天记录进行备份，以便丢失后能够及时进行恢复。

（1）备份 QQ 聊天记录

备份 QQ 聊天记录的方法如下。

Step01 ❶ 打开聊天窗口，单击“表情”按钮，❷ 在弹出的表情框中单击“表情设置”按钮，❸ 在弹出的快捷菜单中依次选择“导入导出表情包”→“导出全部表情包”命令，如下图所示。

Step02 ❶ 弹出“另存为”对话框，设置好表情包的保存位置，❷ 设置好文件名称，❸ 单击“保存”按钮，如下图所示。

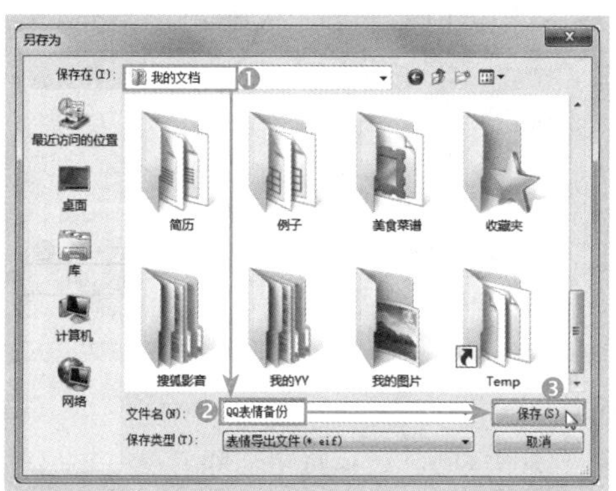

Step03 弹出“表情管理”对话框，单击“确定”按钮，如下图所示。

（2）还原 QQ 聊天记录

还原 QQ 聊天记录的方法如下。

Step01 打开“计算机”窗口，双击 QQ 表情的备份文件，如下图所示。

Step02 ❶ 如果此时电脑上开启了多个QQ，在弹出的“请选择号码”对话框中选择需要导入表情的QQ号码，❷ 单击“确定”按钮，如下图所示。

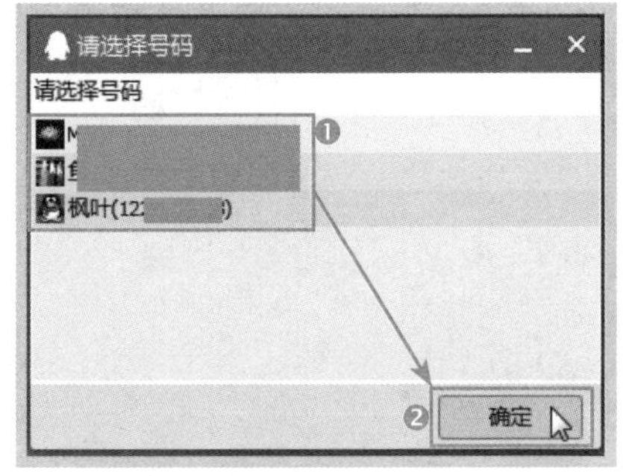

Step03 程序将自动导入QQ表情，导入成功后，在弹出的对话框中单击“确定”按钮即可，如下图所示。

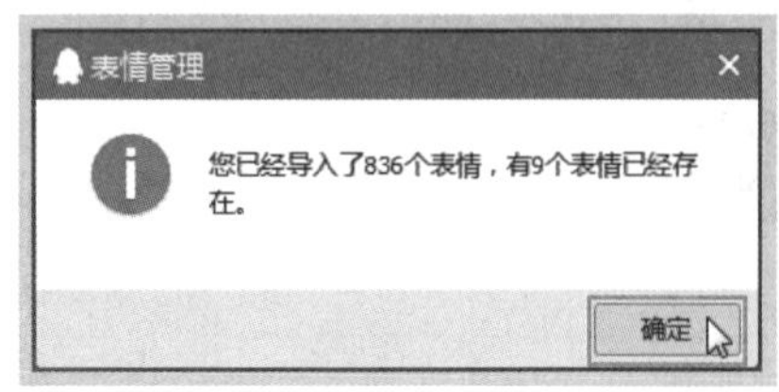

学习小结

本课主要介绍了系统的日常维护和杀毒软件的使用方法，包括电脑的日常维护方法、磁盘的清理和碎片的整理、金山毒霸的使用方法、360安全卫士的使用方法以及常见故障的排除方法。

通过本课的学习，相信朋友们在上网时不用担心被病毒和木马入侵，也不用再担心使用网上银行时的安全问题了。

读者意见反馈表

亲爱的读者：

感谢您对中国铁道出版社的支持，您的建议是我们不断改进工作的信息来源，您的需求是我们不断开拓创新的基础。为了更好地服务读者，出版更多的精品图书，希望您能在百忙之中抽出时间填写这份意见反馈表发给我们。随书纸制表格请在填好后剪下寄到：北京市西城区右安门西街8号中国铁道出版社综合编辑部 巨凤 收（邮编：100054）。或者采用传真（010-63549458）方式发送。此外，读者也可以直接通过电子邮件把意见反馈给我们，E-mail地址是：herozyda@foxmail.com。我们将选出意见中肯的热心读者，赠送本社的其他图书作为奖励。同时，我们将充分考虑您的意见和建议，并尽可能地给您满意的答复。谢谢！

所购书名：____________________________

个人资料：

姓名：____________性别：__________年龄：__________文化程度：____________

职业：________________电话：______________E-mail：______________

通信地址：________________________________邮编：______________

您是如何得知本书的：

□书店宣传 □网络宣传 □展会促销 □出版社图书目录 □老师指定 □杂志、报纸等的介绍 □别人推荐

□其他（请指明）____

您从何处得到本书的：

□书店 □邮购 □商场、超市等卖场 □图书销售的网站 □培训学校 □其他

影响您购买本书的因素（可多选）：

□内容实用 □价格合理 □装帧设计精美 □带多媒体教学光盘 □优惠促销 □书评广告 □出版社知名度

□作者名气 □工作、生活和学习的需要 □其他

您对本书封面设计的满意程度：

□很满意 □比较满意 □一般 □不满意 □改进建议

您对本书的总体满意程度：

从文字的角度 □很满意 □比较满意 □一般 □不满意

从技术的角度 □很满意 □比较满意 □一般 □不满意

您希望书中图的比例是多少：

□少量的图片辅以大量的文字 □图文比例相当 □大量的图片辅以少量的文字

您希望本书的定价是多少：

本书最令您满意的是：

1.

2.

您在使用本书时遇到哪些困难：

1.

2.

您希望本书在哪些方面进行改进：

1.

2.

您需要购买哪些方面的图书？对我社现有图书有什么好的建议？

您更喜欢阅读哪些类型和层次的计算机类书籍（可多选）？

□入门类 □精通类 □综合类 □问答类 □图解类 □查询手册类 □实例教程类

您在学习计算机的过程中有什么困难？

您的其他要求：